电子技术应用

主　编　蔡　滨　张小梅
副主编　熊京京　付　裕
参　编　王　江　蒋继云

北京理工大学出版社
BEIJING INSTITUTE OF TECHNOLOGY PRESS

内 容 简 介

本书主要讲述模拟电子电路和数字电子电路的分析、设计与装调，包含电源、模拟信号处理、数字信号处理和驱动执行等内容，涉及半导体元件、典型集成电路的工作原理及其应用。本书以职业岗位活动为中心、以典型工作任务为载体，选取三挡可调光台灯电路为典型工作电路，分模块确定教材内容。电源模块——整流电路、滤波电路、稳压电路、直流稳压电源的设计与调试、开关电源电路及其工作原理；电压检测电路、信号放大电路；控制模块——组合逻辑电路；时序逻辑电路、时钟电路；执行模块——电子开关电路、功率放大电路。

本书充分运用电子仿真软件进行电路仿真设计与实物制作相结合的方式，引导学生建立整体的工作逻辑，激发学生的学习兴趣、培养学生的探究习惯、积累学科知识，注重学生电子元器件选用能力、电子电路读图能力、设计与装调能力及常用电子仪器的使用能力等综合能力和工匠精神的培养。本书适用于高职高专理工类相关专业学生和喜欢电子制作的初学者。

图书在版编目（CIP）数据

电子技术应用 / 蔡滨，张小梅主编. -- 北京 ：北京理工大学出版社，2024.5

ISBN 978-7-5763-3957-4

Ⅰ. ①电… Ⅱ. ①蔡… ②张… Ⅲ. ①电子技术–高等职业教育–教材 Ⅳ. ①TN

中国国家版本馆 CIP 数据核字(2024) 第 101719 号

责任编辑： 王梦春　　**文案编辑：** 辛丽莉
责任校对： 周瑞红　　**责任印制：** 施胜娟

出版发行 / 北京理工大学出版社有限责任公司
社　　址 / 北京市丰台区四合庄路 6 号
邮　　编 / 100070
电　　话 / (010) 68914026（教材售后服务热线）
(010) 68944437（课件资源服务热线）
网　　址 / http://www.bitpress.com.cn

版 印 次 / 2024 年 5 月第 1 版第 1 次印刷
印　　刷 / 河北盛世彩捷印刷有限公司
开　　本 / 787 mm × 1092 mm　1/16
印　　张 / 21.5
字　　数 / 438 千字
定　　价 / 59.00 元

前言

《电子技术基础》是高职高专理工类相关专业学生学习电子技术基础的用书。为了深化职业教育课程改革，巩固已有改革成果，紧跟电子技术前沿应用领域，针对职业院校学生普遍存在的基础薄弱、学习兴趣不高的特点，编者结合多年“电子技术应用”课程的教学经验，编写了本书。本书特点如下。

1. 思政引领、学用融通。本书落实立德树人的根本任务，贯彻党的教育方针和二十大精神，结合项目任务内容，有机融入二十大精神、总书记指示精神、爱国主义、社会主义核心价值观等内容，育人育才相结合。

2. 产教融合、突出重点，项目驱动。本书整体设计上结合了企业生产实际，参考无线电装调工、机电设备检修工、汽车电器维修工等工种的岗位要求和鉴定要素等内容。项目设置体现了实用性、可行性和科学性，在充分分析三挡可调 LED 台灯电路的基础上，把模拟电子和数字电子的知识点分解到八个项目和一个综合实训中，以典型电路案例制作与调试方式来引领知识学习，合理把握知识的深度和难度，注重理论和实践一体化。

3. 图文并茂、直观形象。本书在版面安排上插入了大量的图片、图表，采用图文并茂的形式，提高了内容的直观性和形象性，同时也为学生的自主学习创造了条件。

4. 以学生为中心，知行合一。本书在内容安排上，增加课堂实物教学、实验演示、软件仿真和技能操作等内容，让抽象微观的电子基础理论与形象、直观、有趣的试验相接合，以培养学生的探究习惯、使其积累学科知识，从而实现知识传授、能力培养和价值引领的有机统一。

5. 以职业岗位活动为中心，弘扬劳动精神。本书以典型工作任务为载体组织书中内容，引导学生建立整体的工作逻辑，将学生用书的过程变成“做中学”的过程，注重学生综合能力和工匠精神的培养，最终形成学生的职业能力和职业素养。

6. 数字化资源拓展学习自由度，虚实结合，提升学习效率。本书结合“电子技术应用”省级在线开放课程（课程网址：https://www.xueyinonline.com/detail/241009441），鼓励学生利用数字化资源进行课前课后的自主学习，提升学习效率。

总之，本书注重学生综合能力和工匠精神的培养，鼓励学生在实践中磨练坚韧不拔的意志品质，增强学生创新精神、创造意识、创业能力以及弘扬劳动精神，最终形成学生的职业能力和职业素养，为社会培养、输送高素质技能型人才的同时，也能为学生后续学习及职业发展打下坚实基础。

本书由江西机电职业技术学院车辆工程学院教授蔡滨担任第一主编、张小梅担任第二主编、熊京京担任副主编。具体分工：蔡滨编写项目一、项目三；张小梅编写项目四、项目五；熊京京编写项目二；付裕编写项目六、项目七；王江编写项目八；企业专家高级工程师蒋继云编写了综合实训部分，并在典型电路的选用方面提出了重要建议。本书由蔡滨进行统稿和审定。

本书在编写过程中，许多同人及企业工程师提供了宝贵意见，在此表示由衷的感谢。本书还参考了大量的书刊及相关文献，并引用了其中一些资料，难以一一列举，在此谨向有关的书刊及相关文献的作者一并表示衷心的感谢。

由于作者水平的局限性，错误与不妥之处在所难免，恳请各位读者不吝指正，以便我们后续进行修订。

编　者

目录

项目一

5 V 直流电源的设计与制作

项目导入

党的二十大报告指出：“弘扬以伟大建党精神为源头的中国共产党人精神谱系，用好红色资源，深入开展社会主义核心价值观宣传教育，深化爱国主义、集体主义、社会主义教育，着力培养担当民族复兴大任的时代新人。”在一场实战演练过程中，红、蓝双方进行了激烈的电子对抗，谁先发现对方，谁就掌握主动权。此时，有一方因为直流电源质量问题，致使电子侦察设备出现故障而失去主动权，直接导致了该方在这场战争中的失利。想一想，如果这是一场真正的保家卫国战争，则后果不堪想象。为了避免这种情况发生，就需要生产和维护保养人员具有强烈的爱国主义精神、高度的责任心和扎实的基础知识。

项目目标

素质目标

（1）培养爱国主义精神，增强实干报国意识。

（2）培养爱岗敬业的职业态度和耐心细致的工作作风。

（3）具备节约资源、创新合作的精神。

知识目标

（1）了解二极管基本知识，能识别二极管的图形符号。

（2）能正确识读直流电源电路原理图。

（3）能解读直流电源各个组成部分的工作原理。

能力目标

（1）能运用仿真软件设计并制作 5 V 直流电源。

（2）能运用仪表检测和调试 5 V 直流电源。

（3）能完成实训报告。

项目分析

在现实生产和生活当中，很多设备需要用直流电源供电，如手机、WiFi、家用电器的控制系统，以及工农业生产中用到的电子仪器和自动控制系统等。直流电源的形式有很多种，不同的场合对于电源的要求不同。本项目将制作一个 5 V 的直流电源。

线性直流电源一般由电源变压器、整流电路、滤波电路及稳压电路等环节组成，线性直流电源的组成框图如图 1－1 所示。

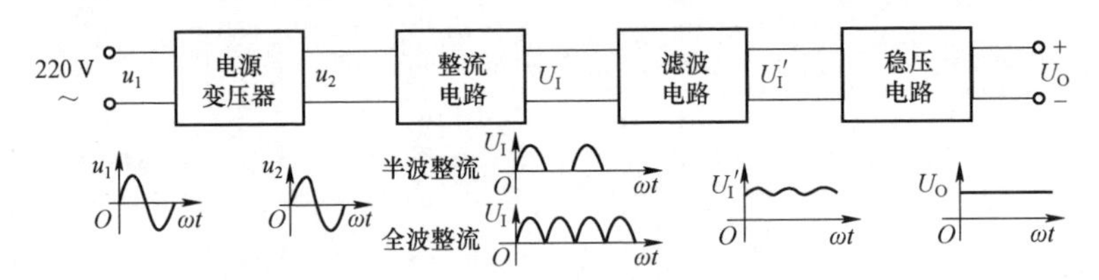

图 1－1　线性直流电源的组成框图

开关电源主要是由整流电路、滤波电路、DC/DC 变换电路等环节组成的，开关电源的组成框图如图 1－2 所示。

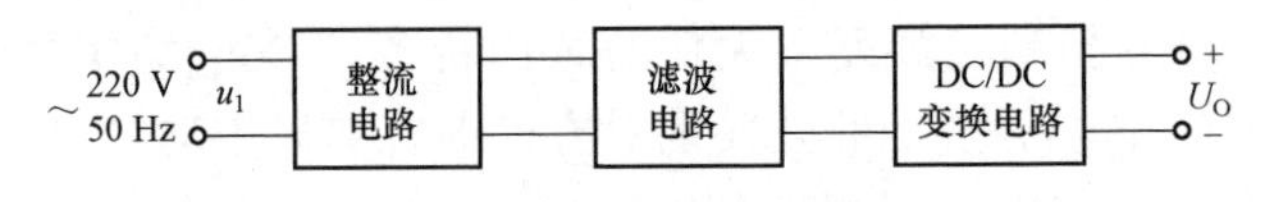

图 1－2　开关电源的组成框图

（1）电源变压器：按需要改变电压值，通常起降压作用。

（2）整流电路：将交流变换成脉动直流。

（3）滤波电路：减少直流的脉动。

（4）稳压电路：稳定输出直流电压。

（5）DC/DC 变换电路：包括振荡电路、反馈电路、稳压电路、过流保护电路、尖峰吸收电路和输出电路。振荡电路将直流电变成高频开关信号，该信号通过开关变压器传递到后级，然后再经过整流滤波稳压电路变成直流。

任务一　认识二极管

任务导入

直流稳压电源可将交流电转换为稳定的直流电并输出，其原理是利用二极管的单向导电性将交流电变成脉动直流电，其中二极管是直流稳压电源电路中的关键元件之一。通过二极管单向导电这个特性，可以发现事物都具有两面性，因此，在看待问题时，应该有辩证思维，既看到优点又看到缺点，全面地看待问题，才能够做出正确的决策和行动，从而更好地认识世界、认识自己。

任务目标

素质目标

（1）培养学生勤于思考、耐心细致的工作作风。

（2）引导学生认识事物的两面性，培养辩证思维。

知识目标

（1）能正确识读二极管符号，并了解其主要参数。

（2）掌握二极管的单向导电性仿真和测试。

（3）掌握二极管伏安特性的仿真和测试。

能力目标

（1）能判别二极管的正负极。

（2）能理解二极管的单向导电性。

（3）能根据需求选择整流二极管。

任务分析

二极管是最常用的电子元件之一，其最大的特性就是单向导电，即电流在二极管中只可以沿一个方向流过。整流电路、检波电路、稳压电路，以及各种调制电路，主要都是由二极管构成的。

基础知识

1. P 型半导体和 N 型半导体

按照导电能力的不同，自然界中的物质可分为导体、半导体（semiconductor）和绝缘体。半导体是指常温下导电性能介于导体与绝缘体之间的材料，常见的半导体材料有硅、锗、化合物砷化镓和氮化镓等。

纯净的半导体又称本征半导体，有空穴和自由电子两种载流子，两者成对出现，称为空穴－电子对，但其数量较少且导电能力很弱，不能直接用来制造半导体元件。在本征半导体中掺入不同种类的微量元素后能大大提高其导电能力。在本征半导体（硅或锗）中掺入三价元素（硼），即可得到以空穴为多数载流子的空穴型半导体，又称 P 型半导体；在本征半导体（硅或锗）中掺入五价元素（磷），即可得到以电子为多数载流子的电子型半导体，又称 N 型半导体。

2. 二极管的图形符号和外形

P 型半导体和 N 型半导体通过一定的工艺结合在一起，会在两者的交界处形成一个具有单向导电性能的 PN 结。将 PN 结加上相应的电极引线和管壳，就构成了二极管。二极管的图形符号如图 1－3 所示，其中左边三角形为 P 区，由 P 区引出的电极为正极（阳极）；右边竖线为 N 区，由 N 区引出的电极为负极（阴极）。

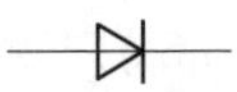

VD

图 1－3　二极管的图形符号

二极管按结构可分为点接触型二极管、面接触型二极管；按材料可分为硅二极管和锗二极管；按用途可分为检波二极管、整流二极管及特殊用途二极管等。一般大功率二极管采用面接触型结构，小功率二极管采用点接触型结构。此外，由于锗二极管热稳定性差，因此，现在常用硅二极管。常见二极管的外观如图 1－4 所示。

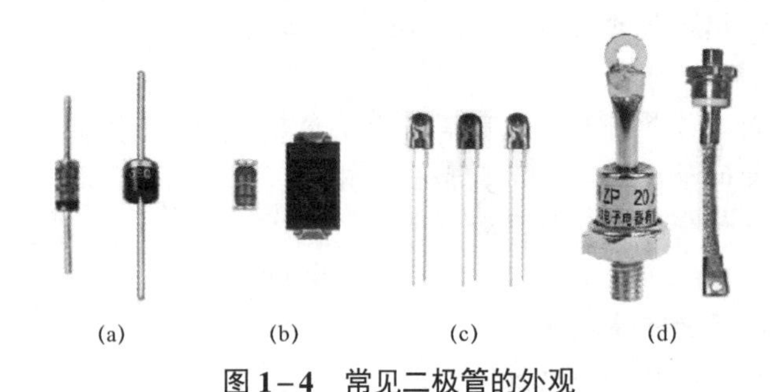

图 1－4　常见二极管的外观

（a）普通二极管；（b）贴片二极管；（c）发光二极管；（d）大功率二极管

3. 二极管的伏安特性

二极管的单向导电性可以用伏安特性描述，其测试电路如图 1－5 所示。所谓二极管的伏安特性，是指加在二极管两端的电压与流过二极管电流之间的关系，如图 1－6 所示。

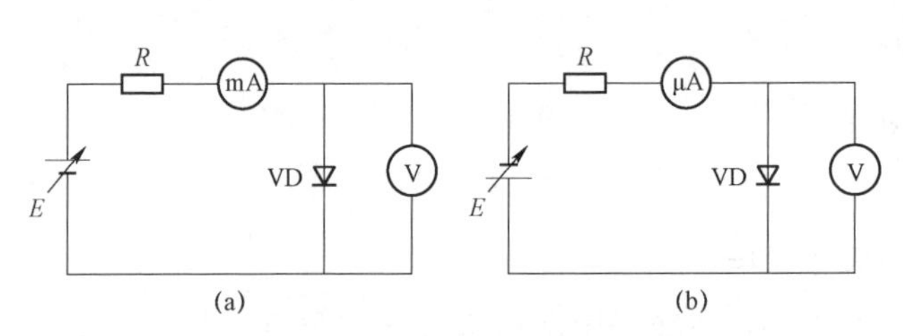

图 1－5　二极管伏安特性测试电路

（a）正向特性测试电路；（b）反向特性测试电路

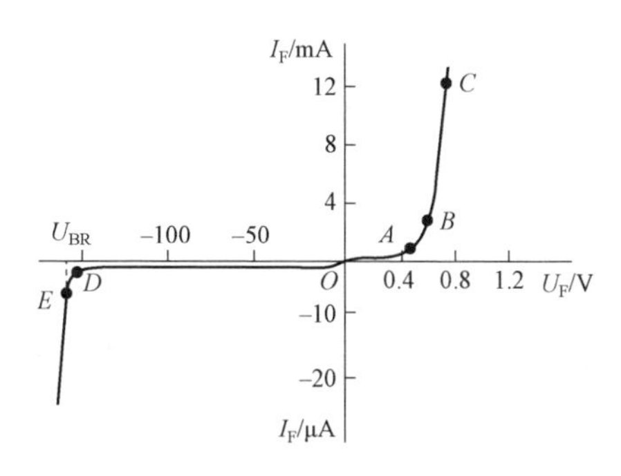

图 1－6　二极管伏安特性曲线

（1）正向特性。

二极管正向特性测试电路如图 1－5（a）所示。在二极管两端加可变正向偏置电压，即阳极电位高于阴极电位。逐渐增大二极管两端电压，每改变一次电压大小，就用电压表和毫安表测出二极管的电压和电流，并将测量的电压与电流值标记在直角坐标系中（横坐标为电压，纵坐标为电流），把这些点连接起来就可以得到二极管的正向特性曲线，即图 1－6 中第一象限所示曲线。其中，*OA* 段为死区，正向电压比较小，该电压称为死区电压，硅二极管的死区电压约为 0.5 V，锗二极管的死区电压约为 0.1 V，二极管不导通，电流微乎其微，呈高电阻状态。当正向电压高于一定数值后，流过二极管中的电流随正向电压的升高而明显增大，二极管导通，如图 1－6 中的 *BC* 段。当导通时，硅二极管正向压降约为 0.6～0.8 V，取 0.7 V；锗二极管正向压降约为 0.2～0.3 V，取 0.3 V。

（2）反向特性。

二极管反向特性测试电路如图 1－5（b）所示。在二极管两端加可变反向偏置电压，即阴极电位高于阳极电位。逐渐增大二极管两端电压，每改变一次电压大小，就用电压表和毫安表测出二极管的电压和电流，用与（1）中相同的方法即可在直角坐标系中得到二极管的反向特性曲线，即图 1－6 中第三象限所示曲线。从反向特性曲线的 *OD* 段可以看出，只有极小（微安级）的反向电流流过二极管，该电流称为反向漏电电流。在理想状态下，二极管的反向截止电流为 0，此时，二极管处于反向截止状态。硅二极管的反向电流比锗二极管的小。当反向电压继续增大到一定数值 U_{BR}（点 *D* 后）时，反向电流急剧上升，这种现象称为反向击穿，U_{BR} 称为反向击穿电压。反向击穿将对除稳压二极管之外的普通二极管造成永久性损害。

温度对二极管伏安特性的影响比较大。温度升高，二极管的正向特性曲线向左移，死区电压降低；二极管的反向特性曲线向下移，反向漏电电流增加。

4. 二极管的主要参数

（1）正向电流（I_F）。

正向电流是指在额定功率下允许流过二极管的电流值。电流流过时二极管会发热，当电流过大时，二极管会因过热而烧坏。二极管在应用时的最大导通电流不得超过 I_F。大电流整流二极管在使用时应加装散热片。

（2）最大浪涌电流（I_{FSM}）。

最大浪涌电流是指允许流过二极管的过量正向电流，它不是正常电流，而是瞬时电流。其值通常为额定正向电流的 20 倍左右。

（3）最高反向工作电压（U_{RM}）。

最高反向工作电压是指二极管所能承受的最高反向工作电压（峰值），一般取 U_{BR} 的 1/2。

（4）最大反向电流（I_R）。

在常温下，二极管加最高反向工作电压时的漏电电流值较小，受温度影响较大，温度升高，I_R 明显增加。

（5）最高工作频率（f_M）。

二极管也有单向导电性的最高交流信号频率，超过最高工作频率时二极管的单向导电性能将变差，甚至会因为一直导通而失去单向导电的特性。

例 1－1　电路如图 1－7 所示，二极管为硅二极管，U_S 为 10 V，负载 R_L 的阻值为 100 Ω，试求负载 R_L 两端的电压 U_o 和流过负载 R_L 的电流 I_o。

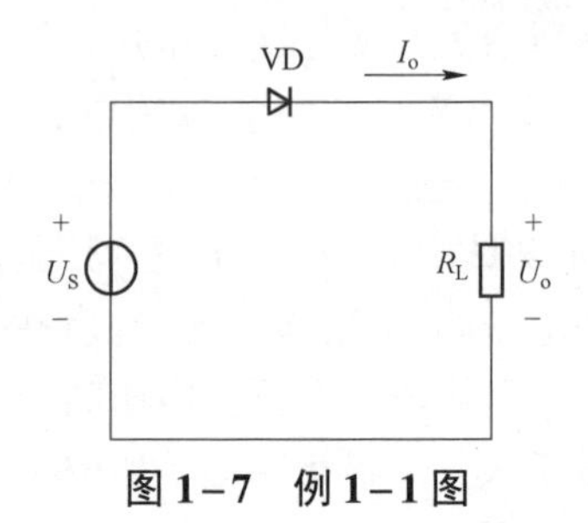

图 1－7　例 1－1 图

解：根据图 1－7 所示可知二极管加正向偏置电压，二极管处于导通状态。由于是硅二极管，因此，导通压降 U_F 为 0.7 V，则有

$$U_o = U_S - U_F = 10\ \text{V} - 0.7\ \text{V} = 9.3\ \text{V}$$

$$I_o = \frac{U_o}{R_L} = \frac{9.3\ \text{V}}{100\ \Omega} = 0.093\ \text{A}$$

负载 R_L 两端的电压 U_o 为 9.3 V，流过负载 R_L 的电流 I_o 为 0.093 A。

例 1－2　电路如图 1－8 所示，二极管为硅二极管，负载 R_L 的阻值为 10 Ω，试求负载 R_L 两端的电压 U_o 和流过负载 R_L 的电流 I_o。

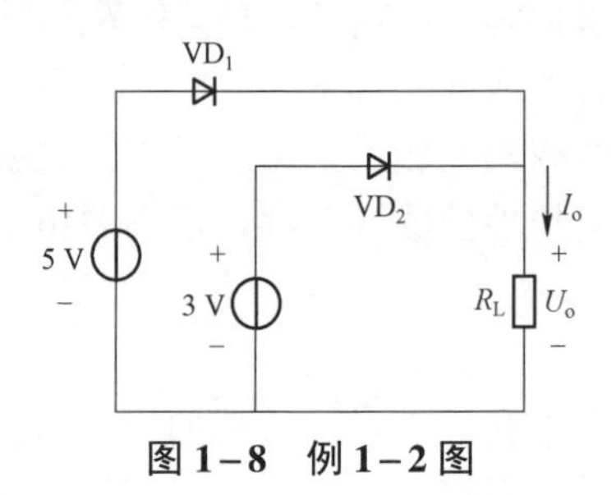

图 1－8　例 1－2 图

解：根据图 1－8 所示，VD_1，VD_2 两个二极管阴极连在一起，VD_1 的阳极电压高于 VD_2 的阳极电压，因此，VD_1 优先导通。当 VD_1 导通后，VD_2 的阴极电压为 4.3 V，高于其阳极电压，VD_2 处于截止状态，则有

$$U_o = 5\ \text{V} - U_{F1} = 5\ \text{V} - 0.7\ \text{V} = 4.3\ \text{V}$$

$$I_o = \frac{U_o}{R_L} = \frac{4.3\ \text{V}}{10\ \Omega} = 0.43\ \text{A}$$

负载 R_L 两端的电压 U_o 为 4.3 V，流过负载 R_L 的电流 I_o 为 0.43 A。

想一想

结合电工学知识思考一下，为什么反向击穿将会对普通二极管造成永久性损害？

任务实施

一、二极管单向导电电路的 Multisim 软件仿真

打开 Multisim 软件，在菜单栏中选择“文件”→“设计”命令，在弹出的“新设计”对话框中选择“空白”命令，并单击“创建”按钮，然后开始放置元器件。在菜单栏中选择“绘制”→“元器件”命令（也可在工具栏单击元器件图标，或把鼠标光标移到设计区域并右击，在弹出的菜单中单击“放置元器件”命令），并在弹出的“放置元器件”对话框中找到相应的元器件。图 1-9 所示为放置元器件并连接电路。电路连接完后，在设计区域上方单击运行图标进行电路仿真。连接开关 S1 的①和②，二极管 VD1 加正向电压，灯泡点亮，二极管正向导通；连接开关 S1 的①和③，二极管 VD2 加反向电压，灯泡不亮，二极管反向截止。单击暂停图标可以暂停仿真，单击停止图标可以停止仿真。

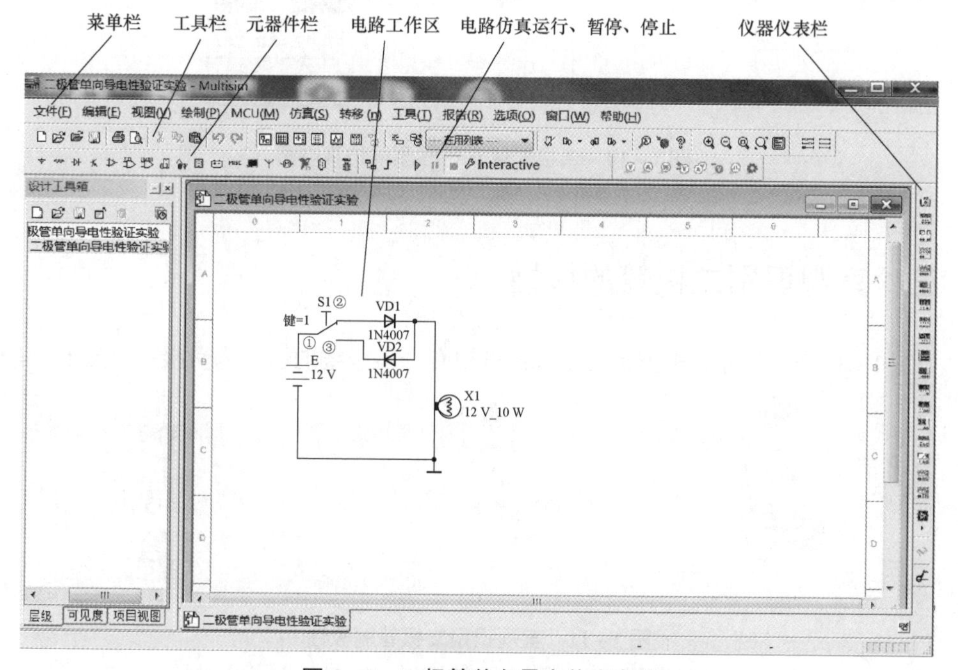

图 1-9　二极管单向导电仿真电路

二、二极管伏安特性测试仿真电路

打开 Multisim 软件，新建如图 1－10（a）所示的正向特性测试仿真电路，在 Multisim 软件中选好元器件并连接好电路，并调节电阻 R_2 的阻值，观察电流和电压的变化。如图 1－10（b）所示，在 Multisim 软件中连接好反向特性测试仿真电路，并调节电阻 R_2 的阻值，观察电流和电压的变化。

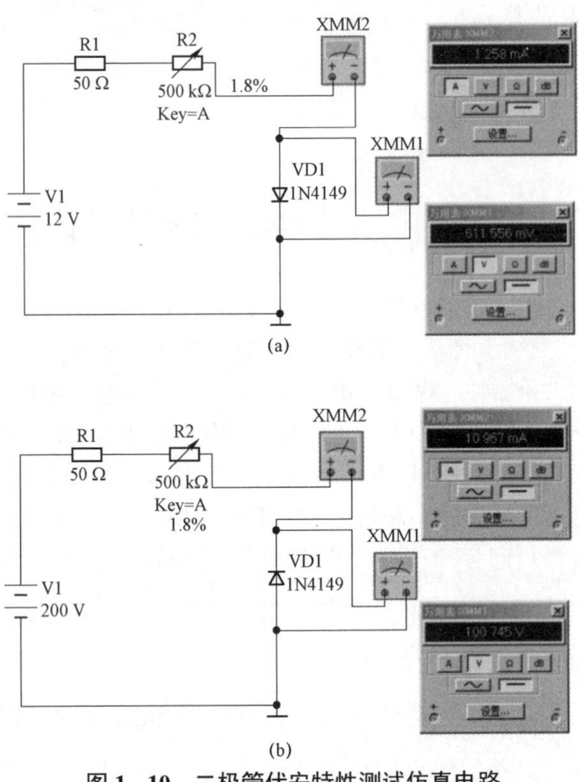

图 1－10　二极管伏安特性测试仿真电路

（a）正向特性测试仿真电路；（b）反向特性测试仿真电路

三、直观识别二极管的极性

如图 1－11（a）所示，根据标志识别：目视有一条竖线的引脚为负极；如图 1－11（b）

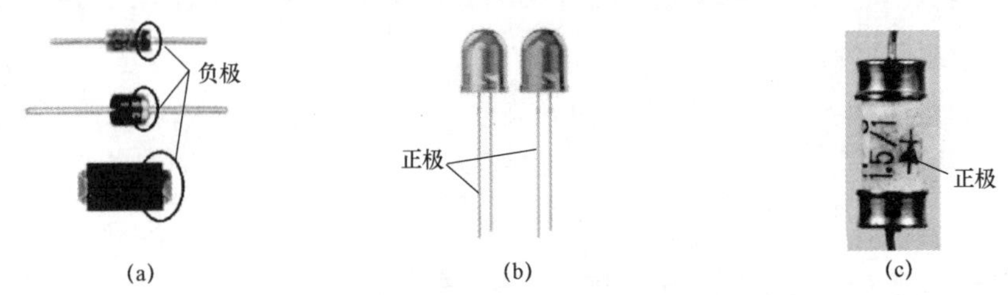

图 1－11　直观识别二极管的极性

（a）根据标志识别；（b）根据引脚长短识别；（c）根据图形符号识别

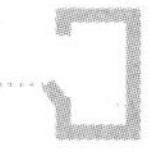

所示，根据引脚长短识别：长引脚为正极；如图 1－11（c）所示，根据图形符号识别：三角形一侧引脚为正极。

知识拓展

1. 稳压二极管

稳压二极管简称稳压管，图 1－12（a）所示为稳压管的图形符号。在使用时，稳压管的阴极接外加电压的高电位端，阳极接外加电压的低电位端，即稳压管工作在反向击穿状态，并利用反向击穿特性稳定直流电压。如果稳压管的极性接反，则不能起到稳压作用，此时稳压管只相当于一个普通二极管。稳压管两端的正向压降约为 0.7 V。

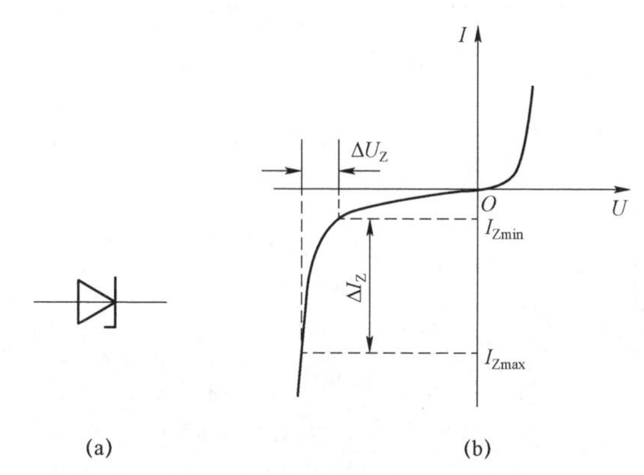

图 1－12　稳压管的图形符号和伏安特性曲线

（a）稳压管的图形符号；（b）稳压管的伏安特性曲线

（1）稳压管的伏安特性。

稳压管的正向特性和普通二极管相同，不同的是其反向特性曲线比普通二极管陡峭。如图 1－12（b）所示，当反向电压较小时，稳压管只有极小的反向电流。当反向电压达到反向击穿电压 U_Z 时，稳压管突然导通，此时即使电压增加很少，也会引起较大的电流变化。

（2）稳压管的主要参数。

① 稳定电压（U_Z）：在正常工作时，稳压管两端的反向电压。由于半导体元件性能参数的离散性，同一型号稳压管的 U_Z 分散性也较大，通常只给出该型号稳压管稳定电压的范围。例如，1N753 稳压管的稳定电压范围为 5.8～6.1 V。

② 稳定电流（I_Z）：维持稳定电压的工作电流。若流过稳压管的电流小于此值，则稳压效果不好。

③ 最大耗散功率（P_M）：稳压管正常工作时所允许的最大功率。若功率大于此值，则稳压管会由于过热而损坏。

④ 最大电流（I_{ZM}）：稳压管工作时允许流过的最大电流。最大电流可根据 $I_{ZM}=P_Z/U_Z$ 计算得出，当工作电流在最大电流的 1/5～1/2 时，稳压效果较好。

⑤ 动态电阻 R_Z：是指稳压二极管两端电压变化与电流变化的比值，动态电阻 R_Z 越小越好。R_Z 的计算公式为

$$R_{\mathrm{Z}}=\frac{\Delta U_{\mathrm{Z}}}{\Delta I_{\mathrm{Z}}} \tag{1-1}$$

2. 发光二极管

发光二极管（light emitting diode，LED）是通过电子与空穴复合释放能量发光，将电能转换为光能的半导体元件，在照明领域应用广泛。图 1-13 所示为发光二极管的图形符号，它通常由镓（Ga）、砷（As）、磷（P）、氮（N）的化合物制成。发光二极管可分为普通单色发光二极管、高亮度发光二极管、变色发光二极管和红外发光二极管等。发光二极管工作在正向偏置状态，当加反向电压时，其处于截止状态不发光。普通发光二极管正向电压 U_{F} 在 1～2 V 之间，高亮度发光二极管发红光、黄光和橙光的正向电压约为 2 V，发蓝光、绿光和白光的正向电压约为 3 V；正向电流 I_{F} 在 15～20 mA 之间，其强度与电流近似正比。为防止电流过大损坏发光管，必须串联限流电阻 R。

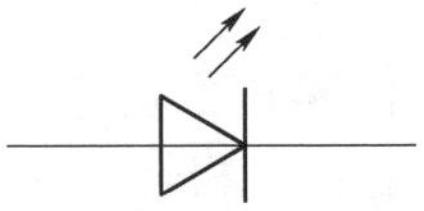

图 1-13　发光二极管的图形符号

R 的计算公式为

$$R=\frac{U_{\mathrm{I}}-U_{\mathrm{F}}}{I_{\mathrm{F}}} \tag{1-2}$$

式中　U_{I}——输入电压。

例 1-3　高亮度白光发光二极管正向电压 U_{F} 为 3.2 V，正向电流 I_{F} 为 20 mA，需要串联多大的限流电阻才能使其工作在电压为 9 V 的电路中？

解：

$$R=\frac{U_{\mathrm{I}}-U_{\mathrm{F}}}{I_{\mathrm{F}}}=\frac{9\ \mathrm{V}-3.2\ \mathrm{V}}{20\times10^{-3}\ \mathrm{A}}=290\ \Omega$$

查找资料选用标称阻值 300 Ω 的电阻。

3. 光电二极管

光电二极管又称光敏二极管，一般工作在反向偏置电路中。当无光照射时，反向电流很小，称为暗电流；当有光照射时，反向电流很大，称为光电流。反向电流大小随光的照射强度而变化，光的照射强度越大，反向电流也越大。光的变化引起光电二极管电流变化，这样就可以把光信号转换成电信号，所以它是一种光电转换的半导体元件。图 1-14 所示为光电二极管的图形符号。

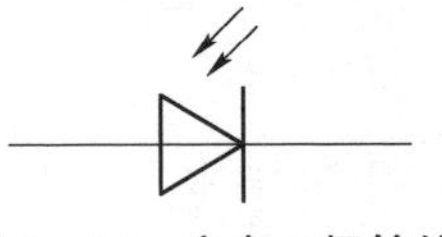

图 1-14　光电二极管的图形符号

4. 肖特基二极管

肖特基二极管（Schottky diode）是一种低功耗、超高速的半导体元件，其反向恢复时间极短（可以低至几纳秒），且正向导通压降也只有 0.4 V，多用作高频、低压、大电流整流二极管，续流二极管和保护二极管等，在开关电源、变频器中广泛运用。

任务二　整流电路的制作

任务导入

某企业监视终端显示器突然熄屏，由于监控中断，生产的产品出现瑕疵，造成了不必要的损失。经查，显示器电源保险和整流二极管烧坏，显示器供电中断不能正常显示，更换后一切恢复正常。这次事故的主要原因是整流二极管选型不符合要求，因此，在设计过程中需要设计人员有扎实的专业知识和高度的责任心。开关电源要将交流电转换为稳定的直流电输出，第一步就是通过整流电路将交流电变成脉动直流电，整流电路的好坏直接影响开关电源能否正常工作。

任务目标

素质目标

（1）增强勤俭节约意识，践行低碳环保。

（2）培养勤于思考、耐心细致的工作作风。

（3）提升学生负责任、肯担当的意识。

知识目标

（1）掌握单相半波整流电路和单相桥式整流电路原理。

（2）掌握根据需求选择整流二极管的方法。

能力目标

（1）能选择和运用二极管组成整流电路。

（2）能仿真和测试整流电路。

任务分析

整流电路的作用是运用二极管的单向导电性，将交流电变成脉动直流电。本任务学习如何运用和选择二极管构成整流电路。

基础知识

一、单相半波整流电路

1. 电路组成

单相半波整流电路如图 1－15（a）所示，其由交流电源、二极管 VD 及负载 R_L 组成。

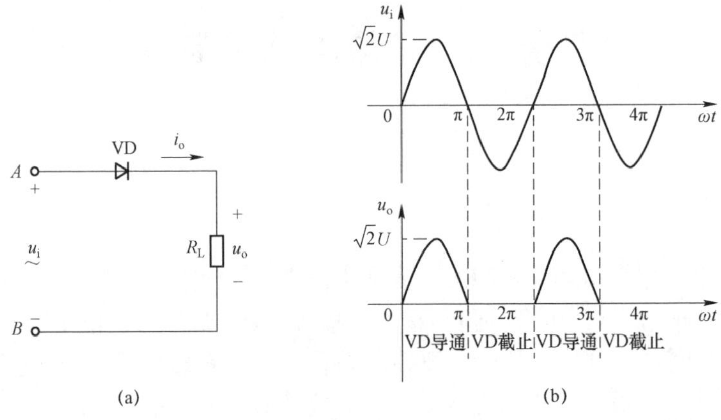

图 1-15　单相半波整流

（a）单相半波整流电路；（b）输入输出波形

2. 工作原理

设输入电压$u_i=\sqrt{2}U\sin\omega t$，其波形如图 1-15（b）所示。当$u_i$为正半周时，$A$端电压高于$B$端电压，二极管加正向电压导通，电流从$A$端通过 VD 和$R_L$流向$B$端，在$R_L$上得到上正下负的电压$u_o$。当$u_i$为负半周时，$A$端电压低于$B$端电压，二极管加反向电压截止，负载$R_L$电压为零。输出波形$u_o$如图 1-15（b）所示。

输入电压u_i通过二极管整流后，在负载上形成了脉动的直流电压u_o和电流i_o。该直流电压u_o和电流i_o通常用一个周期的平均值U_o和I_o表示，称为整流电压的平均值和整流电流的平均值，简称整流电压U_o和整流电流I_o，其值分别为

$$U_o \approx 0.45U \tag{1-3}$$

$$I_o=\frac{U_o}{R_L}\approx\frac{0.45U}{R_L} \tag{1-4}$$

3. 二极管的选择

整流二极管的选择主要考虑二极管导通时的工作电流和截止时的反向工作电压，这两个参数都不能超过选定的二极管的出厂参数。

流经二极管的电流I_D与负载电流I_o相等，即

$$I_F>I_D=I_o \tag{1-5}$$

二极管的U_{RM}要大于在截止时所承受的最高反向电压，即

$$U_{RM}>U_{DM}=\sqrt{2}\,U_2 \tag{1-6}$$

例 1-4　单相半波整流电路如图 1-15（a）所示，负载电阻$R_L=100\ \Omega$，输入交流工频电压有效值$U=220$ V，求输出电压平均值U_o、输出电流平均值I_o及U_{RM}，并选用合适的整流二极管。

解：

$$U_o\approx 0.45U=0.45\times 220\ \text{V}=99\ \text{V}$$

$$I_o=\frac{U_o}{R_L}\approx\frac{99\ \text{V}}{100\ \Omega}=0.99\ \text{A}$$

$$I_F>I_D=I_o$$

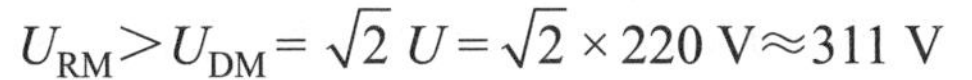

$$U_{RM}>U_{DM}=\sqrt{2}\,U=\sqrt{2}\times 220\text{ V}\approx 311\text{ V}$$

通过查找资料选用 1N4007 二极管，其正向平均电流 I_F 为 1.0 A，最高反向电压 U_{RM} 为 1 000 V。

想一想

如果例 1－4 选用 1N4002 二极管，其正向平均电流 I_F 为 1.0 A，最高反向电压 U_{RM} 为 100 V，会怎样？

任务实施

单相半波整流电路的 Multisim 软件仿真。

在 Multisim 软件中搭建如图 1－16（a）所示的单相半波整流仿真电路；如图 1－16（b）所示，输入电压 u_i 为 12 V 工频交流电压；接入电压表和示波器，观察输出电压和输出波形；图 1－16（c）所示为示波器显示波形。

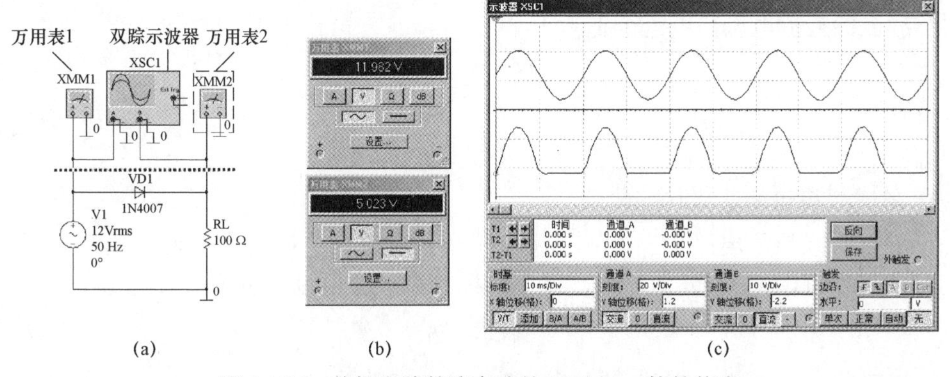

图 1－16　单相半波整流电路的 Multisim 软件仿真

（a）单相半波整流仿真电路；（b）输入输出电压；（c）输入输出波形

二、单相桥式整流电路

1. 电路组成

单相桥式整流电路如图 1－17（a）所示，其由交流电源、4 个二极管（VD_1，VD_2，VD_3，VD_4）及负载 R_L 组成。

2. 工作原理

设输入电压 $u_i=\sqrt{2}U\sin\omega t$，其波形如图 1－17（b）所示。当 u_i 为正半周时，A 端为正，B 端为负，二极管 VD_1，VD_3 加正向偏置电压导通，VD_2，VD_4 处于反向偏置电压而截止，电流流向为 A 端→VD_1→R_L→VD_3→B 端；当 u_i 为负半周时，A 端为负，B 端为正，VD_1，VD_3 处于反向偏置截止，VD_2，VD_4 处于正向偏置导通，电流流向为 B 端→

$VD_2 \rightarrow R_L \rightarrow VD_4 \rightarrow A$ 端。但是，无论 u_i 在正半周或负半周，负载两端通过的电流方向是一致的。输出波形 u_o 如图 1－17（b）所示。

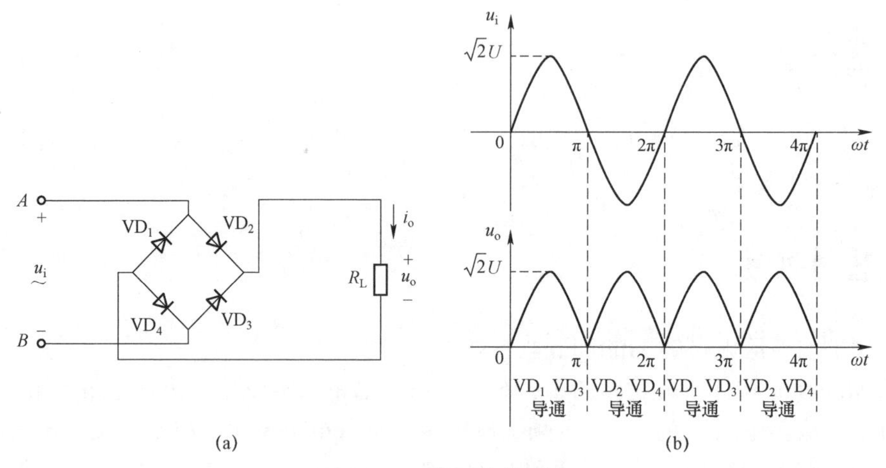

图 1－17　单相桥式整流

（a）单相桥式整流电路；（b）输入输出波形

负载上的直流电压和电流分别为

$$U_o \approx 0.9U \tag{1-7}$$

$$I_o = \frac{U_o}{R_L} \approx \frac{0.9U}{R_L} \tag{1-8}$$

3. 整流二极管的选择

在单相桥式整流电路中，4 个二极管在输入电源变化的一个周期内轮流导通，即 VD_1，VD_3 或 VD_2，VD_4 分别导通，每个二极管流过的电流是负载电流的 1/2，即

$$I_F > I_D = 0.5I_o \tag{1-9}$$

二极管的 U_{RM} 要大于在截止时所承受的最高反向电压，即

$$U_{RM} > U_{DM} = \sqrt{2}\,U \tag{1-10}$$

例 1－5　单相桥式整流电路如图 1－17（a）所示，负载电阻 $R_L = 100\ \Omega$，输入交流工频电压有效值 $U = 220$ V，求输出电压平均值 U_o、输出电流平均值 I_o 及 U_{RM}，并选用合适的整流二极管。

解：

$$U_o \approx 0.9U = 0.9 \times 220\ \text{V} = 198\ \text{V}$$

$$I_o = \frac{U_o}{R_L} \approx \frac{0.9U}{R_L} = \frac{198\ \text{V}}{100\ \Omega} = 1.98\ \text{A}$$

$$I_F > I_D = 0.5I_o \approx 0.5 \times 1.98\ \text{A} = 0.99\ \text{A}$$

$$U_{RM} > U_{DM} = \sqrt{2}\,U = \sqrt{2} \times 220\ \text{V} \approx 311\ \text{V}$$

通过查找资料选用 1N4007 二极管，其正向平均电流 I_F 为 1.0 A，最高反向电压 U_{RM} 为 1 000 V。

想一想

（1）如果单相桥式整流电路有一个二极管开路，如 VD_1 开路，会怎样？

（2）如果单相桥式整流电路有一个二极管短路，如 VD_1 短路，会怎样？

任务实施

单相桥式整流电路的 Multisim 软件仿真。

在 Multisim 软件中搭建如图 1－18（a）所示的单相桥式整流仿真电路；如图 1－18（b）所示，输入电压 u_i 为 12 V 工频交流电压；接入电压表和示波器，观察输出电压和输出波形，图 1－18（c）所示为示波器显示波形。

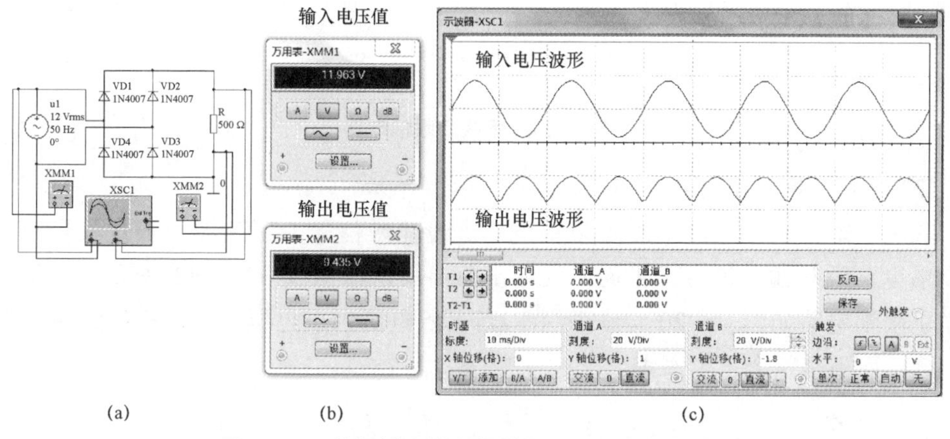

(a)　　(b)　　(c)

图 1－18　单相桥式整流电路的 Multisim 软件仿真

（a）单相桥式整流仿真电路；（b）输入输出电压；（c）输入输出波形

知识拓展

一、二极管限幅电路

二极管限幅电路有串联限幅电路和并联限幅电路两种。限幅是指不论输入的电压幅值有多大，输出的电压都被限制在预先设定的范围内。二极管限幅电路主要用于限制信号电压的范围，又称限幅器、削波器等。二极管限幅电路应用非常广泛，常用于整形、波形变换、过压保护等电路中。

1. 串联限幅电路

串联限幅电路，即二极管与输出端串联的限幅电路。当二极管正向偏置导通时，其输入信号传输到输出端；当二极管反向偏置截止时，其输入信号不会传输到输出端。

（1）串联负限幅电路。

设输入信号为正弦波，不带偏置的串联负限幅电路限制输入信号负半周，仅输出正半周，如图 1－19（a）所示。带偏置的串联负限幅电路如图 1－19（b）所示，设二极管是理想二极管，当 u_i 低于 E 时，VD 不导通，$u_o=E$；当 u_i 高于 E 时，VD 导通，此时输出电压 u_o 等于输入电压 u_i。该限幅电路的限幅特性如图 1－19（c）所示，当输入振幅大于 E 的正弦波时，输出电压波形可见且与输入电压波形一致。该电路将输出信号的下限电平限定在某一固定值 E 上，所以这种限幅电路也称串联下限幅电路，即保留全部正半周，削去部分负半周。

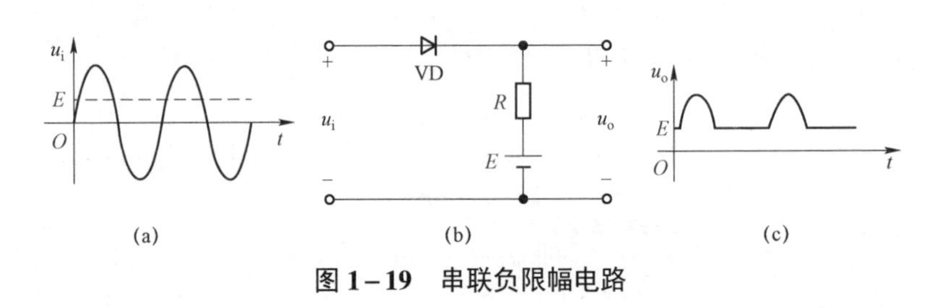

图 1－19　串联负限幅电路

（2）串联正限幅电路。

串联正限幅电路也称串联上限幅电路。设输入信号为正弦波，不带偏置的串联正限幅电路限制输入信号正半周，仅输出负半周，如图 1－20（a）所示。带偏置的串联正限幅电路如图 1－20（b）所示，当电源电压为正电压时，仅限制正半周期的一部分，而不是整个正半周期。

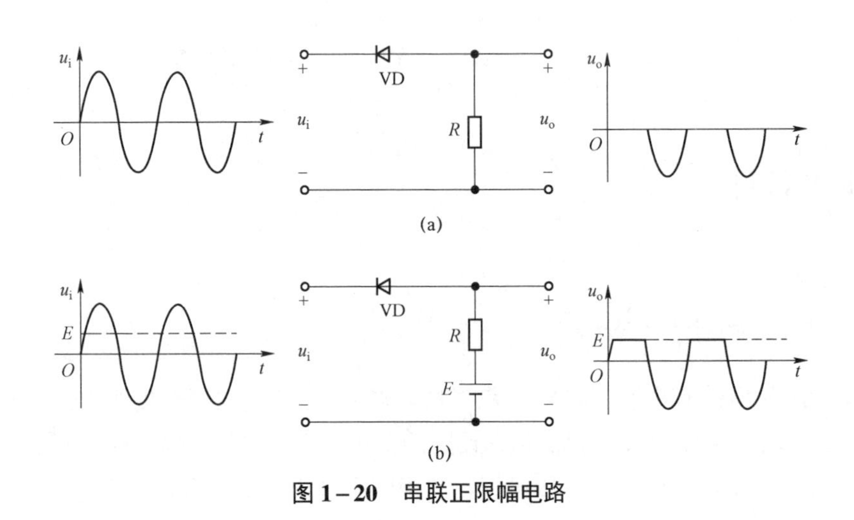

图 1－20　串联正限幅电路

2. 并联限幅电路

并联限幅电路，即二极管与输出端并联的限幅电路。当二极管正向偏置导通时，其输入信号不会传输到输出端；当二极管反向偏置截止时，其输入信号传输到输出端。

（1）并联负限幅电路

并联负限幅电路也称并联下限幅电路。设输入信号为正弦波，不带偏置的并联负限幅电路限制输入信号负半周，仅输出正半周，如图 1－21（a）所示。带偏置的并联负限幅电路如图 1－21（b）所示，设二极管是理想二极管，当 u_i 高于 E 时，VD 不导通，输出电压 u_o 等于输入电压 u_i；当 u_i 低于 E 时，VD 导通，此时 $u_o=E$。

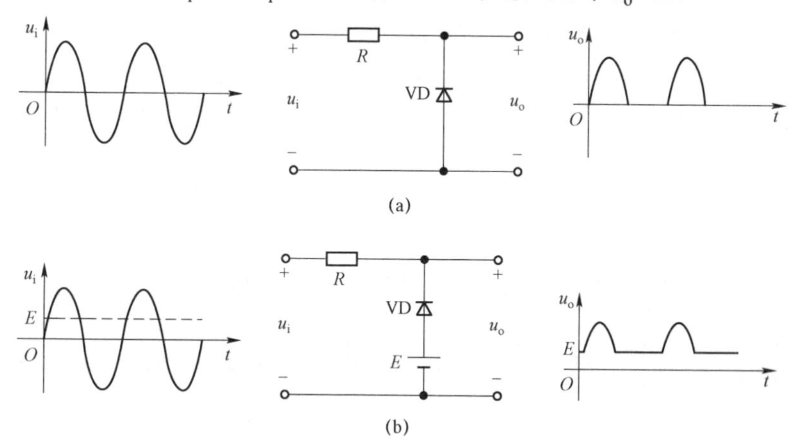

图 1－21　并联负限幅电路

（2）并联正限幅电路

并联正限幅电路也称并联上限幅电路。设输入信号为正弦波，不带偏置的并联正限幅电路限制输入信号正半周，仅输出负半周，如图 1－22（a）所示。带偏置的并联正限幅电路如图 1－22（b）所示，设二极管是理想二极管，当 u_i 高于 E 时，VD 导通，$u_o=E$；当 u_i 低于 E 时，VD 不导通，此时输出电压 u_o 等于输入电压 u_i。

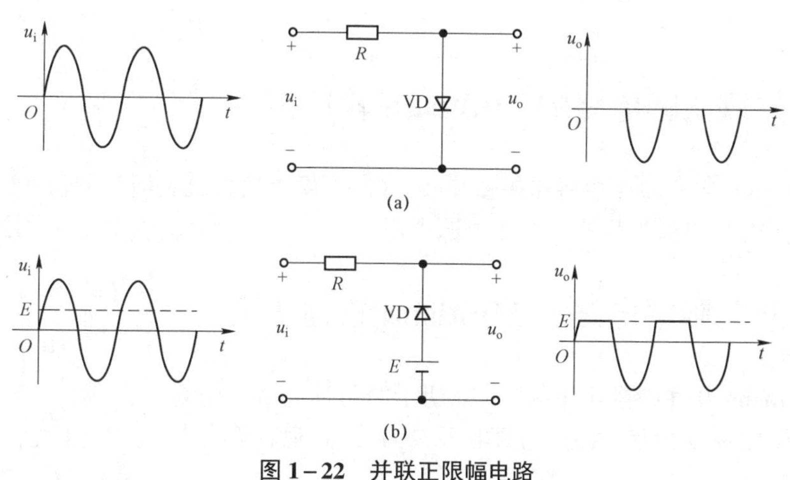

图 1－22　并联正限幅电路

二、钳位电路

钳位是指在不改变信号频率的前提下，将输入电压变成峰值钳制在某一预定的电平上的输出电压。钳位电路是使输出电位钳制在某一数值上保持不变的电路，如图 1-23 所示。当 $U_i>0$ 时，二极管 VD 正向导通，若不考虑二极管的正向压降，则点 A 的电位被钳制在 0 V 左右，即 $U_A \approx 0$ V。

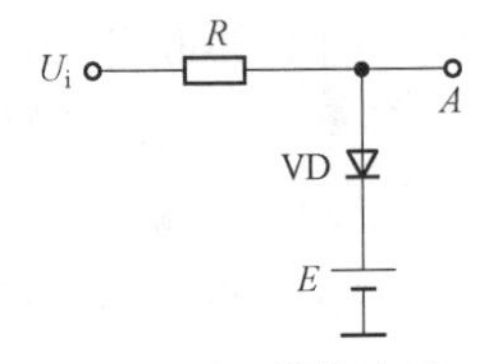

图 1-23　钳位电路

例 1-6　钳位电路如图 1-23 所示，输入电压 U_i 为 10 V，电源电压 E 为 5 V，二极管为理想二极管，求点 A 的电位。

解： 因为 U_i 为 10 V，E 为 5 V，$U_i>E$，因此，二极管 VD 正向导通；又因为二极管为理想二极管，导通后没有压降，因此，点 A 的电位等于电源电压，即 $U_A=5$ V。

想一想

（1）当图 1-19 所示的串联负限幅电路中的电源电压为负时，输出电压波形是怎样的？

（2）当图 1-22 所示的并联正限幅电路中的电源电压为负时，输出电压波形是怎样的？

任务实施

一、串联限幅电路的 Multisim 软件仿真

分别在 Multisim 软件中搭建如图 1-19、图 1-20（b）所示的仿真电路，设输入电压 u_i 为 12 V 交流信号源，改变电源电压 E 的大小，观察输出电压 u_o 的波形。

二、并联限幅电路的 Multisim 软件仿真

分别在 Multisim 软件中搭建如图 1-21（b）、图 1-22（b）所示的仿真电路，设输入电压 u_i 为 12 V 交流信号源，改变电源电压 E 的大小，观察输出电压 u_o 的波形。

三、双向限幅电路的 Multisim 软件仿真

在 Multisim 软件中搭建如图 1-24 所示的仿真电路，设输入电压 u_i 为 12 V 交流信号源，电源电压 E 为 3 V，观察输出电压 u_o 的波形。

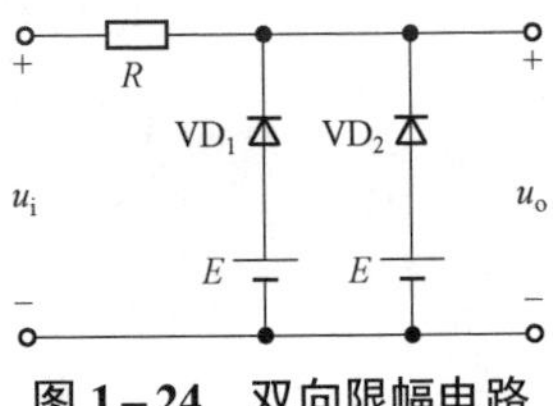

图 1-24　双向限幅电路

任务三　电容滤波电路的制作

任务导入

整流电路只是将交流电转换为有较大交流分量的脉动直流电，若直接使用，则会对后面的电路造成严重的不良影响，甚至会损坏电路。因此，还需要对整流后的脉动直流电进行滤波，以减少脉动直流电中的交流成分。滤波电路的形式有很多种，常用的滤波电路包括电容滤波电路、电感滤波电路和复式滤波电路等，其中最简单实用的是电容滤波电路。采用电容滤波后，可以输出较为平滑的直流电压，大幅提高了交流电源的利用率，减少损耗，降低成本。

任务目标

素质目标

（1）增强成本意识，培养成本效益分析能力。

（2）培养系统思维、多角度思考能力。

知识目标

（1）掌握单相半波整流滤波电路和单相桥式整流滤波电路的组成及工作原理。

（2）掌握二极管整流滤波电路设计方法。

能力目标

（1）会选择和运用二极管、滤波电容组成整流滤波电路。

（2）会使用仪器仪表测量整流滤波电路。

任务分析

根据电源需要合理选择电容的容量和耐压，从而选择合适的电容滤掉整流器输出直流电中的交流分量，使输出（波形中交流分量更少）的直流电压的波形较为平滑。

基础知识

一、电容的图形符号与外观

电容器简称电容，是指能在电极上储存电荷和电能的元件，其图形符号如图 1－25

所示。电容是电子设备中大量使用的电子元件之一，在隔直、耦合、旁路、滤波、调谐回路、能量转换、控制电路等方面应用广泛。常见电容的外观如图 1－26 所示。

图 1－25　电容的图形符号

（a）有极性电容；（b）无极性电容

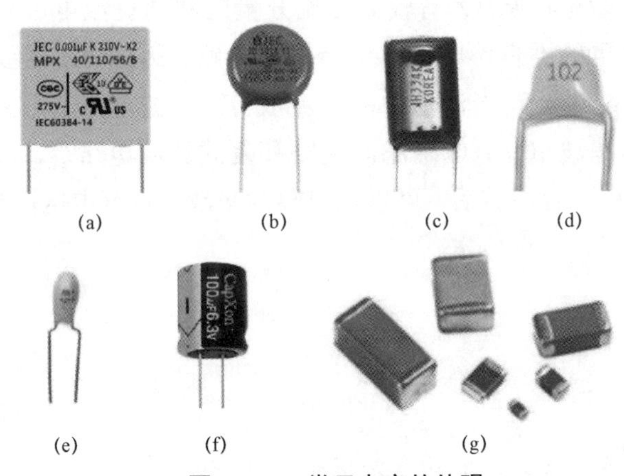

图 1－26　常见电容的外观

（a）聚丙烯电容；（b）陶瓷电容；（c）聚酯电容；（d）独石电容；（e）钽电容；（f）电解电容；（g）贴片电容

二、单相半波整流电容滤波电路及工作原理

1. 单相半波整流电容滤波电路

单相半波整流电容滤波电路如图 1－27（a）所示，该电路通过电容 C 并联在负载两端以实现滤波。

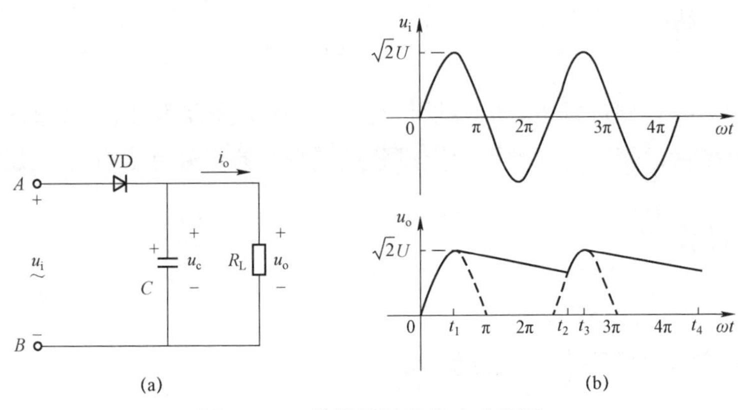

图 1－27　单相半波整流电容滤波

（a）单相半波整流电容滤波电路；（b）输入输出波形

2. 电路工作原理

输入电压$u_i=\sqrt{2}U\sin\omega t$，假设电源在$\omega t=0$时接通，在$0\sim t_1$时间段内，电容两端的初始电压$u_c$（0）=0，$u_i$由零逐渐增大，此时$u_i>u_c$，二极管VD加正向电压导通，电源为负载供电的同时还向电容C充电。由于二极管的导通电阻很小，因此，u_c和u_i变化几乎同步，当$\omega t=\pi/2$时（即t_1时刻），u_i达到峰值，电容C两端的电压u_c也达到峰值。在$t_1\sim t_2$时间段内，u_i到达峰值后逐渐下降，此时$u_i<u_c$，二极管VD加反向电压截止，电容C向负载R_L放电，在放电过程中，u_c下降。放电时间的快慢由放电时间常数$\tau=R_LC$决定，一般应大于电源电压周期的两倍，因此，放电很慢。在$t_2\sim t_3$时间段内，第二个正半周到来，并出现当$u_i>u_c$时，二极管VD再一次加正向电压导通，电容C充电，电容C两端电压u_c再次逐渐增大到峰值。如此重复，电容不断充电、放电，在负载上获得如图1－27（b）实线所示的波形。

3. 特点

采用电容滤波使负载电压中的脉动成分降低，同时输出电压的平均值有所提高。输出电压的平均值约等于电源电压u_i的有效值，即

$$U_o\approx U \tag{1-11}$$

当二极管截止时，输入电压处于峰谷，同时电容两端的电压为$\sqrt{2}U$，因此，整流二极管实际承受的最高反向电压为

$$U_{DM}=2\sqrt{2}U \tag{1-12}$$

三、单相桥式整流电容滤波电路及工作原理

1. 单相桥式整流电容滤波电路

单相桥式整流电容滤波电路图如1－28（a）所示，该电路通过电容C并联在负载两端以实现滤波。

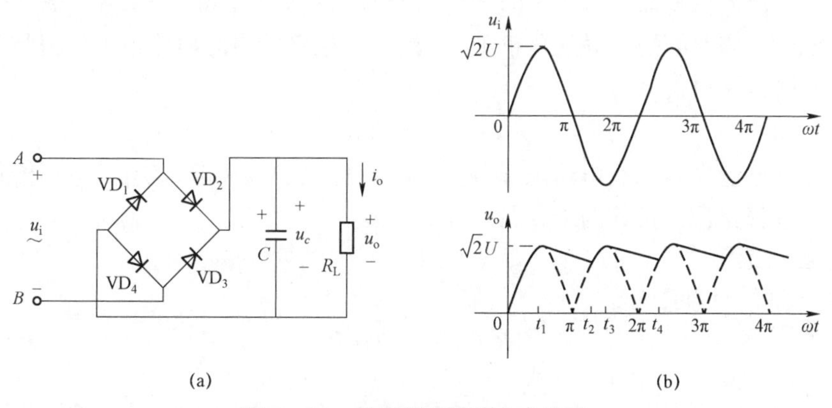

图 1－28　单相桥式整流电容滤波

（a）单相桥式整流电容滤波电路；（b）输入输出波形

2. 电路工作原理

输入电压 $u_i=\sqrt{2}U\sin\omega t$，假设电源在 $\omega t=0$ 时接通，在 0～t_1 时间段内，电容两端的初始电压 u_c（0）=0，u_i 由零逐渐增大，此时 $u_i>u_c$，二极管 VD_1，VD_3 加正向电压导通，二极管 VD_2，VD_4 加反向电压截止，电源为负载供电的同时还向电容 C 充电。由于二极管的导通电阻很小，电容的充电时间常数很小，因此，u_c 和 u_i 变化几乎同步，当 $\omega t=\pi/2$ 时（即 t_1 时刻），u_i 达到峰值，电容 C 两端的电压 u_c 随即也达到峰值。在 t_1～t_2 时间段内，u_i 到达峰值后逐渐下降，此时 $u_i<u_c$，4 个二极管加反向电压截止，电容 C 向负载 R_L 放电，在放电过程中，u_c 下降。放电时间的快慢由放电时间常数 $\tau=R_LC$ 决定，放电越慢滤波效果越好，且放电时间常数 τ 应大于或等于电源电压周期的三倍。在 t_2～t_3 时间段内，电源负半周，二极管 VD_2，VD_4 加正向电压导通，二极管 VD_1，VD_3 加反向电压截止，电容和负载两端获得上正下负电压，并出现当 $u_i>u_c$ 时，电源为负载供电的同时向电容 C 充电，电容 C 两端电压 u_c 再次逐渐增大到峰值。如此重复，电容不断充电、放电，在负载上获得如图 1－28（b）实线所示的波形。

3. 特点

采用电容滤波使负载电压中的脉动成分降低，同时输出电压的平均值有所提高。输出的直流电压为

$$U_o\approx 1.2U\text{（单相桥式整流电容滤波）} \tag{1-13}$$

当二极管截止时，输入电压处于峰谷，同时电容两端的电压为 $\sqrt{2}U$，因此，整流二极管实际承受的最高反向电压为

$$U_{DM}=\sqrt{2}U \tag{1-14}$$

四、整流二极管和电容的选用

1. 整流二极管的选用

整流二极管的选用主要考虑正向整流电流 I_F 和最高反向工作电压 U_{RM}。

整流电容滤波电路流过二极管的平均电流为 $I_D=0.45U_0/R_L$，但此时二极管的导通时间比不加滤波电容时要短，导通角小于 π，流过二极管的瞬时电流很大，因此，在选用整流二极管时，一般选

$$I_F\geqslant(1.5\sim 2)I_D \tag{1-15}$$

单相半波整流电容滤波电路选择整流二极管的 U_{RM} 应大于 $2\sqrt{2}U$；单相桥式整流电容滤波电路选择整流二极管的 U_{RM} 应大于 $\sqrt{2}U$。

2. 电容的选用

滤波电容 C 的容量为

$$R_LC\geqslant(3\sim 5)T/2 \tag{1-16}$$

滤波电容 C 的最高工作电压为

$$U_C=\sqrt{2}U \tag{1-17}$$

电容的额定工作电压是指电容长期使用时不被反向击穿所能承受的最大电压值。每个电容都有一定的耐压程度，应保持实际电压比额定电压低 10%～20%，不能超过其额

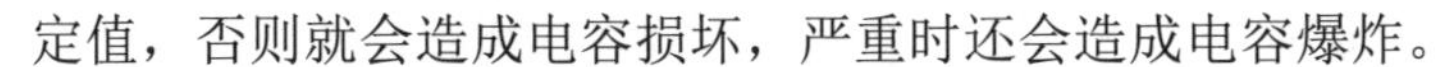

定值，否则就会造成电容损坏，严重时还会造成电容爆炸。

例 1-7　单相桥式整流电容滤波电路如图 1-28（a）所示，输入交流电的周期 $T=0.02$ s，要求输出直流电压 U_o 为 9 V，输出直流电流 I_o 为 0.5 A。求解如下几个问题。

（1）计算输入电压的 u_i 有效值。

（2）选择整流二极管。

（3）选择滤波电容的容量和耐压。

解：（1）根据式（1-13）可得

$$u_i \approx U_o/1.2 = 9\ \text{V}/1.2 = 7.5\ \text{V}$$

实际应用要考虑两个二极管串联的压降，因此输入电压 U 应选 9 V 左右。

（2）
$$I_F \geqslant (1.5 \sim 2)I_D = 2 \times 0.5I_o = 2 \times 0.5 \times 0.5\ \text{A} = 0.5\ \text{A}$$
$$U_{RM} > U_{DM} = \sqrt{2}\,U = \sqrt{2} \times 9\ \text{V} \approx 13\ \text{V}$$

查资料可知，整流二极管 $VD_1 \sim VD_4$ 可选用 1N4001 二极管，其极限参数为 $U_{RM}=50$ V，$I_F=1$ A。

（3）
$$R_L = U_o/I_o = 9\ \text{V}/0.5\ \text{A} = 18\ \Omega$$

根据式（1-16）可得

$$C \geqslant (3 \sim 5)T/(2R_L) = 5 \times 0.02\ \text{s}/(2 \times 18)\ \Omega \approx 2\ 777.78\ \mu\text{F}$$

滤波电容的最高工作电压为

$$U_C = \sqrt{2}\,U = \sqrt{2} \times 9\ \text{V} \approx 13\ \text{V}$$

使用时应保持实际电压比额定电压低 10%～20%，因此，应选择标称值为 3 300 μF/16 V 的电容。

想一想

（1）为什么单相半波整流电容滤波电路二极管反向工作电压为 $2\sqrt{2}\,U$，而单相桥式整流电容滤波电路二极管反向工作电压为 $\sqrt{2}\,U$？

（2）单相桥式整流电容滤波电路中若有一个二极管开路，则其输出电压会有什么变化？

任务实施

一、单相半波整流电容滤波电路的 Multisim 软件仿真

在 Multisim 软件中构建如图 1-29（a）所示的单相半波整流电容滤波仿真电路；如图 1-29（b）所示，输入电压 u_i 为 12 V 工频交流电压；接入电压表和示波器，观察输出电压和输出波形。图 1-29（c）所示为示波器显示波形。

二、单相桥式整流电容滤波电路的 Multisim 软件仿真

在 Multisim 软件中构建如图 1-30（a）所示的单相桥式整流电容滤波仿真电路；

如图 1－30（b）所示，输入电压 u_i 为 12 V 工频交流电压，接入电压表和示波器，观察输出电压和输出波形。图 1－30（c）所示为示波器显示的输入输出波形。

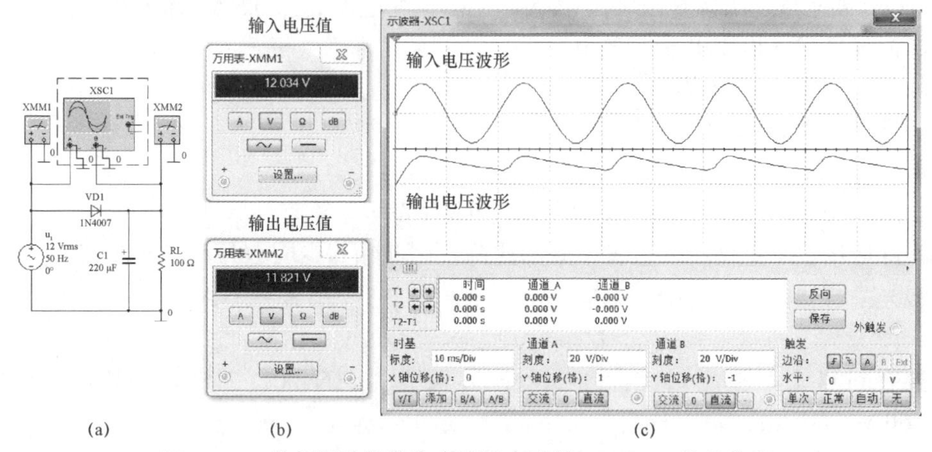

图 1－29　单相半波整流电容滤波电路的 Multisim 软件仿真

（a）单相半波整流电容滤波仿真电路；（b）输入输出电压；（c）输入输出波形

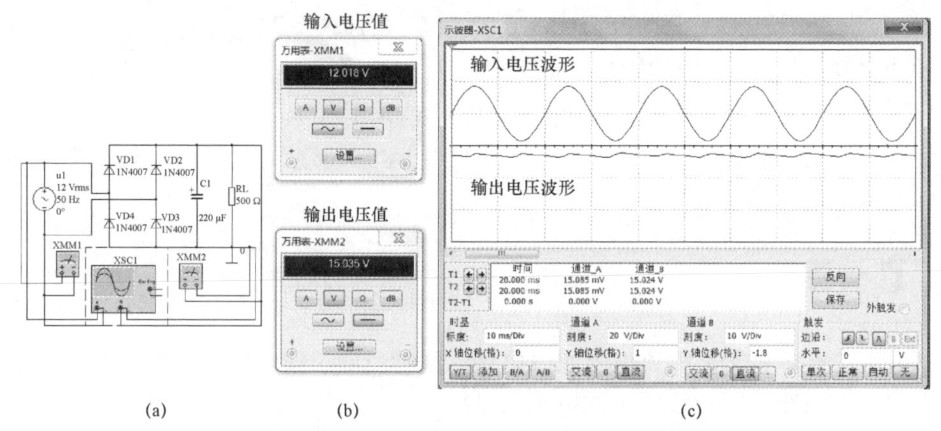

图 1－30　单相桥式整流电容滤波电路的 Multisim 软件仿真

（a）单相桥式整流电容滤波仿真电路；（b）输入输出电压；（c）输入输出波形

知识拓展

一、电感滤波电路

1. 电路及工作原理

图 1－31 所示为单相桥式整流电感滤波电路，其中滤波电路由电感 L 及负载 R_L 串联构成。在输入电压发生变化时，电感的电流不能突变。当负载的电流增加时，电感将存储部分磁场能量；当负载的电流减小时，电感又将能量释放出来，使负载电流变得平滑。整流输出的电压是脉动直流，由交流分量和直流分量叠加而成，当交流分量流过电感 L 时，电感 L 产生反电动势阻止其通过，因此，也可以减少纹波，并且 L 越大纹波越

小。图 1－32 所示为电路达到稳态后各点的电压波形。当直流分量通过电感 L 时，电感 L 的感抗为零，而且直流电阻很小，因此，直流分量可以通过。

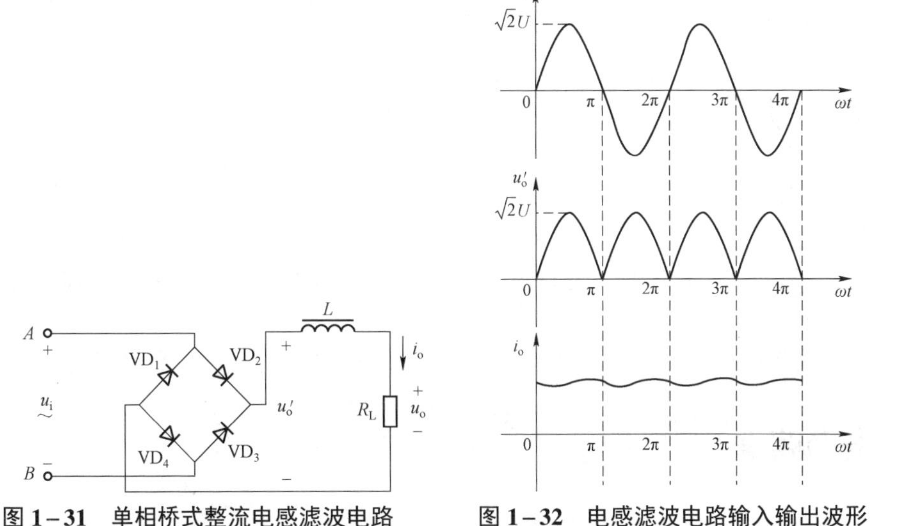

图 1－31　单相桥式整流电感滤波电路　　图 1－32　电感滤波电路输入输出波形

2. 特点

电感滤波电路的优点如下。

（1）电感有平波作用。

（2）电感滤波整流二极管导通角 θ 接近 π，因此，通过二极管的电流不会出现瞬时值过大的现象，对二极管的安全工作有利。

（3）因为电感对直流分量的阻抗小，对交流分量的阻抗大，因此，能够得到较好的滤波效果，且直流损失小。

电感滤波电路的缺点如下。

（1）滤波效果受负载电阻大小的影响。在电感不变的情况下，负载电阻 R_L 越小，输出电压的交流分量越小，滤波效果就越好。

（2）体积大，成本高。

二、Π 型 RC 滤波电路

1. 电路及工作原理

图 1－33 是由电容、电阻组成的 Π 型 RC 滤波电路图，该电路由滤波电容 C_1，C_2 和滤波电阻 R_L 组成。Π 型 RC 滤波电路接在整流电路的输出端。电阻 R_L 对于交流电、直流电具有同样的压降作用，但是当其与电容配合后就使脉动电压较多地降在电阻两端（这是因为电容 C_2 的交流阻抗非常小），而较少地降在负载两端，从而起到了滤波作用。电阻值和电容容量越大，滤波效果越好。若电阻 R 过大，则使直流压降增加。一般将电容 C_2 的容量取得稍大些，C_1 的容量小一些。因为电容 C_1 的容量越大，开机时充电时间就越长，充电

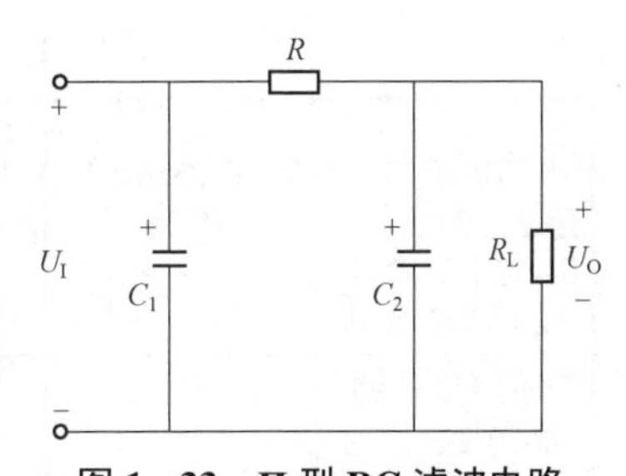

图 1－33　Π 型 RC 滤波电路

电流就越大，从而对整流二极管的冲击就越大。

2. 特点

Π 型 RC 滤波电路结构简单，滤波效果较好，同时能起降压限流作用，但其负载能力较差，因此，常用于负载电流较小的场合。

想一想

（1）在整流滤波电路中，滤波电容的大小对输出电压的大小和脉动程度有什么影响？为什么？

（2）在整流滤波电路中，负载电阻的大小对输出电压的大小和脉动程度有什么影响？为什么？

（3）在整流滤波电路中，当负载开路时，输出电压 U_2 的波形是怎样的？

任务实施

单相桥式整流电容滤波电路的 Multisim 软件仿真。

整流滤波电路不同容量电容和不同阻值电阻对电路影响的 Multisim 软件仿真。

在 Multisim 软件中搭建如图 1－34 所示的仿真电路，测量输出电压和输出波形，并将输出电压值和输出波形填入表 1－1 相应的地方。

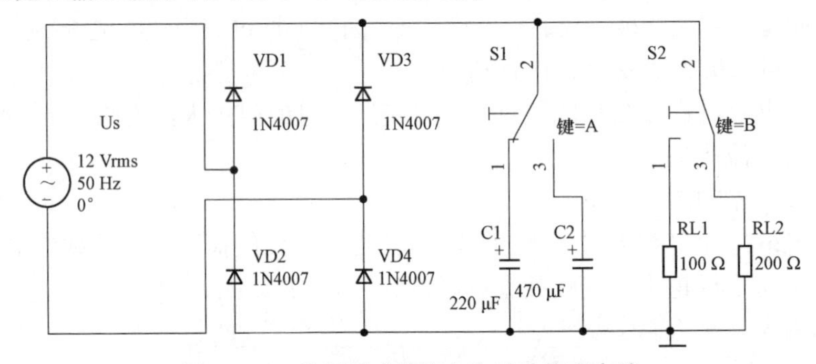

图 1－34　单相桥式整流电容滤波仿真电路

表 1－1　单相桥式整流电容滤波电路测试记录表

测试项目	电容容量/μF	负载阻值/Ω	输出电压 U_O	
			电压值/V	波形
S1 的 1/2 接通、S2 的 1/2 接通				
S1 的 1/2 接通、S2 的 2/3 接通				
S1 的 2/3 接通、S2 的 1/2 接通				
S1 的 2/3 接通、S2 的 2/3 接通				

任务四　稳压电路的制作

任务导入

整流器输出的直流电压经电容滤波后，得到的直流电压较为平滑，但仍然会有一定的交流分量，对精度要求较高的仪器设备仍会带来不良影响。因此，在滤波之后还需通过稳压电路进行稳压，使输出的直流电压基本保持不变。稳压电路的形式有很多，其中，采用三端集成稳压器组成的稳压电路的稳压效果好，且容易制作，便于大规模生产。

任务目标

素质目标

（1）培养爱国主义精神，增强实干报国意识。

（2）培养技能过硬、精益求精的工匠精神。

知识目标

（1）学会三端集成稳压器的基本知识。

（2）学会根据负载需要选择合适的三端集成稳压器。

能力目标

（1）能安装和调试 5 V 直流稳压电源。

（2）能使用仪器仪表测量 5 V 直流稳压电源。

任务分析

三端集成稳压器有 3 个端子，即输入端、输出端和公共端，其输出电流较大，工作安全，使用简单方便、稳定，性能可靠，因此得到广泛应用。本任务学习如何正确运用三端集成稳压电路将电路所需要的直流电压稳定在 5 V，并使其输出电流达到负载要求。

基础知识

一、三端集成稳压器

集成稳压器按输出电压可分为固定式稳压器和可调式稳压器，前者输出端电压是固定的，后者可通过外接元件的方式使输出端电压在较大的范围内调节。

1. 三端固定式集成稳压器

（1）常见三端固定式集成稳压器。

常见的三端固定式集成稳压器有78××系列（输出正电压）和79××系列（输出负电压），国产型号一般为CW78××，型号LM78××为进口产品，型号中的××两位数表示输出电压的稳定值，可以是5 V，6 V，9 V，12 V，15 V，20 V，24 V。例如，型号7805表示输出电压为5 V，型号7905表示输出电压为−5 V，型号7815表示输出电压为15 V，型号7920表示输出电压为−20 V。78××系列和79××系列三端固定式集成稳压器的输出电流如表1−2所示。

表1−2　78××系列和79××系列三端固定式集成稳压器的输出电流

型号	78L××	78M××	78××	78T××	78H××
	79L××	79M××	79××	79T××	79H××
输出电流/A	0.1	0.5	1.5	3.0	5.0

78××系列和79××系列三端固定式集成稳压器的外观及引脚排列如图1−35所示。

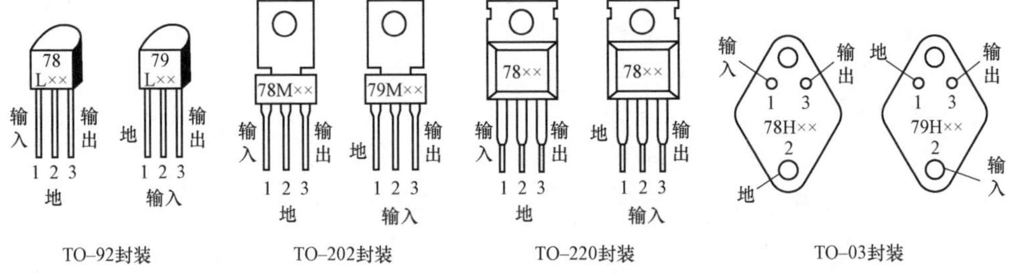

图1−35　78××和79××系列三端固定式集成稳压器的外观及引脚排列

（2）低压降三端固定式集成稳压器。

78××系列和79××系列三端固定式集成稳压器在稳压过程中自身的压降大于2 V，功耗比较大，而在移动设备中应尽可能减少自身功耗。为了解决这一问题，低压降三端固定式集成稳压器应运而生。1117是一款正电压输出的低压降三端线性稳压器，在1 A输出电流下其压降为1.2 V，最大输入电压为15 V。该稳压器分为固定电压输出版本和可调电压输出版本。低压降三端线性稳压器1117的常见外观及引脚排列如图1−36所示。固定输出电压为1.5 V，1.8 V，2.5 V，3.3 V，5.0 V。可调版本的电压精度为1%；固定电压为1.2 V的1117输出电压精度为2%。此外，1117内部还集成了过热保护和限流电路，适用于各类电子产品。

2. 三端可调式集成稳压器

三端固定式集成稳压器的输出电压是固定的，但在实际应用中，经常需要输出电压可调的稳压电源。三端可调式正稳压器，国产型号为CW117/CW217/CW317，输出电压在1.25～37 V范围内连续可调。三端可调式负稳压器，国产型号为CW137/CW237/CW337，输出电压在1.25～37 V范围内连续可调。图1−37所示为三端可调式集成稳压器的常见外观及引脚排列。

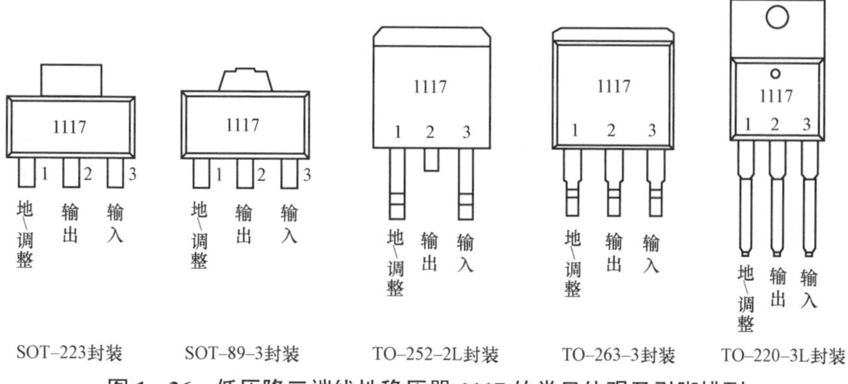

图 1－36　低压降三端线性稳压器 1117 的常见外观及引脚排列

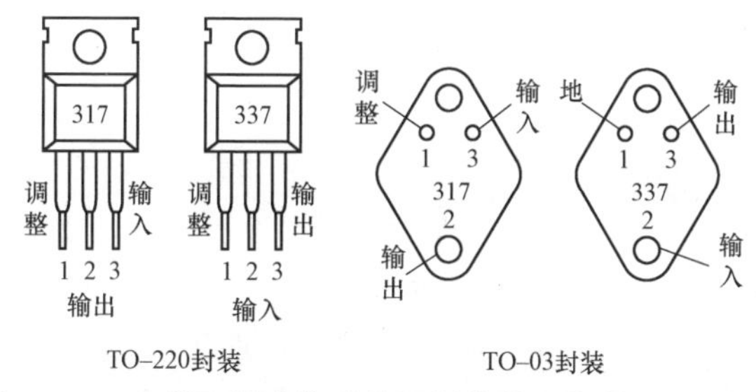

图 1－37　三端可调式集成稳压器的常见外观及引脚排列

二、三端集成稳压器的典型应用电路

1. 三端固定式集成稳压器的典型应用电路

三端固定式集成稳压器组成的正电压输出电路如图 1－38 所示，三端固定式集成稳压器组成的负电压输出电路如图 1－39 所示。其中电容 C_i 的作用是抵消因输入线较长而引起的电感效应，防止产生自激振荡；电容 C_O 用于改善输出瞬态特性，抑制自激振荡，减少高频噪声。电容 C_i 和 C_O 最好采用瓷片电容且在焊接时应尽量靠近集成稳压器的引脚。为了改善输出带负载的能力，可以在输出端并联一个大的电解电容。

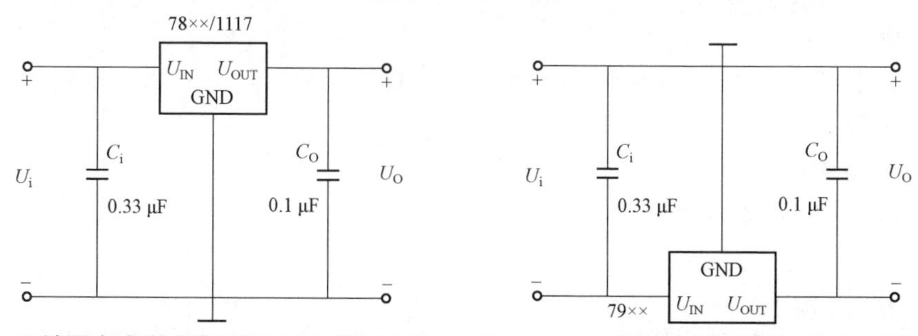

图 1－38　三端固定式集成稳压器正电压输出电路　　图 1－39　三端固定式集成稳压器负电压输出电路

注意：以上线路及参数仅供参考，实际的应用电路请在充分实测的基础上设定参数。

2. 三端可调式集成稳压器的典型应用电路

图 1－40 所示为三端可调式集成稳压器正电压输出电路，其输出电压在 1.25～37 V

范围内连续可调，改变 R_P 阻值即可改变输出电压。电容 C_i 是输入端滤波电容；电容 C 用于旁路基准电压的纹波电压，提高稳压的纹波抑制性能；电容 C_O 用于改善输出瞬态特性，抑制自激振荡。VD_1，VD_2 是保护二极管，若输入端发生短路，电容 C_O 的放电电流会反向流经 CW317 型三端集成稳压器，使 CW317 型三端集成稳压器被冲击损坏，接入二极管 VD_1 可对电容 C_O 进行放电，从而使 CW317 型三端集成稳压器得到保护。当输出端出现短路时，电容 C 上的放电电流经二极管 VD_2 短路放电，也可使 CW317 型三端集成稳压器得到保护。

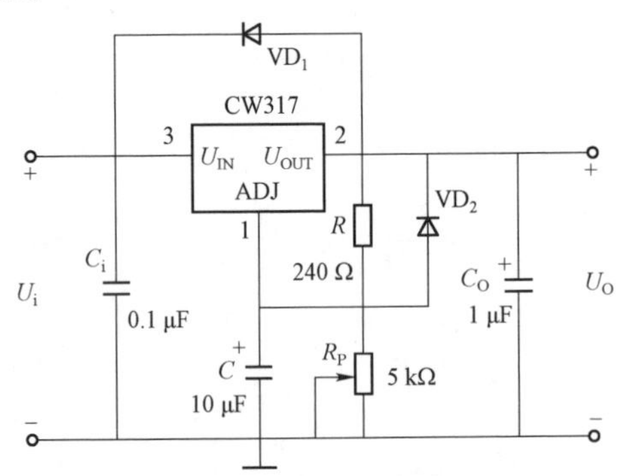

图 1-40　三端可调式集成稳压器正电压输出电路

输出电压为

$$U_O = 1.25 \times (1 + R_P/R) \tag{1-18}$$

注：CW317 的输入电压一般要求高于最大输出电压 2 V 以上，同时要采用有效的散热措施。若低于 2 V，不利于稳压；如果集成稳压器的输入电压高于输出电压太多，则其本身压降大，发热明显增大，电源效率降低。

例 1-8　在下列几种情况下可选用什么型号的三端集成稳压器？

（1）$U_O = 5$ V，R_L 最小值为 20 Ω。

（2）$U_O = -6$ V，输出电流 $I_O \leqslant 80$ mA。

（3）输出电压 U_O 范围为 1.25～30 V，输出电流 I_O 为 1 A。

解：（1）$I_{omax} = U_O/R_L = 5\text{ V}/20\ \Omega = 0.25$ A，查找资料可知，应选用 CW78M05 型三端集成稳压器。

（2）输出电压为负值，电流小于 100 mA，查找资料可知，应选用 CW79L06 型三端集成稳压器。

（3）输出电压为 1.25～30 V 连续可调，输出电流 I_O 为 1 A，查找资料可知，应选用 CW317 型三端集成稳压器。

知识拓展

一、稳压电源的主要技术指标

1. 最大输出电流（I_{omax}）

最大输出电流是指稳压电源正常工作时能输出的最大电流，一般情况下 $I_o < I_{omax}$。

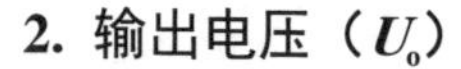

2. 输出电压（U_o）

输出电压是指稳压电源的输出电压。

3. 纹波电压（ΔU_o）

纹波电压是指叠加在输出电压 U_o 上的交流分量，一般为毫伏级。

4. 稳压系数（S_U）

稳压系数是指当负载电流和环境温度保持不变时，用输出电压与输入电压的相对变化量之比来表征的稳压性能，即稳压系数

$$S_U = \frac{\Delta U_o / U_o}{\Delta U_i / U_i}\Big|_{\Delta I_o=0,\Delta T=0} \tag{1-19}$$

二、正负对称电压输出的稳压电路

有些电路需要正负对称电源，用 78×× 和 79×× 系列三端固定式集成稳压器可以构成正负对称电压输出的稳压电路。如图 1－41 所示，采用三端固定式集成稳压器 7805 和 7905 构成±5 V 电源。

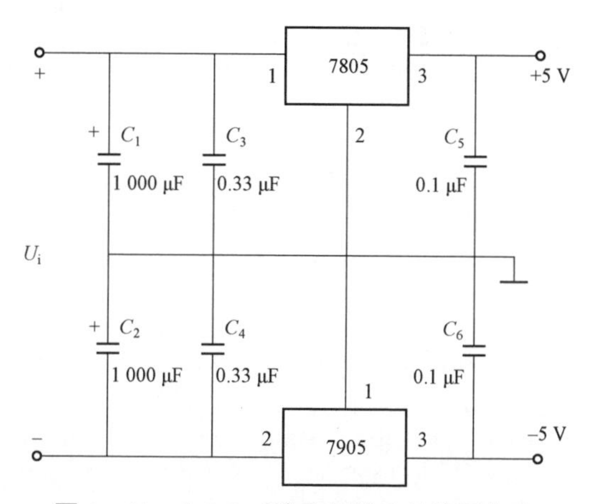

图 1－41　±5 V 对称电压输出的稳压电路

想一想

（1）大功率集成稳压器在使用中为什么要采用有效的散热措施？

（2）图 1－40 所示的三端可调式集成稳压器正电压输出电路中 VD_1 和 VD_2 两个二极管可否反接？

任务实施

5 V 直流稳压电路的 Multisim 软件仿真。

在 Multisim 软件中搭建如图 1－42 所示的 5 V 直流稳压仿真电路，其中交流电源采用 8 V/50 Hz。接入电压表和示波器观察稳压前和稳压后的电压与波形，分析稳压前和稳压后电压与波形的区别。

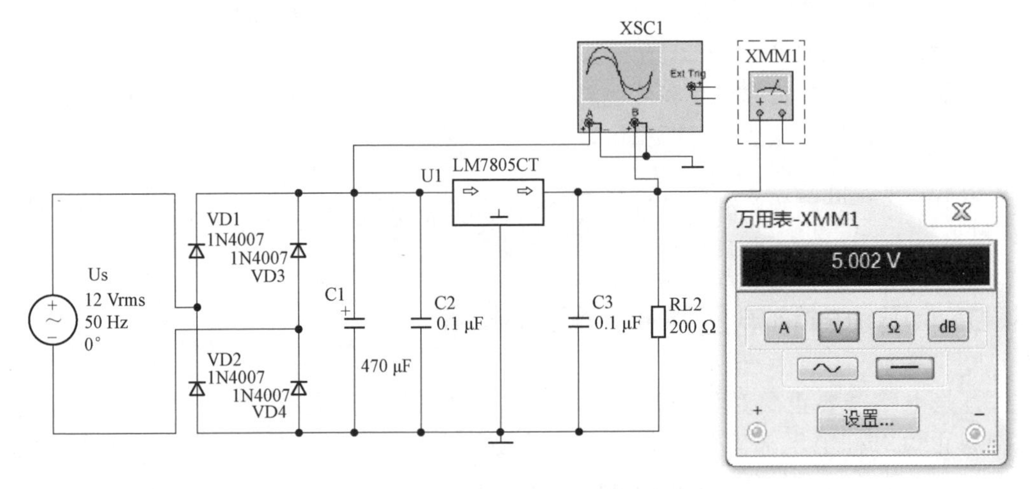

图 1－42　5 V 直流稳压仿真电路

任务五　认识 5 V 开关电源

任务导入

党的二十大报告指出："加快发展方式绿色转型。推动经济社会发展绿色化、低碳化是实现高质量发展的关键环节。"开关电源的转换效率远高于线性电源转换效率，采用开关电源供电能提高能源利用率，节约能源，降低碳排放，有利于保护环境。很多家用电器如手机、WiFi、光猫、蓝牙小音响等使用 5 V 开关电源。此外，5 V 开关电源也可作为多种芯片电路的工作电压，用途广泛。

任务目标

素质目标

（1）增强节能减排、低碳环保的意识。

（2）培养团队合作、有效沟通的能力。

知识目标

（1）认识 5 V 开关电源的组成。

（2）能解读 5 V 开关电源各组成部分的作用。

（3）了解 5 V 开关电源的电路原理。

能力目标

（1）能运用 Multisim 软件放置元器件并将其连接成简单电路。

（2）能运用 Multisim 软件仪表测量仿真电路。

任务分析

5 V 开关电源的电路形式有很多，简易 5 V 开关电源的脉冲调制电路直接由分立元件组成，而复杂电源的脉冲调制电路一般由集成电路实现。本任务将认识分立元件组成的简易 5 V 开关电源。

基础知识

一、开关电源电路分析

简易 5 V 开关电源电路图如图 1－43 所示。该电源由整流滤波电路和 DC/DC 变换电路组成，其中 DC/DC 变换电路包括振荡电路、反馈电路、稳压电路、过流保护电路、尖峰吸收电路和输出电路。

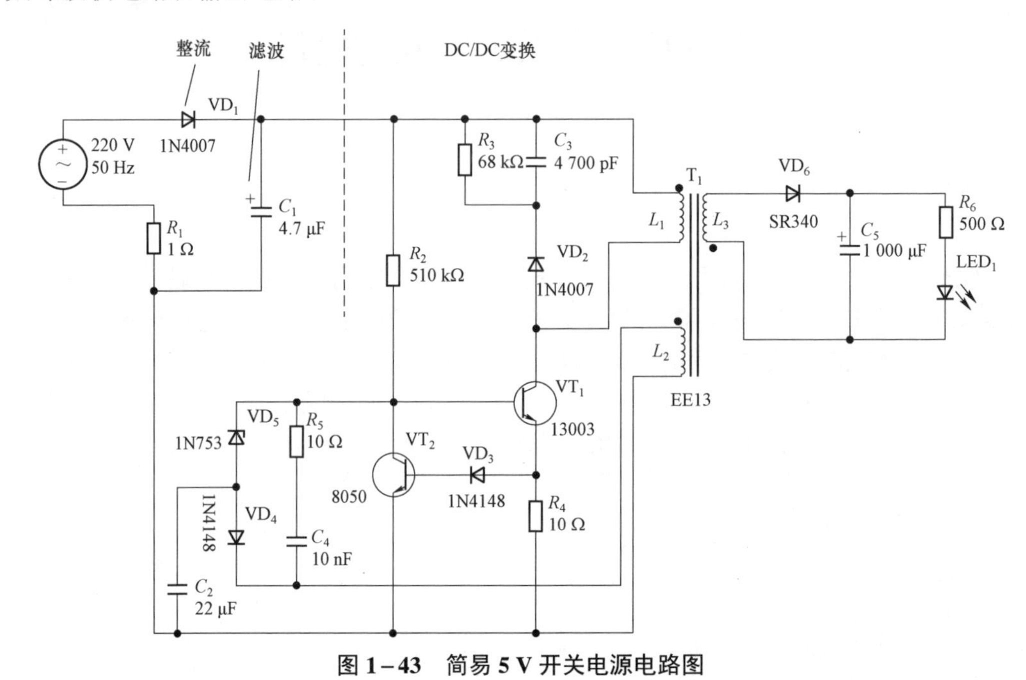

图 1-43　简易 5 V 开关电源电路图

（1）整流滤波电路：220 V/50 Hz 的市电通过二极管 VD_1 整流再经电容 C_1 滤波后得到约 300 V 的直流电压。该 300 V 直流电压分两路，一路加在变压器的引脚 1（图 1-43 中初级线圈 L_1 上端），另一路经电阻 R_2 给功率三极管 VT_1 加上偏置电压使其微导通。

（2）振荡电路：300 V 电压加在变压器的引脚 1，初级线圈 L_1 有电流流过，通过电磁耦合，使反馈线圈 L_2 的上端，即变压器的引脚 3 形成正电压，此电压经电容 C_4、电阻 R_5 反馈给功率三极管 VT_1，使其迅速导通至饱和，最后随反馈电流的减小，功率三极管 VT_1 迅速退出饱和并截止，再次微导通→饱和→截止，如此循环形成振荡。实际上功率三极管 VT_1 相当于一个开关，按照一定的频率不断接通和截止。

（3）反馈电路：由反馈线圈 L_2、电容 C_4、电阻 R_5 组成，其作用是使功率三极管 VT_1 快速饱和进入导通状态。

（4）稳压电路：L_2 是反馈线圈，同时也与二极管 VD_4、稳压二极管 VD_5、电容 C_2 一起组成稳压电路。次级线圈 L_3 经二极管 VD_6 整流后使电容 C_5 上的电压升高，同时，反馈线圈 L_2 经二极管 VD_4 整流后使电容 C_2 负极上的电压降低。当电压达到稳压二极管 VD_5 的稳压值 6 V 时，该二极管导通，并使功率三极管 VT_1 的基极短路到地，关断 VT_1，最终使输出电压降低。稳压二极管 VD_5 的理论稳压值为 6 V，在实际应用时，若要改变输出电压，只要更换不同稳压值的 VD_5 即可，稳压值越小，输出电压越低。

（5）过流保护电路：电路中电阻 R_4、二极管 VD_3、三极管 VT_2 组成过流保护电路。当某些原因引起功率三极管 VT_1 的工作电流太大时，电阻 R_4 上产生的电压经二极管 VD_3 加至三极管 VT_2 基极，VT_2 导通，功率三极管 VT_1 基极电压下降，使 VT_1 电流减小。

（6）尖峰吸收电路：二极管 VD_2 与电容 C_3 串联，电阻 R_3 并联在电容 C_3 上，即组成尖峰吸收电路。其作用是在功率三极管 VT_1 关断时，释放掉变压器 T_1 中初级线圈 L_1

为抵抗电流减少而产生的感生电动势，防止功率三极管 VT_1 因关断过压而损坏。

（7）输出电路：由变压器次级线圈 L_3、二极管 VD_6、电容 C_5 组成。其作用如下：初级线圈 L_1 的变化电流耦合到次级线圈 L_3，经二极管 VD_6 整流、电容 C_5 滤波，在输出端产生 5 V 的直流电压。

二、开关电源电路工作原理

开关电源电路的工作原理是功率三极管 VT_1 不断地接通和截止，就像开关不断地通断一样。当功率三极管 VT_1 接通时，在初级线圈 L_1 形成上正（+）下负（–）的感应电动势，这时次级线圈 L_3 产生上负（–）下正（+）的感生电动势（注意变压器各线圈的同名端），此时二极管 VD_6 不导通，负载没有电压输出；当功率三极管 VT_1 截止时，初级线圈 L_1 抵抗电流减少，感应电动势变成上负（–）下正（+）时，次级线圈 L_3 就会产生上正（+）下负（–）的感生电动势，此时二极管 VD_6 导通，经过电容 C_5 滤波后就有一个 5 V 的电压输出，同时，指示电路 LED_1 就会点亮。这种电路称为反激式开关电源。

知识拓展

图 1–44 所示电路是便携式 5 V 充电器电源，该电源采用集成开关芯片 CX7501 做振荡电路的开关电源，输出电压为 5 V，输出电流为 1 A。相对于分立元件构成的开关电源来说，由集成开关芯片构成的开关电源具有体积小、功耗低、转换效率高、产品一致性好的优点。

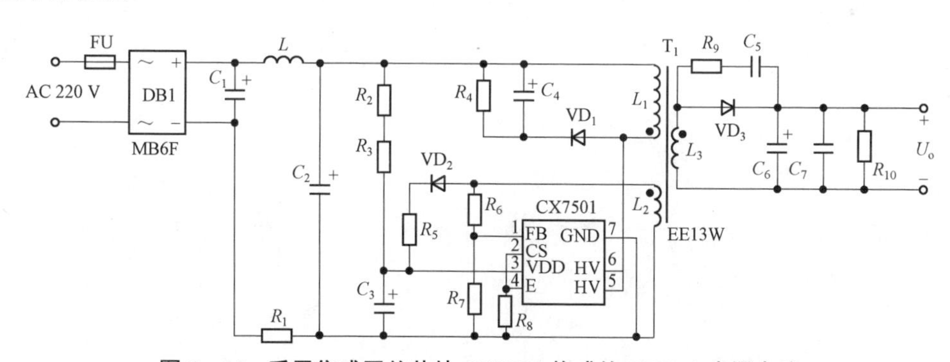

图 1–44　采用集成开关芯片 CX7501 构成的 5 V/1 A 电源电路

该电源由整流电路、滤波电路、振荡电路、反馈电路、尖峰吸收电路、输出电路组成。

（1）整流电路：由整流桥堆 DB1 组成。

（2）滤波电路：由电容 C_1、电容 C_2 和电感 L 组成，为 π 型滤波电路。

（3）振荡电路：由电阻 R_2、电阻 R_3、电容 C_3、二极管 VD_2、电阻 R_5、电阻 R_6、电阻 R_7、电阻 R_8、变压器初级线圈 L_1 和反馈线圈 L_2，以及集成开关芯片 CX7501 组成。其中电阻 R_2、电阻 R_3、电容 C_3 为开关芯片 CX7501 提供启动电源，反馈线圈 L_2、二极管 VD_2、电阻 R_5 为开关芯片 CX7501 提供工作电源。开关芯片 CX7501 的引脚 5、引脚 6、引脚 7 内部电路使通过初级线圈 L_1 的电流按一定的频率接通和断开，由此产生变化的磁场将耦合到次级线圈 L_3 上，使 L_3 产生交变电流。

（4）反馈电路：是指从反馈线圈 L_2、电阻 R_6、电阻 R_7 进入开关芯片 CX7501 的 FB 反馈端子的检测电路。该电路主要用于检测外界的电流及电压。开关芯片 CX7501 通过采集 FB 上的电压及电流（电流是通过电压/电阻得到的）来控制输出的开通及关断。

（5）尖峰吸收电路：由二极管 VD_1、电阻 R_4、电容 C_4 组成。

（6）输出电路：由次级线圈 L_3、二极管 VD_1、电阻 R_4、电容 C_4 组成。

想一想

（1）图 1－43 所示电路为反激式开关电源。思考一下有没有正激式开关电源，它们有什么区别？

（2）图 1－44 所示电路的整流电路采用了整流桥堆，其与 4 个二极管组成的整流电路相比有什么优缺点？

任务实施

简易 5 V 开关电源电路的 Multisim 软件仿真。

在 Multisim 软件中搭建如图 1－43 所示的 5 V 开关电源仿真电路，其中交流电源为 220 V/50 Hz。接入电压表和示波器观察输入输出的电压与波形。

任务六　5 V 直流稳压电源的制作与调试

任务导入

在当今电子设备广泛应用的背景下，电源的性能对设备的稳定运行至关重要。5 V 直流电源作为许多电子设备的标准供电电源，其制作与调试技能对于电子工程师、学生及相关领域的技术人员来说，具有重要的实操意义。习近平总书记在党的二十大报告中指出了稳定的重要性："国家安全是民族复兴的根基，社会稳定是国家强盛的前提。"本任务将学习制作一个线性 5 V 直流稳压电源，并在完成制作后进行细致的调试。

任务目标

素质目标

（1）培养爱国主义精神，增强实干报国意识。

（2）培养爱岗敬业的职业态度和耐心细致的工作作风。

（3）具备节约资源、创新合作的精神。

知识目标

（1）学会三端集成稳压器的基本知识。

（2）学会根据负载需要选择合适的三端集成稳压器。

能力目标

（1）会安装和调试 5 V 直流稳压电源。

（2）会使用仪器仪表测量 5 V 直流稳压电源。

任务分析

设计并制作一个由集成稳压器构成的 5 V 直流稳压电源，性能指标要求：输出电压 $U_o = 5\ \text{V}$，输出电流 $I_o = 1\ \text{A}$，$\Delta U_{op-p} \leqslant 5\ \text{mV}$，$S_U \leqslant 2 \times 10^{-3}$。

基础知识

根据所学知识，为满足设计要求，本任务采用单相桥式整流电容滤波电路接三端集成稳压器来实现，电路原理图如图 1-45 所示。工频交流电经变压器 T_1 降压，通过由 4 个整流二极管构成的单相桥式整流电路整流，再经电容 C_1 滤波，最后由三端集成稳压器 CW7805 稳压输出 5 V 电压。电容 C_2 的作用是防止因输入线较长而引起的电感效应，以及防止产生自激振荡；电容 C_3 用于改善输出瞬态特性，抑制自激振荡，减少高频噪声。如果输出端并联一个较大容量的电容，则要考虑在 CW7805 的引脚 1 和引脚 3 之间并联一个二极管 VD_5，二极管正极连接引脚 3，负极连接引脚 1。当输入端出现短路时，电容经二极管 VD_5 短路放电，对三端集成稳压器起保护作用。

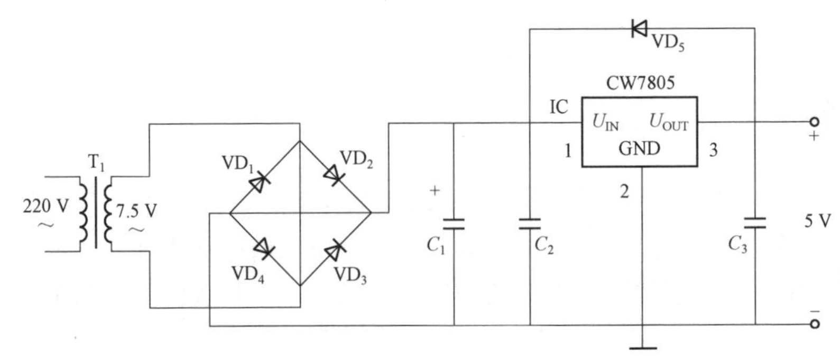

图 1-45　5 V 直流稳压电源电路原理图

任务实施

直流电源电路的设计与制作。

一、参数的计算及元器件的选型

1. 确定三端集成稳压器

本任务要求输出电压 $U_o=5$ V，输出电流 $I_o=1$ A，这里选用 CW7805 型三端集成稳压器，其特性参数可在手册中查得。输出电压 $U_o=8.6$～9.4 V，$I_{omax}=1.5$ A，最小输入电压为 8 V，最大输入电压为 30 V，可满足本任务要求。

2. 确定电源变压器

电源变压器的效率为

$$\eta=\frac{P_2}{P_1} \tag{1-20}$$

式中，P_2 为变压器副边的输出功率；P_1 为变压器原边的输入功率。

一般小型变压器的效率如表 1-3 所示，因此，当算出了副边的输出功率后，就可以根据表 1-3 算出原边的输入功率。

表 1-3　小型变压器的效率

副边的输出功率 P_2/W	＜10	10～30	30～80	80～200
效率 η	0.60	0.70	0.80	0.85

（1）变压器副边电压的选择。

CW7809 型三端集成稳压器的电压输入范围是 8 V＜U_I＜30 V，取 $U_I=8$ V。由于采

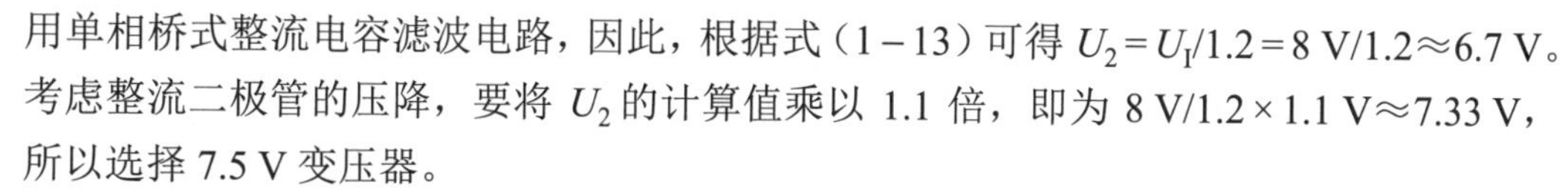

用单相桥式整流电容滤波电路，因此，根据式（1－13）可得 $U_2=U_I/1.2=8\text{ V}/1.2\approx6.7\text{ V}$。考虑整流二极管的压降，要将 U_2 的计算值乘以 1.1 倍，即为 $8\text{ V}/1.2\times1.1\text{ V}\approx7.33\text{ V}$，所以选择 7.5 V 变压器。

（2）变压器副边电流的选择。

变压器副边电流 $I_2\geqslant I_o=1\text{ A}$，因此，选择额定电流大于等于 1 A 的变压器。

（3）变压器副边功率的选择。

$P_2=U_2I_2\geqslant7.5\text{ W}$，由表 1－3 可知变压器的效率 $\eta=0.6$，考虑余量和变压器的效率，选择功率为 15 W 的电源变压器。

3. 整流二极管的选择

每个整流二极管流过的电流 $I_D=0.5I_o=0.5\times1\text{ A}=0.5\text{ A}$，

$$I_F\geqslant(1.5\sim2)I_D=2\times0.5I_o=2\times0.5\times1\text{ A}=1\text{ A}$$

二极管承受的最高反向电压 $U_{DM}=\sqrt{2}U_2=\sqrt{2}\times7.5\text{ V}\approx11\text{ V}$，

$$U_{RM}\geqslant(1.5\sim2)U_{DM}=2\sqrt{2}U_2=2\sqrt{2}\times7.5\text{ V}\approx22\text{ V}$$

整流二极管 $VD_1\sim VD_4$ 可选用 1N4007，其极限参数为 $U_{RM}=1\,000\text{ V}$，$I_F=1\text{ A}$，可满足要求。

4. 滤波电容的选择

滤波电容 C 可由纹波电压和稳压系数来确定，即

$$C=\frac{I_Ct}{\Delta U_{ip\text{-}p}}\tag{1-21}$$

式中，I_C 为电容 C 的放电电流；t 为电容 C 的放电时间；ΔU_{ip-p} 为稳压器输入端纹波电压的峰－峰值，可由式（1－19）求得。

当电容容量达到一定值后，即使再加大电容容量，对提高滤波效果也无明显作用，应当根据负载电阻和输出电流的大小来选择最佳的电容容量。滤波电容容量与输出电流大小的关系如表 1－4 所示，可作为滤波电容取值的参考。

表 1－4　滤波电容容量与输出电流大小的关系

输出电流大小/A	2.00～3.00	1.00～1.50	0.50～1.00	0.10～0.50	0.05～0.10
滤波电容容量/μF	4 700	2 200	1 000	500	470

根据式（1－17）可得滤波电容的最高工作电压为

$$U_C=\sqrt{2}U_2=\sqrt{2}\times7.5\text{ V}\approx11\text{ V}$$

为保障电容正常工作，电容的实际耐压值应为最高工作电压的 1.5 倍。

根据表 1－4，滤波电容选择 2 200 μF/16 V 的电解电容。

5. 电容 C_2，C_3 的选择

电容 C_2，C_3 的容量分别为 0.33 μF 和 0.1 μF，选用陶片电容。

二、元器件清单

5 V 直流稳压电源元器件清单如表 1－5 所示。

表 1－5　5 V 直流稳压电源元器件清单

序号	元器件名称	型号	备注
1	变压器 T_1	EI28 低频变压器 15 W	交流 220 V 转 7.5 V
2	二极管 VD_1	1N4007	整流二极管
3	二极管 VD_2	1N4007	整流二极管
4	二极管 VD_3	1N4007	整流二极管
5	二极管 VD_4	1N4007	整流二极管
6	二极管 VD_5	1N4148	普通二极管
7	电容 C_1	2 200 μF/16 V	电解电容
8	电容 C_2	0.33 μF/16 V	陶片电容
9	电容 C_3	0.1 μF/16 V	陶片电容
10	三端集成稳压器 IC	CW7805	TO-220 封装

三、5 V 直流稳压电源的焊接安装

1. 焊接安装前的准备工作

（1）电烙铁的烙铁头表面应清洁后再上锡，做好焊接的准备工作。

（2）检查印刷电路板上有无质量问题，并将其上的焊盘打磨光滑，再均匀地涂一层助焊剂。

（3）安装前检测全部元器件的质量，对元器件的引脚进行整形，对氧化严重的元器件要进行处理和上锡。

2. 元器件的插装要求

（1）插装。插装原则是先低后高、先小后大、先轻后重，按二极管、电阻、电位器、小电解电容、大电解电容、集成电路的顺序进行安装。在插装时注意二极管、电解电容的极性，以及三极管、场效应管、集成电路的引脚排列。

（2）元器件的标识。元器件的标记和色码部位应朝上，以便于辨认；横向插件的数值读法为从左至右，竖向插件的数值读法为从下至上。

（3）元器件的间距。印刷电路板上的元器件之间的距离不能小于 1 mm；引脚间距要大于 2 mm。一般元器件应紧密安装，使元器件贴在印刷电路板上。

符合以下情况的元器件不宜紧密贴装，而需浮装。

（1）当轴向引线需要垂直插装时，一般元器件距印刷电路板应为 3～7 mm。

（2）发热量大的元器件（如大功率电阻、大功率管等）。

（3）受热后性能易变差的元器件（如集成块等）。

3. 5 V 直流稳压电源的焊接安装

按图 1－45 进行检查，确保正确无误后再进行焊接。为了保证可靠且不损坏印刷电路板，要特别注意通过掌握焊接时间来控制烙铁的温度，以防虚焊和铜箔剥离。

四、电路参数的测量

1. 最大输出电流和输出电压的测量

测量电路如图 1－46 所示。将 R_w 调到最大，此时电压表的测量值即为输出电压 U_o，再使 R_w 逐渐减小，直到 U_o 的值下降 5%，这时电流表的测量值即为 I_{omax}。

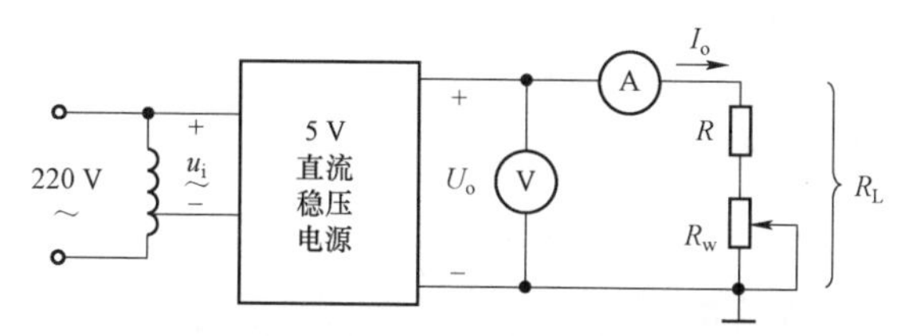

图 1－46　5 V 直流稳压电源性能指标测量电路

2. 纹波电压的测量

纹波电压的测量电路如图 1－47 所示。用交流毫伏表测量有效值 ΔU_o，由于纹波电压不是正弦波，因此，用有效值衡量有一定的误差。若测量可调电压稳压电源，则应测量不同输出电压的纹波电压值，再求取平均值。

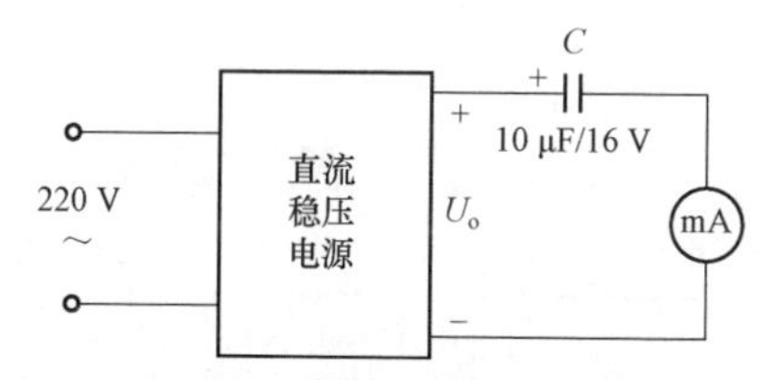

图 1－47　纹波电压的测量电路

3. 稳压系数的测量

稳压系数的测量电路如图 1－46 所示。先调节自耦变压器使输入电压变为 242 V，测量此时的输出电压 U_{o1}，再调节自耦变压器使输入电压变为 198 V，测量此时的输出电压 U_{o2}，则稳压系数的计算公式为

$$S_U = \frac{\Delta U_o / U_o}{\Delta U_i / U_i} = \frac{220\ \text{V}}{242\ \text{V} - 198\ \text{V}} \frac{U_{o1} - U_{o2}}{U_o} \tag{1-22}$$

五、实训设备和器材

本任务需要如下实训设备和器材。

（1）变压器、二极管、电容器、电阻、三端集成稳压器、开关等。
（2）焊锡丝、助焊剂、电路板。
（3）电烙铁、烙铁架。
（4）万用表。
（5）示波器。
（6）晶体管毫伏表。

六、要求

本任务要求如下。
（1）电路板焊接整洁，元器件排列整齐，焊点圆滑光亮，无毛刺、虚焊和假焊。
（2）写出制作和调试过程中遇到的问题和解决方法。

七、实施报告

填写任务实施报告（见表 1－6）。

表 1－6　5 V 直流电源电路的设计与制作实施报告

班级：________	姓名：________	学号：______	组号：______
步骤 1：分析电路原理图，并指出以下元器件的功能			

T_1	VD_1	C_1	C_2	VD_5	CW7805

步骤 2：晶闸管的简易测试，并记录测试结果						
变压器	1N4007 二极管	2 200 μF 电容	0.33 μF 电容	0.1 μF 电容	1N4148 二极管	CW7805

步骤 3：装接电路并测试电路功能
步骤 3－1： 根据电路原理图装接电路。用时______min
步骤 3－2： 根据测试要求，检测电路的装接情况，若发现错误及时改正
步骤 3－3： 桥式整流直流输出测量（测量 CW7805 的引脚 1 对地电压和波形）

模拟状态	测量值		现象描述
	电压/V	输出波形	
断开电容 C_1			
连接电容 C_1			

续表

模拟状态	测量值		现象描述
	电压/V	输出波形	
步骤 3－4： 输出电流和输出电压的测试，测试电路如图 1－45			
模拟状态	测量值		现象描述
	输出电压 U_o/V	输出电流 I_o/A	
R_W 调到最大， 使负载电阻为 500 Ω			
调节 R_w， 使负载电阻为 100 Ω			
调节 R_w，使输出电压 U_o 下降 5%			
步骤 3－5： 纹波电压的测量，测试电路如图 1－47，纹波电压为_________mV			
步骤 3－6： 稳压系数的测量，测试电路如图 1－45，稳压系数为_________			
测试过程中出现的问题及解决办法			

八、考核评价

填写考核评价表（见表 1－7）。

表 1－7　5 V 直流电源电路的设计与制作评价表

班级		姓名		学号		组号	
操作项目	考核要求		分数配比	评分标准	自评	互评	教师评分
识读电路原理图	能正确理解电路原理图，掌握实训过程中各元器件的功能		10	每错一处，扣 2 分			

续表

操作项目	考核要求	分数配比	评分标准	自评	互评	教师评分
元器件的检测	能正确使用仪器仪表对需要检测的元器件进行检测	10	不能正确使用仪器仪表完成对元器件的检测，每处扣2分			
电路装接	能够正确装接元器件	20	装接错误，每处扣2分			
电路测试	能够利用仪器仪表对装接好的电路进行测试	20	不能正确使用仪器仪表对电路进行测试，每处扣4分			
任务实施报告	按要求做好实训报告	20	实训报告不全面，每处扣4分			
安全文明操作	工作台干净整洁，遵守安全操作规程，符合管理要求	10	工作台脏乱，不遵守安全操作规程，不听老师管理，酌情扣分			
团队合作	小组成员之间应互帮互助，分工合理	10	有成员未参与实践，每人扣5分			
合计						
学生建议：						
总评成绩： 教师签名：						

练习题

一、选择题

1.（　　）滤波电路中，滤波电容和负载电阻越大，其输出滤波电压________，滤波效果________。

A. 越低，越好　　B. 越低，越差　　C. 越高，越好　　D. 越高，越差

2.（　　）下列哪一个是二极管的重要特性？

A. 温度特性　　B. 放大特性　　C. 单向导电性　　D. 滤波特性

3.（　　）二极管两端正向压降大于死区电压时，二极管处于________状态。

A. 截止　　B. 正向高阻　　C. 反向击穿　　D. 正向导通

4.（　　）当温度升高时，二极管反向饱和电流将________。

A. 增大　　B. 减小　　C. 不变　　D. 等于零

5.（　　）整流二极管的最大反向电压是指整流管________时，在其两端出现的最大反向电压。

A. 导电　　B. 不导电　　C. 导通　　D. 不导通

6.（　　）发光二极管在正常工作时处于________。

A. 导通状态　　B. 截止状态

C. 反向击穿状态　　D. 任意状态

7.（　　）在单相桥式整流电路中，若有一个整流二极管断开，则电路________。

A. 没有输出电压　　B. 短路

C. 输出电压不变　　D. 输出电压为原来的 1/2

8.（　　）单相桥式整流电容滤波电路的输出电压只约等于输入电压的 0.45 倍，其可能的原因是________。

A. 一个整流二极管开路　　B. 一个整流二极管短路且滤波电容开路

C. 一个整流二极管开路且滤波电容开路　　D. 一个整流二极管短路

9.（　　）整流电路的作用是________。

A. 将交流电变成直流电　　B. 将直流电变成交流电

C. 将直流电变成直流电　　D. 将交流电变成交流电

10.（　　）直流电源中滤波电路的作用是________。

A. 滤除直流电中的交流成分，将脉动直流电变为较平滑的直流电

B. 滤除交流电中的直流成分，使交流电的输出电压稳定

C. 滤除直流电中的交流成分，将脉动直流电变为输出电压稳定的直流电

D. 滤除交流电中的直流成分，使交流电的输出较平滑

11.（　　）利用电感具有________的特点，在整流电路的负载回路中串联电感可起到滤波作用。

A. 限流　　B. 储能

C. 阻止电流变化　　D. 瞬间储能

12.（　　）高亮白光发光二极管的正向导通压降约为 3 V，工作电流为 10 mA，供电电压为 5 V，则串联的限流电阻应为________Ω。

A. 100　　B. 200　　C. 300　　D. 500

13.（　　）在用指针式万用表测量二极管的正反向电阻时，________。

A. 正反向电阻都很小　　B. 正反向电阻都很大

C. 正向电阻较小，反向电阻较大　　D. 正向电阻较大，反向电阻较小

14.（　　）单相桥式整流电容滤波电路输出电压的平均值约等于输入交流电压的有效值，其可能的原因是________。

A. 一个整流二极管短路　　B. 一个整流二极管开路

C. 滤波电容开路　　D. 负载电阻开路

15.（　　）CW78M00 系列的三端集成稳压器的额定电流为________。

A. 0.1 A　　B. 0.5 A　　C. 1 A　　D. 1.5 A

16.（　　）下列三端集成稳压器中，型号________的输出电压为 −12 V。

A. CW7905　　B. CW7806　　C. CW7812　　D. CW7912

17.（　　）总效率 η =（________/输入功率 P_{in}）。

A. 总功率 P　　B. 输出功率 P_{out}　　C. 功率 P　　D. 无功功率 Q

二、判断题（正确打√，错误打×）

1.（　　）二极管只要外加正向电压就能正向导通。

2.（　　）当二极管的外加反向电压增加到一定值时，反向电流急剧增加（反向击穿），所以普通二极管不能工作在反向击穿区。

3.（　　）低频大功率二极管应采用点接触型结构。

4.（　　）未加外部电压时，PN 结中的电流从 P 区流向 N 区。

5.（　　）稳压二极管在正常稳压时应加反向击穿电压。

6.（　　）发光二极管加反向偏置电压才能发光。

7.（　　）在单相桥式整流电容滤波电路中，负载电阻越小滤波效果越好。

8.（　　）单相桥式整流电路有 4 个整流管，所以流过每个整流管的电流为负载电流的 1/4。

9.（　　）在单相桥式整流电容滤波电路中，若负载开路，则输出电压的平均值等于变压器次级电压的有效值。

10.（　　）在单相桥式整流电容滤波电路中，若有一只整流管断开，则该电路只有单相半波整流电容滤波电路的效果。

11.（　　）当用指针式万用表的 R×1 kΩ 或 R×10 kΩ 欧姆挡测量电解电容时，万用表指针先向右偏转至接近 0，且表针最终能回到∞处。

三、综合题

1. 电路如图 1-48 所示，设二极管为理想的，试判断二极管的状态，并求出 AB 两端的电压 U_{AB}。

2. 电路如图 1-49 所示，二极管为硅二极管，负载 R_L 的阻值为 10 Ω，试求负载 R_L 两端的电压 U_o 和流过负载 R_L 的电流 I_o。

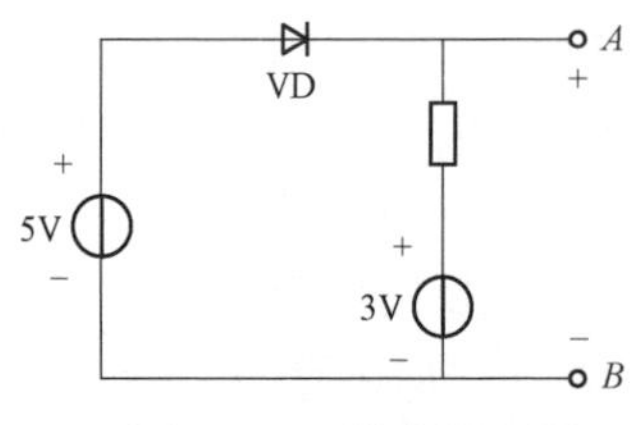

图 1-48　综合题 1 图

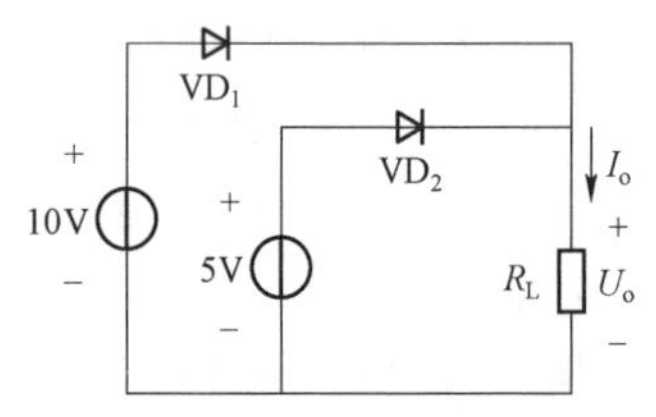

图 1-49　综合题 2 图

3. 由直流电源 $E=6$ V 供电，采用 3 mm 直插红光发光二极管为指示信号，导通压降 $U_F=2$ V，工作电流 $I_F=15$ mA，试选择合适的限流电阻 R。

4. 在单相半波整流电路中，已知输入交流电压 $U_i=10$ V，负载电阻 $R_L=200$ Ω，求负载电压平均值 U_o、电流平均值 I_o，以及二极管截止时承受的最大反向电压 U_{RM}。

5. 单相桥式整流电路如图 1-17（a）所示。已知输入交流电压 $U_i=10$ V，负载电阻 $R_L=30$ Ω，求负载电压平均值 U_o、电流平均值 I_o，以及二极管截止时承受的最大反向电压 U_{RM}。

6. 有一电容滤波的单相桥式整流电容滤波电路，已知交流电源的频率为 50 Hz，输出的直流电压 $U_o=40$ V，电流 $I_o=40$ mA，试选择合适的整流二极管型号和滤波电容。

7. 单相桥式整流电容滤波如图 1－28 所示。现要求负载电压 $U_o=12\text{ V}$，负载电流 $I_o=1\text{ A}$，试选择合适的整流二极管和滤波电容。

8. 现有一负载的直流电压为 9 V，直流电流为 1 A，请根据要求设计一直流线性稳压电源，电路原理图如图 1－50 所示，要求如下。

（1）选取合适的三端集成稳压器。

（2）选用电源变压器。

（3）整流方式采用单相桥式整流，合理选取整流二极管。

（4）滤波电路采用电容滤波，选取合适的滤波电容。

（5）用型号为 2EF401 的红色发光二极管指示输入电压 U_i 正常，用型号为 2EF551 的黄绿色发光二极管指示稳压输出电压 U_o 正常，2EF401 发光二极管的 $U_F=1.7\text{ V}$，工作电流 $10\text{ mA}\leqslant I_F\leqslant 50\text{ mA}$，2EF551 发光二极管的 $U_F=2\text{ V}$，工作电流 $10\text{ mA}\leqslant I_F\leqslant 50\text{ mA}$，请选取合适的限流电阻。

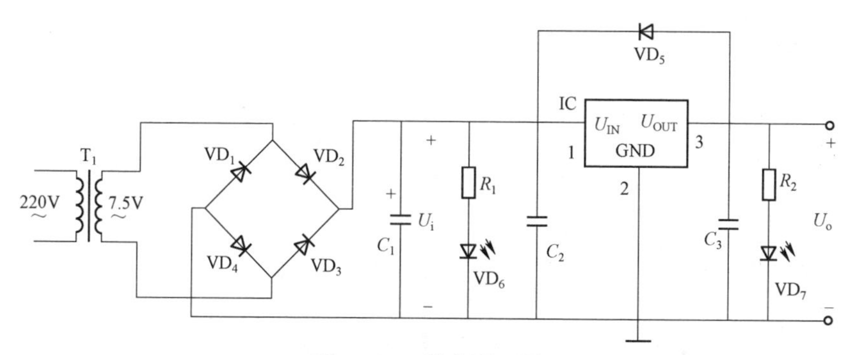

图 1－50　综合题 8 图

项目二

信号放大电路的设计与制作

项目导入

当今世界之所以称为智能化时代，是因为各种智能化设备得到了广泛应用，而这些设备之所以能够智能化，离不开功能各异的传感器。然而，这些传感器所采集的电信号一般都很微弱，同时这些微弱的电信号往往都是低频信号，所以需要信号放大电路对这些信号进行放大处理。信号放大电路的基本功能是把微弱的信号，如说话者的声音等进行放大，广泛应用于扬声器、音响等设备中。

项目目标

素质目标

（1）增强爱国主义精神，培养实干报国意识。

（2）培养爱岗敬业的职业态度和耐心细致的工作作风。

（3）增强职业认同感和自豪感。

（4）培养负责任、肯担当的意识。

（5）培养系统思维、多角度思考能力。

（6）培养技能过硬、精益求精的工匠精神。

（7）增强为人民服务意识和职业认同感。

知识目标

（1）认识三极管，能识读三极管的图形符号。

（2）理解三极管放大电路的基本知识及反馈作用。

能力目标

（1）能运用 Multisim 软件设计并制作三极管放大电路。

（2）能运用仪表检测和调试三极管放大电路。

（3）能完成实验报告。

项目分析

在日常生活当中很多场合要用到扩声设备，如扬声器、音乐播放器等。当人们对着话筒讲话时，话筒把声调高低、声音强弱变化的讲话声变换成频率和振幅都随之变化的电信号。然而，由话筒输出的电信号非常微弱，必须经放大器放大成比较强的电信号输出给喇叭，喇叭再把这个较强的电信号转换成声音，即放出比人讲话大得多的声音。本项目讨论扩音器的制作与调试方面的电学知识。

音频放大电路一般由直流电源、话筒、放大器及喇叭等部分组成，音频放大电路的组成框图如图 2-1 所示。

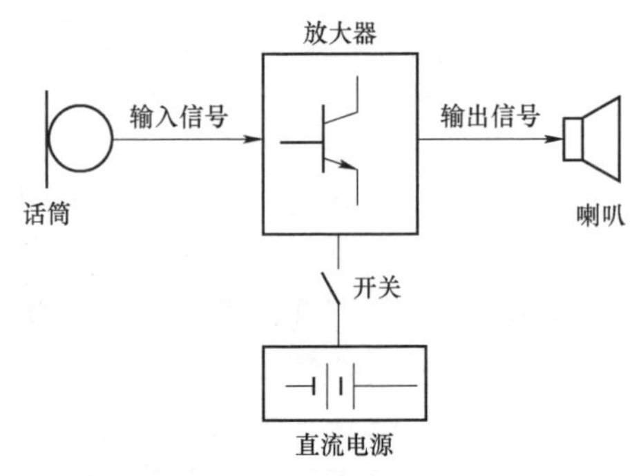

图 2-1　音频放大电路的组成框图

（1）直流电源：提供稳定的直流电。

（2）话筒：接收声音信号，并将其转化为电信号。

（3）放大器：将微弱的电信号进行放大，并在不失真的前提下将其输出。

（4）稳压电路：输出放大之后的信号。

任务一　认识晶体三极管

任务导入

在电子线路中经常需要放大电路实现对微弱信号的放大，而放大电路的核心元器件是三极管，三极管具有放大作用，在电子技术领域应用极为广泛。

任务目标

素质目标

（1）增强创新意识和创新能力。

（2）提升工程伦理和法律意识。

知识目标

（1）认识三极管的结构、极性，并能识读其图形符号。

（2）理解三极管的电流放大作用。

（3）理解三极管的输入、输出特性，了解三极管的 3 个工作区。

能力目标

（1）能识读三极管的图形符号。

（2）会三极管电流放大测试电路的 Multisim 软件仿真。

（3）会使用万用表简单测量三极管。

任务分析

三极管具有电流放大作用，而要构建放大电路必须先掌握三极管的基础知识，才能运用三极管构建放大电路。按照工作时的导电机理，三极管可分为双极型三极管——晶体三极管和单极型三极管——场效应晶体管两大类。本任务主要讨论双极型三极管的基本特性（以下介绍的三极管均指双极型三极管）。

基础知识

一、三极管的结构与外观

1. 三极管的结构、极性和图形符号

三极管是由两个 PN 结和三层半导体组成的，根据 PN 结连接方式的不同，三极管可分为 NPN 型和 PNP 型两种结构，如图 2-2 所示。三层半导体分别称为发射区、基区和集电区，从各区引出的电极则称为发射极（E）、基极（B）和集电极（C），发射区与基区之间的PN结称为发射结；基区和集电区之间的PN结称为集电结。

三极管的结构和图形符号如图2-2所示，带箭头的电极表示发射极，箭头的方向表示发射极电流的实际方向。

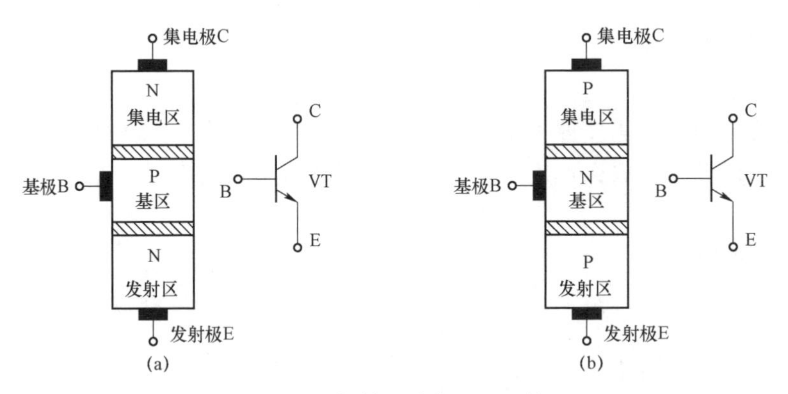

图2-2　三极管的结构和图形符号

（a）NPN型；（b）PNP型

由三极管结构上的特点可知，三极管的发射区和集电区虽均为同一类型的半导体，但两者结构特点是不同的，故两者不可互换使用。此外，三极管也不能用两个二极管代替。

2. 三极管的种类和外形封装

三极管的种类很多，根据材料可分为锗三极管、硅三极管；根据PN结类型可分为PNP型三极管和NPN型三极管；根据频率可分为高频三极管和低频三极管；根据功率可分为大功率三极管和小功率三极管等。图2-3所示为几种常见三极管的外观。

图2-3　几种常见三极管的外观

二、三极管的电流分配和电流放大作用

三极管的基本功能是放大信号，要使三极管具有放大作用，除了要满足其本身的内

部结构要求外，还必须满足外部条件要求，即发射结加正向偏置电压（正偏），集电结加反向偏置电压（反偏）。

现以 NPN 型三极管为例来说明三极管各极间的电流分配关系及电流放大作用。如图 2－4 所示，V_{BB}为基极电源，与基极电阻R_B及三极管的基极 B、发射极 E 组成基极－发射极回路（称为输入回路），V_{BB}使发射结正偏；V_{CC}为集电极电源，与集电极电阻R_C及三极管的集电极 C、发射极 E 组成集电极－发射极回路（称为输出回路），V_{CC}使集电结反偏（$V_{CC}>V_{BB}$）。改变可变电阻R_B，分别测量基极电流I_B，集电极电流I_C和发射极电流I_E，结果如表 2－1 所示。

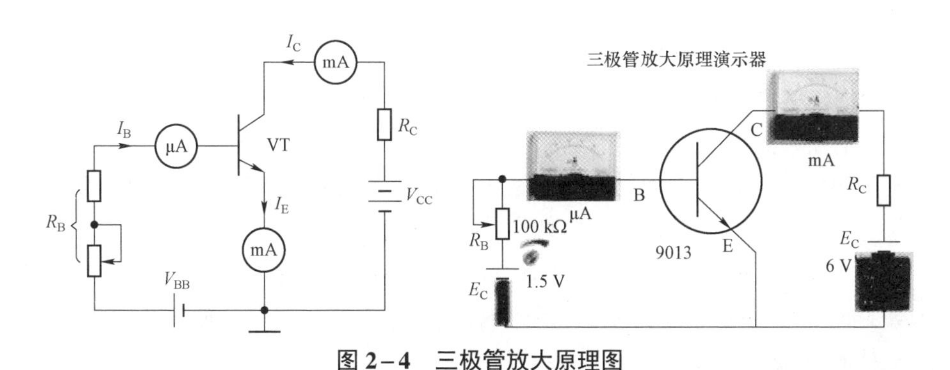

图 2－4　三极管放大原理图

表 2－1　三极管电流测试数据

I_B/μA	0	20	40	60	80	100
I_C/mA	0.005	0.990	2.080	3.170	4.260	5.400
I_E/mA	0.005	1.010	2.120	3.230	4.340	5.500

根据实验结果可得如下结论。

（1）$I_E=I_C+I_B$，符合基尔霍夫电流定律。

（2）I_C比I_B大很多，$I_C/I_B=\overline{\beta}$，其值近似为常数，$\overline{\beta}$称为三极管的直流电流放大系数。

（3）I_B的较小变化会引起I_C的较大变化，$\Delta I_C/\Delta I_B=\beta$，其值近似为常数，$\beta$称为三极管的交流电流放大系数。

可见，三极管基极电流的微小变化，可以控制比其大数十倍的集电极电流的变化，这就是三极管的电流放大作用。

三、三极管的输入特性和输出特性

1. 三极管的输入特性

当三极管的集电极和发射极之间的电压U_{CE}为某一定值时，基极电流I_B与基极电压U_{BE}之间的关系，称为三极管的输入特性，如图 2－5（a）所示。

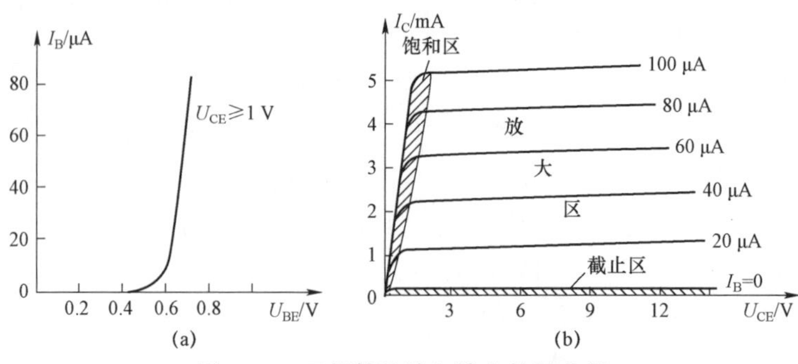

图 2－5　三极管的输入输出特性曲线

（a）三极管的输入特性曲线；（b）三极管的输出特性曲线

可以看出，三极管的输入特性曲线和二极管的正向伏安特性曲线相似，也有一段死区电压，硅三极管的死区电压约为 0.5 V，锗三极管的死区电压则不超过 0.2 V。在正常工作情况下，NPN 型硅三极管的正向导通电压 U_{BE} 为 0.6～0.7 V；NPN 型锗三极管的正向导通电压 U_{BE} 为 0.2～0.3 V（PNP 型的 U_{BE} 为负值）。

U_{CE} 不同，得到的输入特性曲线也略有差别，但是当 $U_{CE}>1$ V 时的输入特性曲线与 $U_{CE}=1$ V 的输入特性曲线基本重合，通常只画 $U_{CE}=1$ V 的这一条输入特性曲线即可。

2. 三极管的输出特性

当三极管的基极电流 I_B 为某一定值时，集电极电压 U_{CE} 与集电极电流 I_C 之间的关系，称为三极管的输出特性。在不同的 I_B 下，有不同的输出特性曲线，如图 2－5（b）所示。其中，曲线的起始部分较陡，I_C 随 U_{CE} 的增加而迅速上升。当 U_{CE} 增大到大于 1 V 时，三极管形成较大的 I_C，再增加 U_{CE}，对 I_C 的影响已经不大（这里是指在同一 I_B 的条件下）。因此 U_{CE} 超过 1 V 后输出特性曲线几乎趋于平坦。

3. 三极管的 3 个工作区

三极管的输出特性曲线可分为放大、截止和饱和三个区域。

（1）截止区。

$I_B=0$ 输出特性曲线以下的区域称为截止区。在该区域中，集电结处于反向偏置，发射结处于反向偏置或零偏置，即对于 NPN 型三极管有 $U_{BE}\leqslant 0$（而对于 PNP 型三极管，则有 $U_{BE}\geqslant 0$）。电流 I_C 很小，约等于 0。当三极管工作在截止区时，在电路中犹如一个断开的开关。

（2）饱和区。

输出特性曲线靠近纵轴的区域称为饱和区。当三极管处于饱和区时，发射结、集电结均处于正向偏置，即对于 NPN 型三极管有 $V_B>V_C>V_E$（而对于 PNP 型三极管则有 $V_B<V_C<V_E$）。在饱和区 I_B 增大，I_C 几乎不再增大，三极管失去放大作用。此时，集电极与发射极之间的电压很小，用 U_{CES} 表示，硅三极管的 U_{CES} 约为 0.3 V，锗三极管约为 0.1 V。由于深度饱和时的 U_{CES} 约等于 0，因此，三极管在电路中犹如一个闭合的开关。

（3）放大区。

输出特性曲线近似水平直线的区域为放大区。在该区域中，发射结处于正向偏置，集电结处于反向偏置，即对于 NPN 型三极管有 $V_C>V_B>V_E$（而对于 PNP 型三极管则有 $V_C<V_B<V_E$）。其特点是 I_C 的大小受 I_B 的控制，即 $I_C=\beta I_B$，三极管具有电流放大作用。在放大区 β 约等于常数，从三极管的输出特性曲线上可以看到 I_C 几乎按一定比例等距离平行变化。I_C 只受 I_B 的控制，几乎与 U_{CE} 的大小无关。输出特性曲线反映出恒流源的特点，即三极管在放大区可看作受基极电流控制的受控恒流源。

从三极管的 3 个工作区可以看出，它有以下两种用途。

（1）当三极管工作在放大区时，I_C 的大小仅取决于 I_B，而与 U_{CE} 几乎无关，故可用来放大输入电流或电压，组成各种放大电路。

（2）当三极管工作在饱和区或截止区时，可用来组成三极管开关电路。在饱和时，三极管相当于一个接通的开关；在截止时，三极管相当于一个断开的开关。

例 2－1　用直流电压表测得放大电路中三极管 VT_1 各电极的对地电位分别为 $V_x=10$ V，$V_y=0$ V，$V_z=0.7$ V，如图 2－6（a）所示；三极管 VT_2 各电极电位分别为 $V_x=0$ V，$V_y=-0.3$ V，$V_z=-5$ V，如图 2－6（b）所示，试判断 VT_1 和 VT_2 各是何类型、何材料的三极管，x，y，z 各是什么电极？

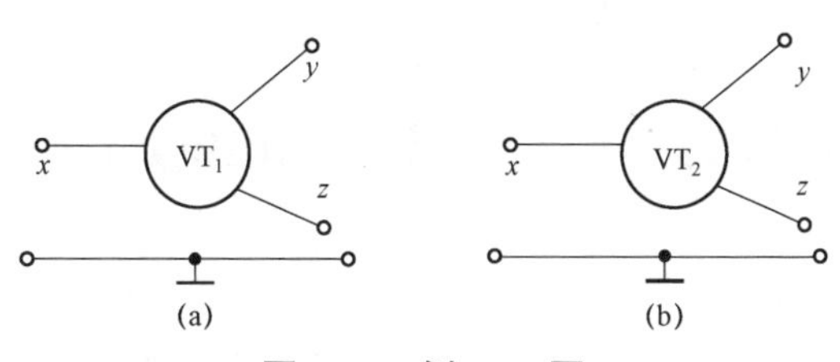

图 2－6　例 2－1 图

解：工作在放大区的 NPN 型三极管应满足 $V_C>V_B>V_E$，PNP 型三极管应满足 $V_C<V_B<V_E$，因此，在分析时应先找出 3 个电极中的基极（基极电位不是最高，也不是最低）；其次确定发射极（发射极与基极电位差为 0.6～0.7 V 或 0.2～0.3 V）；剩下的就是集电极；最后根据发射极和基极的电位差值判断三极管的材质。

① 在图 2－6（a）中，z 为基极，z 与 y 的电位差为 0.7 V，可确定 y 为发射极，且三极管为硅三极管，剩下的 x 为集电极。又因为 $V_x>V_z>V_y$，所以该三极管为 NPN 型结构。

② 在图 2－6（b）中，y 为基极，x 与 y 的电位差为 0.3 V，可确定 x 为发射极，且三极管为锗三极管，剩下的 z 为集电极。又因为 $V_z<V_y<V_x$，所以该三极管为 PNP 型结构。

想一想

（1）为了满足三极管放大的外部条件，PNP 型三极管放大电路应如何连接？对于 NPN 型三极管或 PNP 型三极管，当三极管处于放大状态时，三极管各极的电流方向及电位高低情况是怎样的？

（2）晶体三极管工作在放大状态，测得 $I_B=20\ \mu A$，$I_C=1$ mA，求该三极管的电流放大系数。

（3）三极管处于截止、放大、饱和状态的条件各是什么？

任务实施

一、Multisim 软件测量探针

Multisim 软件提供了测量探针工具栏，包括电压探针、电流探针、功率探针、电压差探针、电压电流探针、电压参考探针、数字探针及探针设置菜单，如图 2-7 所示。在电路仿真时，将测量探针连接到电路中的测量点就能测量出该点的电压、电流和功率，还可以显示瞬时值、峰值、有效值、直流值和频率。本次采用电流探针测量三极管基极、集电极和发射极电流。注意电流探针在测量电流时的测量正方向，可以右击，然后在弹出的快捷菜单中单击“反转探针方向”命令，即可改变电流测量正方向。

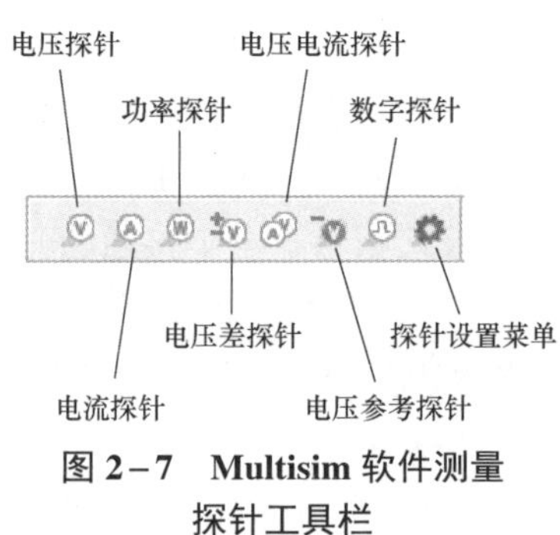

图 2-7　Multisim 软件测量探针工具栏

二、三极管电流放大测试电路的 Multisim 软件仿真

在 Multisim 软件中搭建如图 2-8 所示的三极管电流放大测试仿真电路，放置测量基极电流、集电极电流和发射极电流的电流表，每改变一次基极电流（基极电流差值为 20 μA 左右），测一次基极、集电极和发射极电流数据，并填入表 2-2 中。

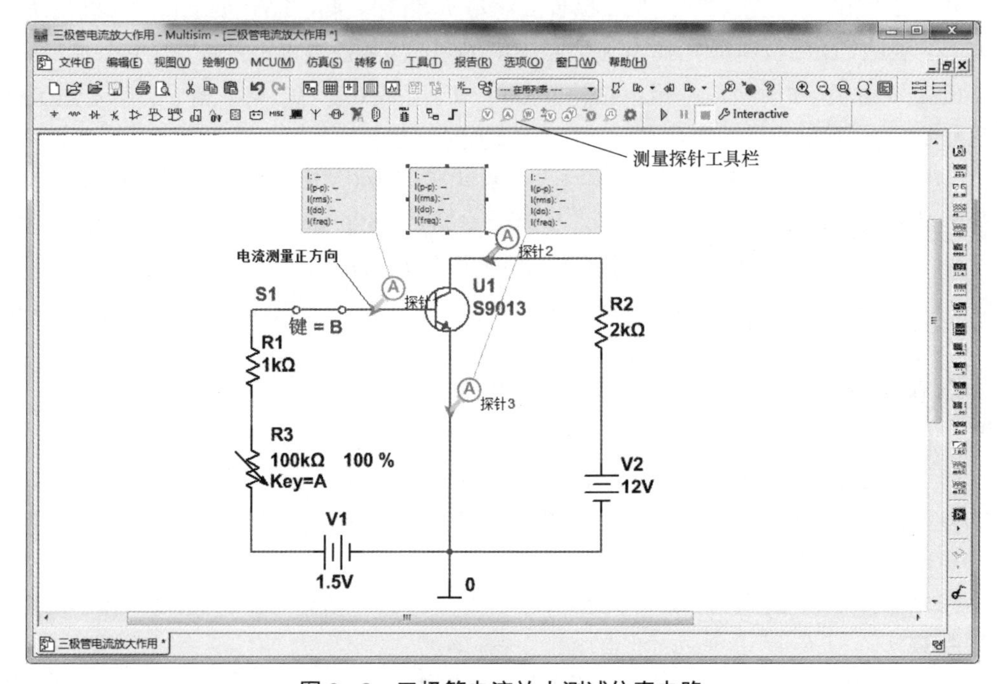

图 2-8　三极管电流放大测试仿真电路

表 2－2　三极管电流放大测试 Multisim 软件仿真数据

I_B/μA						
I_C/mA						
I_E/mA						

任务二　认识共发射极基本放大电路

任务导入

模拟电子电路中的三极管通常都工作在放大状态，它和电路中的其他元器件构成各种用途的放大电路，而基本放大电路又是构成各种复杂放大电路和线性集成电路的基本单元。

任务目标

素质目标

（1）形成爱岗敬业的职业态度和耐心细致的工作作风。

（2）增强负责任、肯担当的意识。

知识目标

（1）掌握共发射极基本放大电路的组成和工作原理。

（2）掌握共发射极基本放大电路的静态分析和动态分析方法。

能力目标

（1）会共发射极基本放大电路的 Multisim 软件仿真。

（2）会使用仪器仪表装接和测试共发射极基本放大电路。

任务分析

三极管组成的放大电路可对信号进行放大。三极管有 3 个极，在实际应用时，总要将其中一个电极作为信号的输入端，一个电极作为信号的输出端，最后一个电极作为输入、输出回路的公共端。根据公共端的不同，三极管基本放大电路在结构上有共基极接法、共发射极接法和共集电极接法 3 种组态，如图 2－9 所示。不同结构的电路，其特性存在差异，本任务学习共发射极基本放大电路。

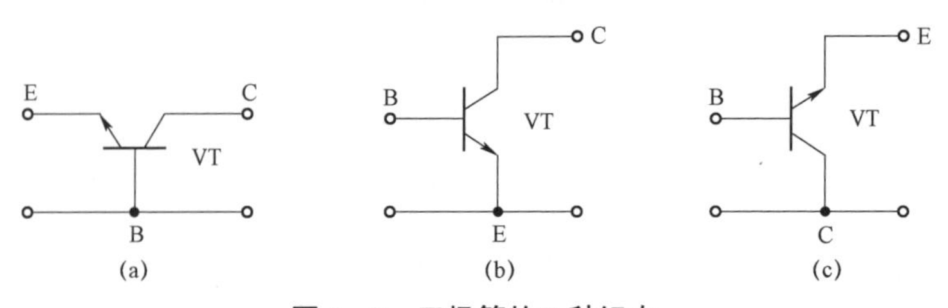

图 2－9　三极管的 3 种组态

（a）共基极接法；（b）共发射极接法；（c）共集电极接法

基础知识

一、共发射极基本放大电路的组成和信号的传输

1. 共发射极基本放大电路的组成

共发射极基本放大电路如图 2－10 所示，其中输入端接低频交流电压信号 u_i（如音频信号，频率为 20～20 kHz），输出端接负载电阻 R_L（可能是小功率的扬声器、微型继电器或下一级放大电路等），输出电压用 u_o 表示。电路中各元器件作用如下。

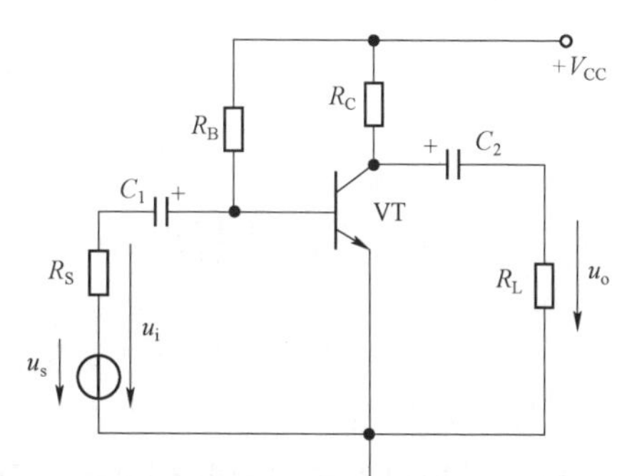

图 2－10　共发射极基本放大电路

（1）电源 V_{CC}：是放大电路的能源，为信号提供输出能量，并保证发射结处于正向偏置、集电结处于反向偏置，使三极管工作在放大区。V_{CC} 取值一般为几伏到几十伏。

（2）三极管 VT：是放大电路的核心元件。利用三极管在放大区的电流控制作用，即 $I_C=\beta I_B$，将微弱的电信号进行放大。

（3）集电极电阻 R_C：是三极管的集电极负载电阻，它将集电极电流的变化转换为电压的变化，实现电路的电压放大作用。R_C 一般为几千欧到几十千欧。

（4）基极电阻 R_B：保证三极管工作在放大状态。改变 R_B 可使三极管有合适的静态工作点。R_B 一般为几十千欧到几百千欧。

（5）耦合电容 C_1，C_2：起隔直通交的作用。在信号频率范围内，认为容抗近似为零。所以在分析电路时，在直流通路中电容视为开路，在交流通路中电容视为短路。C_1，C_2 一般为十几微法到几十微法的有极性电解电容。

2. 放大电路中传输的信号

共发射极基本放大电路中既有直流电源提供的直流量，又有交流信号源提供的交流量，在无输入信号时，三极管的电压、电流都是直流分量，分别用 I_B，U_{BE}，I_C，U_{CE} 表示（静态值）。在有输入信号后，分别用 i_b，u_{be}，i_c，u_{ce} 表示输入信号作用下的交流分量，两者在三极管中叠加成总电流或总电压，用 i_B，u_{BE}，i_C，u_{CE} 表示。i_B，u_{BE}，i_C，u_{CE} 都在原来静态值的基础上叠加了一个交流分量，即有

$$i_B=I_B+i_b$$
$$u_{BE}=U_{BE}+u_{be}$$
$$i_C=I_C+i_c$$
$$u_{CE}=U_{CE}+u_{ce}=V_{CC}-i_CR_C=V_{CC}-(I_C+i_c)R_C=U_{CE}-i_cR_C$$

虽然 i_B，u_{BE}，i_C，u_{CE} 的瞬时值是变化的，但它们的方向始终不变，即均为脉动直流量。图 2－11 所示为共发射极基本放大电路信号传输图，其中输入信号为正弦信号。

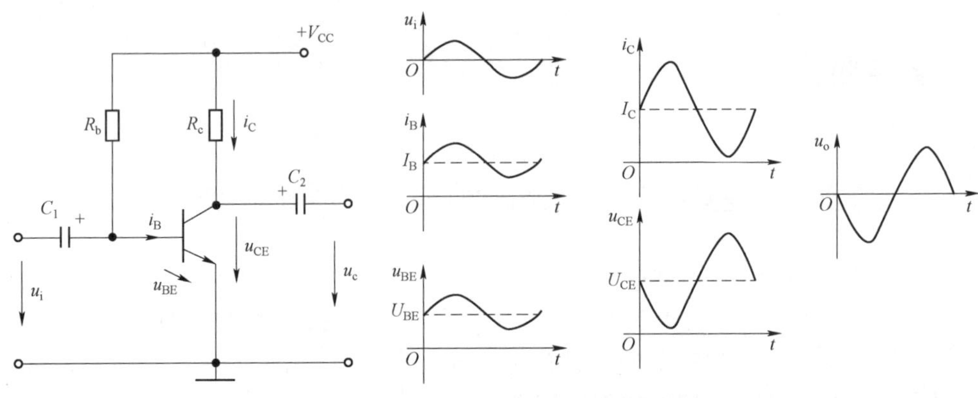

图 2-11　共发射极基本放大电路信号传输图

二、共发射极基本放大电路的工程估算法

电压放大电路的分析方法有工程估算法和图解法，工程估算法方便、简洁，便于掌握，图解法抽象、复杂，却能清楚地反映静态工作点对放大电路性能的影响。前面指出共发射极基放大电路中既有直流又有交流，在分析时应分别分析。

1. 静态分析

将共发射极基本放大电路未接入交流信号 u_i 前的状态称为静态。静态分析就是通过对该放大电路的分析，确定静态时三极管各极的电流或电压，习惯上称为静态工作点，用 Q 表示。静态工作点一般指 I_B，I_C，U_{CE}（注意：符号和下标均大写）等值，静态工作点也可表示为 I_{BQ}，I_{CQ}，U_{CEQ}。放大电路的质量与静态工作点的合适与否关系非常大。

（1）直流通路。

直流通路是指当共发射极基本放大电路中直流电源单独作用时，直流电流所通过的路径。将图 2-10 中的耦合电容 C_1，C_2 视为开路，即可画出如图 2-12 所示的直流通路。

（2）静态工作点的确定。

由图 2-12 所示的直流通路的输入回路 $V_{CC}\to R_B\to$三极管基极 B→三极管发射极 E（地），可列出输入回路电压方程，即

$$V_{CC}=I_BR_B+U_{BE} \tag{2-1}$$

由图 2-12 所示的直流通路的输出回路 $V_{CC}\to R_C\to$三极管集电极 C→三极管发射极 E（地），可列出输出回路电压方程，即

$$V_{CC}=I_CR_C+U_{CE} \tag{2-2}$$

三极管的发射结处于正向偏置，基极与发射极之间的电压 U_{BE} 约为 0.7 V（硅三极管）。因此有

$$I_B=\frac{V_{CC}-U_{BE}}{R_B}\approx\frac{V_{CC}}{R_b} \tag{2-3}$$

$$I_C=\beta I_B \tag{2-4}$$

$$U_{CE}=V_{CC}-I_CR_C \tag{2-5}$$

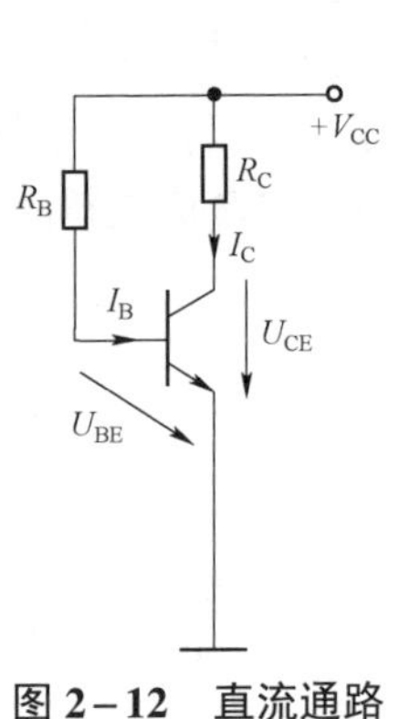

图 2-12　直流通路

2. 动态分析

在确定静态工作点后，共发射极基本放大电路在输入电压信号 u_i 的作用下，若三极管能始终工作在输出特性曲线的放大区，则该放大电路输出端就能获得基本上不失真的放大输出电压信号 u_o。共发射极基本放大电路的动态分析，就是要对该放大电路中信号的传输过程、放大电路的性能指标等问题进行分析讨论。图解法和微变等效电路法是动态分析的基本方法，本任务采用微变等效电路法。

（1）三极管的微变等效电路。

三极管的微变等效电路是指当三极管在小信号（微变量）的情况下工作在特性曲线直线段时，用一个线性电路代替三极管（非线性元件），如图 2－13 所示。

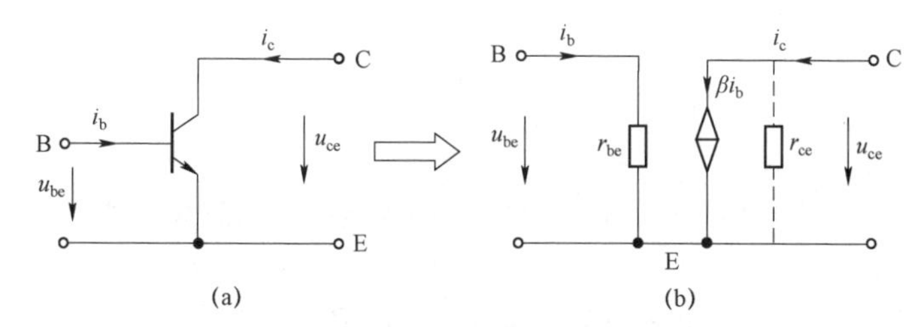

图 2－13　三极管的微变等效电路

（a）简化前；（b）简化后

图 2－13（b）所示为简化后的微变等效电路，通常在运用时，忽略集电极与发射极电阻 r_{ce}。

其中，r_{be} 称为三极管的输入电阻，根据半导体理论，工程中低频小信号下的 r_{be} 可按式（2－6）估算，即

$$r_{be}=300\,\Omega+(1+\beta)\frac{26\text{ mV}}{I_{EQ}} \tag{2-6}$$

（2）放大电路的交流通路。

在输入交流信号的情况下，放大电路处于动态工作情况。由于耦合电容 C_1，C_2 对交流可看成短路，而直流电源 V_{CC} 对交流则可看成直接短路接地，因此，可画出如图 2－14（a）所示的放大电路的交流通路。在图 2－14（a）中，R_C 和 R_L 并联，即 $R_L'=R_C//R_L$，其中 R_L'为该电路的交流负载。

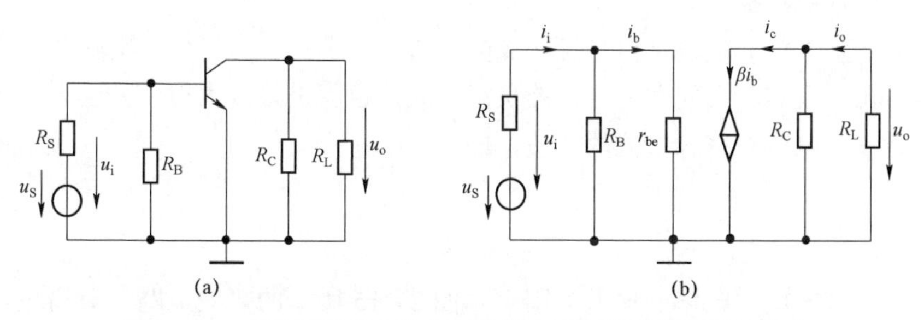

图 2－14　共发射极基本放大电路的交流通路及微变等效电路

（a）交流通路；（b）微变等效电路

（3）共发射极基本放大电路的微变等效电路。

共发射极基本放大电路的直流通路确定静态工作点，交流通路则反映了信号的传输过程，通过它可以分析计算放大电路的性能指标。用微变等效电路来取代图 2－14（a）中的三极管，可得图 2－14（b）所示的共发射极基本放大电路的微变等效电路。

（4）动态性能指标的计算。

① 电压放大倍数 A_u：电压放大倍数是小信号电压放大电路的主要技术指标。设输入信号为正弦信号，则图 2－14（b）中的电压和电流都可用相量表示。

由图 2－14（b）可列出

$$u_o = -\beta i_b (R_C // R_L)$$

$$u_i = i_b r_{be}$$

$$A_u = \frac{u_o}{u_i} = \frac{-\beta i_b (R_C // R_L)}{i_b r_{be}} = -\beta \frac{R_L'}{r_{be}} \tag{2-7}$$

式中，$R_L' = R_C // R_L$；A_u 为负数，它反映了输出与输入电压之间的大小和相位关系。式（2－7）中的负号表示共发射极基本放大电路的输出电压与输入电压的相位反相。

当共发射极基本放大电路输出端开路时（未接负载电阻 R_L），可得空载时的电压放大倍数

$$A_{uo} = -\beta \frac{R_C}{r_{be}} \tag{2-8}$$

比较式（2－7）和式（2－8）可得，当共发射极基本放大电路接有负载电阻 R_L 时，其电压放大倍数比空载时要小，且 R_L 越小，电压放大倍数越低。一般共发射极基本放大电路为提高电压放大倍数，总希望负载电阻 R_L 大一些。

输出电压 u_o 与输入信号源电压 u_s 的比值，称为源电压放大倍数 A_{us}，即

$$A_{us} = \frac{u_o}{u_s} = \frac{u_o}{u_i}\frac{u_i}{u_s} = A_u \frac{r_i}{R_S + r_i} \approx \frac{-\beta R_L'}{R_S + r_{be}} \tag{2-9}$$

式中，$r_i = R_b // r_{be} \approx r_{be}$（通常 $R_b \gg r_{be}$）。可见 R_S 越大，源电压放大倍数越低。一般共发射极基本放大电路为提高电压放大倍数，总希望信号源内阻 R_S 小一些。

② 共发射极基本放大电路的输入电阻 r_i：输入电阻 r_i 也是共发射极基本放大电路的一个主要的性能指标。

共发射极基本放大电路是信号源（或前一级放大电路）的负载，其输入端的等效电阻就是信号源（或前一级放大电路）的负载电阻，也就是该放大电路的输入电阻 r_i。其计算公式为输入电压与输入电流的比值，即

$$r_i = \frac{u_i}{i_i} \tag{2-10}$$

共发射极基本放大电路的输入电阻可由图 2－15 所示的等效电路计算得出，即

$$r_i = R_b // r_{be} \approx r_{be} \tag{2-11}$$

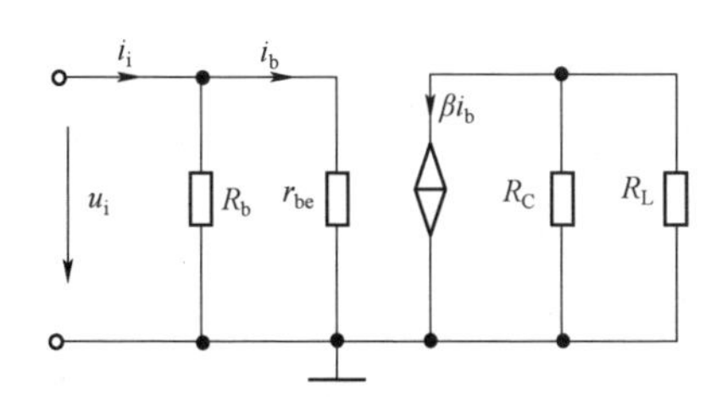

图 2－15　共发射极基本放大电路的输入电阻

一般输入电阻 r_i 越大越好，其原因是电压信号源内阻 R_S 和共发射极基本放大电路的输入电阻 r_i 分压后，r_i 上得到的电压才是放大电路的输入电压 u_i（见图 2－15），r_i 越大，相同的 u_s 使该放大电路的有效输入 u_i 增大，则放大后的输出也就越大。

③ 放大电路的输出电阻 r_o。

共发射极基本放大电路是负载（或后级放大电路）的等效信号源，其等效内阻就是该放大电路的输出电阻 r_o。该电阻是放大电路的性能参数，其大小影响本级和后级的工作情况。共发射极基本放大电路的输出电阻 r_o 是从该放大电路输出端看去的戴维宁等效电路的等效内阻，在实际中，可采用如下方法计算输出电阻。

将输入信号源短路，但保留信号源内阻，去掉 R_L，在输出端加一信号 u_o，以产生一个电流 i_o，则共发射极基本放大电路的输出电阻为

$$r_o = \frac{u_o}{i_o}\Big|_{u_s = 0} \tag{2-12}$$

共发射极基本放大电路的输出电阻可由如图 2－16 所示的等效电路计算得出。由此可知，当 $u_S = 0$ 时，$i_b = 0$，$\beta i_b = 0$，而在输出端加一信号 u_o，产生的电流 i_o 就是电阻 R_C 中的电流，取电压与电流之比为输出电阻 r_o，即

$$r_o \approx R_C \tag{2-13}$$

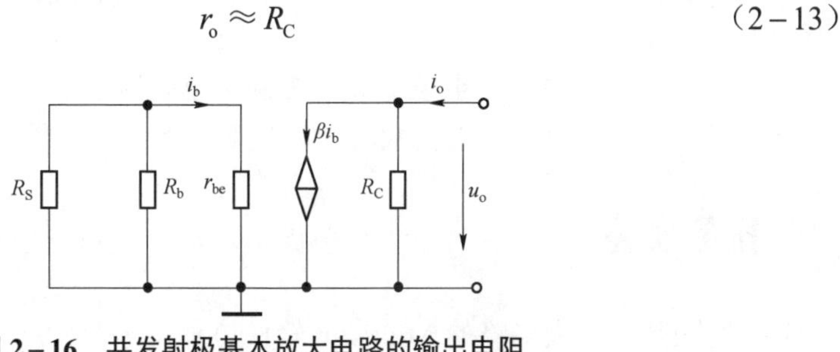

图 2－16　共发射极基本放大电路的输出电阻

一般输出电阻越小越好，其原因是放大电路对后一级放大电路来说，相当于信号源的内阻，若 r_o 较高，则可使后一级放大电路的有效输入信号降低，后一级放大电路的 A_{us} 也会降低。

例 2－2　如图 2－10 所示的共发射极基本放大电路，已知 $V_{CC} = 12$ V，$R_B = 300$ kΩ，$R_C = 4$ kΩ，$R_L = 4$ kΩ，$R_S = 100$ Ω，三极管的 $\beta = 40$。求：（1）估算静态工作点；（2）计算电压放大倍数；（3）计算输入电阻和输出电阻。

解：（1）估算静态工作点。由图 2－12 所示的直流通路可得

$$I_B \approx \frac{V_{CC}}{R_B} = \frac{12\ \text{V}}{300\ \Omega} = 40\ \mu\text{A}$$

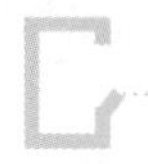

$$I_C = \beta I_B = 40\times 40\ \mu A = 1.6\ mA$$
$$U_{CE} = V_{CC} - I_C R_C = 12\ V - 1.6\ mA\times 4\ k\Omega = 5.6\ V$$

② 计算电压放大倍数。首先画出如图 2－14（a）所示交流通路，然后画出如图 2－14（b）所示微变等效电路，可得

$$r_{be} = 300\ \Omega + (1+\beta)\frac{26\ mV}{I_E} = 300\ \Omega + (1+40)\times\frac{26\ mV}{(1.6+0.04)\ mA} = 0.95\ k\Omega$$
$$A_u = \frac{-\beta(R_C//R_L)}{r_{be}} = -40\times\frac{2\ k\Omega}{0.95\ k\Omega} = -84.2$$

③ 计算输入电阻和输出电阻，有

$$r_i = R_B//r_{be} \approx 0.95\ k\Omega$$
$$r_o \approx R_C = 4\ k\Omega$$

想一想

（1）共发射极基本放大电路如图 2－10 所示，某同学测得三极管的 u_{CE} 接近 V_{CC} 的值，此时三极管处于什么工作状态？可能的故障原因有哪些？试分析其原因，并排除故障使之能够正常工作。

（2）什么是截止失真？什么是饱和失真？对于 NPN 型三极管，它们的输出波形有何差别？如何消除失真？

（3）当某共发射极基本放大电路不带负载时，测得其输出电压为 1.5 V，而带上负载 R_L＝6.8 kΩ 时（设输入信号不变），输出电压变为 1 V，求输出电阻 R_o；若该放大电路在空载时输出电压为 2 V，则当其接上负载 R_L＝2.4 kΩ 时，输出电压为多少（设输入信号不变）？

（4）R_b 为什么要由一个电位器和一个固定电阻串联组成？

（5）在测量电路电压放大倍数时，为什么要始终监视输出电压波形是否失真？

任务实施

共发射极基本放大电路的 Multisim 软件仿真。

在 Multisim 软件中搭建如图 2－17（a）所示的共发射极基本放大仿真电路，并添加函数信号发生器、双踪示波器和电压探针。其中函数信号发生器选择正弦信号，频率为 1 kHz，振幅为 10 mVp。

一、函数信号发生器参数设置

双击函数信号发生器图标，弹出“函数发电器－XFG1”对话框，如图 2－17（b）所示，改动该对话框中的相关设置，即可改变输出电压信号的波形类型、大小、占空比或偏置电压等。

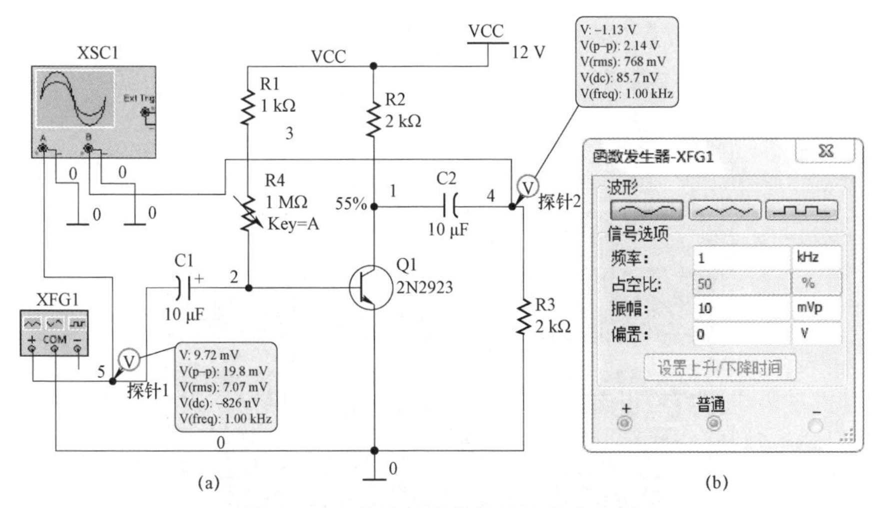

图 2-17　共发射极基本放大仿真电路

（1）“波形”选项组：选择输出信号的波形类型，有正弦波、三角波和方波 3 种周期信号供选择。本仿真选择正弦波。

（2）“信号选项”选项组：对波形区中选取的信号进行相关参数设置。

①“频率”文本框：可输入所要产生信号的频率，范围为 1 Hz～999 THz。本仿真选择 1 kHz。

②“占空比”文本框：可输入所要产生信号的占空比，范围为 1%～99%。本仿真选择正弦信号，不可更改。

③“振幅”文本框：可输入所要产生信号的最大值（电压），其可选范围为 1 μVp～999 kVp。本仿真选择 10 mVp。

④“偏置”文本框：可输入偏置电压值，即把正弦波、三角波、方波叠加在设置的偏置电压上输出，范围为 -999～999 kV。

（3）“设置上升/下降时间”按钮：该按钮仅在选择方波时有用，可设置所要产生方波信号的上升时间与下降时间，其可选范围为 $1\times10^{-12}\sim5\times10^{-4}$ s。此时，在弹出的对话框中设定上升时间（下降时间），再单击“接受”按钮即可。若单击“默认”按钮，则恢复为默认值 10 ps。

当所有参数设置完成后，可关闭“函数发生器-XFG1”对话框，函数信号发生器图标将保持输出的波形。

二、直流工作点分析

调节可调电阻 R_4 为 55%（本仿真为 550 kΩ），观察示波器输出波形。当输出信号波形不产生失真时，在菜单栏中选择“选项”→“电路图属性”命令，弹出“电路图属性”对话框，在其中的“电路图可见性”选项卡中的“网络名称”选项组中选择“全部显示”命令，单击“确认”按钮，即显示所有节点。在菜单栏中选择“仿真”→Analysis and simulation 命令，弹出 Analysis and simulation 对话框，在其中选择“直流工作点”命令，在对话框右边添加分析的变量。本仿真添加三极管基极电流 I_B、集电极电流 I_C、发

射极电流 I_E、节点 1、节点 2 电压 V（1）（集电极电压）和 V（2）（基极电压）。添加完成后单击“运行”按钮，就可以得到如图 2－18 所示的直流工作点分析。

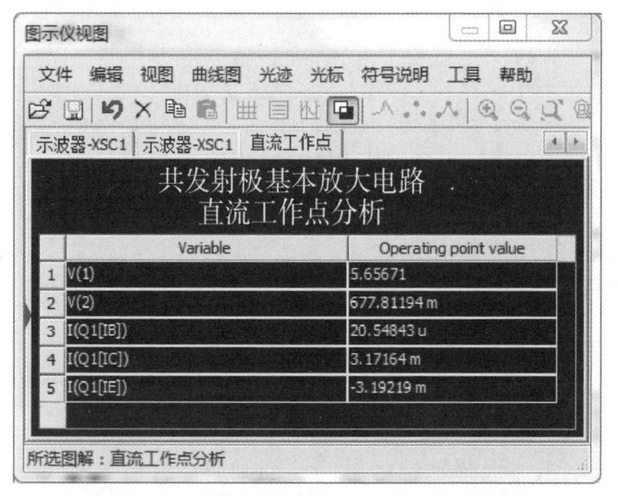

图示仪视图

文件 编辑 视图 曲线图 光迹 光标 符号说明 工具 帮助

示波器-XSC1 示波器-XSC1 直流工作点

共发射极基本放大电路
直流工作点分析

	Variable	Operating point value
1	V(1)	5.65671
2	V(2)	677.81194 m
3	I(Q1[IB])	20.54843 u
4	I(Q1[IC])	3.17164 m
5	I(Q1[IE])	-3.19219 m

所选图解：直流工作点分析

图 2－18　信号不失真时直流工作点分析

三、信号放大分析

输入频率为 1 kHz，振幅为 10 mVp 的正弦信号，单击“运行”按钮，用双踪示波器同时测量输入输出信号，其波形图如图 2－19 所示。可以观察到输入输出信号相位差为 180°，输入输出信号为反相关系。调节可调电阻 R_4，观察示波器输出波形，当输出信号波形不产生失真时，同时测量输入输出信号电压的有效值，两者的比值就是该共发射极基本放大电路在输入信号频率为 1 kHz 时的电压放大倍数。可以改变输入信号频率，观察不同频率的信号在放大电路中的放大倍数。

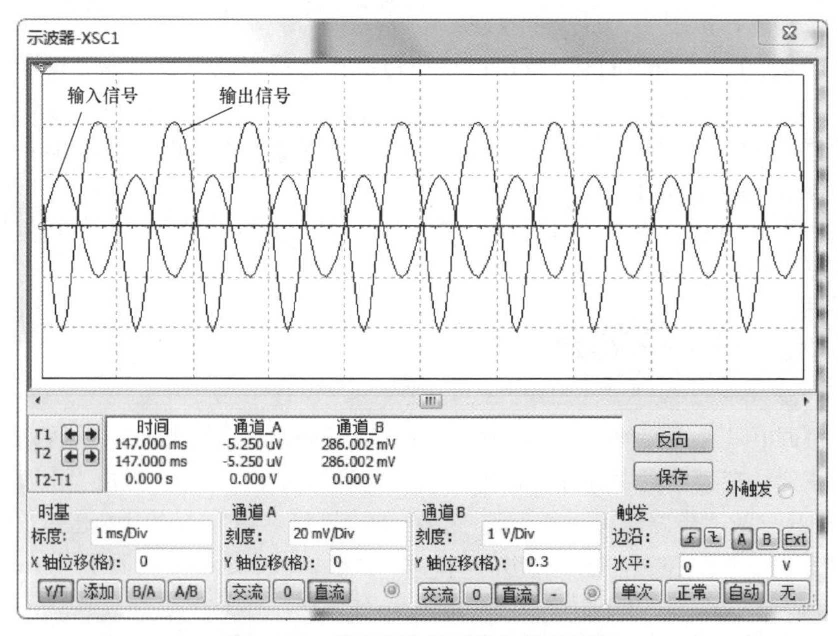

图 2－19　信号不失真时输入输出波形

四、信号失真及其分析

1. 饱和失真

输入正弦信号的频率为 1 kHz，振幅为 30 mVp，调节可调电阻 R_4 为 20%（本仿真为 200 kΩ），观察示波器输出波形，其波形如图 2－20 所示，其中波形负半周已经出现削顶失真，称为饱和失真。用 Multisim 软件直流工作点分析方法得到如图 2－21 所示的直流工作点分析，此时的基极电流和集电极电流都比正常不失真放大时要大，而集电极电压却减小了。

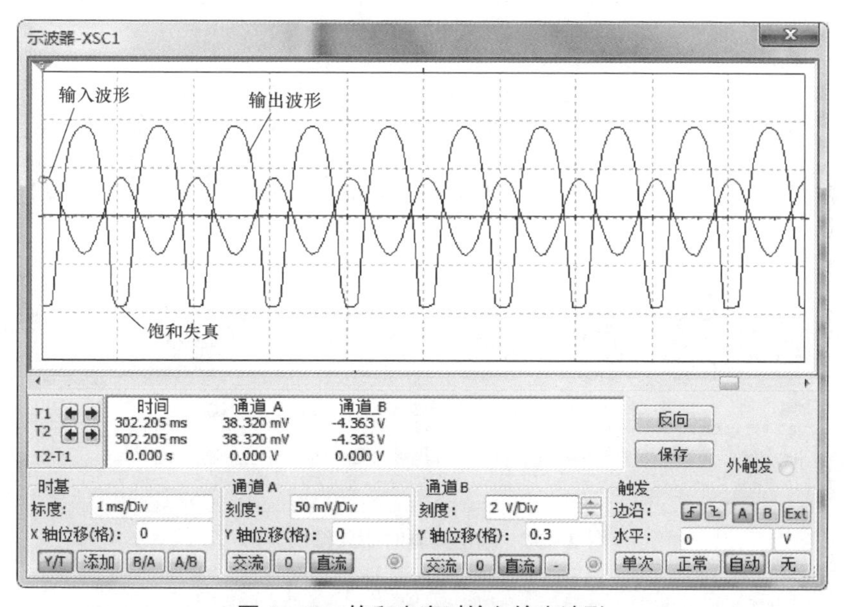

图 2－20　饱和失真时输入输出波形

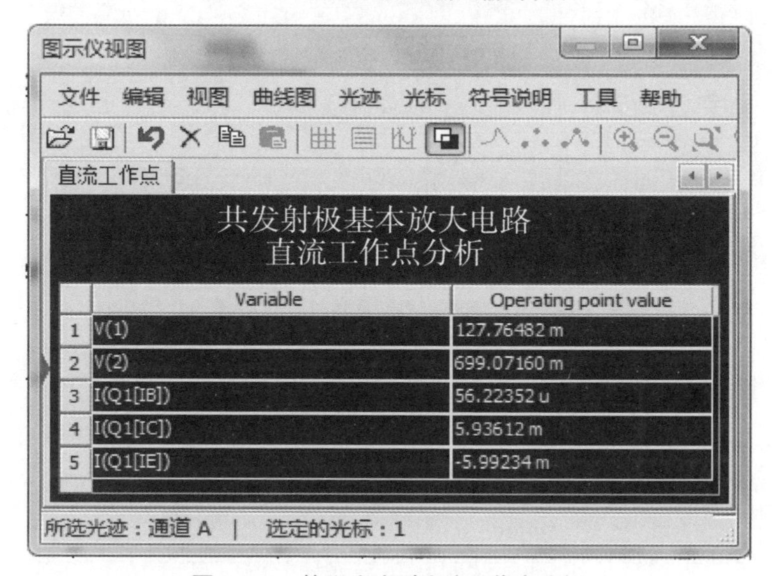

	Variable	Operating point value
1	V(1)	127.76482 m
2	V(2)	699.07160 m
3	I(Q1[IB])	56.22352 u
4	I(Q1[IC])	5.93612 m
5	I(Q1[IE])	-5.99234 m

图 2－21　饱和失真时直流工作点分析

2. 截止失真

输入正弦信号的频率为 1 kHz，振幅为 20 mVp，调节可调电阻 R_4 为 80%（本仿真为 200 kΩ），观察示波器输出波形，其波形如图 2－22 所示，其中波形正半周已经出现削顶失真，称为截止失真。用 Multisim 软件直流工作点分析方法得到如图 2－23 所示的直流工作点分析，此时的基极电流和集电极电流都比正常不失真放大时要小，而集电极电压却增大了。

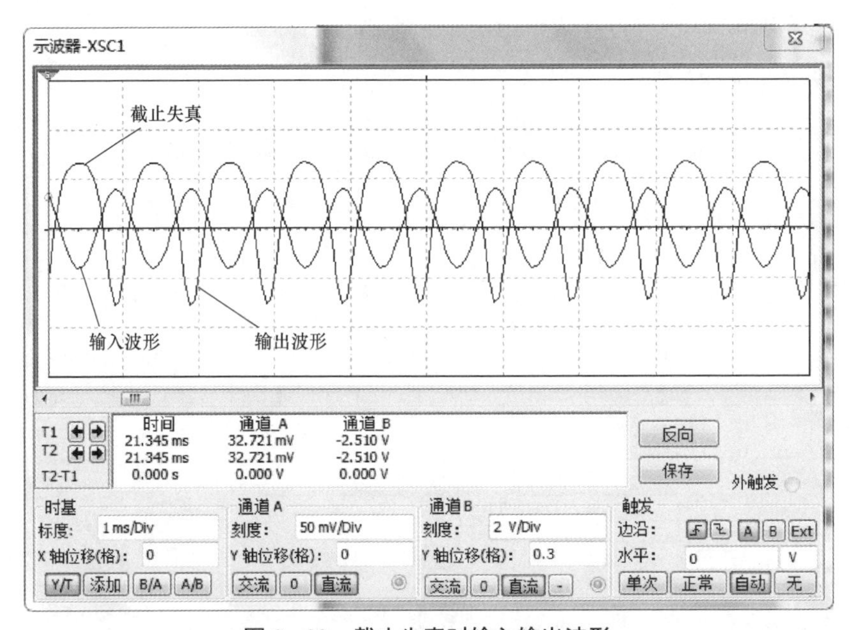

图 2－22　截止失真时输入输出波形

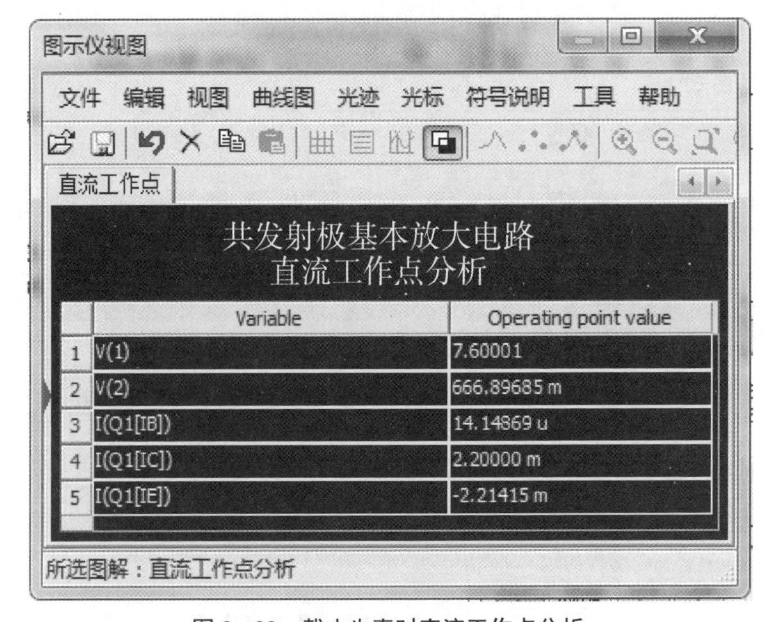

共发射极基本放大电路
直流工作点分析

	Variable	Operating point value
1	V(1)	7.60001
2	V(2)	666.89685 m
3	I(Q1[IB])	14.14869 u
4	I(Q1[IC])	2.20000 m
5	I(Q1[IE])	-2.21415 m

图 2－23　截止失真时直流工作点分析

任务三　共集电极放大电路的组成与测试

任务导入

共发射极基本放大电路具有电压放大作用，但其接收信号及带负载能力不够强，所以许多场合还需要其他组态的放大电路，下面要介绍的是共集电极放大电路。

任务目标

素质目标

（1）培养学生认真做事、用心做事的态度。

（2）引导学生树立使命感和责任感，增强大国信念。

知识目标

（1）认识共集电极放大电路的结构，并理解其特点。

（2）能对共集电极放大电路进行简单的静态分析，并了解该放大电路的动态分析方法。

能力目标

（1）会共集电极放大电路的 Multisim 软件仿真。

（2）会用仪器仪表装接和测试共集电极放大电路。

任务分析

为了提高放大电路的输入阻抗，降低输出阻抗，提高其接收信号及带负载能力，人们发明了共集电极放大电路。共集电极放大电路具有较高的输入阻抗和较小的输出阻抗，接收信号及带负载能力都很强，在放大电路中的作用很大。本任务就是分析和测试共集电极放大电路的组成及性能。

基础知识

一、共集电极放大电路的组成

图 2－24（a）所示为共集电极放大电路，也是一种基本放大电路。

二、共集电极放大电路的静态分析

由共集电极放大电路的直流通路可确定静态值，根据如图 2－24（b）所示的直流通路可得

$$V_{CC}=I_BR_b+U_{BE}+I_ER_e$$

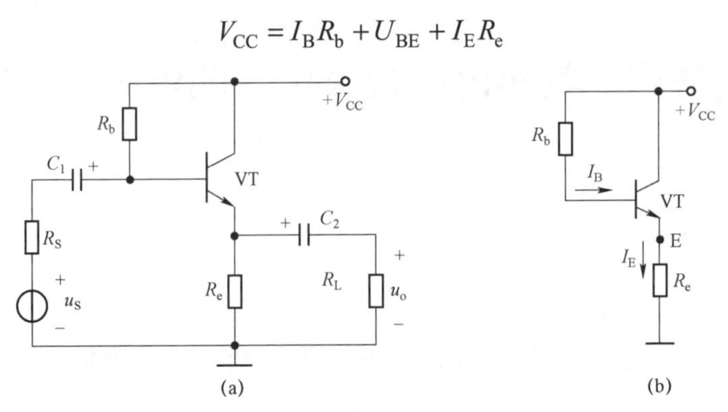

图 2-24　共集电极放大电路及其直流通路

（a）共集电极放大电路；（b）直流通路

$$I_B=\frac{V_{CC}-U_{BE}}{R_b+(1+\beta)R_e} \tag{2-14}$$

$$I_C=\beta I_B$$

$$U_{CE}=V_{CC}-I_ER_e=V_{CC}-(1+\beta)I_BR_e \tag{2-15}$$

三、共集电极放大电路的动态分析

图 2-25（a）所示为共集电极放大电路的交流通路。其中输入回路为基极到集电极的回路，输出回路为发射极到集电极的回路，集电极是输入回路和输出回路的公共端，所以，该电路为共集电极放大电路。另外，由于该放大电路的交流信号由三极管的发射极经耦合电容 C_2 输出，故又称射极输出器。由交流通路可画出如图 2-25（b）所示的微变等效电路。

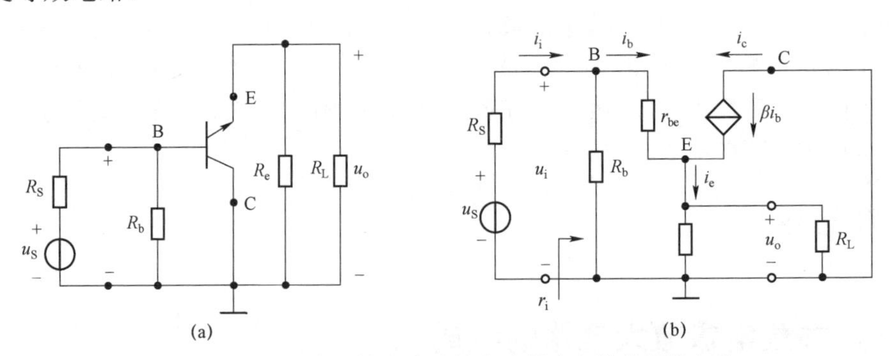

图 2-25　共集电极放大电路的交流通路和微变等效电路

（a）交流通路；（b）微变等效电路

1. 电压放大倍数

由微变等效电路及电压放大倍数的定义可得

$$u_o=(1+\beta)i_b(R_e//R_L)$$

$$u_i=i_br_{be}+(1+\beta)i_b(R_e//R_L)$$

$$A_u = \frac{u_o}{u_i} = \frac{(1+\beta)i_b(R_e//R_L)}{i_b r_{be} + (1+\beta)i_b(R_e//R_L)}$$

即

$$A_u = \frac{(1+\beta)(R_e//R_L)}{r_{be} + (1+\beta)(R_e//R_L)} \quad (2-16)$$

从式（2－16）可以看出，射极输出器的电压放大倍数 A_u 恒小于 1，但接近 1，且为正数，说明 u_o 与 u_i 不但大小基本相等，并且相位相同，即输出电压紧紧跟随输入电压的变化而变化。因此，射极输出器也称为射极跟随器。

值得指出的是，尽管射极输出器无电压放大作用，但其发射极电流 i_E 是基极 i_B 的（$1+\beta$）倍，输出功率也近似为输入功率的（$1+\beta$）倍，所以射极输出器具有一定的电流放大作用和功率放大作用。

2. 输入电阻

由图 2－25（b）所示的微变等效电路及输入电阻的定义可得

$$r_i = \frac{u_i}{i_i} = \frac{u_i}{\dfrac{u_i}{R_b} + \dfrac{u_i}{r_{be} + (1+\beta)(R_e//R_L)}} = \frac{1}{\dfrac{1}{R_b} + \dfrac{1}{r_{be} + (1+\beta)(R_e//R_L)}}$$

即

$$r_i = R_b//[r_{be} + (1+\beta)(R_e//R_L)] \quad (2-17)$$

一般 R_b 和 $[r_{be} + (1+\beta)(R_e//R_L)]$ 都要比 r_{be} 大得多，因此，射极输出器的输入电阻比共发射极放大电路的输入电阻要高，可达几十千欧甚至几百千欧。

3. 输出电阻

根据输出电阻的定义，可用加压求流法，由图 2－26 所示的等效电路计算输出电阻，其中已去掉独立源（信号源 u_S）。在输出端加电压 u_o，产生电流 i_o，可得

$$\begin{aligned} i_o &= -i_b - \beta i_b + i_e = -(1+\beta)i_b + i_e \\ &= (1+\beta)\frac{u_o}{r_{be} + (R_b//R_S)} + \frac{u_o}{R_e} \end{aligned}$$

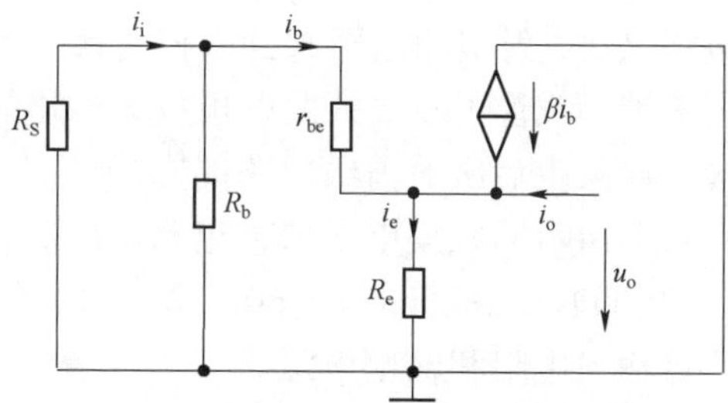

图 2－26　共集电极放大电路的输出电阻

则

$$r_o = \frac{u_o}{i_o} = \frac{u_o}{(1+\beta)\dfrac{u_o}{r_{be} + (R_b//R_S)} + \dfrac{u_o}{R_e}} = R_e//\frac{r_{be} + (R_b//R_S)}{1+\beta} \quad (2-18)$$

在一般情况下，$R_b \gg R_S$，所以 $r_o \approx R_e//\dfrac{r_{be} + R_S}{1+\beta}$。而通常，$R_e \gg \dfrac{r_{be} + R_S}{1+\beta}$，因此，输出电阻又可近似为

$$r_o \approx \frac{r_{be}+R_S}{1+\beta} \tag{2-19}$$

若 $r_{be} \gg R_S$，则

$$r_o \approx \frac{r_{be}}{1+\beta} \tag{2-20}$$

射极输出器的输出电阻与共发射极放大电路相比是较低的，一般在几欧到几十欧。当 r_o 较低时，射极输出器的输出电压几乎具有恒压性。

综上所述，射极输出器具有电压放大倍数恒小于 1 且接近 1、输入输出电压同相、输入电阻高、输出电阻低的特点，而输入电阻高、输出电阻低的特点，使射极输出器获得了广泛的应用。

四、射极输出器的应用

1. 用作多级放大电路的输入级

由于射极输出器的输入电阻高，因此，常将其用于多级放大电路的输入级，可减轻信号源的负担，又可获得较大的信号电压，这对内阻较高的电压信号来讲更有意义。在电子测量仪器的输入级采用射极输出器作为输入级，较高的输入电阻可减小对测量电路的影响，提高测量精度。

2. 用作多级放大电路的输出级

由于射极输出器的输出电阻低，常将其用于多级放大电路的输出级。当负载变动时，因为射极输出器具有几乎为恒压源的特性，输出电压不随负载变动而保持稳定，因此，具有较强的带负载能力。

3. 常作为多级放大电路的中间级

射极输出器的输入电阻大，即前一级的负载电阻大，可提高前一级的电压放大倍数；射极输出器的输出电阻小，即后一级的信号源内阻小，可提高后一级的电压放大倍数。对于多级共发射极放大电路来讲，射极输出器起到阻抗变换作用，提高了多级共发射极放大电路的总的电压放大倍数，改善了多级共发射极放大电路的工作性能。此外，还可把射极输出器用作隔离级，以减少后级对前级电路的影响。

例 2-3 如图 2-24（a）所示的共集电极放大电路，已知 $V_{CC}=12\ \text{V}$，$R_b=300\ \text{k}\Omega$，$R_e=4\ \text{k}\Omega$，$R_L=4\ \text{k}\Omega$，$R_S=100\ \Omega$，三极管的 $\beta=60$。求：（1）估算静态工作点；（2）计算电压放大倍数；（3）计算输入电阻和输出电阻。

解：（1）估算静态工作点。由图 2-24（b）所示的直流通路可得

$$I_B = \frac{V_{CC}-U_{BE}}{R_b+(1+\beta)R_e} \approx 27\ \mu\text{A}$$

$$U_{CE} = V_{CC} - I_E R_e = V_{CC} - (1+\beta) I_B R_e \approx 5.4\ \text{V}$$

$$I_C = \beta I_B \approx 1.6\ \text{mA}$$

（2）计算电压放大倍数。首先画出图 2-25（a）所示的交流通路，然后画出图 2-25（b）所示的微变等效电路，可得

$$r_{be}=300\ \Omega+(1+\beta)\frac{26\ \text{mV}}{I_E}=300\ \Omega+(1+60)\times\frac{26\ \text{mV}}{(1.6+0.027)\ \text{mA}}\approx 1.27\ \text{k}\Omega$$

$$A_u=\frac{(1+\beta)(R_e//R_L)}{r_{be}+(1+\beta)(R_e//R_L)}\approx 0.99$$

（3）计算输入电阻和输出电阻，有

$$r_i=R_b//[r_{be}+(1+\beta)(R_e//R_L)]\approx 87\ \text{k}\Omega$$

$$r_o\approx\frac{r_{be}+R_S}{1+\beta}\approx 22\ \Omega$$

想一想

（1）共集电极放大电路与共发射极放大电路相比，有何不同？电路有何特点？

（2）共集电极放大电路又称射极输出器，这里的“跟随”指的是什么？

（3）试说一说共集电极电路的应用？

任务实施

共集电极放大电路动态性能指标 Multisim 软件仿真测试。

在 Multisim 软件中搭建如图 2－27 所示的共集电极放大仿真电路，并添加函数信号发生器、双踪示波器和电压探针。其中函数信号发生器选择正弦信号，频率为 1 kHz，振幅为 100 mVp。R_b 由 47 kΩ 电阻与 100 kΩ 电位器串联构成，R_e = 1 kΩ，R_L = 2 kΩ，C_1 = 10 μF，C_2 = 10 μF，三极管型号为 2N2923。

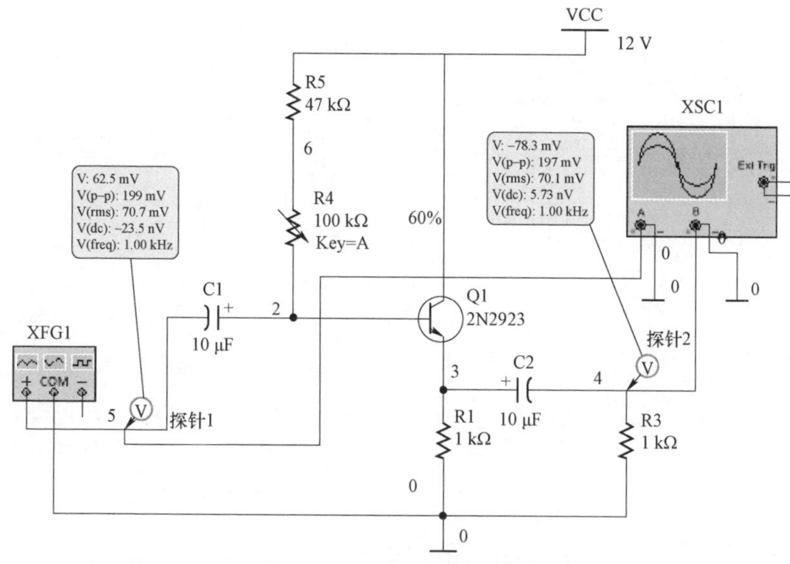

图 2－27　共集电极放大仿真电路

1. 测试步骤

（1）如图 2－27 所示，接好电路并复查，通电检测。

（2）不接 u_i（置零），接入 $V_{CC}=12$ V，调节 R_4，使得 U_{CE} 在 5 V 左右。

（3）输入端接入 u_i（$f=1$ kHz，$u_i=1$ V），输出端接入 R_L，用示波器同时观察此时 u_i，u_o 的波形，并记录 u_i，u_o 波形的幅度。u_i 的幅度（U_i）为________V，u_o 的幅度（U_o）为________V。

从示波器上可以看出：u_i 与 u_o 波形幅度大小________（基本相同/完全不同），相位关系为________（同相/反相）。

（4）保持步骤（1）、步骤（2），不接 R_L，即增大负载电阻值，观察输出电压幅度有无明显变化，并记录其值。

从示波器上可以看出：共集电极放大电路________（具有/不具有）稳定输出电压的能力，由此可推断共集电极放大电路的输出电阻________（很大/很小）。

（5）保持步骤（1）、步骤（2）、步骤（3），同时在输入回路中串接 2 kΩ 电阻，观察输出电压幅度有无明显变化，并记录其值。

从示波器上可以看出：在输入回路中串接 2 kΩ 电阻后，输出电压幅度________（减小/几乎不变），由此可推断共集电极放大电路的输入电阻________（很大/很小）。

2. 综合分析

通过测试可知：共集电极放大电路的电压放大倍数 A_u ________（$\gg 1$、≈ 1 或 $\ll 1$）；输入电阻________（很大/很小）；输出电阻________（很大/很小）。

任务四　认识分压式共发射极放大电路

任务导入

电子电路在使用过程中会发热，温度变化对三极管的参数影响较大，因此，三极管放大电路需要改进电路以消除温度升高带来的影响。

任务目标

素质目标

（1）培养学生发现问题、解决问题的能力。

（2）培养学生的工匠精神。

知识目标

（1）认识分压式共发射极放大电路的组成并理解其工作原理。

（2）能对分压式共发射极放大电路进行简单的静态分析和动态分析。

能力目标

（1）会分压式共发射极放大电路的 Multisim 软件仿真。

（2）会用仪器仪表装接和测试分压式共发射极放大电路。

任务分析

温度变化对静态工作点存在影响，为了保证输出信号不失真，放大电路应设置合适的静态工作点，并保证其稳定。稳定静态工作点的方法有温度补偿、直流负反馈和恒流源偏置等，本任务采用直流负反馈法稳定静态工作点。

基础知识

一、温度对静态工作点的影响

1. 温度变化对静态工作点产生的影响

温度变化对静态工作点产生的影响主要表现为影响三极管的 3 个主要参数：I_{CBO}、β 和 U_{BE}。温度升高，I_{CBO} 增大，β 增加，U_{BE} 减小。这三者随温度升高而变化，结果都将使 I_C 值增加，从而导致静态工作点上升。

2. 稳定静态工作点的原则和措施

为了保证输出信号不失真，对放大电路必须设置合适的静态工作点，并保证其稳定。

（1）静态工作点稳定的原则：当温度升高使 I_C 增大时，I_B 要自动减小以牵制 I_C

的增大。

（2）稳定静态工作点可以采用温度补偿、直流负反馈和恒流源偏置3种方法。

二、典型静态工作点稳定电路——分压式共发射极偏置放大电路

1. 电路组成

图2-28所示为稳定静态工作点的典型电路（简称分压式共发射极偏置放大电路）。其中R_{b1}和R_{b2}为基极的上偏置电阻和下偏置电阻，R_e为发射极偏置电阻，C_e为发射极旁路电容。

2. 稳定静态工作点原理

三极管的各参数随温度升高而对工作点产生影响，最终都表现为使静态工作点电流I_C增加。如果设法使I_C在温度变化时能维持恒定，则静态工作点就得到稳定。分压式共发射极偏置放大电路的工作原理正是基于这一思想。

图2-29所示为分压式共发射极偏置放大电路的直流通路，可知，当$I_1 \gg I_B$时，$I_2 \approx I_1$，可认为I_B不影响V_B，因此，V_B基本恒定，则基极电位V_B为

$$V_B = \frac{R_{b2}}{R_{b1}+R_{b2}}V_{CC} \qquad (2-21)$$

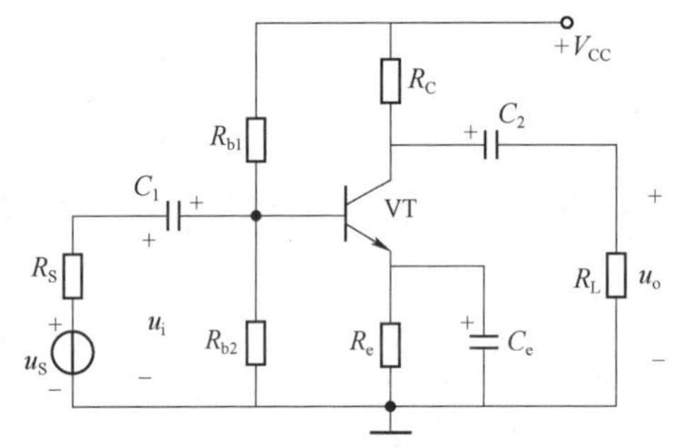

图2-28 分压式共发射极偏置放大电路

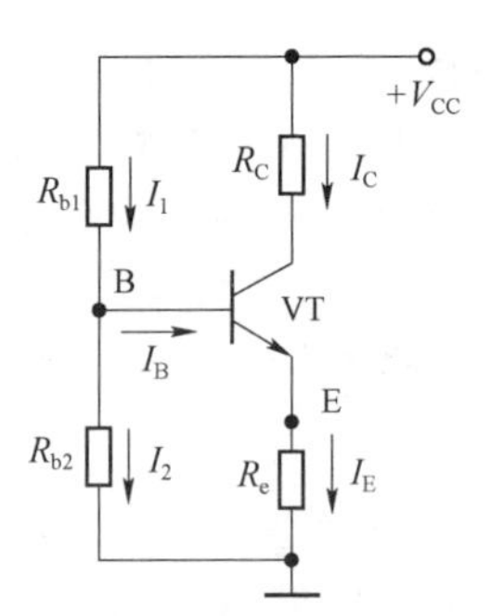

图2-29 分压式共发射极偏置放大电路的直流通路

该直流通路在发射极串接一个电阻R_e，温度升高使得I_C增加，发射极电阻R_e上的压降I_ER_e也随之增加，使发射极电位V_E升高，而基极电位V_B固定，所以净输入电压$U_{BE}=V_B-V_E$减小，从而使基极电流I_B减小，最终导致集电极电流I_C也减小，这样在温度变化时静态工作点便得到了稳定。

静态工作点的稳定过程为

$$温度T\uparrow \rightarrow I_C\uparrow \rightarrow I_E\uparrow \rightarrow V_E\uparrow \rightarrow U_{BE}\downarrow \rightarrow I_B\downarrow \rightarrow I_C\downarrow$$

可见，在静态工作点Q的稳定过程中，R_e起着重要的作用，在后面的内容中将了解R_e实际上是一个负反馈电阻，典型的静态工作点稳定电路是利用直流负反馈来稳定静态工作点Q的。

上述稳定静态工作点的过程是一个自动调整过程。为了使稳定后的I_E值尽可能恢复

到温度升高以前的 I_E 值，还必须使基极电位 $V_B \gg U_{BE}$。

三、分压式共发射极放大电路分析

1. 静态分析

由图 2－29 所示的分压式共发射极偏置放大电路的直流通路可得

$$V_B = \frac{R_{b2}}{R_{b1}+R_{b2}}V_{CC}$$

$$I_C \approx I_E = \frac{V_B - U_{BE}}{R_e} \approx \frac{V_B}{R_e} \tag{2-22}$$

$$I_B = \frac{I_C}{\beta} \tag{2-23}$$

$$U_{CE} = V_{CC} - I_C R_C - I_E R_e \approx V_{CC} - I_C(R_C + R_e) \tag{2-24}$$

2. 动态分析

在进行动态分析时，首先应画出分压式共发射极偏置放大电路的交流通路和微变等效电路，如图 2－30 所示。

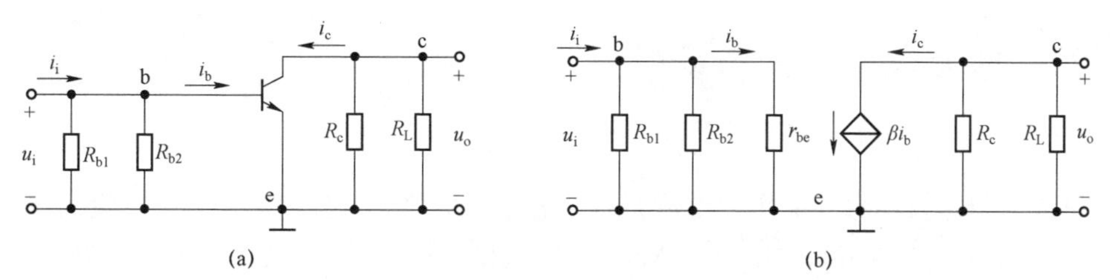

图 2－30　分压式共发射极偏置放大电路的交流通路和微变等效电路

（a）交流通路；（b）微变等效电路

图 2－30（a）所示为分压式共发射极偏置放大电路的交流通路，其中电容对于交流信号可视为短路，即 R_e 被 C_e 交流旁路掉了。图 2－30（b）所示为分压式共发射极偏置放大电路的微变等效电路。

由此可知，分压式共发射极偏置放大电路的交流通路、微变等效电路与共发射极基本放大电路基本相同，所以分压式共发射极偏置放大电路也属于共发射极放大电路的组态；其动态指标的计算公式与本章任务二中共发射极基本放大电路相同，即

$$A_u = -\beta \frac{R_L'}{r_{be}} \quad (R_L' = R_c // R_L) \tag{2-25}$$

$$r_i = R_{b1} // R_{b2} // r_{be} \tag{2-26}$$

$$r_o = R_c \tag{2-27}$$

例 2－4　在如图 2－28 所示的分压式共发射极偏置放大电路中，已知 $V_{CC}=12\ V$，$R_{b1}=33\ k\Omega$，$R_{b2}=20\ k\Omega$，$R_C=2\ k\Omega$，$R_e=2\ k\Omega$，$R_L=2\ k\Omega$，$R_S=100\ \Omega$，三极管的 $\beta=60$。求：（1）估算静态工作点；（2）计算电压放大倍数；（3）计算输入电阻和输出电阻。

解：（1）估算静态工作点。由图 2－29 所示的直流通路可得

$$V_B = \frac{R_{b2}}{R_{b1}+R_{b2}}V_{CC} \approx 4.53\ \text{V}$$

$$I_C \approx I_E = \frac{V_B - U_{BE}}{R_e} \approx \frac{V_B}{R_e} \approx 2.26\ \text{mA}$$

$$I_B = \frac{I_C}{\beta} \approx 37.7\ \mu\text{A}$$

$$U_{CE} = V_{CC} - I_C R_C - I_E R_e \approx V_{CC} - I_C(R_C + R_e) \approx 3\ \text{V}$$

（2）计算电压放大倍数。首先画出图 2－30（a）所示交流通路，然后画出图 2－30（b）所示微变等效电路，可得

$$r_{be} = 300\ \Omega + (1+\beta)\frac{26\ \text{mV}}{I_E} \approx 0.99\ \text{k}\Omega$$

$$A_u = \frac{-\beta(R_C // R_L)}{r_{be}} = -60 \times \frac{1}{0.99\ \text{k}\Omega} \approx -60.6$$

（3）计算输入电阻和输出电阻，有

$$r_i = R_{b1} // R_{b2} // r_{be} \approx 0.99\ \text{k}\Omega$$

$$r_o \approx R_C = 2\ \text{k}\Omega$$

四、放大电路中的负反馈

1. 反馈的定义

将放大电路输出量（电压或电流）的一部分或全部通过反馈网络，以一定的方式回送到输入回路，并影响放大电路输入量（电压或电流）和输出量（电压或电流），这种电压或电流的回送称为反馈。引入反馈的放大电路称为反馈放大电路。

2. 反馈放大电路的组成

反馈放大电路由基本放大电路和反馈网络组成，如图 2－31 所示。x_i 为放大电路的输入信号，x_o 为输出信号，x_f 为反馈信号，x_d 为真正输入到基本放大电路中的净输入信号，$x_d = x_i - x_f$。

从图 2－31 中可以看出，基本放大电路和反馈网络正好构成一个环路。当放大电路无反馈时，称为开环放大电路；当放大电路有反馈时，称为闭环放大电路。放大电路有无反馈，要看该放大电路中有没有反馈网络，放大电路有反馈网络就有反馈。反馈网络可能是反馈支路或反馈元件。反馈网络沟通了放大电路的输入输出，使放大电路的输出信号能够影响输入信号。

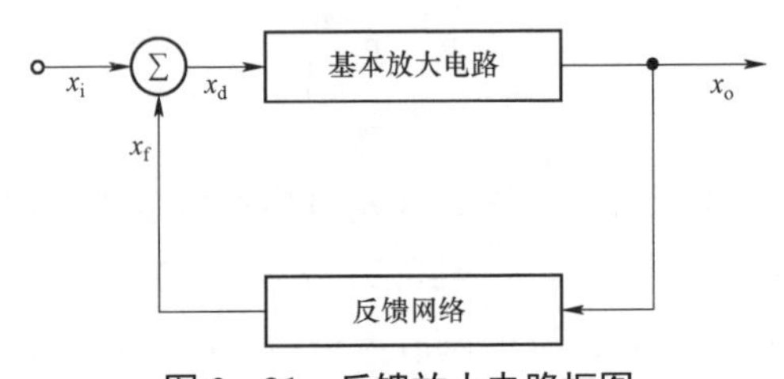

图 2－31　反馈放大电路框图

3. 反馈的分类

（1）正反馈和负反馈。

若反馈网络返回的反馈信号削弱了原输入信号，净输入信号 x_d 减少，则这种反馈称为负反馈；若返回的反馈信号增强了原输入信号，净输入信号 x_d 增加，则这种反馈称为正反馈。大部分放大电路都是带负反馈的电路，以稳定放大电路的静态工作点，改善放大电路的动态性能。正反馈多用于振荡电路中。图 2－28 所示的放大电路中，反馈元件为 R_e，其引入了负反馈以稳定静态工作点。判断放大电路的反馈极性常采用瞬时极性法，不同组态放大电路的相位差如表 2－3 所示。

表 2－3　不同组态放大电路的相位差

电路类型	输入极	公共极	输出极	相位差
共发射极放大电路	基极	发射极	集电极	180°
共集电极放大电路	基极	集电极	发射极	0°
共基极放大电路	发射极	基极	集电极	0°

瞬时极性法规定电路输入信号在某一时刻对地的极性为+，并以此为依据，从输入端到输出端，根据各级输入、输出之间的相对相位关系，依次标出放大器各点瞬时极性，最后判断出反馈信号 x_f 的极性。若反馈信号使净输入信号 x_d 增大，则说明引入了正反馈；若反馈信号使净输入信号 x_d 减小，则说明引入了负反馈。

（2）直流反馈和交流反馈。

如果反馈量只有直流量，则称为直流反馈；如果反馈量只有交流量，则称为交流反馈；如果反馈量既有交流量，又有直流量，则称为交、直流反馈。直流负反馈可以稳定放大电路的静态工作点，而交流负反馈则可以改善放大电路的动态性能。

实际上，要判断直流反馈与交流反馈，只要画出放大电路的直流通路与交流通路即可。根据图 2－29 所示的直流通路、图 2－30（a）所示的交流通路可知，反馈元件 R_e 出现在直流通路，而没有出现在交流通路，由此可知 R_e 引入的是直流反馈，而不是交流反馈。

（3）串联反馈和并联反馈。

如果反馈信号在输入端与信号源串联，则称为串联反馈；如果反馈信号在输入端与信号源并联，则称为并联反馈。图 2－32 所示为两种不同连接方式框图。

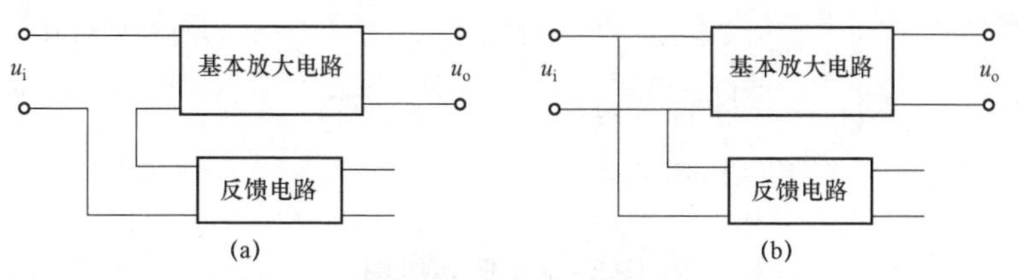

图 2－32　反馈信号与输入信号连接方式框图

（a）串联反馈；（b）并联反馈

同时要注意的是，在串联反馈时，反馈信号和输入信号以电压的形式在输入回路进行比较，而在并联反馈时，反馈信号和输入信号以电流的形式在输入回路进行比较。

串联反馈和并联反馈的判别方法有以下两种。

（1）令输入信号短路（即 $u_i=0$），若反馈信号不消失，仍能加到放大电路输入端，则为串联反馈；如果反馈信号也随之消失，则为并联反馈。

（2）若反馈信号与输入信号在输入端接在同一点，则净输入信号必然以电流的形式相叠加，为并联反馈；若接在不同点，反馈信号与外加输入信号以电压的形式相叠加，则为串联反馈。

（4）电压反馈和电流反馈。

如果反馈信号取自放大电路的输出电压，则称为电压反馈；如果反馈信号取自放大电路的输出电流，则称为电流反馈。换句话说，当取样环节与放大电路输出端并联时，为电压反馈；当取样环节与放大电路输出端串联时，为电流反馈。图 2-33 所示为两种不同取样方式框图。

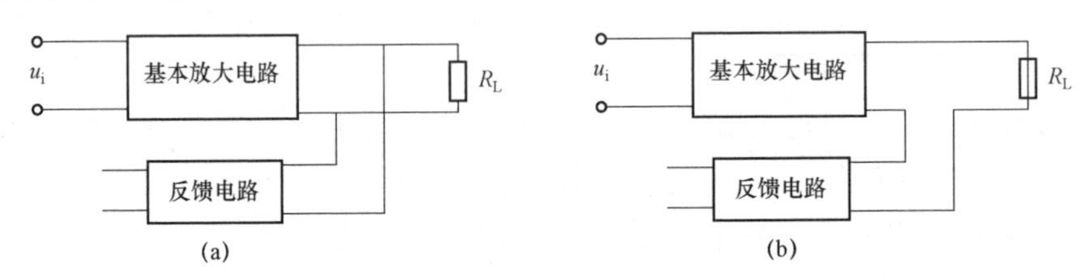

图 2-33　反馈信号在输出端的取样方式框图

（a）电压反馈；（b）电流反馈

电压反馈和电流反馈的判别方法有以下两种。

（1）若反馈网络与输出端接在同一点上，则为电压反馈；若接在不同点上，则为电流反馈。

（2）设想将负载 R_L 两端短路（即输出电压 u_o 为 0），如果反馈信号消失（$u_f=0$ 或 $i_f=0$），则为电压反馈；反之，则为电流反馈。

例 2-5　判断图 2-34 所示的分压式共发射极偏置放大电路的反馈类型。

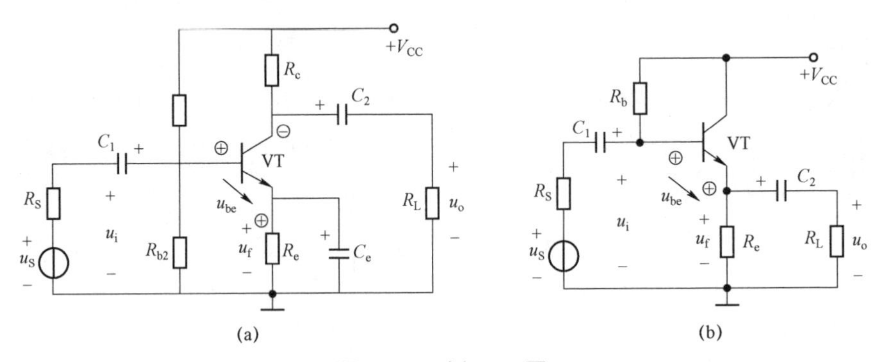

图 2-34　例 2-5 图

解：（1）如图 2-34（a）所示，其中反馈元件是 R_e，由于电容 C_e 对交流信号的旁路作用，该反馈元件仅对直流信号起反馈作用。在放大电路的输入端，输入信号和反馈信号不加在同一个电极，故可判断为串联反馈；而在输出端，若令 u_o 等于 0 V，R_e 上的电压 u_f 不为 0 V，故可判断为电流反馈；用瞬时极性法标出各点瞬时极性。由图 2－34（a）可知输入电压 u_i 和反馈电压 u_f 极性相同，$u_{be}=u_i-u_f$，即净输入电压 u_{be} 减小，可判断该反馈为负反馈。因此，该电路为电流串联负反馈。

（2）如图 2－34（b）所示，其中反馈元件也是 R_e，该反馈元件对交、直流信号均起到反馈作用。在放大器的输入端，输入信号和反馈信号不加在同一个电极，故可判断为串联反馈；而在输出端，若令 u_o 等于 0 V，R_e 上的电压 u_f 为 0 V，故可判断为电压反馈；用瞬时极性法标出各点瞬时极性，由图 2－34（b）可知输入电压 u_i 和反馈电压 u_f 极性相同，$u_{be}=u_i-u_f$，即净输入电压 u_{be} 减小，可判断该反馈为负反馈。因此，该电路为电压串联负反馈。

五、负反馈对放大电路性能的影响

当放大电路引入负反馈后，可从多方面改善放大电路的性能。

1. 提高放大电路放大倍数的稳定性

当放大电路受到环境温度、三极管老化、电源电压和负载变动等外界因素的影响时，如果引入负反馈，则可使放大倍数的相对变化变得很小，提高其工作稳定性。值得注意的是，放大电路性能得到改善的同时，其电压放大倍数也会相应降低。

2. 减小非线性失真

关于负反馈放大电路能减小非线性失真的原因可用图 2－35 来说明。其中方框 A 为基本放大电路，方框 F 为反馈网络。

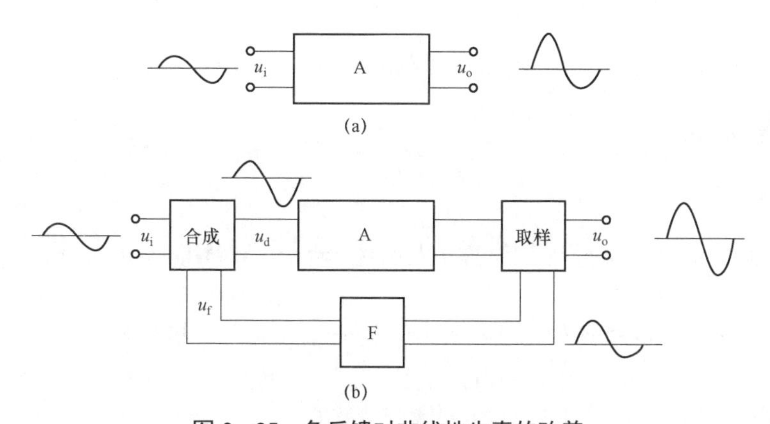

图 2－35　负反馈对非线性失真的改善

（a）开环放大电路产生非线性失真；（b）负反馈对非线性失真的改善

设原有的输入信号 u_i 为正弦波，经放大后产生了非线性失真，使得输出电压的波形正半周变大、负半周变小，如图 2－35（a）所示，把这一失真的输出信号反馈到输入端，反馈信号也出现正半周大、负半周小的现象，由于

$$u_d=u_i-u_f$$

而 u_i 和 u_f 比较后，使 u_d 的波形正半周小，而负半周大，因此，经放大后，使得放大电路的非线性失真减小。

3. 改变放大电路的输入电阻和输出电阻

电压负反馈可以稳定输出电压，使输出电阻降低；电流负反馈可以稳定输出电流，使输出电阻提高。

串联负反馈使输入电阻提高，并联负反馈使输入电阻降低。如果需要增大输入电阻，则可引入串联负反馈；如果需要提高放大电路的带负载能力，减小输出电阻，则可引入电压负反馈。

4. 展宽通频带

放大电路的输入信号常常不是单一频率的正弦波，而是含有各种不同频率成分的正弦波的总和。理想的放大电路应对所有频率具有同样的放大倍数，但这在实际上是不可能的。

所谓通频带，是指从低频到高频中间的一段频率范围。在此范围内，放大电路的放大倍数大致相同，超出这一范围，放大倍数将显著下降。如果在放大电路中引入负反馈，则可使通频带展宽，其原理此处从略。

想一想

1. 分压式共发射极偏置放大电路中的发射极旁路电容 C_e 的作用是什么？

2. 在分压式共发射极偏置放大电路中发射极偏置电阻 R_e 的主要作用是什么？

3. 分压式共发射极偏置放大电路能稳定静态工作点，其条件是什么？

4. 放大电路的输入信号本身就是一个已产生了失真的信号，引入负反馈后能否使失真消除？

任务实施

一、分压式共发射极偏置放大电路的 Multisim 软件仿真

在 Multisim 软件中搭建如图 2－36 所示的分压式共发射极偏置放大仿真电路，并添加函数信号发生器、双踪示波器和电压探针。其中函数信号发生器选择正弦信号，频率为 1 kHz，振幅为 10 mVp。

（1）进行信号不失真时的直流工作点分析。

（2）进行信号不失真时的交流分析。

① 输入输出信号波形图。

② 输入信号和输出信号电压。

③ 计算电压放大倍数。

（3）进行信号失真时的交流分析。

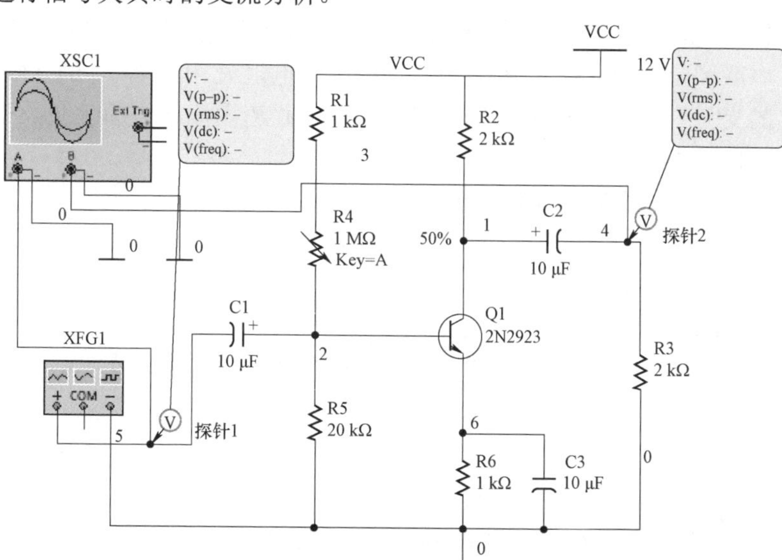

图 2－36　分压式共发射极偏置放大仿真电路

① 饱和失真时的波形图和直流工作点。

② 截止失真时的波形图和直流工作点。

二、带交流负反馈的分压式共发射极偏置放大电路的 Multisim 软件仿真

在 Multisim 软件中搭建如图 2－37 所示的带交流负反馈的分压式共发射极偏置放大

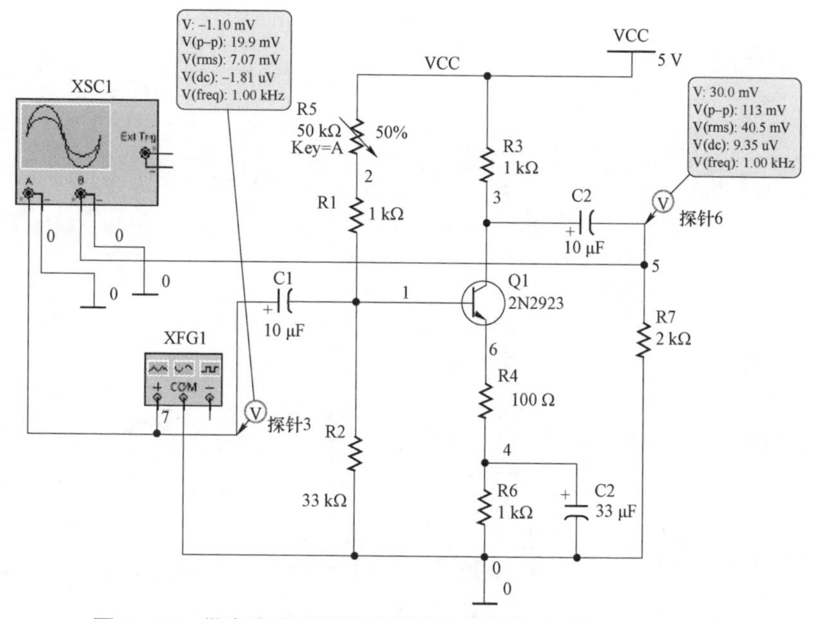

图 2－37　带交流负反馈的分压式共发射极偏置放大仿真电路

仿真电路，并添加函数信号发生器、双踪示波器和电压探针。其中函数信号发生器选择正弦信号，频率为 1 kHz，振幅为 100 mVp。与图 2－36 所示电路比较，图 2－37 所示电路在发射极多串联了一个 100 Ω 的 R_4 电阻，该电阻与电阻 R_6 和电容 C_2 的并联电路串联，发射极流出的交、直流电流都可以流过电阻 R_4，电阻 R_4 具有交、直流负反馈的作用。

（1）进行信号不失真时的直流工作点分析。

（2）进行信号不失真时的交流分析。

① 输入输出信号波形图。

② 输入信号和输出信号电压。

③ 计算电压放大倍数。

（3）与图 2－36 的电路对比，该电路输出信号波形有什么变化？电压放大倍数有什么变化？

任务五 多级放大电路的组成与测试

任务导入

放大电路的作用是将输入的小信号放大，小信号放大电路的输入信号一般为毫伏级甚至微伏级，功率在 1 mW 以下。单级放大电路不足以将信号不失真地放大到能推动负载工作，因此，输入信号必须经有负反馈的多级放大电路放大，才能在输出端获得一定幅度的电压和足够的功率。

任务目标

素质目标

(1) 增强学生自学能力。

(2) 增强学生工程意识和良好的劳动纪律观念。

知识目标

(1) 认识多级放大电路中各级之间的耦合方式，了解 3 种耦合方式的特点。

(2) 理解负反馈的定义和类型，知道负反馈对放大电路的影响。

能力目标

(1) 会多级放大电路的 Multisim 软件仿真。

(2) 会引入负反馈的多级放大电路的 Multisim 软件仿真，能分析负反馈对放大电路的影响。

任务分析

多级放大电路就是由若干个基本放大电路组成的电路。多级放大电路之间的连接称为耦合，常用的耦合方式有 3 种，即阻容耦合、直接耦合和变压器耦合。在放大电路中引入负反馈可以明显改善电路性能，如提高放大倍数的稳定性、改变输入输出电阻、降低非线性失真等。

基础知识

1. 多级放大电路框图

多级放大电路框图如图 2-38 所示。它通常包括输入级、中间级、推动级和输出级几个部分。

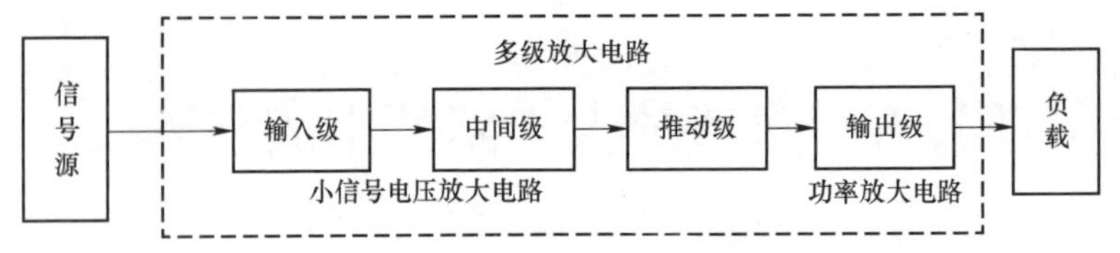

图 2-38 多级放大电路框图

多级放大电路的第一级称为输入级，对输入级的要求往往与输入信号有关；中间级的用途是进行信号放大，提供足够大的放大倍数，常由几级放大电路组成；多级放大电路的最后一级是输出级，它与负载相接，因此，对输出级的要求是考虑负载的性质；推动级的用途是实现小信号到大信号的缓冲和转换。

2. 多级放大电路的耦合方式

在多级放大电路中，存在一个级与级之间连接的问题，通常称为级联。多级放大电路的级联方式包括 3 种：阻容耦合、直接耦合和变压器耦合。

（1）阻容耦合。

图 2-39 所示为两级阻容耦合共发射极放大电路。可以看出，信号源与第一级、第一级与第二级、第二级与负载之间分别通过电容 C_1，C_2，C_3 实现耦合，因此，该电路也称阻容耦合放大电路，其特点如下。

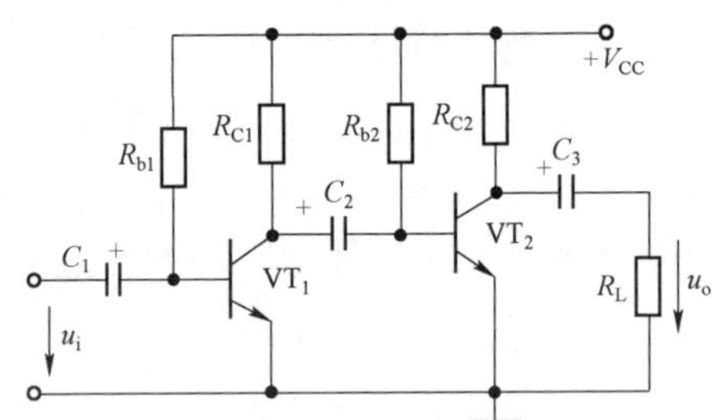

图 2-39 两级阻容耦合共发射极放大电路

① 各级静态工作点相对独立，便于调整。

② 不能放大变化缓慢（直流）的信号，且不便于集成。

（2）直接耦合。

为了避免电容对缓慢变化信号的影响，可直接把两级放大电路接在一起，这就是直接耦合法，如图 2-40 所示。其特点如下。

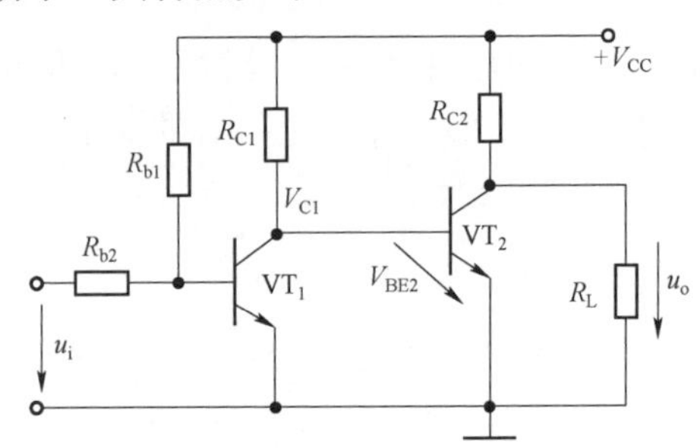

图 2-40 直接耦合两级放大电路

① 既能放大交流信号，也能放大直流信号，便于集成。

② 由于存在零漂现象，所以必须采用特殊的电路加以解决。

（3）变压器耦合。

变压器也是一种隔直通交的元器件，因此，变压器耦合放大器也属于交流放大器，主要用于功率放大电路。图 2－41 所示为变压器耦合两级放大器。变压器耦合放大器的特点如下。

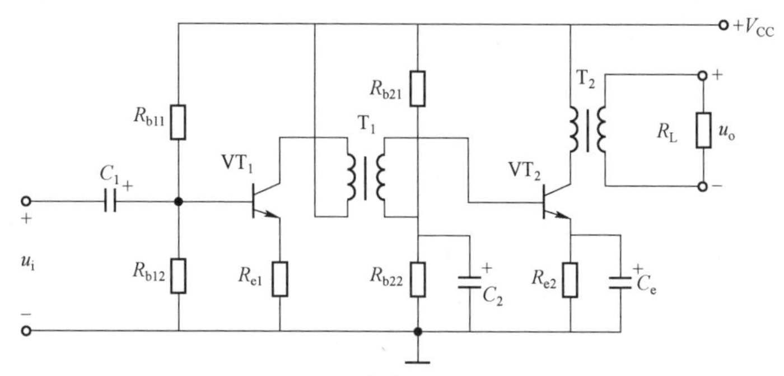

图 2－41　变压器耦合两级放大器

① 每一级的静态工作点各自独立。

② 与阻容耦合方式相似，只能传递交流信号，且频率特性不好。

③ 体积大，不便集成。

3. 多级放大电路的指标计算

（1）电压放大倍数。

多级放大电路的电压放大倍数等于各级放大电路电压放大倍数的乘积，即

$$A_u = A_{u1}A_{u2}A_{u3}\cdots A_{un} \tag{2-28}$$

（2）输入电阻和输出电阻。

多级放大电路输入级的输入电阻就是多级放大电路的输入电阻，即 $r_i = r_{i1}$；输出级的输出电阻就是多级放大电路的输出电阻，即 $r_o = r_{on}$。

例 2－6　判断图 2－42 所示的多级放大电路的级间反馈类型。

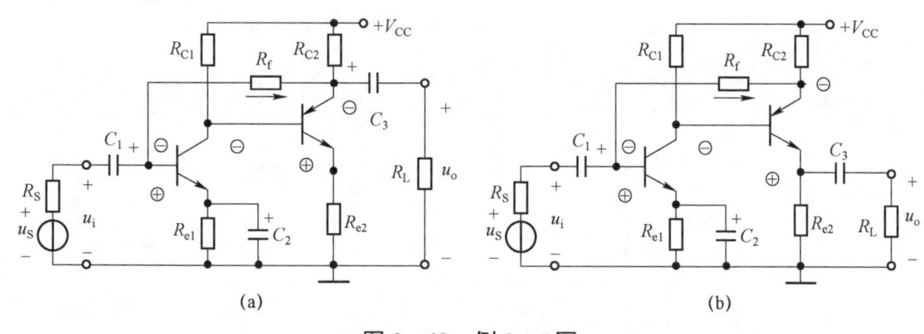

图 2－42　例 2－6 图

解：如图 2－42（a）所示，如果只考虑极间反馈，则输入信号经三极管放大电路放大后，由 R_f 反馈到输入回路。在放大器的输入端，输入信号和反馈信号加在同一个电极，故可判断为并联反馈；而在输出端，若令 u_o 等于 0，则 u_f 也为 0，故可判断为电压反馈；用瞬时极性法标出各点瞬时极性，由图 2－42（a）可知，输入电流 i_i 和反馈电流 i_f 极性相反，削弱了净输入电流 i_{b1}，可判断该反馈为负反馈。因此，图 2－42（a）所示

的电路为电压并联负反馈。

如图 2－42（b）所示，输出信号经过 R_f 反馈到输入回路，R_e 为连接输入和输出回路的反馈元件，在放大器的输入端，输入信号和反馈信号加在同一个电极，故可判断为并联反馈；而在输出端，若令 u_o 等于 0，则 u_f 不为 0，故可判断为电流反馈；用瞬时极性法标出各点瞬时极性，由图 2－42（b）可知，输入电流 i_i 和反馈电流 i_f 极性相反，削弱了净输入电流 i_{b1}，可判断该反馈为负反馈。因此，图 2－42（b）所示的电路为电流串联负反馈。

想一想

（1）说明在下列情况下，多级放大电路应选用哪一种耦合方式？

① 要使各级静态工作点独立，且设计调试方便。

② 要使低频特性好，且元器件适合电路集成。

③ 要能够放大变化缓慢的信号。

④ 要使负载上不含有直流成分。

（2）如果要设计一个高放大倍数的两级放大电路，且要求有高的输入电阻、低的输出电阻，则应采用什么级间负反馈形式？为什么？

任务实施

多级放大电路的 Multisim 软件仿真。

在 Multisim 软件中搭建如图 2－43 所示的多级放大仿真电路，并添加函数信号发生器、双踪示波器和电压探针。其中函数信号发生器选择正弦信号，频率为 1 kHz，振幅为 10 mVp。

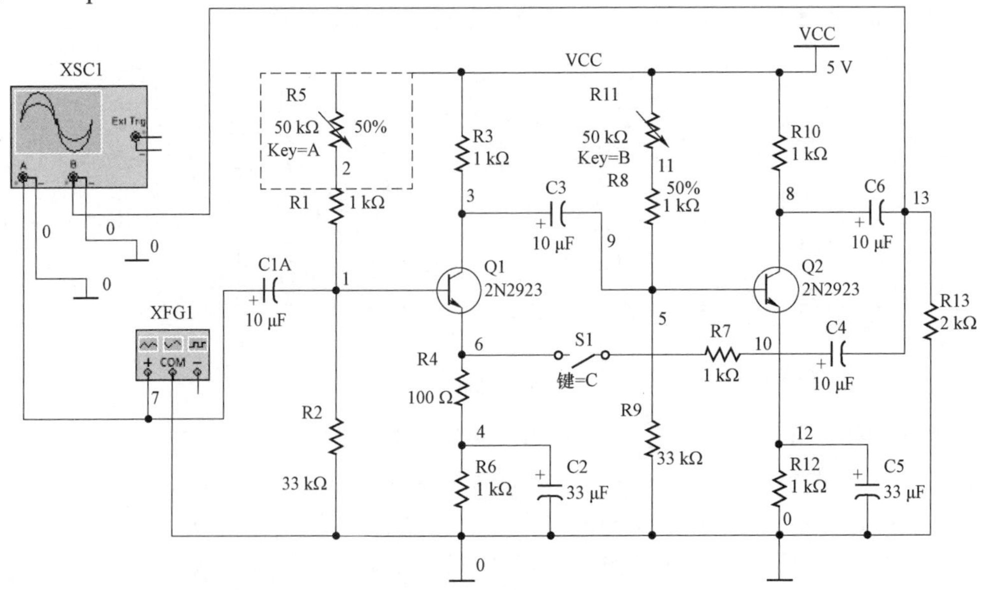

图 2－43　多级放大仿真电路

1. 无负反馈的多级放大电路

当开关 S1 断开时，多级放大电路前后级没有引入负反馈，观察示波器波形，输出波形电压幅值大但出现削顶失真，如图 2-44 所示。

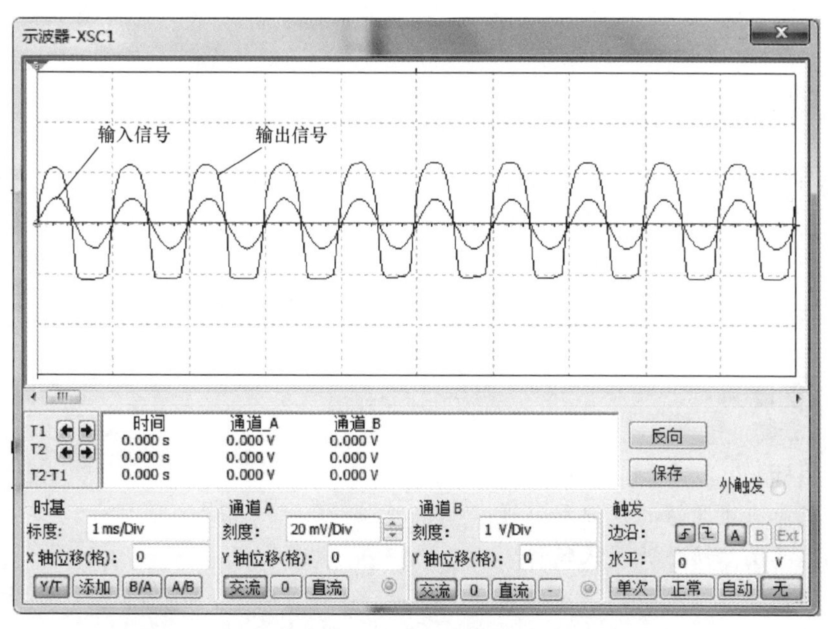

图 2-44　无负反馈的多级放大电路输入输出信号波形

2. 带负反馈的多级放大电路

当开关 S1 合上时，多级放大电路前后级之间引入了电压串联负反馈，输出波形没有出现失真，但是输出信号的电压幅值比没有引入负反馈时要小得多。同时，由于引入了电压串联负反馈，因此，提高了输入电阻，降低了输出电阻，如图 2-45 所示。

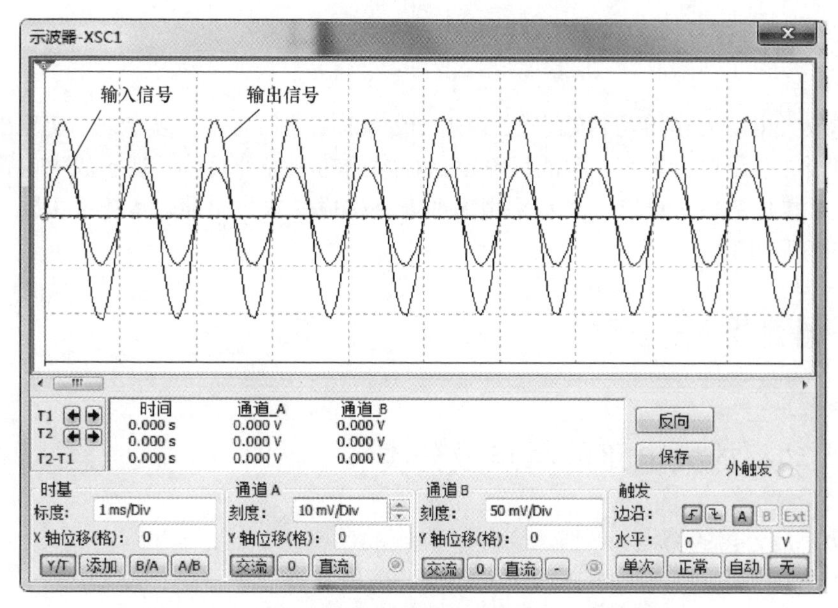

图 2-45　带负反馈的多级放大电路输入输出信号波形

任务六　功率放大电路的安装与调试

任务导入

一般电子设备中的放大系统通常由输入极、中间极和输出极构成。输入极和中间极一般工作在小信号状态，要求具有较高的电压放大倍数；而输出极则要求能带动一定的负载，因此，必须具备较大的电压、电流输出幅度，即能够输出足够大的功率。这类放大器称为功率放大器，简称功放。

任务目标

素质目标

（1）培养自主学习的意识和习惯。

（2）培养团结协作的团队精神

知识目标

（1）了解功率放大器的特点及分类。

（2）能识读 OCL 和 OTL 两种较典型的功放电路原理图。

能力目标

（1）会 OTL 单电源电路的 Multisim 软件仿真。

（2）会信号放大电路的制作与调试。

任务分析

功率放大电路的作用是将输入极和中间极传过来的信号进一步放大，使输出信号有较大的电压、电流输出幅度，即能够输出足够大的功率推动负载。功率放大电路既有采用分立元件构成的放大电路，也有采用集成电路构成的放大电路。本任务主要学习功率放大电路基础知识。

基础知识

一、功率放大电路的特点及分类

1. 功率放大器的特点

功率放大器因其任务与电压放大器不同，所以具有以下特点。

（1）尽可能大的输出功率。

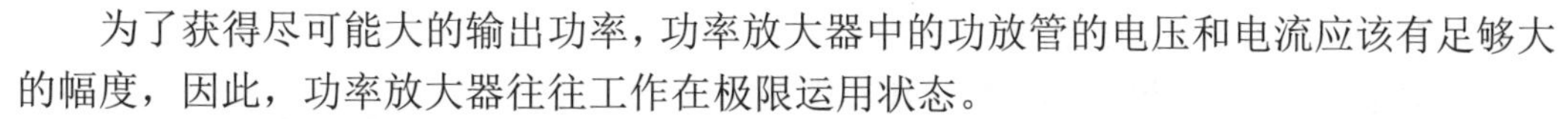

为了获得尽可能大的输出功率，功率放大器中的功放管的电压和电流应该有足够大的幅度，因此，功率放大器往往工作在极限运用状态。

（2）尽可能高的功率转换效率。

功率放大器在信号作用下向负载提供的输出功率，是由直流电源供给的直流功率转换而来的，在转换的同时，功率放大器和电路中的耗能元件都要消耗功率，所以要尽量减少电路的损耗来提高功率转换效率。若电路的输出功率为 P_o，直流电源提供的总功率为 P_E，则其转换效率为

$$\eta = \frac{P_o}{P_E} \tag{2-29}$$

（3）允许的非线性失真。

工作在大信号极限状态下的功率放大器，不可避免地会存在非线性失真。不同的功率放大电路对非线性失真的要求不同。因此，只要将非线性失真限制在允许的范围内即可。

（4）有效的散热措施。

由于功率放大器工作在极限运用状态，因此，有相当大的功率消耗在功率放大器的集电结上，从而造成功放管结温和管壳的温度升高。所以应采取适当措施，使功放管有效散热。

2. 功率放大器的分类

根据功率放大器中三极管静态工作点设置的不同，可将功率放大器分为甲类、乙类和甲乙类。

（1）甲类。

甲类功率放大器中三极管的静态工作点 Q 设置在放大区的中间，在整个周期内，集电极都有电流。甲类功率放大器的三极管的静态电流 I_C 较大，无论是否有信号，电源都始终不断输出功率。在没有信号时，电源提供的功率全部消耗在三极管上，即使在理想情况下，其功率转换效率也仅为 50%。所以，甲类功率放大器的缺点是损耗大、效率低。

（2）乙类。

乙类功率放大器中三极管的静态工作点 Q 位于截止区，静态电流 $I_C=0$。此时三极管只在信号的半个周期内导通，若要完整地放大信号，则必须用两个三极管组成推挽电路，一个三极管完成正半周信号放大，另一个三极管完成负半周信号放大。由于静态时 $I_C=0$，因此，乙类功率放大器功率转换效率较高，在理想状态下可达 78.5%。但也正是由于静态时集电极电流等于 0，乙类功率放大器易造成交越失真。

（3）甲乙类。

若将静态工作点 Q 设置在接近 $I_C\approx 0$ 且 $I_C\neq 0$ 处，即静态工作点 Q 在放大区且接近截止区，三极管在信号的半个周期以上的时间内导通，此类功率放大器称为甲乙类功率放大器。由于 $I_C\approx 0$，因此，甲乙类功率放大器的工作状态接近乙类工作状态且其功率转换效率也接近乙类功率放大器，同时，可有效避免交越失真。

二、互补对称功率放大器

互补对称功率放大电路有两种形式：采用双电源不需要耦合电容的直接耦合互补对称电路，简称 OCL 电路；采用单电源及大容量电容与负载和前级耦合的互补对称电路，

简称 OTL 电路。两者工作原理基本相同。

1. 乙类互补对称功率放大器（OCL 电路）

（1）电路组成。

图 2－46 所示为 OCL 乙类互补对称功率放大电路。该电路由一对特性及参数完全对称、类型却不同（NPN 型和 PNP 型）的三极管组成射极输出器电路。输入信号接于两个三极管的基极，负载电阻 R_L 接于两个三极管的发射极，由正、负等值的双电源供电。

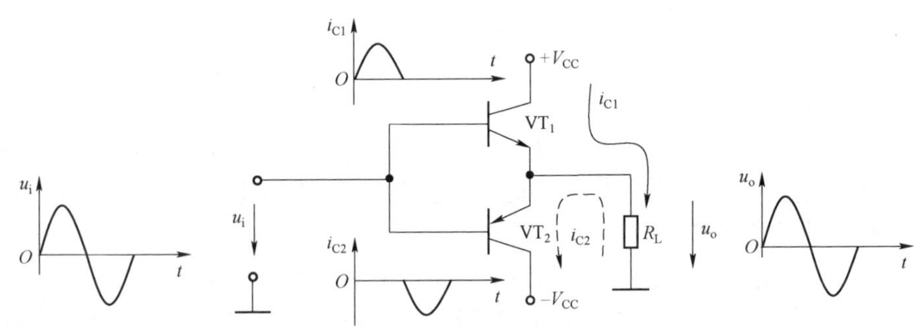

图 2－46　OCL 乙类互补对称功率放大电路

（2）工作原理。

在静态时（$u_i=0$），两个三极管均未设直流偏置，因而 $I_B=0$，$I_C=0$，两个三极管处于截止状态。

在动态时（$u_i\neq 0$），设输入信号 u_i 为正弦信号。当 $u_i>0$ 时，VT_1 导通，VT_2 截止，R_L 上有如图 2－46 实线所示的经放大的信号电流 i_{C1} 流过，R_L 两端获得正半周输出电压 u_o；当 $u_i<0$ 时，VT_2 导通，VT_1 截止，R_L 上有如图 2－46 虚线所示的经放大的信号电流 i_{C2} 流过，R_L 两端获得负半周输出电压 u_o。

可见在一个周期内，两个三极管轮流导通，使输出端取得完整的正弦信号 u_o。VT_1，VT_2 在正、负半周交替导通，互相补充，故该电路又称互补对称电路。功率放大电路采用射极输出器的形式，提高了输入电阻和带负载的能力。

2. 甲乙类互补对称功率放大器

（1）交越失真。

工作在乙类互补对称状态的功率放大电路，由于发射结存在死区，且三极管没有直流偏置，因此，三极管中的电流只有在 u_{be} 大于死区电压 U_T 后才会有明显变化。当$|u_{be}|<U_T$ 时，VT_1、VT_2 均截止，此时负载电阻上电流为零，出现一段死区，使输出波形在正、负半周交接处出现失真，如图 2－47 所示，这种失真称为交越失真。

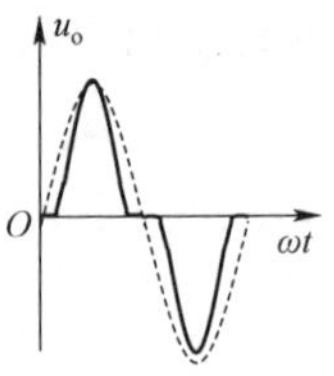

图 2－47　交越失真

（2）甲乙类互补对称功率放大电路。

甲乙类互补对称功率放大电路如图 2－48 所示，在静态时，由二极管 VD_1、VD_2 组成偏置电路，给 VT_1、VT_2 的发射结提供较小的，且能减小交越失真所需的正向偏置电压，使两个三极管均处于微导通状态。

在静态时，$I_{C1}=I_{C2}$，在负载电阻 R_L 中无静态压降，所以两个三极管发射极的静态电位 $V_E=0$。在输入信号作用下，在正半周时，VT_1 继续导通，VT_2 截止；在负半周时，VT_1 截止，VT_2 继续导通，这样便可在负载电阻 R_L 上输出已基本消除了交越失真的正弦波，因为该功率放大电路处在接近乙类的甲乙类工作状态，因此，该电路的动态分析计算可以近似按照分析乙类互补对称功率放大电路的方法进行。

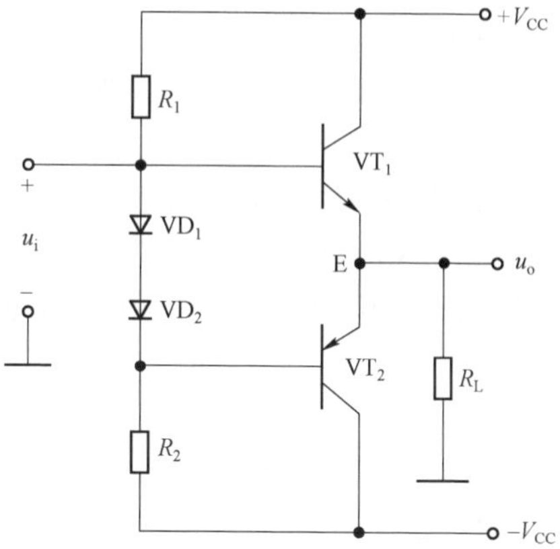

图 2-48　甲乙类互补对称功率放大电路

3. 单电源互补对称功率放大器（OTL 电路）

图 2-49 所示为 OTL 单电源互补对称功率放大电路。该电路中放大元件仍是两个不同类型但特性和参数完全对称的三极管，其特点是由单电源供电，输出端通过大电容量的耦合电容 C 与负载电阻 R_L 相连。

OTL 电路工作原理与 OCL 电路基本相同。

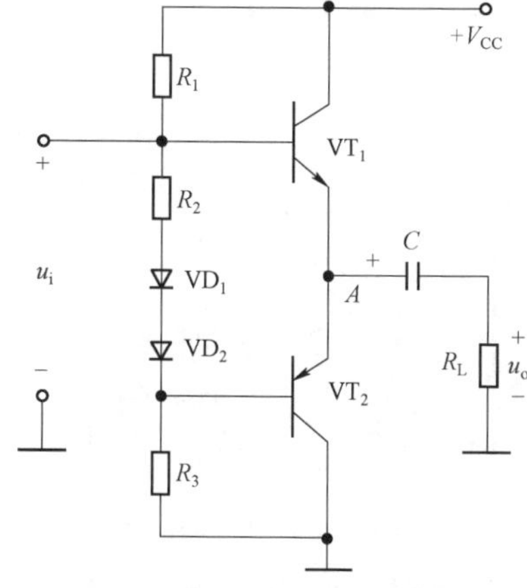

图 2-49　OTL 单电源互补对称功率放大电路

在静态时，因两个三极管对称，所以中点电位 $U_A=\frac{1}{2}V_{CC}$，即电容 C 两端的电压 $U_C=\frac{1}{2}V_{CC}$。

当动态有信号时，若不计电容 C 的容抗及电源内阻的话，则在 u_i 正半周 VT_1 导通、VT_2 截止，电源 V_{CC} 向电容 C 充电并在 R_L 两端输出正半周波形；在 u_i 负半周 VT_1 截止、VT_2 导通，电容 C 向 VT_2 放电提供电源，并在 R_L 两端输出正半周波形。只要电容 C 容量足够大，放电时间常数 R_LC 远大于输入信号最低工作频率所对应的周期，则电容 C 两端的电压可近似认为不变，始终保持为 $\frac{1}{2}V_{CC}$。因此，VT_1 和 VT_2 的电源电压都是 $\frac{1}{2}V_{CC}$。

三、集成小功率功放电路 LM386

1. LM386 的引脚功能和特点

LM386 是小功率音频功率放大器，主要应用于低电压消费类产品。LM386 的封装形式有塑封 8 引线双列直插式和贴片式两种，其引脚功能如图 2-50 所示。

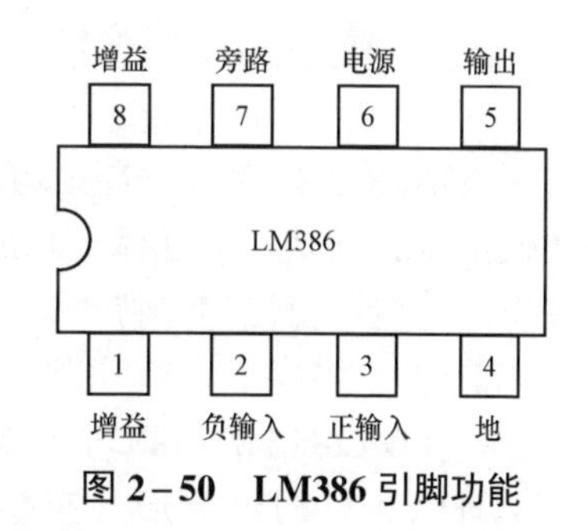

图 2-50　LM386 引脚功能

LM386 输入端以地为参考，同时输出端被自动偏置到电源电压的一半，在 6 V 电源电压下，其静态功耗仅为 24 mW，特别适用于电池供电的场合。LM386 具有以下特点。

（1）静态功耗低，约为 4 mA。

（2）工作电压为 4～12 V 或 5～18 V，范围较宽。

（3）外围元件少。

（4）电压增益为 20～200 dB 可调。

（5）低失真度。

2. LM386 典型应用电路

LM386 电压增益内置为 20 dB，此时外围元件最少。在引脚 1 和引脚 8 之间外接一只电阻和一只电容串联，电压增益在 20～200 dB 之间可调。LM386 典型应用电路如图 2－51 所示。

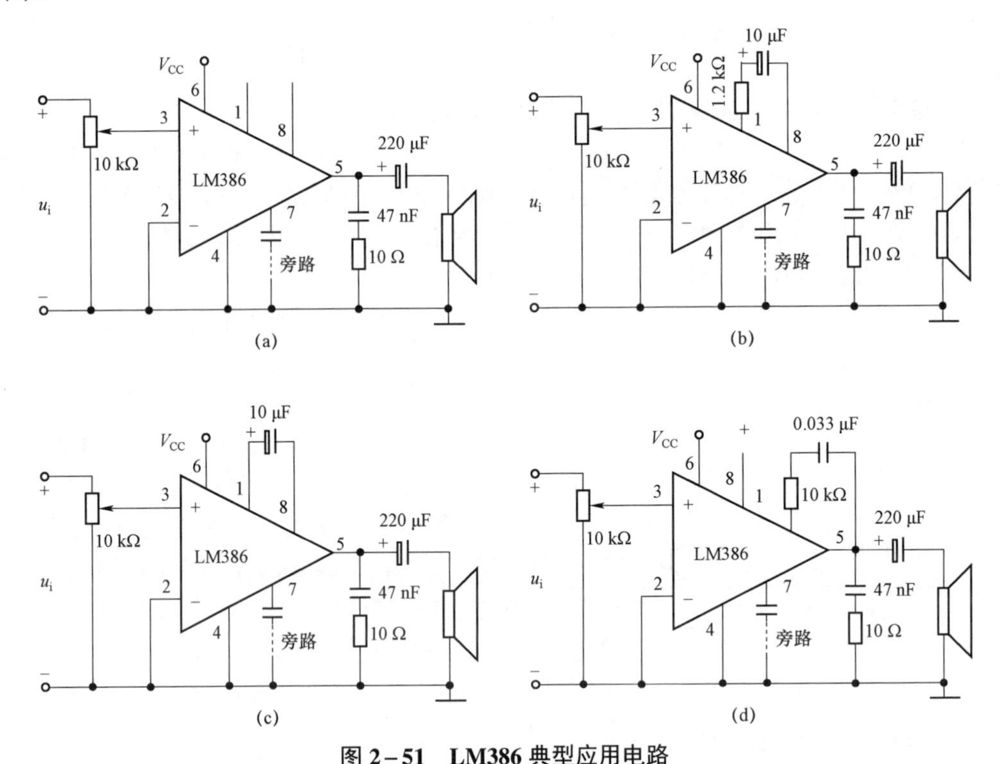

图 2－51　LM386 典型应用电路

（a）放大增益 20 dB；（b）放大增益 50 dB；（c）放大增益 200 dB；（d）低频提升放大电路

注：旁路在这里是指将高频信号滤掉，电路中保留低频信号。

四、集成小功率放大电路 TDA2822

TDA2822 是双声道音频功率放大电路，是一块低电压、低功耗的立体声功放，有电路简单、音质好、电压范围宽等特点，适用于随身听、便携式 DVD、多媒体音箱等音频放音场景。

1. TDA2822 的引脚功能和特点

TDA2822 的封装形式有塑封 8 引线双列直插式和贴片式两种，其引脚功能如图 2－52 所示。TDA2822 具有以下特点。

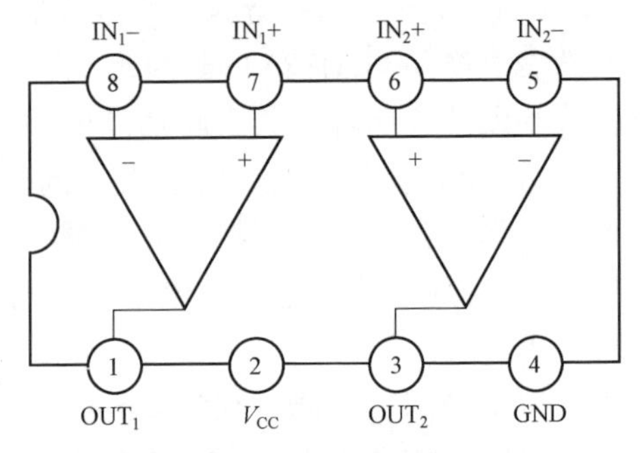

图 2－52　TDA2822 引脚功能

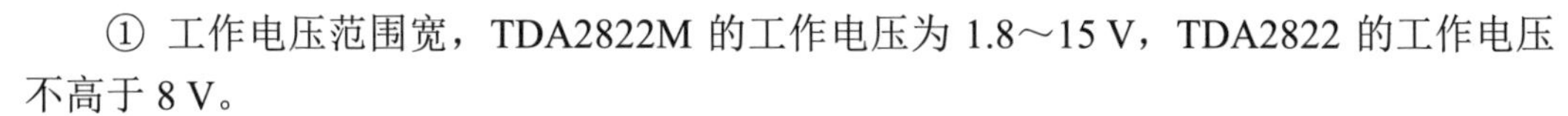

① 工作电压范围宽，TDA2822M 的工作电压为 1.8～15 V，TDA2822 的工作电压不高于 8 V。

② 交越失真小，静态电流小。

③ 外围元件少。

④ 可为桥式或立体声式功放应用。

⑤ 低失真度。

2. TDA2822 典型应用电路

TDA2822 典型应用电路如图 2－53 所示。

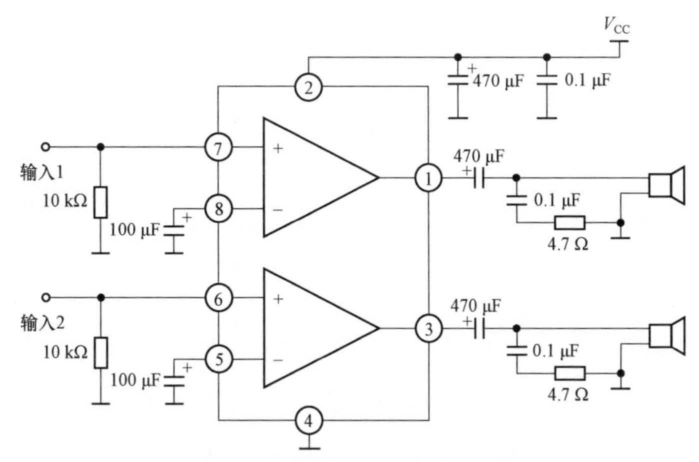

图 2－53　TDA2822 典型应用电路

想一想

（1）功率放大器要解决的首要问题是什么？微变等效电路是否仍适用？

（2）甲类、乙类、甲乙类功率放大器静态工作点的设置有什么不同？

（3）什么是交越失真？如何减小交越失真？

（4）某半导体收音机末级采用单管功放，有人认为使用时音量开小些就可节电，这种想法是否正确？为什么？

任务实施

一、OTL 单电源电路的 Multisim 软件仿真

在 Multisim 软件中搭建如图 2－54 所示的 OTL 单电源仿真电路，电源电压为 5 V，添加函数信号发生器、双踪示波器和电压电流探针，其中函数信号发生器选择正弦信号。

1. 测试步骤

（1）静态工作点的测试。

将输入信号旋钮旋至零（$u_i=0$），电源进线中串入直流毫安表，电位器 R_{P2} 置最小值，R_{P1} 置中间位置。接通 5 V 电源，观察毫安表（探针 1）指示，电流不宜过大。

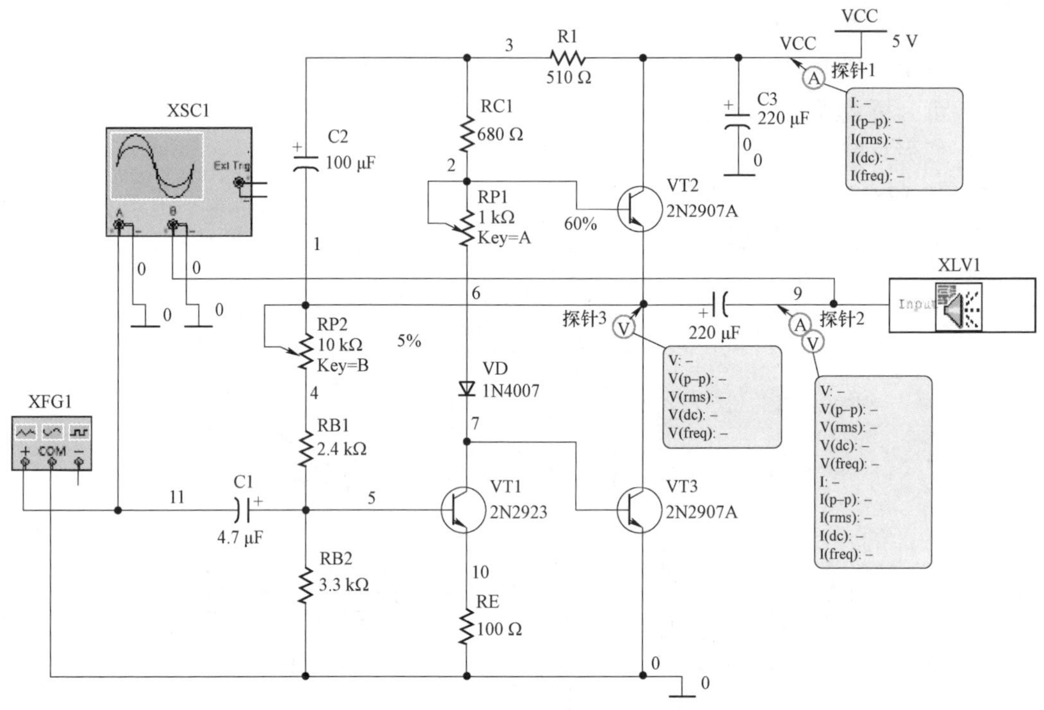

图 2－54　OTL 单电源仿真电路

注意：在实际电路调试过程中，当三极管温升显著时，应立即断开电源检查原因（若 R_{P2} 开路，则表明电路自激，或输出管性能不好等）。

① 调节输出端中点电位 U_A。

调节电位器 R_{P1}，用直流电压表测量点 A 电位，使 $U_A=\frac{1}{2}V_{CC}$。

② 调整输出极静态电流及测试各级静态工作点。

调节 R_{P2}，使 VT_2，VT_3 的 $I_{C2}=I_{C3}=5\sim10$ mA。从减小交越失真的角度而言，应适当加大输出极静态电流，但若该电流过大，则会降低功率转换效率，所以一般以 5～10 mA 左右为宜。由于毫安表（探针 1）串联在电源进线中，因此，它测得的是整个放大器的电流，但一般 VT_1 的集电极电流 I_{C1} 较小，从而可以把测得的总电流近似当作末级的静态电流。若要得到准确的末级静态电流，则可从总电流中减去 I_{C1} 的值。

当输出极电流调好以后，按本项目任务二中的方法测量静态工作点。

（2）观察输入输出信号波形。

函数信号发生器输出振幅为 100 mV 的正弦信号，频率分别为 20 Hz，50 Hz，1 kHz，10 kHz，20 kHz，50 kHz，用示波器观察输入输出信号波形。

（3）研究自举电路的作用。

将图 2－54 所示电路中的 C_2 开路，R_1 短路（无自举），则电路如图 2－55 所示。函数信号发生器输出振幅为 100 mV、频率为 1 kHz 的正弦信号，用示波器观察输入输出信号波形，并与有自举电路的测量结果进行比较，分析并研究自举电路的作用。

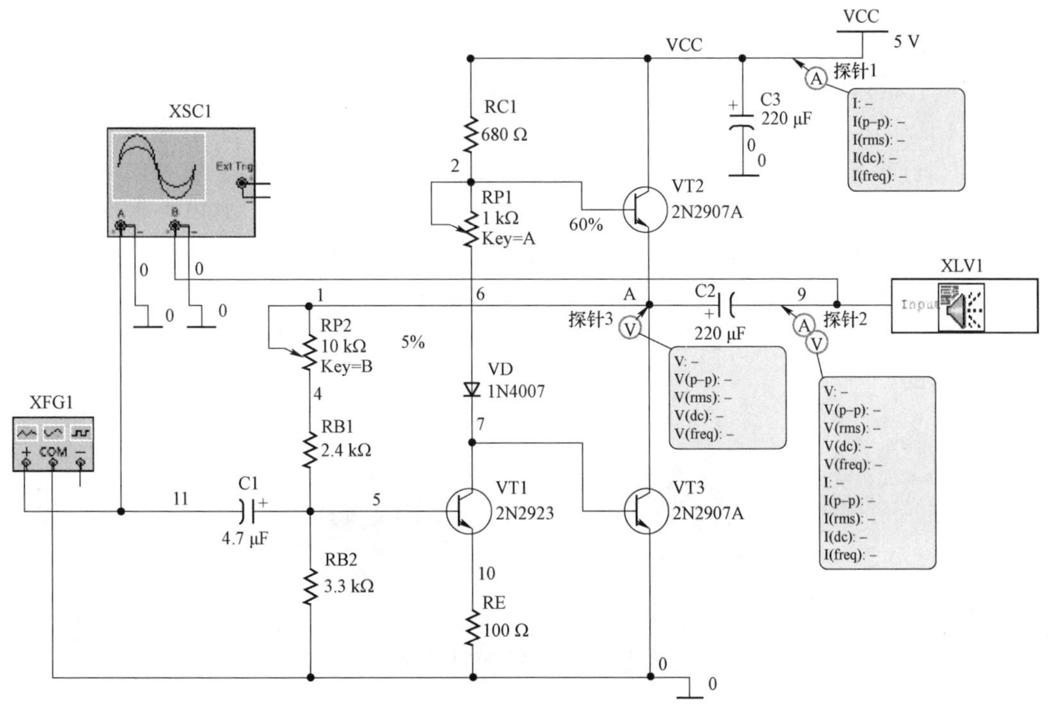

图 2－55　无自举电路的 OTL 单电源仿真电路

二、信号放大电路的制作与调试

1. 分析信号放大电路的组成

扬声器电路如图 2－56 所示，其由驻极体话筒电路、共发射极放大电路及功率放大电路组成。

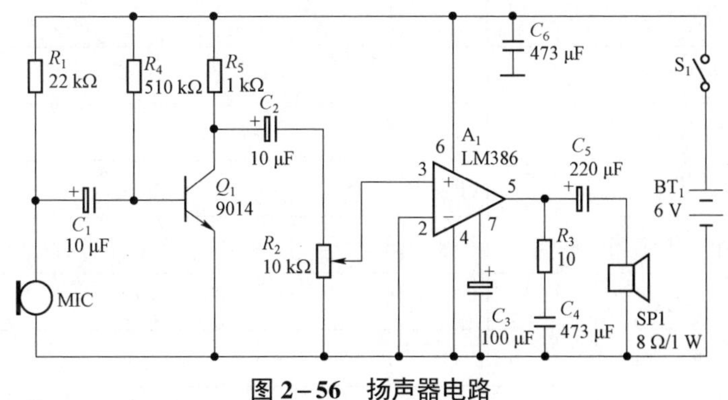

图 2－56　扬声器电路

驻极体话筒电路由电阻和驻极体串联而成，其作用是将声音信号变成电信号。

共发射极放大电路由三极管 9014 组成基本放大电路，其作用是放大驻极体话筒电路采集的声音电信号。

功放电路由集成小功率放大电路 LM386 组成，最小增益为 20 dB，其作用是将前级放大后的信号功率放大，以推动 8 Ω 的喇叭发声。

2. 驻极体话筒引脚识别与测试

常用驻极体话筒如图 2-57 所示，分为两端式和三端式。将万用表拨至 R×100 或 R×1 k 电阻挡，黑表笔（万用表内部接电池正极）接被测两端式驻极体话筒的漏极 D 端，红表笔接接地端（或红表笔接源极 S 端，黑表笔接接地端），此时万用表指针指示在某一刻度上；再用嘴对着话筒正面的入声孔吹一口气，万用表指针应有较大摆动。指针摆动范围越大，说明被测话筒的灵敏度越高。如果没有反应或反应不明显，则说明被测话筒已经损坏或性能下降。对于三端式驻极体话筒，黑表笔仍接被测话筒的漏极 D 端，红表笔同时接源极 S 端和接地端（金属外壳），然后按相同方法吹气测试。

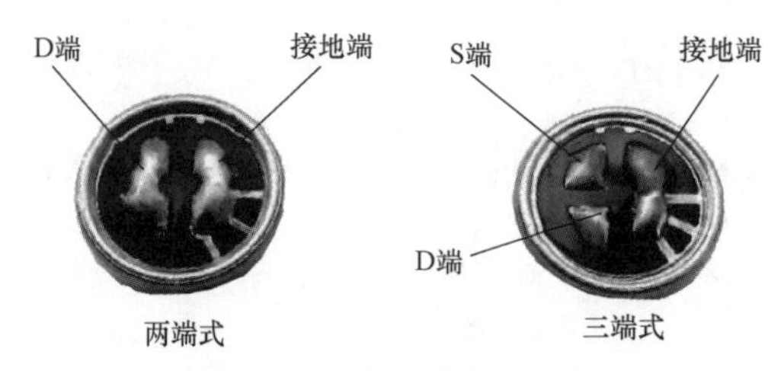

图 2-57　常用驻极体话筒

3. 元器件清单及测量结果

将测量结果填表记录，如表 2-4 所示。

表 2-4　元器件清单及测量结果

元器件名称	数量/只	测量结果
两端式驻极体话筒	1	
1 kΩ 电阻	1	
22 kΩ 电阻	1	
510 kΩ 电阻	1	
10 kΩ 可调电阻	1	
10 Ω 电阻	1	
47 μF 电容	2	
10 μF 电容	2	
100 μF 电容	1	
220 μF 电容	1	
9014 三极管	1	
LM386	1	

4. 安装测试电路

（1）识读扬声器电路原理图。

（2）认识多孔通用印刷电路板，认真布局，在印刷电路板上安排好元器件的位置。

（3）将元器件整形，按序插装并焊接好元器件。

插装、焊接步骤如下。

① 插装、焊接电阻。

② 插装、焊接二极管。

③ 插装、焊接电位器。

④ 插装、焊接三极管。

⑤ 插装、焊接电容。

⑥ 插装、焊接集成电路底座。

⑦ 安装电源。

安装工艺要求如下。

① 电子元器件在安装前应先将引脚擦拭干净，最好用细砂布擦光，去除表面的氧化层，以便在焊接时容易上锡。

② 电阻在安装时，应先选择好电阻，根据两孔之间的距离弯曲电阻引脚，并采用卧式紧贴印刷电路板安装，且电阻的色环方向应该一致。

③ 二极管采用卧式安装，贴紧印刷电路板。

④ 微调电位器尽量一插到底，不能倾斜，三个引脚均应焊接。

⑤ 三极管采用直立式安装，底面离印刷电路板应为 4～6 mm，同时注意引脚长度要适中。

⑥ 瓷片电容和电解电容应紧贴印刷电路板立式安装焊接。电解电容在安装时要注意正极接高电位，负极接低电位。

⑦ 电子元器件在安装时，其标记和色码部位都应朝上，以便于辨认。

⑧ 在电路安装时，可根据连线的不同作用选择不同颜色的导线。为了便于查找，通常正电源采用红色导线，负电源采用黑色导线，信号线采用黄色导线。

（4）检查电路中的元器件是否有假焊、漏焊，以及元器件的极性是否正确。

（5）通电测试，观察电路通电情况。

5. 扬声器电路的测试

① 扬声器电路按图 2-56 正确安装后，先检查元器件的安装和焊接是否可靠，是否有假焊、漏焊。

② 检查二极管、三极管和电解电容极性有无装反，集成电路有无装反。

③ 确认电路安装无误，通电测试。

④ 在接通电源时，扬声器应发出“砰”的冲击声，在用手碰 C_1 输入端时，扬声器应发出“呜”的交流声，表明电路工作基本正常，可接入音频信号进行测试。

6. 实验设备

电子实训台、直流电压表、直流电流表、毫伏表、示波器。

7. 要求

① 印刷电路板焊接整洁，元器件排列整齐，焊点圆滑光亮，无毛刺、虚焊和假焊。

② 估算如图 2－56 所示的电路中三极管放大电路的静态工作点及电压放大倍数，三极管 9014 的 β 值：$A=60\sim150$；$B=100\sim300$；$C=200\sim600$；$D=400\sim1\ 000$（其中 A，B，C，D 是 9014 的后缀）。

③ 记录电路图、电路的测试结果。

④ 记录过程中出现的问题及解决办法。

8. 任务实施报告

填写任务实施报告（见表 2－5）。

表 2－5　信号放大电路的制作与调试任务实施报告

班级：__________ 姓名：__________ 学号：__________ 组号：__________
步骤 1：分析电路原理图，并指出以下元器件的功能

MIC	C_1	R_4	Q_1（9014）	LM386

步骤 2：晶闸管的简易测试，记录测试结果

两端式驻极体话筒	22 kΩ 电阻	10 kΩ 可调电阻	47 μF 电容	100 μF 电容	9014 三极管

步骤 3：装接电路并测试电路功能
步骤 3－1： 根据电路原理图装接电路。用时__________min
步骤 3－2： 根据测试要求，测试电路的装接情况，若发现错误，则及时改正
步骤 3－3： 三极管放大电路的静态工作点及电压放大倍数

测量值/V			计算值
V_B	V_E	V_C	电压放大倍数 A_u

步骤 3－4： 实验现象描述：____________________
测试过程中出现的问题及解决办法

9. 考核评价

填写考核评价表（见表 2－6）。

表 2－6　考核评价表

班级		姓名		学号		组号		
操作项目	考核要求		分数配比	评分标准		自评	互评	教师评分
识读电路原理图	能正确识读电路原理图，掌握实验过程中各元器件的功能		10	每错一处，扣 2 分				
元器件的测试	能正确使用仪器仪表对需要测试的元器件进行测试		10	不能正确使用仪器仪表完成对元器件的测试，每处扣 2 分				
电路装接	能正确装接元器件		20	装接错误，每处扣 2 分				
电路测试	能利用仪器仪表对装接好的电路进行测试		20	不能正确使用仪器仪表对电路进行测试，每处扣 4 分				
任务实施报告	按要求做好实训报告		20	实训报告不全面，每处扣 4 分				
安全文明操作	工作台干净整洁，安全操作规范，符合管理要求		10	工作台脏乱、不遵守安全操作规程、不听教师管理，酌情扣分				
团队合作	小组成员之间应互帮互助，分工合理		10	有成员未参与实践，每人扣 5 分				
合计								
学生建议：								
总评成绩： 教师签名：								

练习题

一、选择题

1.（　　）当 NPN 型三极管处于放大状态时，各极电位关系是________。

A. $U_C > U_B > U_E$　　B. $U_C < U_B < U_E$

C. $U_C > U_E > U_B$　　D. $U_C < U_E < U_B$

2.（　　）已知测得 NPN 型三极管的发射结处于正偏，集电结处于反偏，则它工作在________。

A. 放大状态　　B. 截止状态　　C. 饱和状态　　D. 不能确定

3.（　　）若要三极管工作在放大状态，则应使________。

A. 发射结正偏、集电结正偏　　B. 发射结反偏、集电结正偏

C. 发射结反偏、集电结反偏　　D. 发射结正偏、集电结反偏

4.（　　）当硅三极管处于放大状态时，加在其发射结上的正偏压应为________。

A. 0.1～0.3 V　　B. 0.5～0.8 V　　C. 0.9～1.0 V　　D. 1.0 V 以上

5.（　　）当锗三极管处于放大状态时，加在其发射结上的正偏压应为________。

A. 0.3V 左右　　B. 0.7 V 左右　　C. 1.0 V　　D. 1.0 V 以上

6.（　　）已知某 NPN 型三极管处于放大状态，测得其 3 个电极的电位分别为 6 V，9 V，6.3 V，则 3 个电极分别为________。

A. 发射极、基极和集电极　　B. 发射极、集电极和基极

C. 集电极、基极和发射极　　D. 集电极、发射极和基极

7.（　　）三极管的主要特性是具有________。

A. 单向导电性　　B. 滤波作用

C. 稳压作用　　D. 电流放大作用

8.（　　）对三极管放大作用的实质，下列说法正确的是________。

A. 三极管可把小能量放大成大能量　　B. 三极管可把小电流放大成大电流

C. 三极管可把小电压放大成大电压　　D. 三极管可用较小的电流控制较大电流

9.（　　）测得 NPN 三极管 3 个电极的电压分别是 $U_B=1.2$ V，$U_E=0.5$ V，$U_C=3$ V，则该三极管处在________状态。

A. 导通　　B. 截止　　C. 放大　　D. 饱和

10.（　　）三极管的两个 PN 结都反偏，则其的状态是________。

A. 放大　　B. 饱和　　C. 截止　　D. 导通

11.（　　）测得工作在放大区的某三极管的 $I_B=50$ μA，$I_C=2.6$ mA，则 β 值为________。

A. 45　　B. 52　　C. 60　　D. 58

12.（　　）对于放大电路的静态工作点，使其不稳定的原因主要是温度的变化影响了放大电路中的________。

A. 电阻　　B. 三极管　　C. 电容　　D. 电源

13.（　　）三极管的三个工作状态分别是________。

A. 导通、截止、放大　　B. 放大、饱和、截止

C. 可变电阻、恒流、截止　　D. 放大、恒流、截止

14.（　　）在 NPN 型三极管构成的基本放大电路中，当其电阻 R_b 减小时，I_C 将________。

A. 减小　　B. 增加　　C. 不变　　D. 不能确定

15.（　　）在共发射极基本放大电路中，输出信号发生饱和失真，说明________。

A. 静态工作点 Q 偏低，增大 R_b　　B. 静态工作点 Q 偏高，增大 R_b

C. 静态工作点 Q 偏低，减小 R_b　　D. 静态工作点 Q 合适

16.（　　）当单管基本放大电路出现截止失真时，应使 R_b 的阻值________。

A. 增大　　B. 减小　　C. 不变　　D. 不确定

17.（　　）在实际工作中，调整放大器的静态工作点一般是通过改变________来

实现。

A. 发射极电阻　　B. 集电极电阻　　C. 基极电阻　　D. 三极管的 β 值

18.（　　）在如图 2-58 所示的电路中，用直流电压表测出 $U_{CE} \approx 0$ V，有可能是因为________。

A. R_b 开路　　B. R_C 短路　　C. R_b 过小　　D. R_b 过大

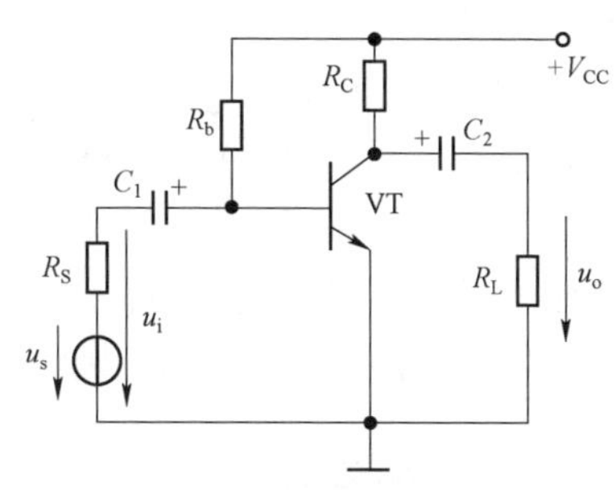

图 2-58　选择题 18 图

19.（　　）关于放大器输入、输出电阻的说法，错误的是________。

A. 输入、输出电阻是一个等效电阻，并不是指电路中某一个实际电阻

B. 输入、输出电阻可以用来分析电路的静态工作情况

C. 对放大器的要求是输入电阻大、输出电阻小

D. 从输入、输出电阻角度来看，共集电极放大电路性能最优

20.（　　）采用分压式共发射极偏置放大电路的目的是________。

A. 提高电压放大倍数　　B. 提高输入电阻

C. 展宽通频带　　D. 稳定静态工作点

21.（　　）在分立元件构成的放大电路中，稳定静态工作点一般是通过改变________来实现。

A. 温度补偿　　B. 恒流源技术　　C. 直流负反馈　　D. 交流负反馈

22.（　　）共集电极放大电路与共发射极放大电路相比，输入电阻较高，输出电阻________。

A. 较高　　B. 较低　　C. 无法比较　　D. 由具体电路确定

23.（　　）阻容耦合放大电路能放大________。

A. 直流信号　　B. 交流信号　　C. 交直流信号　　D. 任何信号

24.（　　）已知两级放大电路的 $A_{u1}=-20$，$A_{u2}=-50$，若 $u_i=5$ mV，则 u_o 值为________。

A. -100 mV　　B. -200 mV　　C. 5 V　　D. 50 V

25.（　　）既能使输出电压稳定又有较高输入电阻的负反馈是________负反馈。

A. 电压并联　　B. 电流并联　　C. 电压串联　　D. 电流串联

26.（　　）在引入负反馈后，放大器的放大倍数________。

A. 变大　　B. 变小　　C. 不变　　D. 不确定

27.（　　）直流放大器主要采用________级间耦合方式。

A. 直接耦合　　B. 阻容耦合　　C. 变压器耦合　　D. 3 种都可以

28.（　　）双电源（±6 V）供电的 OCL 电路在静态时，其负载两端的直流电压应为________。

A. 0 V　　B. 3 V　　C. 6 V　　D. 9 V

29.（　　）单电源 6 V 供电的 OTL 电路在静态时，其负载两端的直流电压应为________。

A. 0 V　　B. 2 V　　C. 3 V　　D. 6 V

30.（　　）OCL 电路输入、输出端的耦合方式为________。

A. 直接耦合　　B. 阻容耦合　　C. 变压器耦合　　D. 3 种都可以

二、判断题（正确打√，错误打×）

1.（　　）三极管放大的原理是它可以产生能量。

2.（　　）若要使三极管具有电流放大作用，则三极管各电极电位一定要满足 $U_C>U_B>U_E$。

3.（　　）三极管的 β 值越大，其性能越好。

4.（　　）静态工作点设置的好坏决定了放大电路放大交流信号是否不失真。

5.（　　）在输入信号为小信号的情况下三极管放大电路的动态分析可以采用微变等效法。

6.（　　）放大电路采用分压式放大电路，主要是为了稳定静态工作点。

7.（　　）共集电极放大电路中的输入信号和输出信号的波形是反相关系。

8.（　　）放大电路引入交流负反馈的目的是稳定静态工作点。

9.（　　）直流放大器只能放大直流信号。

10.（　　）温度会对三极管放大电路的放大性能产生影响。

11.（　　）当放大器负载加大时（负载电阻减小），其电压放大倍数会增大。

12.（　　）当三极管放大电路静态工作点设置合理时，其输出的交流信号失真就小。

13.（　　）共发射极放大电路中的输入信号和输出信号的波形是反相关系。

14.（　　）正反馈能减少放大电路中的非线性失真。

15.（　　）某个两级放大电路的每级电压放大倍数都为 100，则总放大倍数为 200。

16.（　　）阻容耦合放大器各级静态工作点相互独立，可以传输交流信号，低频特性好。

17.（　　）采用电容耦合的多级放大电路存在零漂现象。

18.（　　）直接耦合放大器各级静态工作点相互影响，能传输直流信号，低频特性好。

19.（　　）放大器的输入信号幅度可以不加限制，任意选定。

20.（　　）负反馈能减少放大电路中的非线性失真。

21.（　　）直接耦合放大器容易产生零点漂移，但易于集成化。

22.（　　）多级放大电路总的电压放大倍数为各级放大电路电压放大倍数的乘积。

23.（　　）负反馈放大器的闭环放大倍数低于其开环放大倍数。

24.（　　）放大器中反馈的信号只能是电压，不能是电流。

25.（　　）负反馈能改善放大器性能。

26.（　　）负反馈只能减小非线性失真而不能完全将其消除。

27.（　　）一般乙类功率放大器的效率比甲类功率放大器要高。

28.（　　）单电源乙类功率放大器输出端的电容可以取消。

三、综合题

1. 有两个三极管，其中一个三极管的 $\beta=50$，$I_{CEO}=2\ \mu A$；另一个三极管的 $\beta=150$，$I_{CEO}=50\ \mu A$，其他参数基本相同，哪一个管的性能更好？

2. 测得工作在放大区的某三极管的 $I_B=100\ \mu A$，$I_C=5.2\ mA$。

（1）求 β。

（2）若要求 $I_C=8\ mA$，则 I_B 应为多少？

3. 测得工作在放大电路中几个三极管的 3 个电极电位 V_1，V_2，V_3 分别为下列各组数值，判断它们是 NPN 型三极管还是 PNP 型三极管？是硅三极管还是锗三极管？并确定 E，B，C 极。

（1）$V_1=3.5\ V$，$V_2=2.7\ V$，$V_3=12\ V$。

（2）$V_1=3\ V$，$V_2=2.7\ V$，$V_3=12\ V$。

（3）$V_1=6\ V$，$V_2=11.3\ V$，$V_3=12\ V$。

4. 测得工作在放大电路中两个三极管的两个电极电流如图 2－59 所示。

（1）求另一个电极电流，并在图 2－59 中标出其实际方向。

（2）判断两个三极管各是 NPN 型三极管还是 PNP 型三极管，并标出 E，B，C 极。

（3）估算两个三极管的 β。

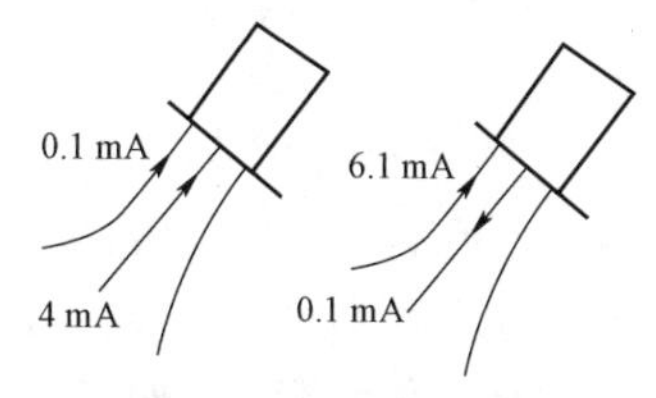

图 2－59　综合题 4 图

5. 试根据图 2－60 所示的三极管的对地电位，判断该三极管处于放大、截止、饱和状态中的哪一种？或是否已损坏（指出哪个结已开路或短路）？

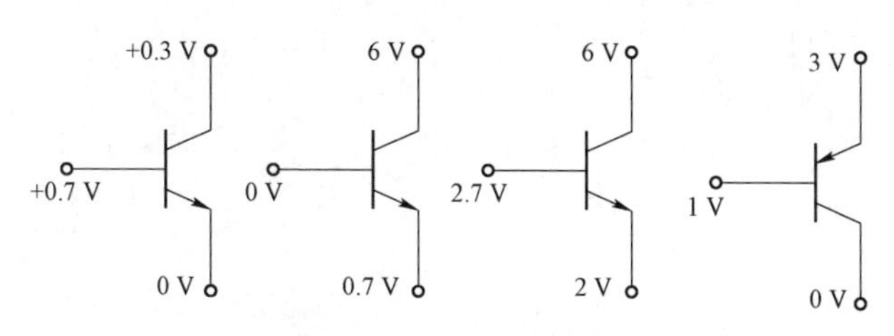

图 2－60　综合题 5 图

6. 在图 2－61（a）所示的电路中，输入信号为正弦信号，输出端得到如图 2－61（b）所示的信号波形，试判断该放大电路产生何种失真？失真的原因是什么？可以采用什么措施消除这种失真？

7. 电路如图 2－62 所示，若 $R_B=560\ k\Omega$，$R_C=4\ k\Omega$，$\beta=50$，$R_L=4\ k\Omega$，$R_S=1\ k\Omega$，$V_{CC}=12\ V$，$u_S=20\ mV$，试判断下面的结论是否正确。

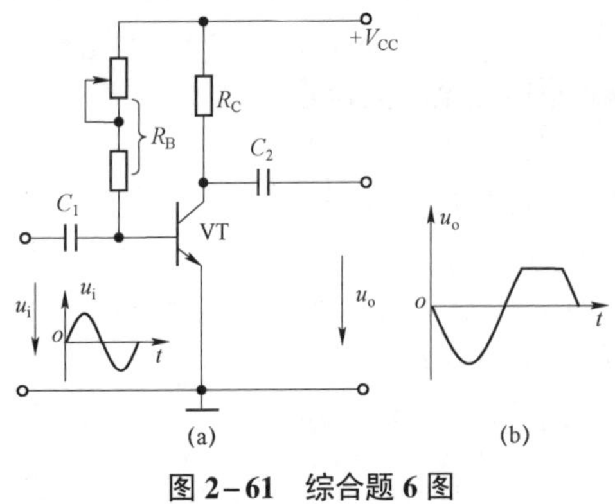

图 2-61　综合题 6 图

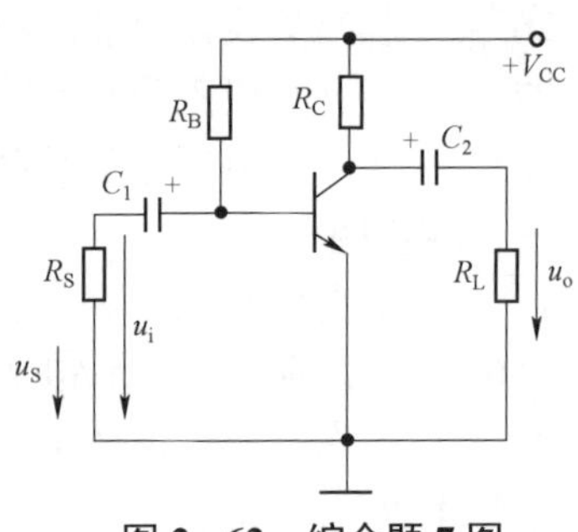

图 2-62　综合题 7 图

（1）直流电压表和电流表测出 $U_{CE}=8$ V，$U_{BE}=0.7$ V，$I_B=20$ μA，所以 $A_u=\dfrac{8}{0.7}\approx 11.4$。

（2）输入电阻 $r_i=\dfrac{20\ \text{mV}}{20\ \mu\text{A}}=1\ \text{k}\Omega$。

（3）$r_o=R_C//R_L=4\ \text{k}\Omega//4\ \text{k}\Omega=1\ \text{k}\Omega$。

8. 电路如图 2-62 所示，其中三极管 $\beta=50$，$R_C=3.2$ kΩ，$R_B=320$ kΩ，$R_S=38$ kΩ，$R_L=6.8$ kΩ，$V_{CC}=15$ V。（1）估算静态工作点。（2）画出微变等效电路，计算 A_u，r_i 和 r_0。

9. 电路如图 2-63 所示。（1）若 $V_{CC}=12$ V，$R_C=3$ kΩ，$\beta=75$，要将静态值 I_C 调到 1.5 mA，则 R_B 应为多少？（2）在调节电路时若不慎将 R_B 调到 0 Ω，则对三极管有无影响？为什么？通常采取何种措施来防止发生这种情况？

10. 在如图 2-64 所示的分压式共发射极偏置放大电路中，已知 $V_{CC}=24$ V，$R_{B1}=33$ kΩ，$R_{B2}=10$ kΩ，$R_E=1.5$ kΩ，$R_C=3.3$ kΩ，$R_L=5.1$ kΩ，$\beta=66$，三极管为硅三极管。试求：（1）静态工作点；（2）画出微变等效电路，计算电路的电压放大倍数、输入电阻、输出电阻；（3）放大电路输出端开路时的电压放大倍数，并说明负载 R_L 对电压放大倍数的影响。

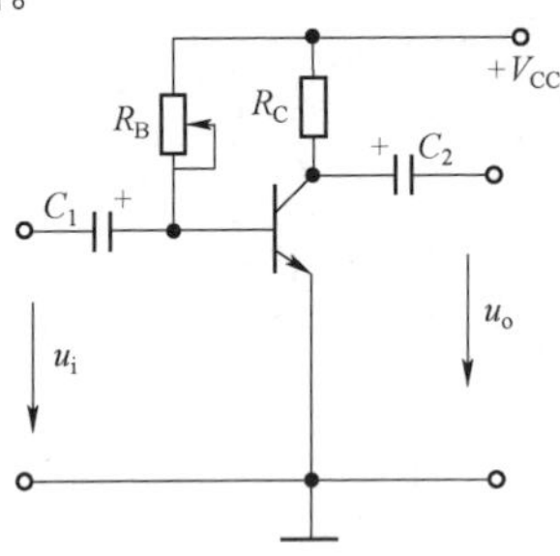

图 2-63　综合题 9 图

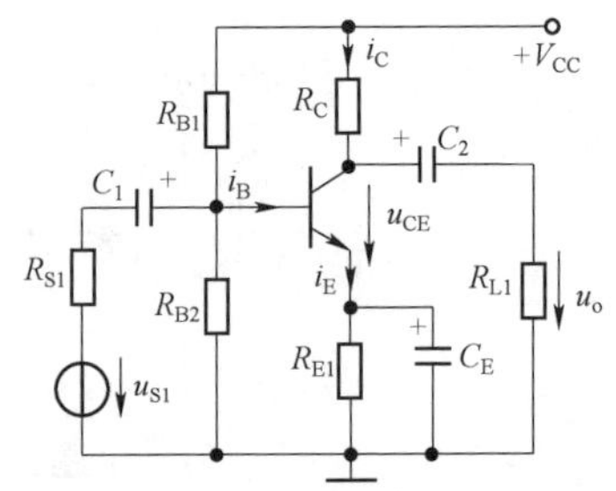

图 2-64　综合题 10 图

项目三

声光控延时开关电路的制作与调试

项目导入

被授予“时代楷模”称号的南昌舰是我国自主研制的首艘大型导弹驱逐舰，凝聚了我国科研人员和工程人员的努力和奋斗精神。自 2020 年 1 月入列服役，在与外军多次交锋的过程中，南昌舰达到甚至领先国际水平。在一次外海执行巡航任务中，南昌舰遭遇了美军航母舰队的挑衅。当时美军两架舰载机已经对南昌舰做出了近距离俯冲模拟轰炸，而南昌舰在先进的电子雷达系统和控制系统的作用下，立即做出了反应，锁定美军战机，打开导弹垂直发射系统和近防炮系统，美军舰载机被迫离开相关空域，远离南昌舰。从这次事件可以看出，南昌舰电子系统先进，设备保养到位，同时，全体指战员训练有素、敢打敢拼，设计生产和维护保养人员具备强烈的爱国主义精神、高度的责任心、扎实的理论基础知识和丰富的实践经验。电子雷达系统和控制系统离不开集成电路，集成电路的好坏决定了电子系统能否正常运行。

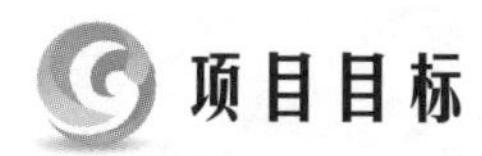

项目目标

素质目标

（1）增强科技报国、实干兴邦的意识。

（2）培养爱岗敬业的职业态度和耐心细致的工作作风。

（3）具备节约资源、创新合作的精神。

知识目标

（1）会分析反相比例运算放大电路、同相比例运算放大电路、反相加法运算放大电路构成和工作原理。

（2）能解读双端输入电路、积分电路、微分电路和迟滞电压比较器的电路结构和工作原理。

（3）会运用虚断、虚短知识分析反相比例和同相比例运算放大电路。

能力目标

（1）会查找常用集成运算放大器引脚排列及功能。

（2）能识读声光控延时开关电路图并分析其原理。

（3）会反相比例运算放大电路、同相比例运算放大电路、电压比较器电路和声光控延时开关电路的 Multisim 软件仿真。

（4）会制作调试声光控延时开关电路。

项目分析

本项目运用集成运放在线性和非线性方面的基本电路制作声光控延时开关电路。该电路由驻极体话筒声音信号采集电路、集成运放组成的反相比例运算放大电路和光敏电阻与电阻串联为基准电压的电压比较电路组成，可产生开关信号控制 LED 灯的亮灭。

任务一　初识集成放大电路

任务导入

集成电路（integrated circuit）是指在半导体晶片或介质基片上，把一个电路中所需的三极管、二极管、电阻、电容和电感等元器件及布线相互连接一起，然后封装在一个管壳内而成的具有所需电路功能的一种微型电子器件或部件。集成电路具有体积小、质量轻、低功耗、寿命长、可靠性高、性能好等优点，同时成本低，便于大规模生产。集成电路广泛应用于工业、民用电子设备和军事通信、控制领域，而正是因为集成电路应用广泛，因此，美国不断利用其在全球芯片产业的优势地位对我国进行封堵，以扼杀我国的芯片产业。目前，我国正在规划制定一套全面的新政策，以发展本国的半导体产业，应对美国政府的限制。我国碳基半导体技术取得关键性突破，我国自研新型超分辨率光刻机验收成功……种种迹象都表明，政府发展“卡脖子”核心技术的决心不容置疑，我国科研人员正不断创新奋斗，尽快把核心技术掌握在自己手中。

任务目标

素质目标

（1）增强科技自立自强信念，坚定“四个自信”。

（2）培养创新合作、有效沟通的能力。

知识目标

（1）了解集成运算放大器（以下简称集成运放）的内部组成。

（2）理解理想运放的特性、集成运放的参数。

（3）掌握集成运放的图形符号。

能力目标

（1）能正确识读常用集成运放的引脚。

（2）会根据集成运放的主要参数选用运放。

（3）会运用仿真软件测试集成运放的传输特性。

任务分析

集成运放是由多级直接耦合放大电路组成的高增益模拟集成电路，具有高输入电阻、低输出电阻、高电压放大倍数的特点。集成运放各级放大电路之间采用直接耦合的方式，不仅能放大交流信号，还能放大频率接近于零的缓慢变化信号，或极性固定不变的直流变化量，这是阻容耦合和变压器耦合放大器力所不及的。集成运放能实现直流或低频信号的放大、音频放大、视频放大；模拟信号的加法、减法、微分、积分等运算，实现信号的发生和转换，如正弦波振荡电路、矩形波发生电路、电压比较器、电压－电流转换电路；还能成为有源低通滤波器、高通滤波器、带通滤波器、带阻滤波器等。

基础知识

一、集成运放的图形符号与特性

1. 集成运放的图形符号

集成运放的图形符号如图 3－1（a）所示，图 3－1（b）所示为旧符号。集成运放有同相输入端、反相输入端两个输入端和一个输出端，同相输入端用＋（或 P）标识，反相输入端用－（或 N）标识，输出端用 u_o 表示。信号从同相输入端输入，输出信号的相位与输入信号的相位相同；信号从反向输入端输入，输出信号的相位与输入信号的相位相反。符号▷表示传输方向，符号∞表示理想运算放大器。

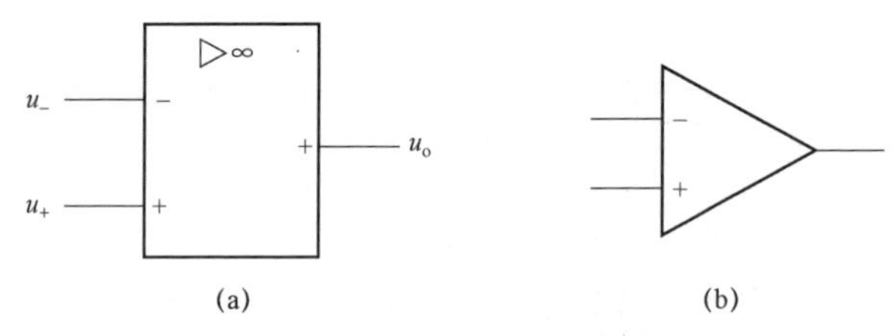

图 3－1　集成运放的图形符号

（a）图形符号；（b）旧符号

2. 理想集成运放的特性

在分析集成运放时，一般将其假定为理想状态。集成运放在理想状态时具有以下特性。

（1）开环电压放大倍数：$A_{od}\rightarrow\infty$。

（2）开环输入电阻：$r_{id}\rightarrow\infty$。

（3）开环输出电阻：$r_{od}\rightarrow 0$。

（4）共模抑制比：$K_{CMR}\rightarrow\infty$。

3. 集成运放的电压传输特性

集成运放在理想状态下的电压传输特性如图 3－2（a）所示，在实际情况下的电压传输特性如图 3－2（b）所示。

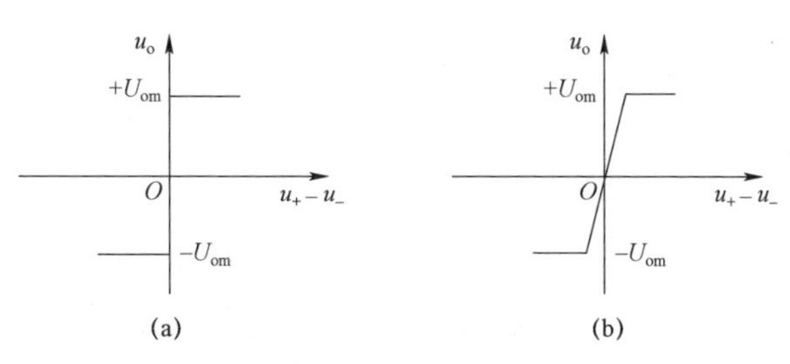

图 3－2　集成运放的电压传输特性

（a）理想状态；（b）实际情况

二、集成运放的组成

集成运放的内部通常包括输入级、中间级、输出级、偏置电路 4 个基本组成部分，如图 3－3 所示。

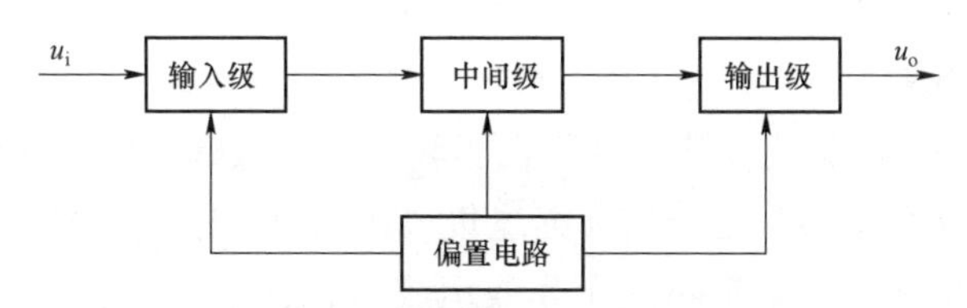

图 3－3　集成运放的内部组成框图

（1）输入级：接收微弱电信号、抑制零漂的关键一级，一般采用差分放大器。

（2）中间级：提高放大倍数，一般采用共发射极放大电路。

（3）输出级：功率放大电路，为提高电路的带负载能力，多采用互补对称电路。

（4）偏置电路：为集成运放各级提供合适的偏置电流。

三、集成运放的主要参数

在实际应用中，集成运放不可能工作在理想状态，非理想集成运放的性能主要用以下参数表示。

1. 开环电压放大倍数（A_{od}）

$$A_{od}=u_{od}/u_{id}=u_{od}/(u_+-u_-) \tag{3－1}$$

A_{od}越大，运算精度越高。A_{od}一般为 10^4～10^7。

2. 开环输入电阻（r_{id}）

集成运放两输入端之间的电阻 r_{id} 越大，表明其从信号源取用的电流越小，运算精度就越高。r_{id}一般在几十千欧以上。

3. 开环输出电阻（r_{od}）

集成运放输出级的输出电阻 r_{od} 越小，表明其带负载的能力就越强。r_{od}一般为几百欧。

4. 共模抑制比（K_{CMR}）

差模电压放大倍数与共模电压放大倍数的比值（K_{CMR}）越大，说明集成运放对共模信号的抑制能力就越强。

5. 输入失调电压（U_{IO}）

理想集成运放在输入电压为零时，输出电压也应为零。但实际上，集成运放的差动输入级元器件参数很难做到完全对称，故当输入电压为零时，输出电压并不为零，此现象称为静态失调。为此，需要在输入端加一定的补偿电压才能使输出电压为零，这个补偿电压称为输入失调电压 U_{IO}。U_{IO} 越小，电路输入级差动管失配程度越小，U_{IO} 一般为毫伏级。

6. 输入偏置电流（I_B）

输入偏置电流 I_B 是指在室温及标准电源电压下，当输入电压为零时，使 $U_o=0\ V$ 的两个输入端电流的平均值。I_B 一般只有纳安级。

7. 最大输出电压（U_{opp}）

最大输出电压 U_{opp} 是指当输出端开路时，集成运放能输出的最大不失真电压峰值。

8. 转换速率（SR）

转换速率 SR 是指在额定负载条件下，当输入一个大幅度的阶跃信号时，输出电压的最大变化率，单位为 V/μs。这个指标描述集成运放对大幅度信号的适应能力。在实际工作中，输入信号的变化率一般不大于集成运放的 SR 值。

除了以上几项主要参数外，集成运放还有很多其他参数，如最大差模输入电压、最大共模输入电压及静态功耗等。

四、常用集成运放介绍

1. 常用集成运放的封装形式

一般集成运放的封装方式有金属壳圆形封装、双列直插式和贴片式塑料封装，如图 3－4 所示。使用集成运放时应认清型号及各引脚的功能。

图 3－4 集成运放的常见封装方式

（a）集成放大电路；（b）引脚及引脚的功能；（c）集成运放的常见封装形式

2. 常用集成运放的引脚排列及主要参数

几种常用集成运放的引脚排列如图 3－5 所示，主要参数如表 3－1 所示。

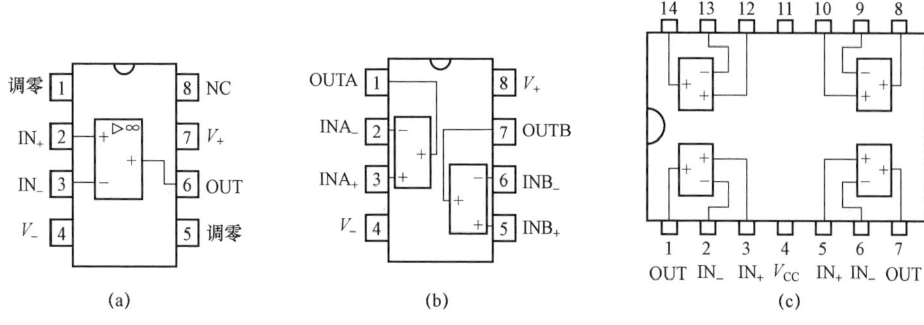

图 3－5　几种常用集成运放的引脚排列

（a）μA741；（b）LM358；（c）LM324

表 3－1　常用集成运放的主要参数

参数名称			LM358	LM324	μA741C
电源供电电压/V	双电源（对称）	V_{CC}	1.5～15	1.5～16	5～15
		V_{EE}	－1.5～－15	－1.5～－16	－5～－15
	单电源		3～30	3～32	–
输入失调电压 U_{IO}/mV（25℃）			2～5	2～7	1～6
输入失调电流 I_{IO}/nA（25℃）			3～30	45～250	20～200
输入偏置电流 I_{IB}/nA（25℃）			40～300	45～250	80～500
开环差模增益/20lg			120	100	200
共模抑制比 K_{CMR}/V			85	65～80	80～86
最大输出电压振幅 U_{OPP}/V（R_L＝10 kΩ）	单电源供电		0～V_{CC}－1.5	0～V_{CC}－1.5	–
	双电源供电		V_{EE}～V_{CC}－1.5	V_{EE}～V_{CC}－1.5	－12～12

任务二　声音放大电路的设计与制作

任务导入

在工业控制中需要用到大量传感器，如测量温度、压力、流量、流速、质量等，传感器的作用就是将这些物理量转变成电信号，而这些电信号还需要集成运放进行放大、加减、积分等处理。本任务是设计制作声音放大电路，在实验过程中要做到态度严谨，将理论知识融入实际操作中。

任务目标

素质目标

（1）提升科学原理与工程实践相结合的意识。

（2）培养严谨的实验态度。

知识目标

（1）掌握反相比例和同相比例运算放大电路的结构及工作原理。

（2）理解反相加法电路、反相双端输入放大电路及积分放大电路。

（3）能解读声音放大电路的工作原理。

能力目标

（1）能运用集成运放设计放大电路。

（2）会反相比例和同相比例运算放大电路的 Multisim 软件仿真。

任务分析

声音是机械波，通过振动耳膜使人们听到声音。而放大电路只能处理电信号，所以要用驻极体话筒采集声音信号并将其转换为电信号，进而送入由集成运放 LM358 组成的反相比例放大电路将电信号放大，以提供给后面的电路使用。声音放大电路如图 3－6 所示，其中 LM358 是内部包含有两个独立的、高增益的双运算放大器。

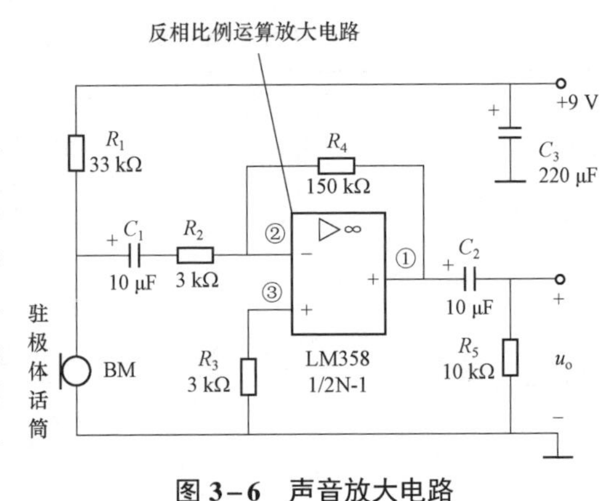

图 3－6　声音放大电路

基础知识

集成运放工作在线性区，其输出电压与输入电压呈线性关系，一般用于信号的放大和处理。集成运放若要想工作在线性状态，则必须引入深度负反馈，否则，因其放大倍数很大，会导致输出信号很快就进入饱和状态而产生失真。

当集成运放工作在线性区时，由于其开环输入电阻一般在几十千欧以上，因此，两个输入端之间的电流可近似为零，即 $i_{id}\approx 0$，即同相输入端的电流 $i_+\approx 0$ 和反相输入端的电流 $i_-\approx 0$。在对集成运放进行线性分析时，一般将其看成理想运放，而在理想状态下，$i_+=0$ 和 $i_-=0$，但实际上没有断路，因此，称为虚假断路，简称虚断。

集成运放的开环放大倍数很高，两个输入端之间的电位差很小，可近似为零，由式（3－1）可得，$u_+-u_-=u_{od}/A_{od}\approx 0$，即 $u_+\approx u_-$。在理想状态下，集成运放的两个输入端电位相等，即 $u_+=u_-$，但实际上没有短路，因此，称为虚假短路，简称虚短。

虚断与虚短是集成运放的基本特性，可利用两者十分方便地分析集成运放的线性应用电路。

一、反相比例运算放大电路

反相比例运算放大电路如图 3－7 所示。其中输入信号 u_i 经电阻 R_1 加到反相输入端，反馈电阻 R_f 将输出信号反馈回反相输入端，构成深度电压并联负反馈。而同相输入端经电阻 R_2 接地，R_2 称为平衡电阻，其作用主要是使同相输入端与反相输入端外接电阻相等，即 $R_2=R_1//R_f$。

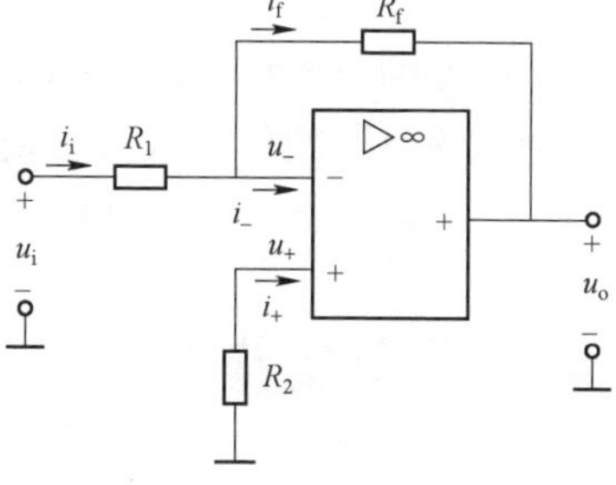

图 3－7　反相比例运算放大电路

因为 $i_+=0$，所以 $u_+=0$，又因为 $u_+=u_-$，所以 $u_-=0$。根据节点电流定律有

$$i_i=i_f+i_-$$

由虚断可知 $i_-=0$，再根据电位知识和欧姆定理可得

$$\frac{u_i-u_-}{R_1}=\frac{u_--u_o}{R_f}$$

$$\frac{u_i}{R_1}=\frac{-u_o}{R_f}$$

$$u_o=-\frac{R_f}{R_1}u_i$$

故闭环电压放大倍数为

$$A_{uf}=-\frac{R_f}{R_1} \tag{3-2}$$

式（3－2）表明输出电压 u_o 与输入电压 u_i 相位相反，且呈一定的比例关系，其比例系数与集成运放本身无关，仅由电阻 R_f 与 R_1 的比值确定，因此，这种放大电路称为反相比例运算放大电路。如果 $R_f=R_1$，则 $A_{uf}=-1$，此时输出电压 u_o 与输入电压 u_i 的大

小相等，相位相反，这种运算放大电路称为反相器。

根据虚短可知 $u_{+}=u_{-}\approx 0$，即反相输入端电位近似为零电位，但是实际上它并没有接地，故称为虚地。由于反相比例运算放大电路的 $u_{+}=u_{-}\approx 0$，因此，共模输入电压可视为零，对共模拟制比的要求较低。反相比例运算放大电路是深度电压并联负反馈电路，输入阻抗低，但输出电阻可近似为零，故带负载能力强。

例 3－1 电路如图 3－7 所示，其中集成运放采用 LM358，±12 V 双电源供电，$R_f=100\ \text{k}\Omega$，$R_1=10\ \text{k}\Omega$，$R_2=9.1\ \text{k}\Omega$，$u_i=1\ \text{V}$，试求输出电压 u_o 和闭环电压放大倍数 A_{uf}。

解：

$$A_{uf}=-\frac{R_f}{R_1}=-\frac{100\ \text{k}\Omega}{10\ \text{k}\Omega}=-10$$

$$u_o=u_i A_{uf}=1\ \text{V}\times(-10)=-10\ \text{V}$$

（1）图 3－6 所示的电路是由驻极体话筒和反相比例运算放大电路组成的声音放大电路，该电路的信号放大倍数是多少？

（2）在例 3－1 中，集成运放如果采用±5 V 双电源供电，则输出电压为多少？

任务实施

反相比例运算放大电路的 Multisim 软件仿真。

1. 直流信号放大分析

按图 3－8 所示的反相比例运算放大仿真电路放置好 LM358、电阻和正负电源。其中直流信号源从反相输入端输入，其电压分别设为－0.8 V，－0.5 V，－0.3 V，－0.1 V，0.1 V，0.3 V，0.5 V，0.8 V，观察对应的输出电压值，并将其填入表 3－2 中，分析输出电压与输入电压的关系。

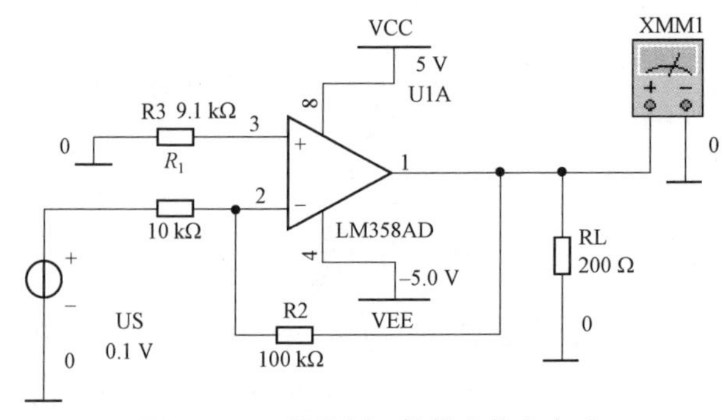

图 3－8　反相比例运算放大仿真电路

表 3-2　反相比例运算放大电路直流信号放大分析　　单位：V

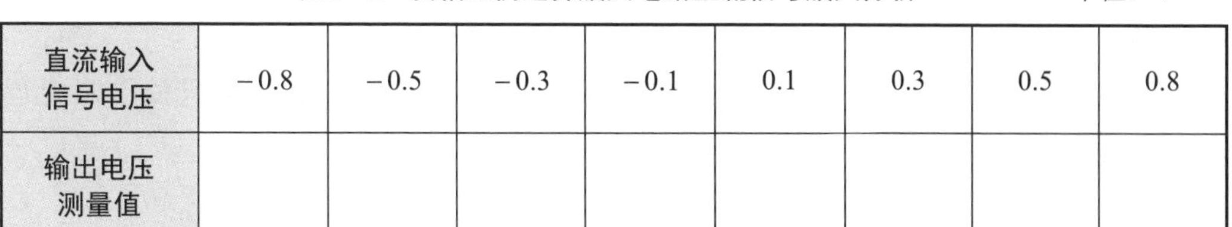

直流输入信号电压	-0.8	-0.5	-0.3	-0.1	0.1	0.3	0.5	0.8
输出电压测量值								

2. 交流信号放大分析

将图 3-8 所示的仿真电路中的 U_s 信号源由直流电压源输入改为交流信号源输入，用万用表、示波器测量相应的电压，并观察波形。

（1）将输入信号设置为：频率为 1 kHz；电压分别为 50 mV，100 mV，150 mV，300 mV，500 mV，800 mV 的正弦交流信号。分别用示波器、万用表、交流毫伏表观察测量其输入输出信号的波形及电压值，计算电压放大倍数，将结果填入表 3-3 中，并分析输出波形与输入波形之间的关系。

表 3-3　反相比例运算放大电路交流信号放大分析

交流输入信号电压/mV	50	100	150	300	500	800
输出信号电压/V						
电压放大倍数						

（2）将输入信号设置为：电压为 200 mV；频率分别为 100 Hz、300 Hz、1 kHz、3.4 kHz、10 kHz、20 kHz、30 kHz 的正弦交流信号。分别用示波器、万用表、交流毫伏表观察测量其输入输出信号的波形及电压值，计算电压放大倍数，将结果填入表 3-4 中，并观察集成运放对不同频率信号的放大情况。

表 3-4　反相比例运算放大电路对不同频率信号的放大分析

交流输入信号频率/kHz	0.1	0.3	1	3.4	10	20	30
输出信号电压/V							
电压放大倍数							

二、同相比例运算放大电路

图 3-9 所示为同相比例运算放大电路。其中输入信号 u_i 经电阻 R_2 加到同相输入端，反馈信号通过 R_f 引入反相输入端电路构成电压串联负反馈。

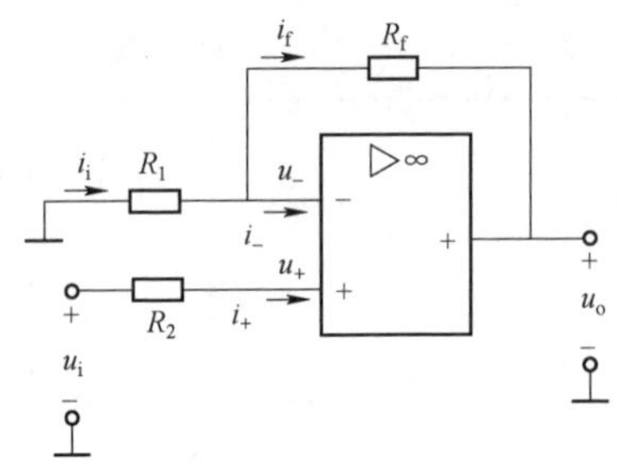

图 3－9　同相比例运算放大电路

根据节点电流定律有

$$i_i = i_f + i_-$$

由虚断可知 $i_- = 0$，再根据电位知识和欧姆定理可得

$$\frac{0-u_-}{R_1} = \frac{u_- - u_o}{R_f}$$

$$\frac{u_-}{R_1} = \frac{u_- - u_o}{R_f}$$

又由虚短可知 $u_+ = u_-$，所以

$$\frac{u_+}{R_1} = \frac{u_+ - u_o}{R_f}$$

$$u_o = \left(1+\frac{R_f}{R_1}\right)u_+ \tag{3-3}$$

由于 $i_+ = 0$，$u_+ = u_i$，有

$$u_o = \left(1+\frac{R_f}{R_1}\right)u_i \tag{3-4}$$

闭环电压放大倍数为

$$A_{uf} = 1+\frac{R_f}{R_1} \tag{3-5}$$

式（3－5）中的闭环电压放大倍数 A_{uf} 为正值，即 u_i 与 u_o 相位相同，所以这种放大电路又称同相比例运算放大电路。当反馈电阻 $R_f = 0$，输入电阻 $R_1 \to \infty$ 时，电路如图 3－10 所示，输出电压等于输入电压，即 $u_o = u_i$，此电路称为电压跟随器。电压跟随器的输入电阻很大，常用于电路输入端，减少后级电路对信号源的影响。

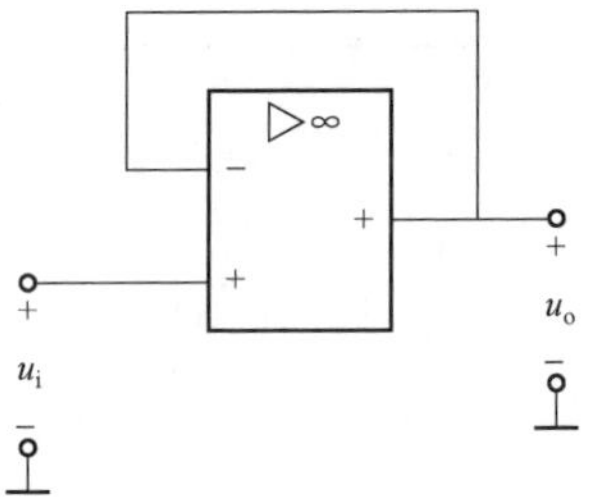

图 3－10　电压跟随器

图 3－11 所示为同相比例运算放大电路的另一种形式。与图 3－10 所示的电路相比，其输入电压 u_i 经过 R_2 和 R_3 的分压再传送给同相输入端，因此，同相输入端的电压 u_+ 不再等于 u_i，而是等于电阻 R_3 上的电压，即

$$u_+ = \left(\frac{R_3}{R_2+R_3}\right)u_i$$

$$u_o = \left(1+\frac{R_f}{R_1}\right)u_+$$

$$u_o = \left(1+\frac{R_f}{R_1}\right)\left(\frac{R_3}{R_2+R_3}\right)u_i$$

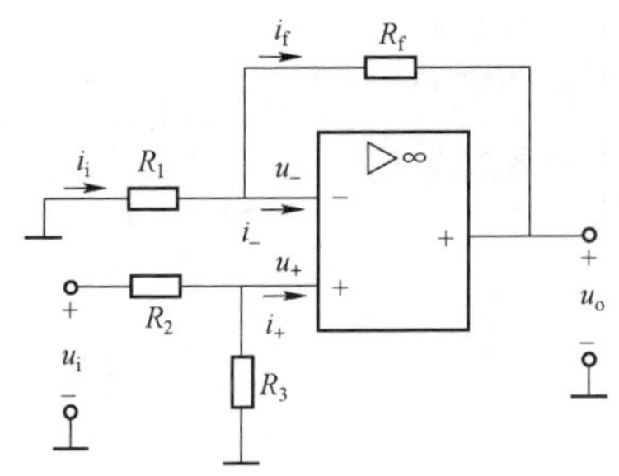

图 3－11　同相比例运算放大电路的另一种形式

当 $R_1 = R_2$，$R_3 = R_f$ 时，有

$$u_o = \frac{R_f}{R_1} u_i \tag{3-6}$$

由于同相比例运算放大电路是深度电压串联负反馈电路，输入电阻很大，可达 2 000 MΩ，输出电阻可视为零，因此，由集成运放构成的电压跟随器比三极管电压跟随器的性能要好。但由于同相比例运算放大电路中 $u_+ = u_- = u_i$，集成运放两输入端存在一定的共模电压，因此，要求该集成运放有较高的共模抑制比。

例 3－2　电路如图 3－9 所示，其中集成运放采用 LM358，±12 V 双电源供电。已知 $R_f = 100\ \text{k}\Omega$，$R_1 = 10\ \text{k}\Omega$，$R_2 = 9.1\ \text{k}\Omega$，$u_i = 1\ \text{V}$，试求输出电压 u_o 和闭环电压放大倍数 A_{uf}。

解：

$$A_{uf} = 1 + \frac{R_f}{R_1} = 1 + \frac{100\ \text{k}\Omega}{10\ \text{k}\Omega} = 11$$

$$u_o = u_i A_{uf} = 1\ \text{V} \times 11 = 11\ \text{V}$$

图 3－12 所示为电压跟随器在温度检测电路中的应用。其中温度传感器 AD590 能将温度转化为电流，温度每上升 1 K，电流增加 1 μA。当电阻 R 调到 1 kΩ 时，同相输入端的电压 u_+ 增加 1 mV。开氏温度与摄氏温度的关系是

$$T = 273.15 + t$$

如果当前温度为 27 ℃，则输出电压 $u_o = u_+ = (273.15 + 27)\ \text{k}\Omega \times 1\ \mu\text{A} \approx 300\ \text{mV}$。采用电压跟随器是因为同相比例运算放大电路的输入阻抗很高，输入电流约等于零，不会分流，因此，可确保输出电压与开氏温度的比例关系。

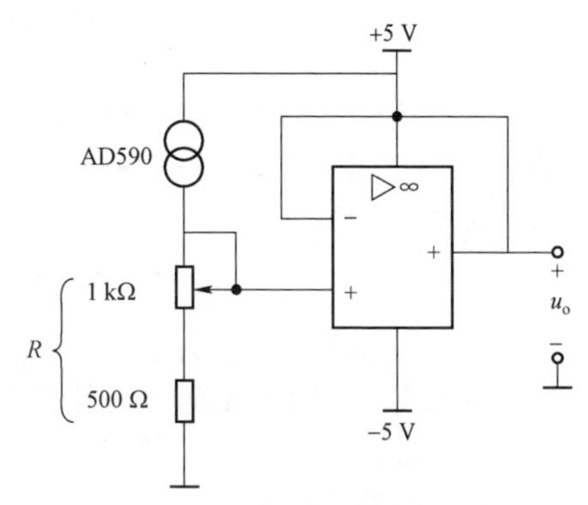

图 3－12　电压跟随器在温度检测电路中的应用

想一想

（1）在例 3－2 中，如果集成运放采用±5 V 双电源供电，则输出电压为多少？

（2）如图 3－12 所示的温度检测电路，当电阻 R 取 10 kΩ，温度为 27 ℃时，输出电压 u_o 为多少？

任务实施

同相比例运算放大电路的 Multisim 软件仿真。

1. 电路放大倍数观察

按图 3－13 所示的同相比例运算放大仿真电路放置 LM358、电阻和正负电源。其中直流信号源从同相输入端输入，其电压分别设为－0.8 V，－0.5 V，－0.3 V，－0.1 V，

0.1 V，0.3 V，0.5 V，0.8 V，观察对应的输出电压值，并将其填入表 3－5 中。分析输出电压与输入电压的关系。

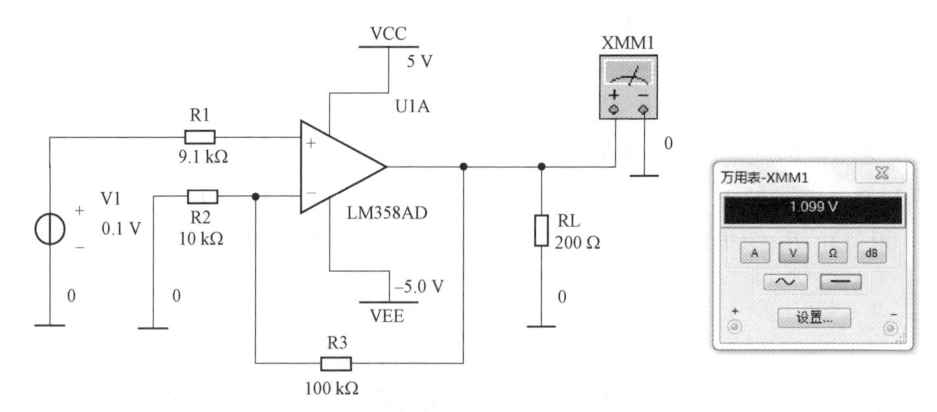

图 3－13　同相比例运算放大仿真电路

表 3－5　同相比例运算放大电路直流信号放大分析　　单位：V

直流输入信号电压	－0.8	－0.5	－0.3	－0.1	0.1	0.3	0.5	0.8
输出电压测量值								

2. 交流信号放大分析

将图 3－13 所示的输入信号由直流信号改为交流信号，用万用表、示波器测量相应的电压，并观察波形。

（1）将输入信号设置为：频率为 1 kHz；电压分别为 50 mV、100 mV、150 mV、300 mV、500 mV、800 mV 的正弦交流信号。分别用示波器、万用表、交流毫伏表观察测量其输入输出信号的波形及电压值，计算电压放大倍数，将结果填入表 3－6 中，并分析输出波形与输入波形的关系。

表 3－6　同相比例运算放大电路交流信号放大分析

交流输入信号电压/mV	50	100	150	300	500	800
输出信号电压/V						
电压放大倍数						

（2）将输入信号设置为：电压为 200 mV；频率分别为 100 Hz、300 Hz、1 kHz、3.4 kHz、10 kHz、20 kHz、30 kHz 的正弦交流信号。分别用示波器、万用表、交流毫伏表观察测量其输入输出信号的波形及电压值，计算电压放大倍数，将结果填入表 3－7 中，并观察集成运放对不同频率信号的放大情况。

表 3-7　同相比例运算放大电路对不同频率信号的放大分析

交流输入信号频率/kHz	0.1	0.3	1	3.4	10	20	30
输出信号电压/V							
电压放大倍数							

3. 加法运算放大电路

加法运算放大电路有反相加法运算放大电路和同相加法运算放大电路两种，常用的是反相加法运算放大电路。图 3-14 所示为两输入信号加法运算放大电路，该电路有两个或两个以上的信号加在反相输入端的加法运算放大电路，又称反相加法运算放大电路。

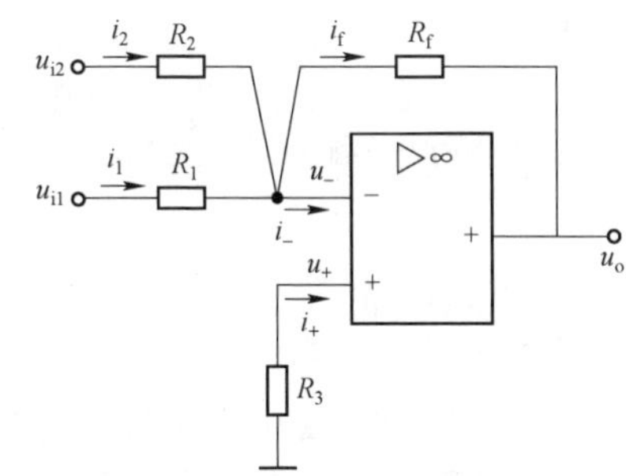

图 3-14　两输入信号加法运算放大电路

由虚断可知 $i_+=0$，所以 $u_+=i_+R_3=0$。

由虚短可知 $u_+=u_-$，故 $u_-=0$。

根据节点电流定律有

$$i_1+i_2=i_f+i_-$$

因为 $i_-\approx 0$，所以 $i_i=i_f$。

根据电位知识和欧姆定理可得

$$\frac{u_{i1}-u_-}{R_1}+\frac{u_{i2}-u_-}{R_2}=\frac{u_--u_o}{R_f}$$

因 $u_-=0$，有

$$\frac{u_{i1}}{R_1}+\frac{u_{i2}}{R_2}=-\frac{u_o}{R_f}$$

$$u_o=-\left(\frac{R_f}{R_1}u_{i1}+\frac{R_f}{R_2}u_{i2}\right) \tag{3-7}$$

当 $R_1=R_2=R$ 时，有

$$u_o=-\frac{R_f}{R}(u_{i1}+u_{i2}) \tag{3-8}$$

当 $R_1=R_2=R_f$ 时，有

$$u_o=-(u_{i1}+u_{i2}) \tag{3-9}$$

通过分析可知，在图 3-14 所示的电路中，输出电压为各输入信号的反相之和，即反相加法运算放大电路。R_3 为平衡电阻，其值等于 R_1，R_2 和 R_f 的并联等效电阻。

例 3-3　电路如图 3-15 所示，其中集成运放采用 LM358，±12 V 双电源供电，$R_1=5\ \text{k}\Omega$，$R_2=5\ \text{k}\Omega$，$R_3=R_f=10\ \text{k}\Omega$，$u_{i1}=2\ \text{V}$，$u_{i2}=1\ \text{V}$，$u_{i3}=3\ \text{V}$，试求输出电压 u_o。

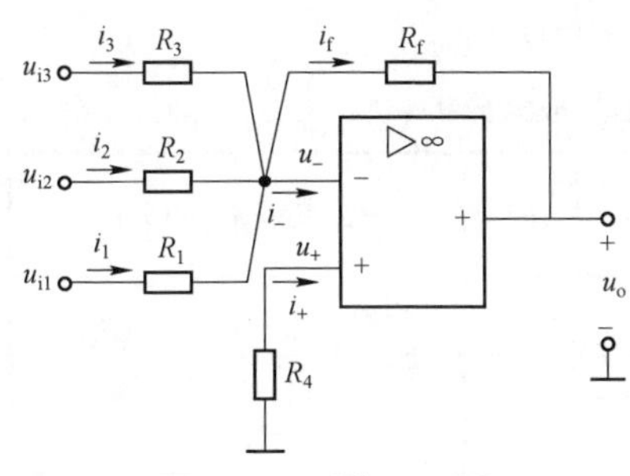

图 3-15　例 3-3 图

解：
$$u_o=-\left(\frac{R_f}{R_1}u_{i1}+\frac{R_f}{R_2}u_{i2}+\frac{R_f}{R_3}u_{i3}\right)$$
$$=-\left(\frac{10\ \text{k}\Omega}{5\ \text{k}\Omega}\times 2\ \text{V}+\frac{10\ \text{k}\Omega}{5\ \text{k}\Omega}\times 1\ \text{V}+\frac{10\ \text{k}\Omega}{10\ \text{k}\Omega}\times 3\ \text{V}\right)$$
$$=-9\ \text{V}$$

想一想

（1）同相加法运算放大电路如图 3－16 所示，与反相加法运算放大电路相比有什么特点？

（2）放大电路在什么情况下需采用同相输入方式？对集成运放的主要参数有何要求？

（3）在例 3－3 中，若集成运放采用±5 V 双电源供电，则输出电压依然是－9 V 吗？为什么？

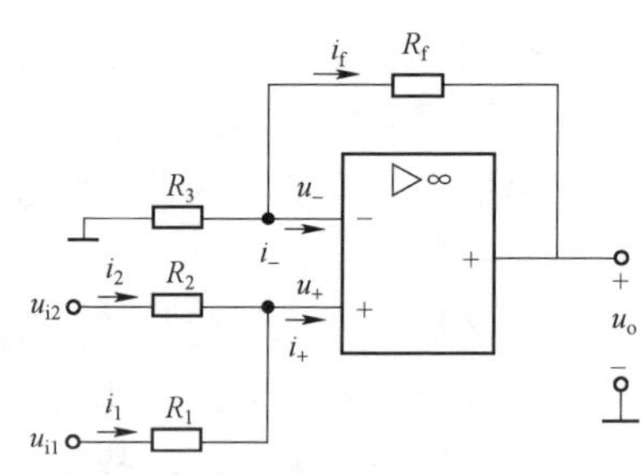

图 3－16　同相加法运算放大电路

任务实施

反相加法运算放大电路的 Multisim 软件仿真。

按图 3－17 所示的反相加法运算放大仿真电路放置好 LM358、电阻和正负电源。其中直流信号源的电压 U_1 和 U_2 的取值如表 3－8 所示，观察对应的输出电压值，将其填入表 3－8 中，并分析输出电压与输入电压的关系。

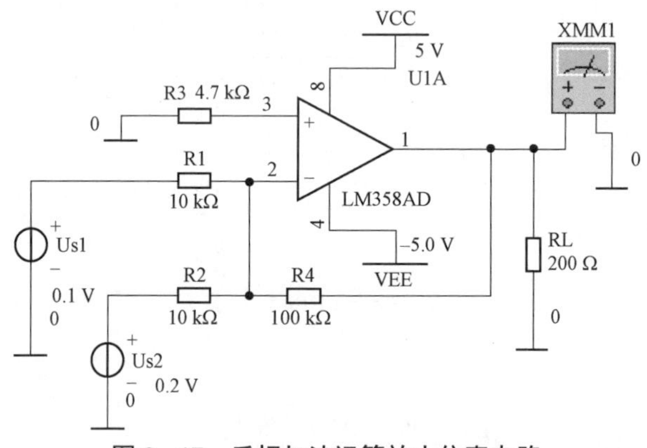

图 3－17　反相加法运算放大仿真电路

表 3－8　反相加法运算放大电路直流信号放大分析　　单位：V

直流输入信号电压 U_1	－4	－3	－2	1	2	3
直流输入信号电压 U_2	－3	－2	－1	0	1	2
输出电压测量值						

四、双端输入式运算放大电路

图 3－18（a）所示为双端输入式运算放大电路，其外加信号分别从两个输入端输入。该电路用叠加定理来分析。

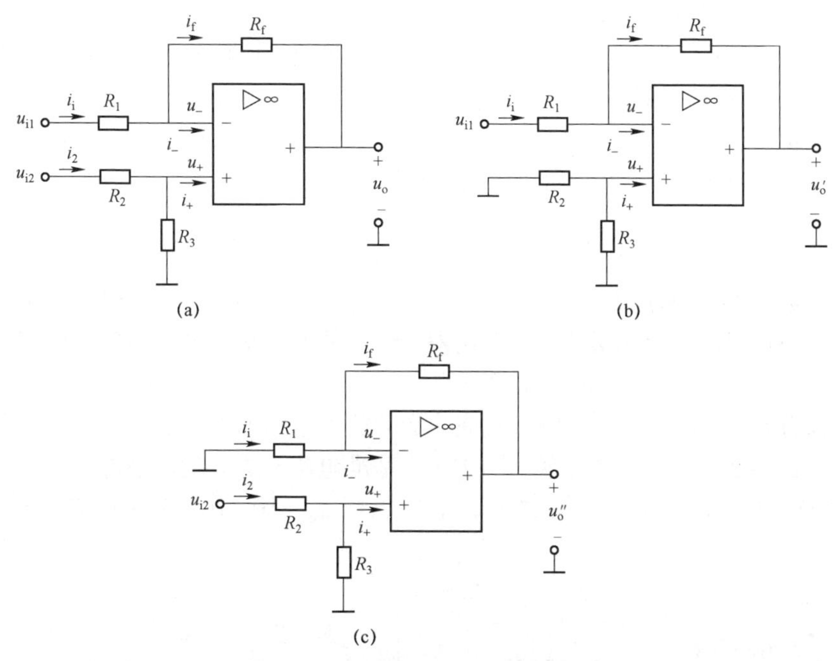

图 3－18　双端输入式运算放大电路

首先令 $u_{i2}=0$，当 u_{i1} 单独作用时，该电路为反相比例运算放大电路，如图 3－18（b）所示，其输出电压 u'为

$$u'=-\frac{R_f}{R_1}u_{i1}$$

再令 $u_{i1}=0$，当 u_{i2} 单独作用时，该电路成为同相比例运算放大电路，如图 3－18（c）所示，同相输入端的电压 u_+为

$$u_+=\frac{R_3}{R_2+R_3}u_{i2}$$

根据式（3－3）可得，其输出电压 u'' 为

$$u''=\left(1+\frac{R_f}{R_1}\right)\frac{R_3}{R_2+R_3}u_{i2}$$

$$u_o=u'+u''=\left(1+\frac{R_f}{R_1}\right)\frac{R_3}{R_2+R_3}u_{i2}-\frac{R_f}{R_1}u_{i1} \tag{3-10}$$

若 $R_1=R_2$，$R_3=R_f$，则

$$u_o = \frac{R_f}{R_1}(u_{i2} - u_{i1}) \tag{3-11}$$

即输出电压 u_o 与两个输入电压之差$(u_{i2} - u_{i1})$成正比。

当 $R_1 = R_2 = R_3 = R_f$ 时，则

$$u_o = (u_{i2} - u_{i1}) \tag{3-12}$$

此时，集成运放就成为一个减法器，能进行减法运算。

例 3－4 在如图 3－18（a）所示的双端输入式减法运算放大电路中，集成运放采用 LM358，±12 V 双电源供电，$R_1 = R_2 = 10\ \text{k}\Omega$，$R_3 = R_f = 100\ \text{k}\Omega$，$u_{i1} = 0.2\ \text{V}$，$u_{i2} = 1\ \text{V}$，求输出电压 u_o。

解：因为 $R_1 = R_2$，$R_3 = R_f$，所以由式（3－11）可知

$$u_o = \frac{R_f}{R_1}(u_{i2} - u_{i1}) = \frac{100\ \text{k}\Omega}{10\ \text{k}\Omega} \times (1\ \text{V} - 0.2\ \text{V}) = 8\ \text{V}$$

如图 3－12 所示的温度检测电路，其输出电压与开氏温度成比例关系，要想让输出电压与摄氏温度成比例关系，就要用双端输入式减法运算放大电路来处理，运算如图 3－19 所示。其中 2N－1 构成电压跟随器，2N－2 构成双端输入式减法运算放大电路。电压跟随器输出的电压送入双端输入式减法运算放大电路的同相输入端，调整电位器的阻值，并在 2N－2 的反相输入端输入 0.273 V 基准电压，这样就可以得到与摄氏温度呈比例关系的输出电压。当温度为 27 ℃，输出电压 $u_o = 10 \times (0.3\ \text{V} - 0.273\ \text{V}) = 0.27\ \text{V}$。

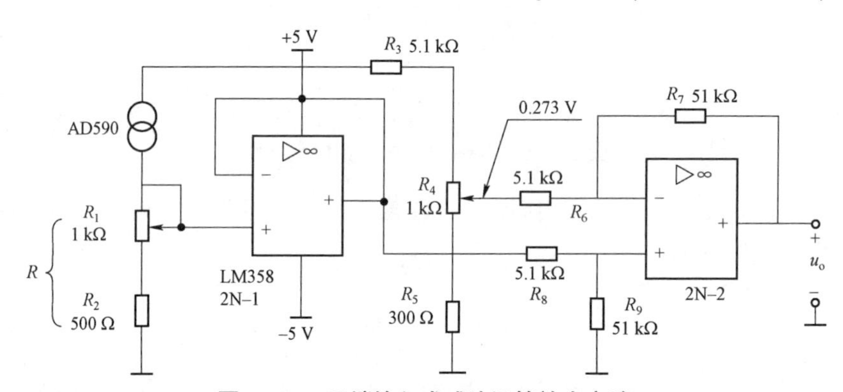

图 3－19 双端输入式减法运算放大电路

想一想

（1）在例 3－4 中，若集成运放采用±5 V 双电源供电，则输出电压依然是 8 V 吗？为什么？

（2）在图 3－19 所示的电路中，当电阻 R 为 10 kΩ 时，双端输入式减法运算放大电路反相输入端输入的基准电压应为多少？

任务实施

双端输入式减法运算放大电路的 Multisim 软件仿真。

按图 3－20 所示的双端输入式减法运算放大仿真电路放置好 LM358、电阻和正负电源。其中直流信号源的电压 U_1 和 U_2 的取值如表 3－9 所示，观察对应的输出电压值，将其填入表 3－9 中，并分析输出电压与输入电压的关系。

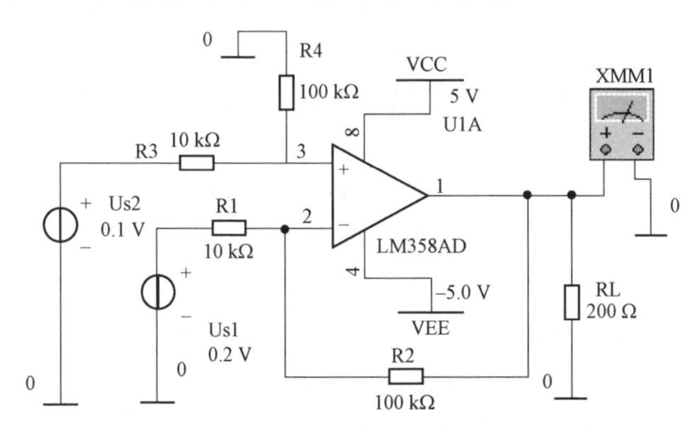

图 3－20　双端输入减法运算放大仿真电路

表 3－9　双端输入运算放大电路直流信号放大分析　　单位：V

直流输入信号电压 U_1	－1	－0.5	－0.2	0.1	0.2	0.5
直流输入信号电压 U_2	－0.2	－0.1	－0	0	1	2
输出电压测量值						

五、积分和微分运算放大电路

1. 积分运算放大电路

图 3－21 所示为积分运算放大电路。该电路由电压并联负反馈构成，反馈支路接入电容 C，输入信号 u_i 经 R_1 输入反相输入端，电容 C 两端的电压是充电电流对时间 t 的积分。

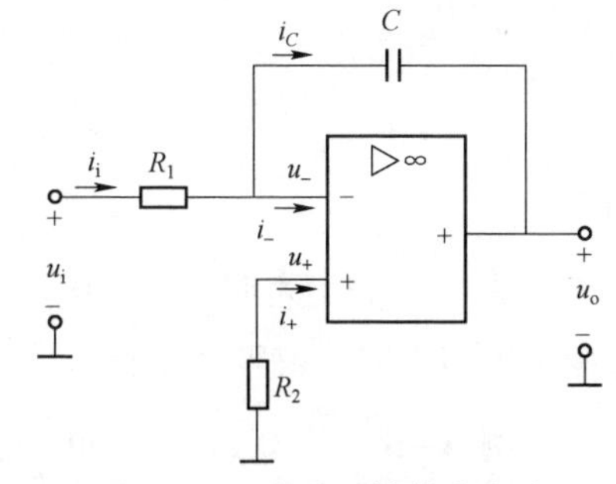

图 3－21　积分运算放大电路

根据虚短和虚断的特性可知，$i_i = i_C$。设电容的初始电压 $u_C(0_+) = 0$，在输入支路电阻 R_1 的电流 $i_i = u_i/R_1$，可得

$$\frac{u_i}{R_1} = C\frac{du_C}{dt}$$

因为 $$u_C = u_- - u_o = -u_o$$

所以 $$u_o = -\frac{1}{R_1 C}\int u_i dt \qquad (3-13)$$

式（3－13）表明输出电压正比于输入电压对时间的积分。当输入电压为固定值时，

输出电压为

$$\begin{aligned} u_o &= (-1/RC)\int u_i \mathrm{d}t \\ &= -(1/RC)\,u_i \end{aligned} \tag{3-14}$$

式（3－14）表明当输入电压是恒定值 E 时，在集成运放的线性工作区，输出电压随时间作线性变化，经过一定时间 t_1 后输出达到饱和值 $-U_{om}$。积分关系曲线如图 3－22 所示。

由于集成运放失调电流、电压及其他因素的影响，以及积分电容 C 存在漏电流现象，因此，必然会产生积分误差，故要选用失调电流小的集成运放和漏电流小的电容。

2. 微分运算放大电路

图 3－23 所示为微分运算放大电路。微分电路是积分电路的逆运算，将积分电路中的电阻和电容互换位置，电容充电电流 i_c 正比于电容电压 u_C 对时间的导数，即

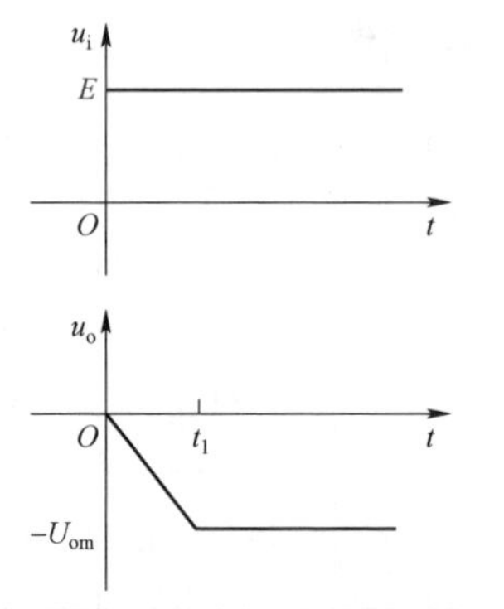

图 3－22　积分关系曲线

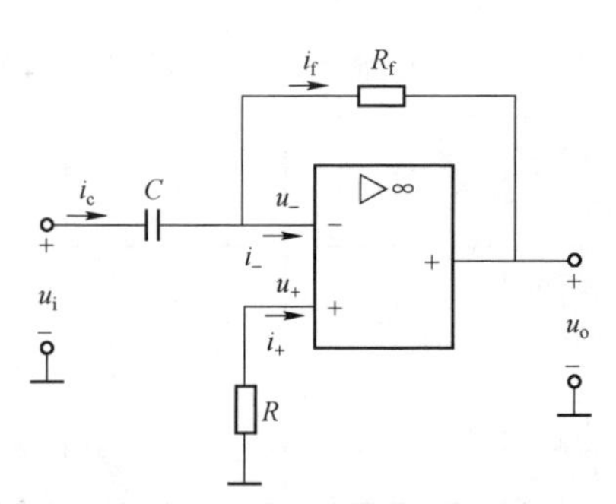

图 3－23　微分运算放大电路

$$i_c = C\frac{\mathrm{d}u_C}{\mathrm{d}t}$$

根据集成运算放大器的虚短和虚断的特性可知 $u_C = u_i$，则

$$i_c = i_f = -u_o/R_f$$

$$u_o = -i_f R_f = -i_c R_f$$

$$u_o = -R_f C\frac{\mathrm{d}u_i}{\mathrm{d}t} \tag{3-15}$$

式（3－15）表明，输出电压正比于输入电压的微分。由于微分电路对输入电压的突变很敏感，因此很容易受到干扰，在实际应用时都采用积分负反馈来得到微分运算。

例 3－5　已知 $u_o = -100\int_0^t u_i \mathrm{d}t$，$C_F$ 为 0.1 μF，试根据已知条件设计实现运算关系的运算放大电路。

解：由式（3－13）可知，应采用反相积分电路，电路如图 3－21 所示。

由于 $u_o = -100\int_0^t u_i \mathrm{d}t = (-1/R_1 C_F)\int_0^t u_i \mathrm{d}t$ 可得

$$1/R_1 C_F = 100$$

则
$$R_1 = 1/(100C_F) = 1/(100 \times 0.1 \times 10^{-6}\ \text{F}) = 100 \times 10^3\ \Omega$$

实现运算关系的运算放大电路如图 3－21 所示，因为 $R = R_1$，所以 $R = 100\ \text{k}\Omega$。

想一想

为什么由集成运放组成的放大电路一般都采用反相输入方式?

任务实施

积分运算放大电路的 Multisim 软件仿真。

按图 3－24 所示的积分运算放大仿真电路放置好 LM358、电阻、电容和正负电源，其中反相输入端输入 3 V 直流电源。通电初期合上开关 S1，使电容两端的初始电压为零，然后断开开关 S1，观察输出波形。

① 保持电阻 R_1 为 100 kΩ 不变，观察电容 C_1 分别为 0.01 μF，0.1 μF 和 1 μF 时输出波形的变化。

② 保持电容 C_1 为 0.1 μF 不变，观察电阻 R_1 分别为 1 kΩ，10 kΩ 和 100 kΩ 时输出波形的变化。

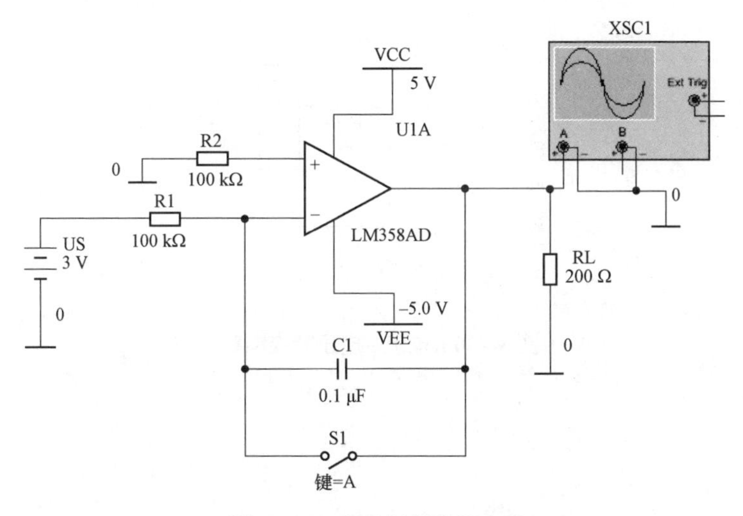

图 3－24　积分运算仿真电路

知识拓展

一、电压－电流转换电路

图 3－25 所示为反相输入式电压－电流转换电路，其中负载 R_L 接在输出端与反相

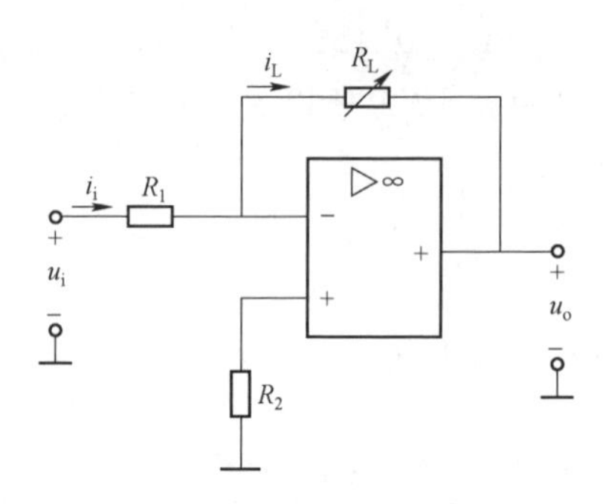

图 3-25　反向输入式电压-电流转换电路

输入端之间，是一个浮动负载，不是恒定值。在理想情况下，$i_L = i_i = u_i/R_1$，由此可知，负载电流 i_L 仅由输入电压决定，而与负载 R_L 的大小无关。当输入电压不变时，负载电阻在一定范围内变化（由于集成运放电源的限制，负载电阻只能在一定范围内变化），输出电流保持不变，此时，该电路就为恒流源。

反相输入式电压-电流转换电路的输入电阻较低，因此，信号源内阻的变化会影响转换精度，若要求较高的转换精度，则可采用同相输入式变换电路，但同相集成运放的输入端存在较高的共模信号，从而限制了输入电压的动态范围。

二、电流-电压转换电路

图 3-26 所示为电流-电压转换电路，在理想条件下有

$$u_o = -i_f R_f = -i_i R_f$$

即输出电压与输入电流成比例，实现了电流-电压的转换。

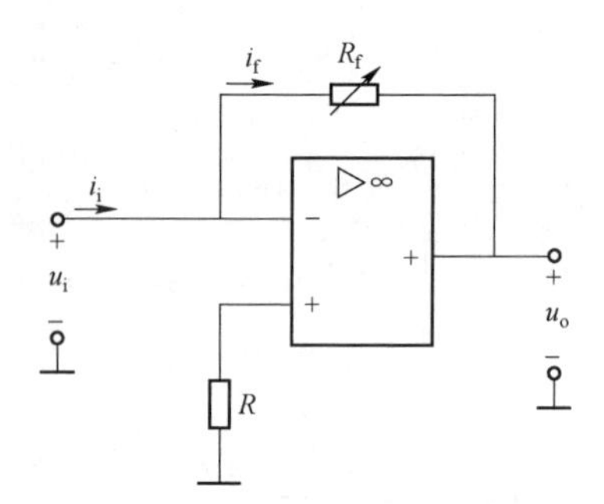

图 3-26　电流-电压转换电路

任务三　电压控制开关电路的认识与制作

任务导入

光控开关电路主要是采用电压比较器来实现的，属于集成运放非线性应用电路。电压比较器常应用于报警电路、自动控制电路、测量技术、振荡器电路等。本任务主要是运用电压比较器进行电路控制。

任务目标

素质目标

（1）培养勤于思考、耐心细致的工作作风。

（2）具备节约资源、团队合作的精神。

知识目标

（1）能分析单门限电压比较器的电路结构及其工作原理。

（2）能认识迟滞电压比较器的电路结构，并理解其工作原理。

（3）能理解矩形波形发生器电路的结构和工作原理。

能力目标

（1）会运用单门限电压比较器搭建电压控制延时开关电路，并理解其工作原理。

（2）会单门限电压比较器和光控开关电路的 Multisim 软件仿真和测试。

任务分析

驻极体话筒采集的声音信号经放大处理后转变成电压信号，再经电压比较器处理后控制执行电路，此时集成运放工作在非线性状态。当集成运放处于开环或正反馈形式时，工作在非线性区，同相输入端与反相输入端不再虚短，而又由于集成运放输入电阻很大，因此，虚断依然成立。当集成运放工作在非线性区时，输出电压不随输入电压连续变化，只有两种输出状态：当同相输入端的电压高于反相输入端电压，即 $u_+>u_-$ 时，输出正向饱和电压（$+U_{om}$）；当反相输入端的电压高于同相输入端电压，即 $u_->u_+$时，输出反向饱和电压（$-U_{om}$），分别将这两种状态称为输出高电平 u_{OH} 与输出低电平 u_{OL}。这种电路广泛应用于信号比较、信号转换、信号发生及自动控制系统中。

基础知识

一、单门限电压比较器及其应用

1. 单门限电压比较器

单门限电压比较器的基本功能是对输入信号与另一个电压信号（或基准电压）进行比较，并根据比较的结果输出高电平或低电平。单门限电压比较器在越限报警中应用广泛。例如，当压力、液位、温度等越过某一规定值需要报警时，就可用比较器实现。单门限电压比较器还常用于波形的变换，当输入信号 u_i 为正弦波信号，$U_{REF}=0$ 时，输入信号 u_i 每过零一次，输出状态就要翻转一次，输出的波形转换成方波。

图 3-27（a）所示为单门限电压比较器的基本电路。两个输入量中，一个是基准电压 U_{REF}，一个是输入信号 u_i。当输入电压 u_i 发生变化时（$u_i<U_{REF}$ 或 $u_i>U_{REF}$），输出状态发生翻转，即当 $u_i<U_{REF}$ 时，$u=+U_{om}$；当 $u_i>U_{REF}$ 时，$u_o=-U_{om}$。单门限电压比较器的输出电压从一个电平翻转到另一个电平时，其对应的输入电压值称为阈值电压或门值电压，用 U_{th} 表示。当 $U_{th}=U_{REF}$ 时，该电路的输入输出特性曲线如图 3-27（b）所示。当 $U_{th}=0$ 时，输入电压与零值做比较，其传输特性曲线如图 3-27（c）所示，这种单门限电压比较器称为过零比较器。

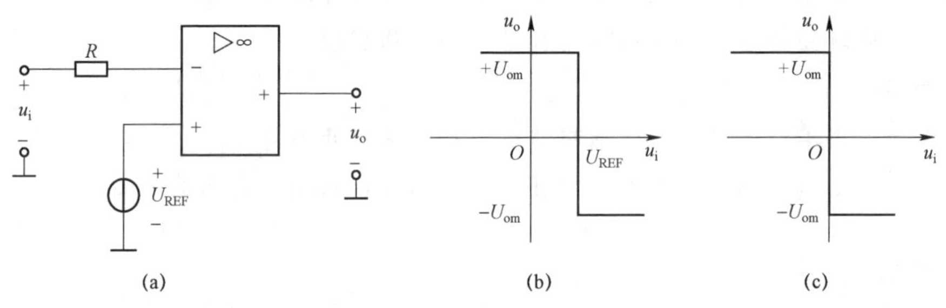

图 3-27　单门限电压比较器及其输入输出特性曲线

2. 电压控制开关电路

电压控制开关电路如图 3-28 所示。当同相输入端电压高于反相输入端电压时，电压比较器输出高电平，三极管饱和导通，发光二极管亮；当同相输入端电压低于反相输入端电压时，电压比较器输出低电平，三极管截止，发光二极管灭。

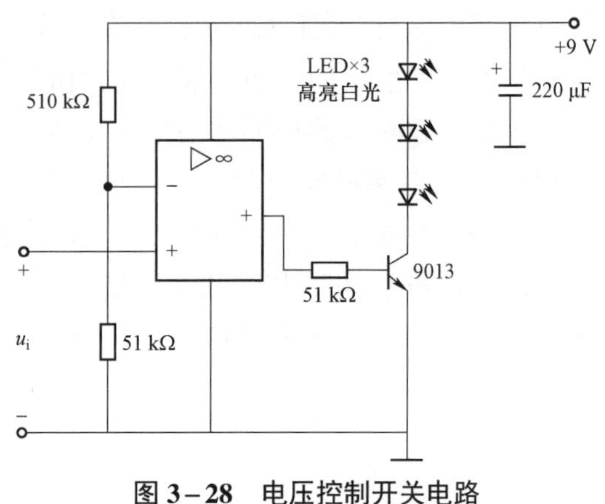

图 3-28　电压控制开关电路

二、迟滞电压比较器

简单的单门限电压比较器存在一个缺

点，即当输入信号在阈值电平附近发生波动或受到干扰时，其输出信号会发生多次翻转，使后续电路发生错误动作。为了提高比较器的抗干扰能力，可采用迟滞电压比较器。迟滞电压比较器也称滞回电压比较器，其响应没有单门限电压比较器灵敏，但抗干扰能力却大大加强，广泛应用于传感检测电路中。

1. 迟滞电压比较器电路

图 3－29（a）所示为迟滞电压比较器电路。它从输出端引出一个反馈电阻到同相输入端，使同相输入端电位随输出电压的变化而变化，以达到移动过零点的目的。外加信号通过 R_2 接到反相输入端，基准电压 U_{REF} 通过 R_1 接到同相输入端，同时输出电压 u_o 通过 R_f 反馈到同相输入端，构成正反馈。由于集成运放接有正反馈回路，因此，电路工作于非线性状态，电阻 R_2 上的压降可视为零，即 $u_-=u_i$，同相输入端的 u_+由基准电压 U_{REF} 和输出电压 u_o 共同决定。

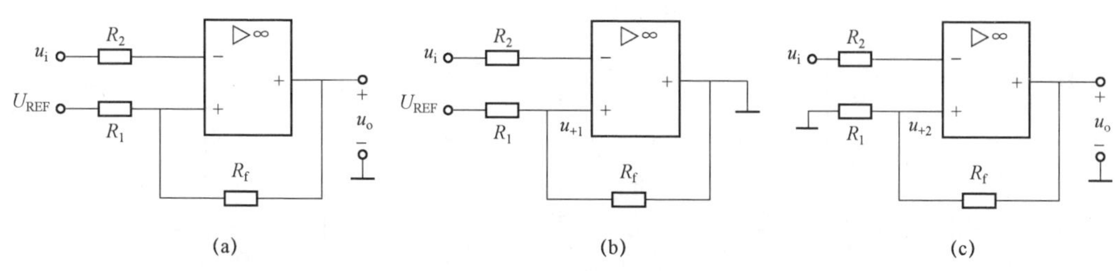

图 3－29　迟滞电压比较器

2. 电路工作原理

u_+的值可由叠加定理计算，当 U_{REF} 单独作用时的等效电路如图 3－29（b）所示，此时 u_{+1} 为

$$u_{+1}=\frac{R_f}{R_1+R_f}U_{REF}$$

当 U_{REF} 单独作用时的等效电路如图 3－29（c）所示，此时 u_{+2} 为

$$u_{+2}=\frac{R_1}{R_1+R_f}U_o$$

$$u_+=u_{+1}+u_{+2}$$

所以

$$u_+=\frac{R_1}{R_1+R_f}U_o+\frac{R_f}{R_1+R_f}U_{REF}$$

当 $u_o=+U_{om}$ 时，同相输入端电压 u_+称为上门限电压 U_{th1}，则有

$$U_{th1}=\frac{R_1}{R_1+R_f}U_{om}+\frac{R_f}{R_1+R_f}U_{REF} \tag{3－16}$$

只要输入电压 $u_i=u_-<u_+$，即小于上门限电压 U_{th1}，输出电压即可保持 $+U_{om}$ 值。

当 u_i 增大到使 $u_->u_+$，即大于上门限电压 U_{th1} 时，u_o 将由 $+U_{om}$ 跳到 $-U_{om}$，如图 3－30（a）所示。当输出电压 u_o 等于 $-U_{om}$ 时，同相输入端电压 u_+将变小，把此时

的同相输入端电压 u_+称为下门限电压 U_{th2}，U_{th2} 为

$$U_{th2}=\frac{R_1}{R_1+R_f}(-U_{om})+\frac{R_f}{R_1+R_f}U_{REF} \tag{3-17}$$

此时，$u_i=u_->u_+$，输出电压将保持 $-U_{om}$ 的值，当 u_i 减小到使 $u_-<u_+$时，即小于下门限电压 U_{th1}，u_o 将由 $-U_{om}$ 跳到 $+U_{om}$，如图 3－30（b）所示。图 3－30（a）和图 3－30（b）合在一起就是迟滞比较器的输出特性曲线，如图 3－30（c）所示。从图 3－30（c）所示可以看出，u_i 从小于 U_{th2} 逐渐增大到超过 U_{th1} 门限电压时，电路翻转；u_i 从大于 U_{th1} 向小变化到小于 U_{th2} 门限电压时，电路再翻转；而 u_i 在 U_{th1} 与 U_{th2} 之间时，电路输出保持原状，我们把两个门限电压的差值称为回差电压ΔU_{th}。

$$\Delta U_{th}=U_{th1}-U_{th2}=2\frac{R_1}{R_1+R_f}U_{om} \tag{3－18}$$

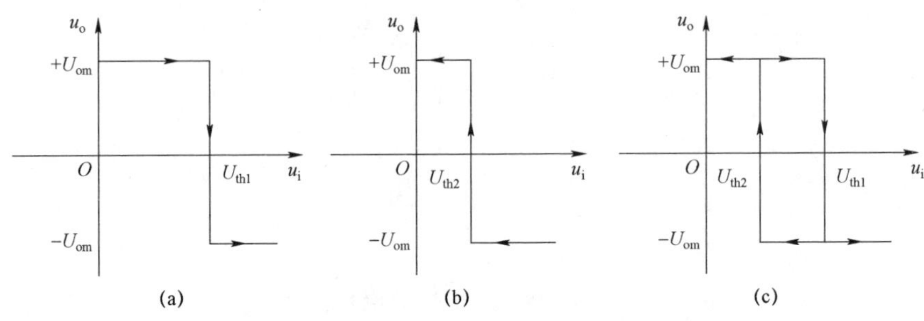

图 3－30　迟滞电压比较器输入输出特性曲线

例 3－6　迟滞电压比较器电路如图 3－31（a）所示，电路采用±9 V 双电源供电，双向稳压管的稳定电压为±6 V，$R_1=5\ \text{k}\Omega$，$R_f=10\ \text{k}\Omega$，R_2 是稳压二极管限流电阻，取值要根据稳压二极管的稳压电流来确定，试画出：（1）$U_{REF}=0$ V 时的输入输出特性曲线；（2）u_i 是最大幅值为 4 V 的正弦信号时的输出电压 u_o 的波形。

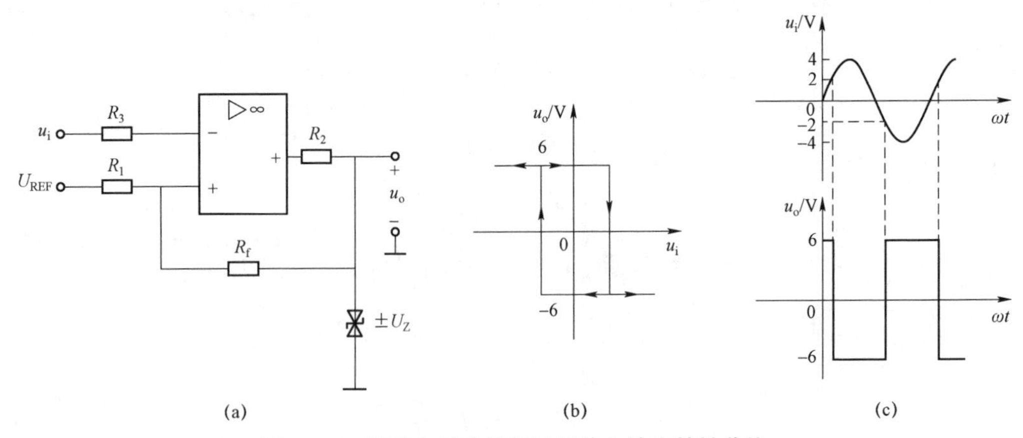

图 3－31　迟滞电压比较器及其输入输出特性曲线

解： 输出端并联了±6 V 双向稳压管，$+U_{om}$ 为 6 V，$-U_{om}$ 为－6 V。

当 $U_{REF}=0$ V 时，有

$$U_{th1}=\frac{R_1}{R_1+R_f}U_{om}+\frac{R_f}{R_1+R_f}U_{REF}=\frac{5\ \text{k}\Omega}{(5+10)\ \text{k}\Omega}\times 6\ \text{V}+\frac{10\ \text{k}\Omega}{(5+10)\ \text{k}\Omega}\times 0\ \text{V}=2\ \text{V}$$

$$U_{th2}=\frac{R_1}{R_1+R_f}(-U_{om})+\frac{R_f}{R_1+R_f}U_{REF}=\frac{5\ \text{k}\Omega}{(5+10)\text{k}\Omega}\times(-6)\text{V}+\frac{10\ \text{k}\Omega}{(5+10)\text{k}\Omega}\times 0\ \text{V}=-2\ \text{V}$$

其传输特性曲线如图 3－31（b）所示。

当 u_i 是最大幅值为 4 V 的正弦信号，且 $U_{REF}=0$ V 时，其传输特性曲线如图 3－31（c）所示。

想一想

（1）当输入信号 u_i 送入单门限电压比较器的同相输入端，基准电压 U_{REF} 送入其反相输入端时，其传输特性是怎样的？

（2）集成运放非线性应用时是否也具有虚短和虚断两个基本特性，为什么？

（3）单门限电压比较器与迟滞电压比较器在性能上有什么主要区别？

任务实施

单门限电压比较器电路的 Multisim 软件仿真。

在 Multisim 软件中搭建如图 3－32 所示的单门限电压比较器仿真电路。在同相输入端分别输入 0 V，1 V，2 V 的基准电压，反相输入端送入峰值为 3 V、频率为 100 Hz 的正弦交流信号，观察输出波形。

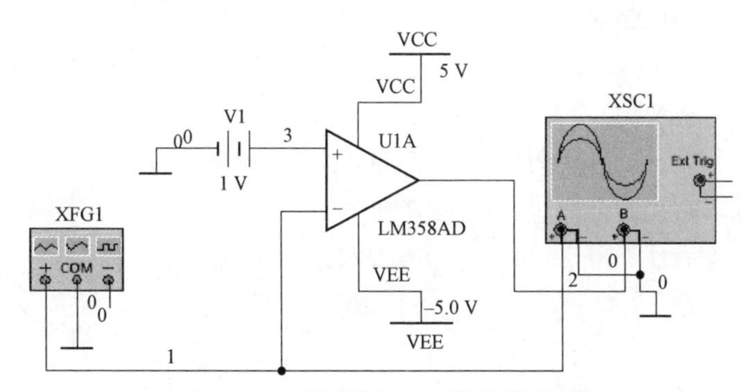

图 3－32　单门限电压比较器仿真电路

知识拓展

矩形波形发生器介绍如下。

1. 矩形波形发生器电路

矩形波发生器的基本电路如图 3－33（a）所示。它由迟滞电压比较器与 RC 充放电回路组成，其中 R_1 和 R_2 组成正反馈电路。该电路输出电压由双向稳压管 U_Z 的稳压值 $\pm U_Z$ 决定，当 $u_+ > u_-$ 时，$u_o=U_Z$；当 $u_+ < u_-$ 时，$u_o=-U_Z$。

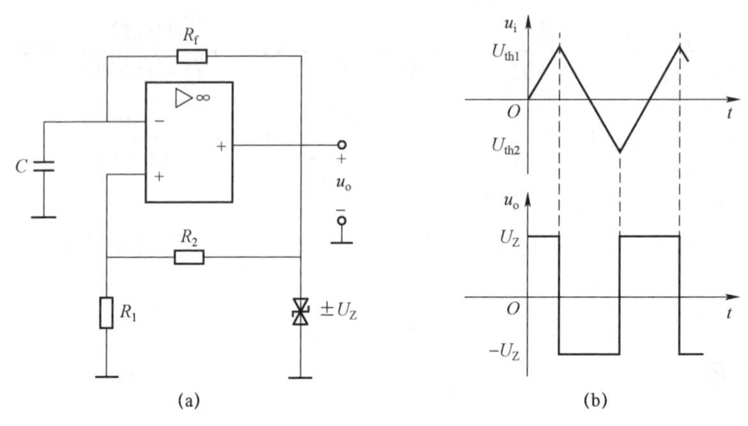

图 3-33　矩形波发生器

（a）基本电路；（b）波形

2. 电路工作原理

根据迟滞电压比较器的原理，电路有两个门限电压 U_{th1} 和 U_{th2}，当电路接通电源，在 $t=0$ 时，电容的两端电压 $u_C=0$，若 $u_o=U_Z$，则同相输入端的电压为 $U_{th1}=[R_1/(R_1+R_2)]U_Z$。电容 C 在输出电压 $+U_Z$ 的作用下开始充电，当充电电压升至 U_{th1} 时，由于集成运放输入端 $u_->u_+$，因此，电路发生翻转，输出电压由 $+U_Z$ 值跳到 $-U_Z$，此时同相输入端的电压为 $U_{th2}=-[R_1/(R_1+R_2)]U_Z$，同时电容 C 上的电压因放电而开始下降，当电容 C 两端电压 u_C 降至 U_{th2} 时，输出电压又翻转到 $u_o=+U_Z$，电容又开始新的一轮充电、放电循环，因此，在输出端便产生矩形波的电压波形，而在电容 C 两端的电压 u_C 则为三角形波。电路波形如图 3-33（b）所示。

3. 矩形波的周期与频率

RC 的乘积越大，充放电时间越长，矩形波的频率就越低，矩形波的周期为

$$T=2RC\ln(1+2R_2/R_1) \tag{3-19}$$

$$f=1/T=1/[2RC\ln(1+2R_2/R_1)] \tag{3-20}$$

当 R_1，R_2 选取得当时，可使 $\ln(1+2R_2/R_1)=1$，则有

$$T=2RC \tag{3-21}$$

$$f=1/2RC \tag{3-22}$$

任务四　声光控延时开关电路的制作

任务导入

声光控延时开关电路通过集成运放的线性比例放大电路和非线性的电压比较器来实现相关功能，主要用于楼道走廊灯和家庭小夜灯的控制。楼道走廊灯和家庭小夜灯在需要的时候点亮，不需要的时候熄灭，这样可以节约能源，降低碳排放，响应习近平总书记的号召："倡导简约适度、绿色低碳的生活方式"。

任务目标

素质目标

（1）培养勤于思考、耐心细致的工作作风。

（2）培养节约资源、绿色环保的生活理念。

（3）培养团队合作、有效沟通的能力。

知识目标

（1）掌握集成运放实现声音放大电路和光控电路的工作原理。

（2）掌握声光控延时开关电路的工作原理。

能力目标

（1）会判断电阻、电容、驻极体话筒和光敏电阻的好坏。

（2）会运用双集成运放 LM358 搭建声光控延时开关电路。

（3）会用 Multisim 软件仿真和测试声光控延时开关电路。

任务分析

运用双集成运放 LM358 搭建声光控延时开关电路，让声光控 LED 灯在声光控延时开关电路的控制下，实现有光照时，不管发出多大的声音，灯都不亮，而无光照时，可通过声音触发点亮。

任务实施

声光控延时开关电路的制作与调试。

一、电路原理图的设计

根据所学知识，为满足设计要求，可利用驻极体话筒采集声音信号，利用光敏电阻和电阻串联将光照强度变成电压信号，采用集成运放构成的声音放大电路和电压比较电路实现控制。声光控延时开关参考电路如图 3－34 所示。

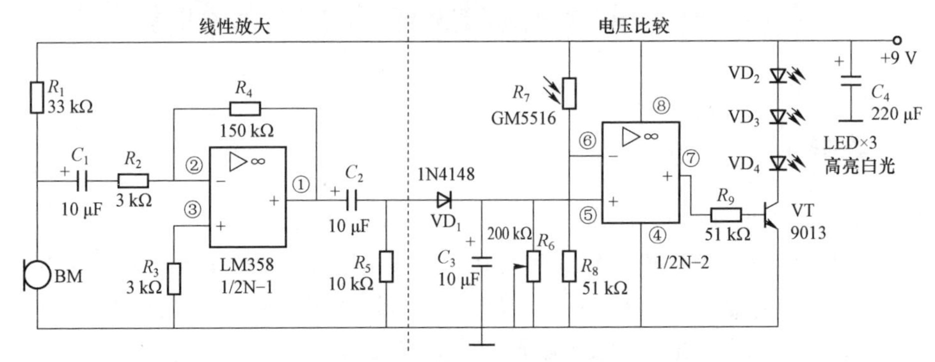

图 3－34　声光控延时开关参考电路

1. 声音采集和放大电路

图 3－34 所示的线性部分就是声音放大电路，由驻极体话筒和反相比例放大电路组成。驻极体话筒将声波转变成电信号，反相比例放大电路将电信号放大，提供给后面的电路使用。C_1，C_2 两电容是耦合电容。该电路的信号放大倍数为

$$A_{uf}=-\frac{R_f}{R_1}=-\frac{150\ \text{k}\Omega}{3\ \text{k}\Omega}=-50$$

2. 光控电压延时开关电路

图 3－34 所示的非线性部分是电压控制延时开关电路，其中光敏电阻与电阻串联为反相输入端送入基准电压，无光照时该电压较低，有光照时该电压较高。

无光照时，驻极体话筒采集的声音信号经反相比例放大电路放大后，再经 C_1 耦合，使二极管 VD_1 导通，向电容 C_3 充电，当充电电压升至大于等于 $U_{th}=[R_8/(R_7+R_8)]V_{CC}$ 时，电压比较器输出高电平，三极管饱和导通，LED 灯点亮。此时，若外界没有声音，则二极管 VD_1 截止，电容 C_3 向 R_6 放电，当放电电压降至小于等于 U_{th} 时，电压比较器输出低电平，三极管截止，LED 灯熄灭。

有光照时，光敏电阻的阻值只有几千欧，反相输入端送入基准电压较高。此时，有声音时，电容 C_3 得到的电压低于基准电压，三极管处于截止状态，LED 灯不亮。

二、元器件的选用

1. 驻极体话筒的选用

驻极体话筒常用的工作电压有 1.5 V，3 V，4.5 V 三种，具体根据电源电压确定。应选择灵敏度适中的驻极体话筒，避免因灵敏度过高而误动作。驻极体话筒的引出端有两端式和三端式两种，一般选用两端式。此外，还应注意驻极体话筒的大小要合适，便于安装。

2. 光敏电阻的选用

在选择光敏电阻的型号时，需要考虑其灵敏度、波长响应、光照强度和响应时间等特性参数，以及规格型号等因素，并根据实际需求进行选择。

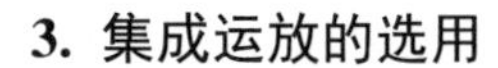

3. 集成运放的选用

国内外的集成运放的种类繁多，对其进行正确选择和合理应用，既可达到使用的要求和精度，又可避免成本浪费和在调试过程中可能造成的损坏。

集成运放按用途可分为通用型和专用型。通用型集成运放按性能的不同，又可分为高增益型、高输入阻抗型、高速型、高精型、低功耗型和大功率型等。在选用集成运放时要考虑性价比和较容易购得等因素，不能一味地追求高性能，应优先选用通用型的。

（1）测量放大器、模拟调节器及有源滤波器等电路，应选用高输入阻抗型集成运放。

（2）对于精度要求高的电路，如精确测量、自控仪表等方面，应选用高精度型集成运放。

（3）对输入响应速度有要求电路的应选用高速型集成运放，如模–数和数–模转换器、高速采样和保持电路及视频放大器等。

（4）对能源消耗有限制的场合，应选用低功耗型集成运放。

（5）对大功率输出的场合，应选用大功率型集成运放。

三、元器件清单

声光控延时开关电路元器件清单如表 3–10 所示。

表 3–10　声光控延时开关电路元器件清单

序号	元器件名称	型号	备注
1	集成运放	LM358	—
2	驻极体话筒	6×5 电容式	带引脚
3	光敏电阻	GM5516	亮电阻宜在 10 kΩ 以下
4	三极管 VT	9013	—
5	二极管 VD_1	1N4148	—
6	二极管 VD_2～VD_4	高亮白光	—
7	电容 C_1～C_3	10 μF/16 V	电解电容
8	电容 C_4	220 μF/16 V	电解电容
9	电阻 R_1	33 kΩ	应根据电源电压和驻极体的工作电压、电流选择阻值
10	电阻 R_2，R_3	3 kΩ	—
11	电阻 R_4	150 kΩ	—
12	电阻 R_5	10 kΩ	—
13	可调电阻 R_6	200 kΩ	—
14	电阻 R_7，R_8，R_9	51 kΩ	—

四、声光控延时开关电路的 Multisim 软件仿真

在 Multisim 软件中搭建如图 3－35 所示的声光控延时开关仿真电路。用函数信号发生器发出的正弦信号代替驻极体话筒采集的声音信号，先用集成运放 LM358 组成的反相比例放大电路放大信号，再用集成运放 LM358 组成的电压比较器控制三极管的通断。选用的可调电阻阻值为 500 kΩ。

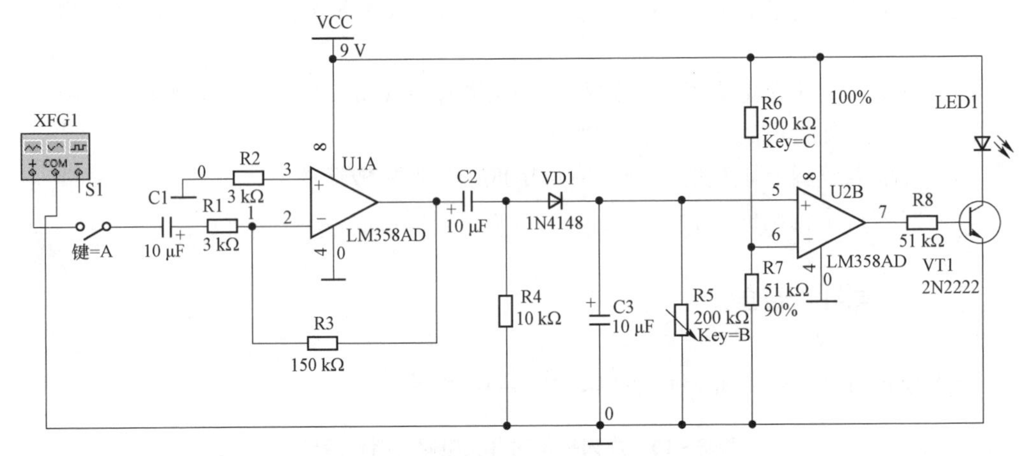

图 3－35　声光控延时开关仿真电路

注意：在仿真时合上开关 S1，当 LED 灯亮后应断开开关 S1。

五、实训设备和器材

（1）电阻、电容、二极管、三极管、驻极体话筒、光敏电阻、集成运放、LED 等元件。

（2）焊锡丝、助焊剂、电路板。

（3）电烙铁、烙铁架。

（4）万用表。

（5）示波器。

六、要求

（1）电路板焊接整洁，元器件排列整齐，焊点圆滑光亮，无毛刺、虚焊和假焊。

（2）写出制作和调试过程中遇到的问题和解决方法。

七、任务实施报告

填写任务实施报告（见表 3－11）。

表 3－11　声光控延时开关电路的制作与调试任务实施报告

班级：__________　姓名：__________　学号：__________　组号：__________

步骤 1：分析电路原理图，并指出以下元器件的功能

BM	GM5516	R_4	C_3	LM358	VT（9013）

步骤 2：晶闸管的简易测试，记录测试结果

两端式驻极体话筒	33 kΩ 电阻	200 kΩ 可调电阻	10 μF 电容	1N4148 二极管	GM5516 光敏电阻	9013 三极管

步骤 3：装接电路并测试电路功能

步骤 3－1：
根据电路原理图装接电路。用时_______min

步骤 3－2：
根据测试要求，测试电路的装接情况，若发现错误，则及时改正

步骤 3－3：
LM358/2N－2 的引脚电压测量

模拟状态	测量值			实验现象描述
	引脚 5/V	引脚 6/V	引脚 7/V	
无声音白天模式				
有声音白天模式				
无声音黑夜模式				
有声音黑夜模式				

步骤 3－4：
三极管放大电路的静态工作点

模拟状态	测量值/V			实验现象描述
	V_B	V_E	V_C	
无声音白天模式				
有声音白天模式				
无声音黑夜模式				
有声音黑夜模式				

测试过程中出现的问题及解决办法

八、考核评价

填写考核评价表（见表3-12）。

表3-12 考核评价表

<table>
<tr><td>班级</td><td></td><td>姓名</td><td></td><td>学号</td><td></td><td>组号</td><td colspan="2"></td></tr>
<tr><td>操作项目</td><td colspan="2">考核要求</td><td>分数配比</td><td colspan="2">评分标准</td><td>自评</td><td>互评</td><td>教师评分</td></tr>
<tr><td>识读电路原理图</td><td colspan="2">能正确识读电路原理图，掌握实验过程中各元器件的功能</td><td>10</td><td colspan="2">每错一处，扣2分</td><td></td><td></td><td></td></tr>
<tr><td>元器件的测试</td><td colspan="2">能正确使用仪器仪表对需要测试的元器件进行测试</td><td>10</td><td colspan="2">不能正确使用仪器仪表完成对元器件的测试，每处扣2分</td><td></td><td></td><td></td></tr>
<tr><td>电路装接</td><td colspan="2">能正确装接元器件</td><td>20</td><td colspan="2">装接错误，每处扣2分</td><td></td><td></td><td></td></tr>
<tr><td>电路测试</td><td colspan="2">能利用仪器仪表对装接好的电路进行测试</td><td>20</td><td colspan="2">不能正确使用仪器仪表对电路进行测试，每处扣4分</td><td></td><td></td><td></td></tr>
<tr><td>任务实施报告</td><td colspan="2">按要求做好实训报告</td><td>20</td><td colspan="2">实训报告不全面，每处扣4分</td><td></td><td></td><td></td></tr>
<tr><td>安全文明操作</td><td colspan="2">工作台干净整洁，安全操作规范，符合管理要求</td><td>10</td><td colspan="2">工作台脏乱、不遵守安全操作规程、不听教师管理，酌情扣分</td><td></td><td></td><td></td></tr>
<tr><td>团队合作</td><td colspan="2">小组成员之间应互帮互助，分工合理</td><td>10</td><td colspan="2">有成员未参与实践，每人扣5分</td><td></td><td></td><td></td></tr>
<tr><td colspan="6">合计</td><td></td><td></td><td></td></tr>
<tr><td colspan="9">学生建议：</td></tr>
<tr><td colspan="9">总评成绩：

教师签名：</td></tr>
</table>

知识拓展

1. 集成运放的使用前调零

一般集成运放在设计和制造时，已经解决了内部各三极管的偏置问题。由于失调电压、失调电流的存在，在输入信号为零时，集成运放的实际输出信号不为零。为了消除集成运放因失调电压和失调电流引起的输出误差，以达到零输入、零输出的要求，必须进行调零。图 3－36 所示为具有外接调零端子的集成运放。在调零端子接上调零电位器进行调零时，将输入端接地，调整电位器 R_P，同时用直流电压表测输出电压，使输出电压为 0。在测量时选用直流电压表的最小量程。

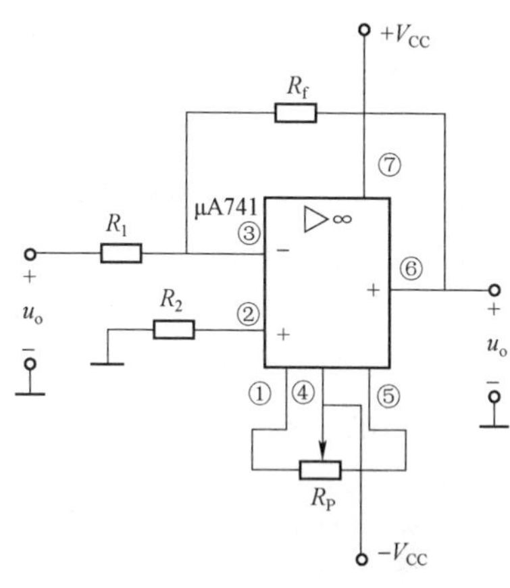

图 3－36　具有外接调零端子的集成运放

2. 防止自激振荡

集成运放内部是多级放大电路，在工作时很容易产生自激振荡，若用示波器接在输出端，则可观察到输出信号上叠加了波形近似正弦波的高频振荡波形，而这些高频谐波使集成运放工作不稳定。为了消除自激振荡，有些集成运放在内部已设置了消除自激的补偿网络；有些集成运放则引出消振端子，采用外接消振的补偿网络进行消振，一般在外接消振端子接 RC 补偿网络。在实际应用中，为了使电路稳定，往往采用分别在集成运放的正负电源端与地之间并接一只几十微法和一只 0.01～0.1 μF 的电容，或者在反馈电阻两端并联电容。

3. 集成运放的保护措施

（1）电源防反接保护。

电源端为防止接错电源极性，可在电源中串接二极管，利用二极管的单向导电性，保护集成运放，如图 3－37（a）所示。

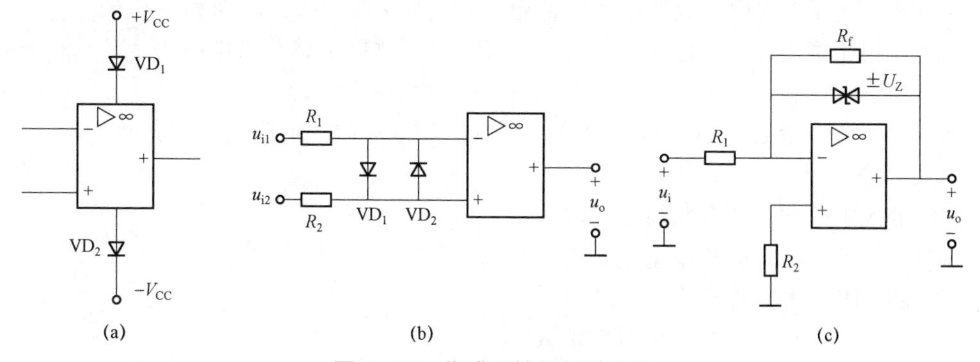

图 3－37　集成运放的保护电路

（2）输入保护。

集成运放的差模或共模信号电压过高会引起输入级损坏。可在集成运放输入端并接两只极性相反的二极管，将输入电压的幅度钳制在二极管的正向导通压降内，如图 3－37（b）所示。

（3）输出保护。

图 3－37（c）所示为输出保护电路。该电路采用双向稳压管与反馈电阻 R_f 并联，当输出电压小于双向稳压管的稳压值时，双向稳压管不导通，保护电路不工作；当输出电压大于稳压管的稳压值时，稳压管工作，将输出电压限制在 $\pm(U_Z+0.7)$ V 范围内。

4. 集成运放在使用时的注意事项

（1）电极接地端应良好接地。

（2）在更换元器件时，应先切断电源再更换元器件。

（3）在加信号前应先进行调零和消振。

在使用集成运放的过程中应注意以上几个问题，否则会引起电路工作不正常或元器件损坏。

练习题

一、选择题

1.（　　）工作在电压比较器中的集成运放通常工作在________状态。

A. 开环或正反馈　　B. 深度负反馈

C. 放大　　D. 线性工作

2.（　　）反相比例运算放大电路中的反馈类型为________负反馈。

A. 电压串联　　B. 电压并联

C. 电流串联　　D. 电流并联

3.（　　）同相比例运算放大电路中的反馈类型为________负反馈。

A. 电压串联　　B. 电流串联

C. 电压并联　　D. 电流并联

4.（　　）在下列由集成运放组成的电路中，工作在非线性状态的电路是________。

A. 反相比例运算放大电路　　B. 同相比例运算放大电路

C. 电压比较器　　D. 双端输入式运算放大电路

5.（　　）同相比例运算放大电路与反相比例运算放大电路相比，具有________的特点。

A. 输入阻抗大、没有共模电压输入

B. 输入阻抗小、有共模电压输入

C. 输入阻抗大、有共模电压输入

D. 输入阻抗小、没有共模电压输入

6.（　　）反相比例运算放大电路如图 3－38 所示，其中集成运放采用±5 V 双电源供电，$u_i=0.3$ V，则输出电压 u_o 为________。

A. –2.5 V　　B. –3 V　　C. 2.5 V　　D. 3 V

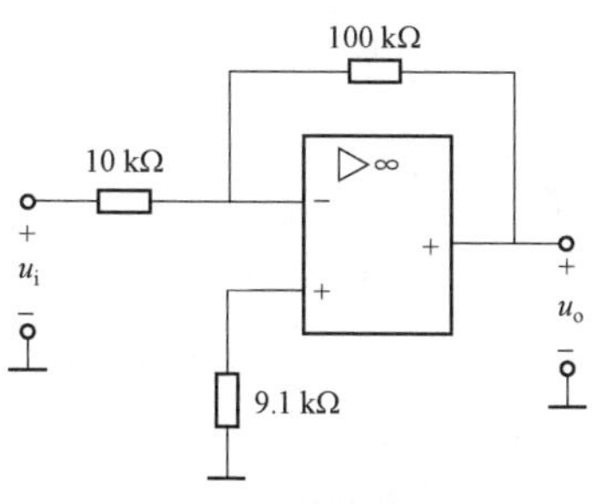

图 3－38　选择题 6 图

7.（　　）同相比例运算放大电路如图 3－39 所示，其中集成运放采用±5 V 双电源供电，$u_i=0.3$ V，则输出电压 u_o 为________。

A. –3 V　　B. 3 V　　C. –3.3 V　　D. 3.3 V

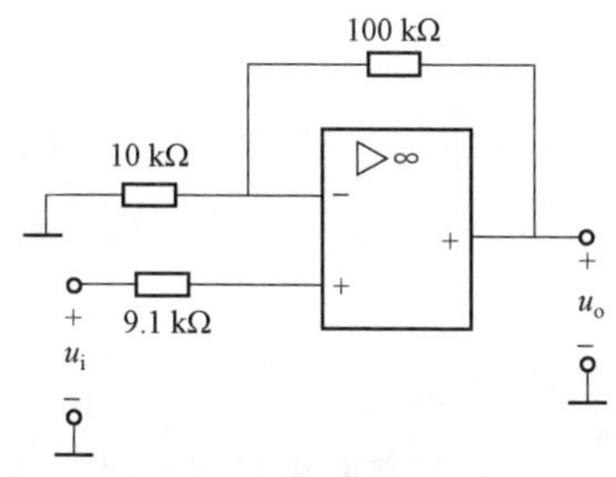

图 3－39　选择题 7 图

8.（　　）图 3－40 所示运算放大电路的输出电压 $u_o=5$ V，则点 p 必须________。

A. 接点 a　　B. 接地　　C. 悬空　　D. 接点 b

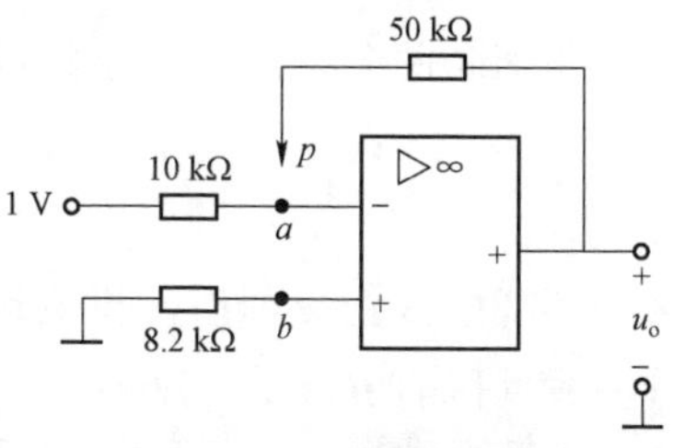

图 3－40　选择题 8 图

9.（　　）电路如图 3－41 所示，虚线框内应连接________元件才能构成反相比例运算放大电路。

A. 电阻　　B. 电感　　C. 电容　　D. 二极管

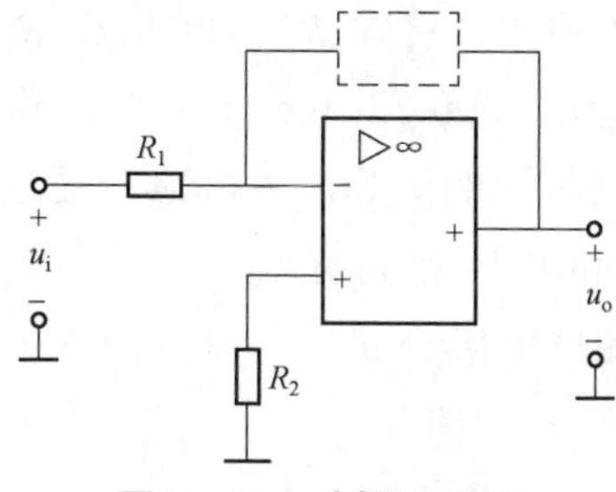

图 3－41　选择题 9 图

10.（　　）电路如图 3－41 所示，虚线框内应连接________元件才能构成积分运算放大电路。

A. 电阻　　B. 电感　　C. 电容　　D. 二极管

11.（　　）同相比例运算放大电路如图 3－11 所示，其中 $u_i = 0.5$ V，$R_f = 100$ kΩ，$R_1 = 50$ kΩ，$R_2 = 50$ kΩ，$R_3 = 100$ kΩ，则输出电压 u_o 为________。

A. –1 V　　B. 1 V　　C. 1.5 V　　D. –1.5 V

12.（　　）在下列由集成运放组成的电路中，有两个门限电平的是________。

A. 反相比例运算放大电路　　B. 同相比例运算放大电路

C. 过零电压比较器　　D. 迟滞电压比较器

13.（　　）在下列由集成运放组成的电路中，只有两种输出状态的电路是________。

A. 反相比例运算电路　　B. 同相比例运算电路

C. 过零电压比较器　　D. 双端输入电路

14.（　　）延滞电压比较器有 2 个门限电压，因此，在输入电压从足够低逐渐增大到足够高的过程中，其输出状态将发生________次跃变。

A. 1　　B. 2　　C. 3　　D. 0

二、判断题（正确打 √，错误打×）

1.（　　）集成运放实质上是一个高放大倍数的直流放大器。

2.（　　）加在集成运放反相输入端的直流正电压可使输出电压变为正。

3.（　　）虚地指虚假接地，并不是真正的接地，是虚短在同相比例运算放大电路中的特例。

4.（　　）集成运放的虚短和虚断两个特性可用于集成运放非线性电路的分析。

5.（　　）不论是同相比例运算放大电路还是反相比例运算放大电路，其输入电阻均为无穷大。

6.（　　）集成运放电路开环或引入正反馈后，集成运放工作在线性区。

7.（　　）集成运放工作在线性区有 $u_+ = u_-$，$i_+ = i_- = 0$ 两个结论。

8.（　　）集成运放工作在非线性区有 $u_+ = u_-$，$i_+ = i_- = 0$ 两个结论。

9.（　　）集成运放能处理交流信号和直流信号。

10.（　　）迟滞电压比较器比单门限电压比较器抗干扰能力强。

三、综合题

1. 在反相比例运算放大电路中，已知 $R_f = 100$ kΩ，$R_1 = 20$ kΩ，试求：（1）电压放大倍数及平衡电阻 R_2；（2）当 $u_i = 200\sqrt{2}\sin\omega t$ mV 时的输出电压 u_o。

2. 用集成运放设计一个同相比例运算放大电路，要求电压放大倍数 $|A_{uf}| = 11$。选 $R_f = 100$ kΩ，试画出电路图，并求 R_1 和 R_2 的值。

3. 已知 $R_f = 100$ kΩ，其输出电压为 $u_o = -(10\,u_{i1} + 5\,u_{i2})$，试根据已知条件画出反相加法运算放大电路，并求 R_1 和 R_2 的值。

4. 分析图 3－42 所示电路的输出电压与输入电压的关系。

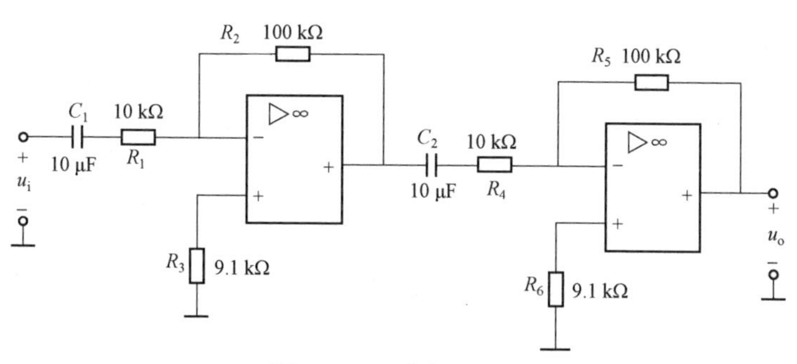

图 3-42　综合题 4 图

5. 电路如图 3-18（a）所示，其中集成运放采用±12 V 双电源供电，$u_{i1}=1$ V，$u_{i2}=2$ V，$R_1=R_2=10$ kΩ，$R_3=R_f=100$ kΩ，求输出电压 u_o。

6. 电路如图 3-43 所示，已知 $u_i=3\sqrt{2}\sin\omega t$ V，$U_Z=\pm 6$ V，$R_1=3$ kΩ，$R_f=6$ kΩ，试求上、下门限电压，并画出 u_o 的波形图。

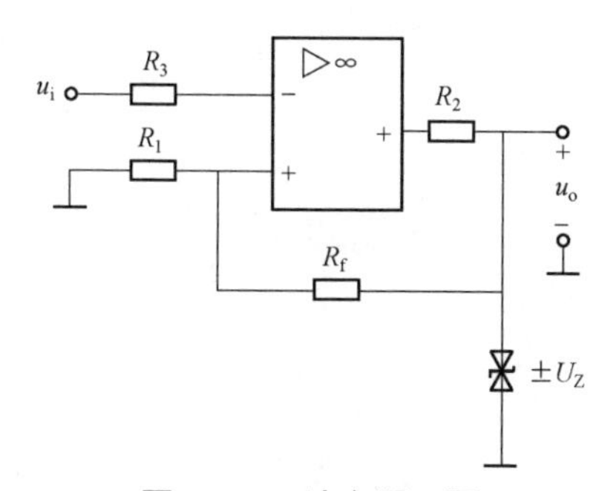

图 3-43　综合题 6 图

项目四

逻辑测试笔电路的设计与制作

项目导入

党的二十大报告指出："坚持制度治党、依规治党，以党章为根本，以民主集中制为核心，完善党内法规制度体系，增强党内法规权威性和执行力，形成坚持真理、修正错误，发现问题、纠正偏差的机制。"在电路中同样需要这样的机制。逻辑测试笔在测量故障芯片方面具有快速、有效的特点，是电脑检修中不可缺少的工具。为了方便检测数字电路的逻辑状态，本项目将设计和制作一款逻辑测试笔电路，检测数字电路中的高电平和低电平，以快速判断电路的逻辑状态。

项目目标

素质目标

（1）培养爱岗敬业的职业态度和耐心细致的工作作风。

（2）具备节约资源、工作细心、团队合作的精神。

（3）培养独立分析、自我学习及创新创业能力。

（4）提升坚持真理、反思自省的意识。

知识目标

（1）正确理解常用的集成门电路的逻辑功能，熟悉逻辑门电路的逻辑符号。

（2）学会识别与使用常见的集成逻辑门电路。

（3）掌握组合逻辑电路进行分析和设计的方法。

能力目标

（1）能熟练掌握 Multisim 软件的基本应用。

（2）通过小组成员之间的合作，能完成逻辑测试笔电路的设计与制作，并能够对电路进行调试。

（3）严格遵守课堂纪律和工作纪律，在本项目完成后，需提交学习体会报告。

项目分析

在仪器的故障诊断维修中，经常需要对各种芯片的输出状态进行判断，以便了解电路的工作情况和故障所在。由于芯片引脚较多，采用万用表测量非常不方便，因此，本项目将设计一种简单的逻辑测试笔，专门用于测定逻辑电路的输出状态，使仪器故障的诊断和维修更加方便。

逻辑测试笔显示直观、清晰、明确，所见即所得，一目了然。根据 LED 指示，可以非常直观地显示出电路被测点是高电平还是低电平，是否是脉冲电平。在大部分数字电路的检测和调试中，使用逻辑测试笔能以极小的代价，取得较高的测试效率。

任务一　认识数字逻辑门电路

任务导入

在逻辑测试笔的设计与制作过程中，要应用到数字电路的一些基础知识。数字电路和模拟电路都是电子技术的重要基础。数字逻辑门电路作为数字电路的基本元件，是实现数字信号处理的核心组件，在电子计算机、数控装置、通信技术、测量技术、遥控遥测等方面都有大量使用。本任务旨在通过学习和实践，使学生掌握数字逻辑门电路的基本原理和应用，培养实践能力和创新思维。

任务目标

素质目标

（1）培养职业素养与安全意识，遵守教学场所规章纪律。

（2）培养理论与实践相结合的能力。

（3）培养科学精神和创新思维。

知识目标

（1）理解模拟信号与数字信号的区别。

（2）理解各种门电路的逻辑功能。

能力目标

（1）能识别逻辑门电路的引脚排列、逻辑符号。

（2）能进行 Multisim 软件的基本操作。

（3）会用 Multisim 软件对基本逻辑门电路进行搭建和调试。

任务分析

数字电路或数字集成门电路是由许多的逻辑门组成的复杂电路，逻辑门是数字电路的基本单元。常用的逻辑门有与门、或门、非门、与非门、或非门、异或门和同或门等。

基础知识

一、数字电路概述

1. 模拟信号和数字信号

工程上所处理的电信号分为模拟信号和数字信号两大类。

模拟信号是指在时间上和数值上都是连续变化的信号，如模拟语音的音频信号、模拟温度变化的电压信号。处理模拟信号的电路称为模拟电路。

数字信号是指在时间上和数值上都不连续变化的离散信号，目前广泛使用的典型数字信号是矩形波。处理数字信号的电路称为数字电路。

模拟信号和数字信号波形图如图 4－1 所示。

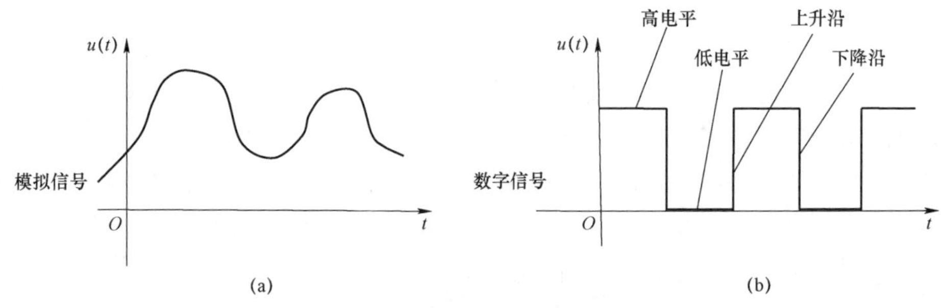

图 4－1　模拟信号和数字信号波形图

2. 数字电路的特点

数字电路处理的信号只有两种，即用“1”和“0”表示的二值信息。对于数字信号“1”和“0”，除了可表示高低电平外，还可表示开关的通断，以及灯亮、灯灭两个对立的状态。

正是由于数字电路和模拟电路处理的信号不同，因此，数字电路在结构、工作状态、研究内容和分析方法等方面都与模拟电路不同，其特点如下。

（1）便于集成化。由于数字信号简单，只需要用二值信息“1”和“0”分别表示电路的两种状态，因此，构成数字电路的基本单元电路也比较简单，而且对元器件的要求也不高，只要能区分“1”和“0”两种信号即可。所以数字电路结构简单、容易制造，便于集成及系列化生产。

（2）抗干扰能力强。数字电路利用数字信号的有无来代表和传输“1”“0”二值信号，而幅度较小的干扰不能改变信号的有无。因此，其抗干扰能力较强，电路工作可靠。

（3）精度高。通过增加二进制位数，可使数字电路处理数字的结果达到预期精度。因此，由数字电路组成的数字系统工作准确、精度高。

（4）功能强大。数字电路不仅能完成数值运算，而且能进行逻辑判断和逻辑运算。因此，数字电路也称逻辑电路。

3. 关于高、低电平的概念

电平就是电位。在数字电路中，习惯用高、低电平来描述电位的高低。高电平是一种状态，而低电平则是另外一种不同的状态，它们表示的都是一定的电压范围，而不是一个固定不变的数值。例如，在 TTL 电路中，0～0.8 V 都算作低电平，2～5 V 都算作高电平，如果超出规定的范围，则不仅会破坏电路的逻辑功能，而且还可能造成器件性能下降甚至损坏。

4. 识读数字集成门电路

目前，在数字系统中使用的集成门电路主要分为两大类：一类是用双极型半导体器件作为元件的双极型集成逻辑电路；一类是用金属氧化物的半导体场效应管作为元件的MOS集成逻辑电路。图4－2所示为常用数字集成门电路实物图。

图4－2　常用数字集成门电路实物图

（a）双列直插式；（b）贴片式

数字集成门电路的引脚排列有一定规律。一般是从外壳顶部往下看，在端面一侧的中央开有凹槽，凹槽左侧的第一根引线便是引脚1，然后按逆时针方向计数，环绕一周直至凹槽右侧的引线为最后一个引脚，如图4－3所示，在外壳表面标有数字集成门电路的型号，在引脚1的上方通常还加有色点。

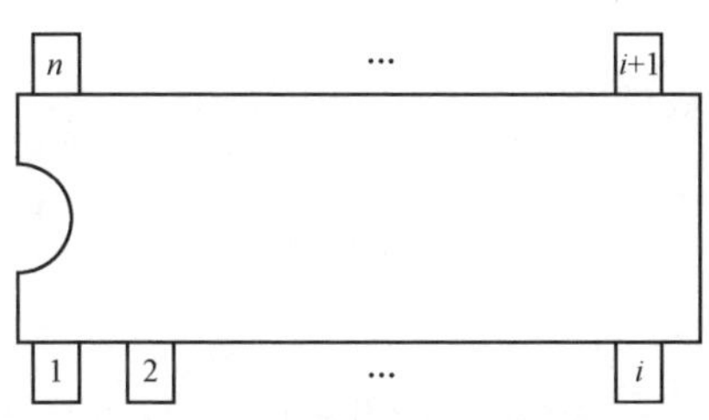

图4－3　数字集成门电路引脚排布规律

二、基本逻辑关系和基本逻辑门电路

在数字电路中，所谓门就是实现一些基本逻辑关系的电路。最基本的逻辑关系可归结为与、或、非三种，所以最基本的逻辑门是与门、或门、非门。

1. 与逻辑关系

当决定某一件事的所有条件全部具备时，这件事情才发生，这样的因果关系称为与逻辑关系。

如图4－4所示，当两个开关都闭合时灯泡才亮，否则灯泡不亮，这就是与逻辑关系。

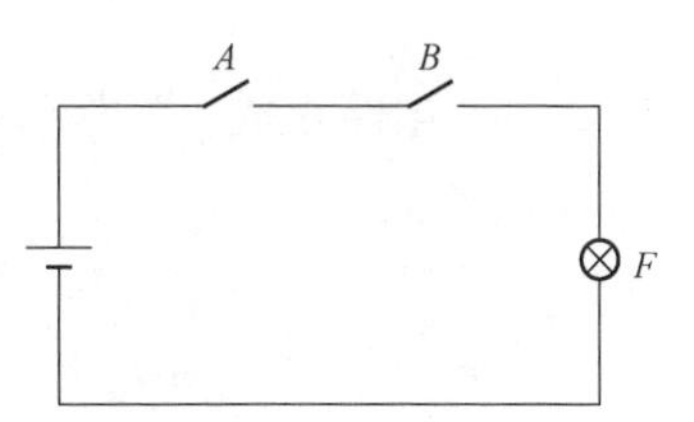

图4－4　与逻辑关系电路

（1）真值表。用二进制数完整地表达所有可能的组合逻辑关系的表格称为真值表。

假设开关接通为二值信息“1”，开关断开为二值信息“0”，灯亮为二值信息“1”，灯灭为二值信息“0”，表4－1所示为与逻辑真值表。由此可知，当与逻辑输入全为“1”，输出才为“1”。

表 4-1　与逻辑真值表

A	B	F
0	0	0
0	1	0
1	0	0
1	1	1

（2）逻辑函数表达式。在表 4-1 中，A，B 表示逻辑条件，称为输入逻辑变量；F 表示逻辑结果，称为输出逻辑变量。输出逻辑变量依赖输入逻辑变量，这种反映逻辑结果 F 和逻辑条件 A，B 之间的关系称为逻辑函数。

由表 4-1 可以看出，输入逻辑变量 A，B 与输出逻辑变量 F 之间的关系和算术中的乘法相同，因此，这种与逻辑关系也称逻辑乘法，其逻辑函数表达式为

$$F = A \cdot B = AB$$

顺便指出，与逻辑函数可以推广到多输入逻辑变量，其逻辑函数表达式的一般形式为

$$F = ABCD\cdots$$

显然，下面的运算是成立的

$$0 \cdot 0 = 0$$
$$0 \cdot 1 = 0$$
$$1 \cdot 0 = 0$$
$$1 \cdot 1 = 1$$

2. 与门

实现与逻辑关系的电路称为与门。与门逻辑符号如图 4-5 所示。

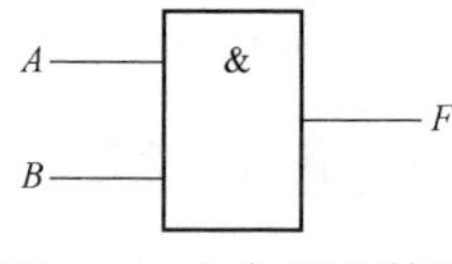

图 4-5　与门逻辑符号

（1）电路组成。二极管与门电路组成如图 4-6 所示。

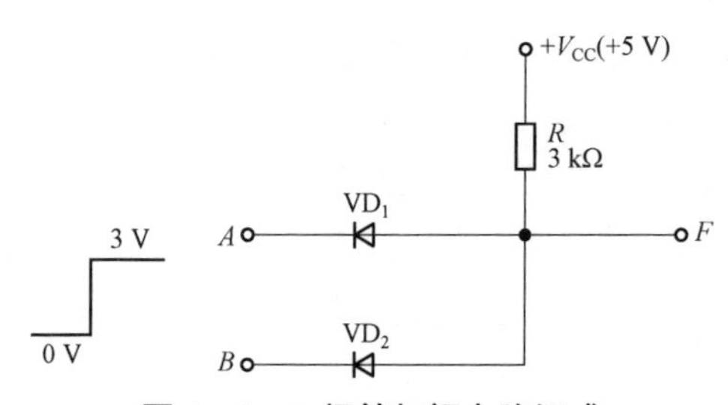

图 4-6　二极管与门电路组成

（2）工作原理。在图 4－6 中，A，B 是输入信号，它们的低电平为 0 V，高电平为 3 V。F 为输出信号。两个输入信号有 4 种不同情况，分析如下。

① 当 $V_A=0$ V，$V_B=0$ V 时，VD_1，VD_2 均导通，$V_F=0.7$ V。

② 当 $V_A=0$ V，$V_B=3$ V 时，VD_1 优先导通，VD_2 截止，$V_F=0.7$ V。

③ 当 $V_A=3$ V，$V_B=0$ V 时，VD_2 优先导通，VD_1 截止，$V_F=0.7$ V。

④ 当 $V_A=V_B=3$ V，即输入均为高电平时，VD_1，VD_2 均导通，$V_F=3.7$ V。

整理 4 种不同输入情况下估算的结果，可得如表 4－2 所示的电压功能表，即反映输入、输出电平高低对应关系的表格。

表 4－2　图 4－6 电路的电压功能表　　单位：V

V_A	V_B	V_F
0	0	0.7
0	3	0.7
3	0	0.7
3	3	3.7

由表 4－2 可知，若使输出 V_F 为高电平，则 V_A 和 V_B 必须全部是高电平，这反映了与逻辑关系。

3. 或逻辑关系和或门

（1）或逻辑关系。

当决定某一件事的各个条件中，只要具备一个或者一个以上的条件，这件事情就会发生，这样的因果关系称为或逻辑关系。

如图 4－7 所示，两个开关只要有一个闭合时灯泡亮，否则灯泡不亮，因此，灯泡的状态与两个开关的状态之间满足或逻辑关系。

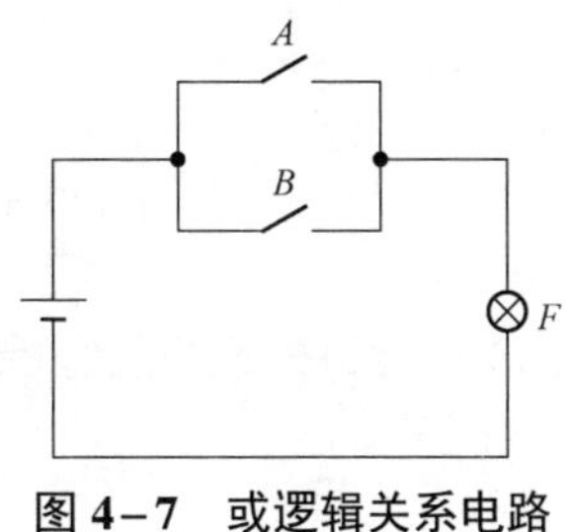

图 4－7　或逻辑关系电路

或逻辑真值表如表 4－3 所示。

表 4-3　或逻辑真值表

A	B	F
0	0	0
0	1	1
1	0	1
1	1	1

由表 4-3 可知，或逻辑规律为输入有“1”，输出即为“1”。

或逻辑函数表达式为

$$F=A+B$$

式中，+号表示或逻辑运算，又称逻辑加。要特别注意，逻辑结果 F 是逻辑条件 A，B 的逻辑和，而不是代数和，如 $1+1=1$。

或逻辑函数可以推广到多输入逻辑变量，其逻辑函数表达式的一般形式为

$$F=A+B+C+D+\cdots$$

显然，下面的运算是成立的，即

$$0+0=0$$
$$0+1=1$$
$$1+0=1$$
$$1+1=1$$

（2）或门。

实现或逻辑关系的电路称为或门。或门逻辑符号如图 4-8 所示。

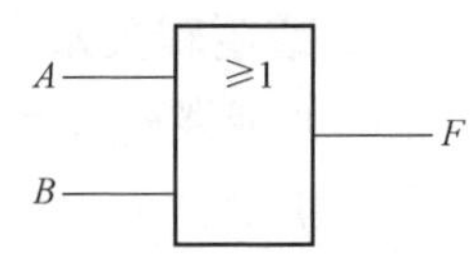

图 4-8　或门逻辑符号

① 二极管或门电路组成如图 4-9 所示。

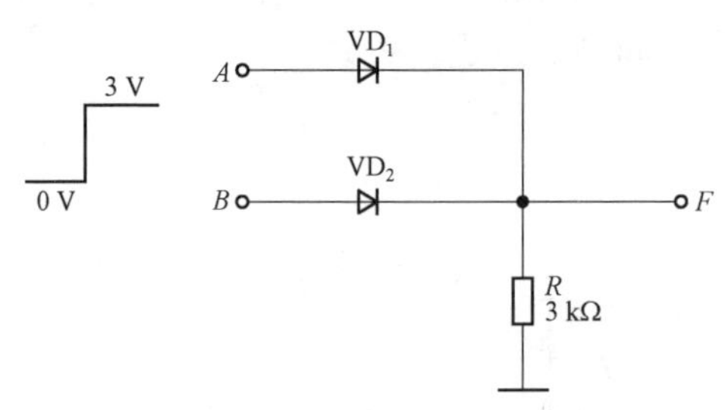

图 4-9　二极管或门电路组成

② 工作原理分析如下。

a. 当 $V_A=0$ V，$V_B=0$ V 时，VD_1，VD_2 均截止，$V_F=0$ V。

b. 当 $V_A=0$ V，$V_B=3$ V 时，VD_2 优先导通，VD_1 截止，$V_F=2.3$ V。

c. 当 $V_A=3$ V，$V_B=0$ V 时，VD_1 优先导通，VD_2 截止，$V_F=2.3$ V。

d. $V_A=V_B=3$ V，即输入均为高电平时，VD_1，VD_2 均导通，$V_F=2.3$ V。

整理 4 种不同输入情况下估算的结果，可得如表 4－4 所示的电压功能表。

表 4－4　图 4－9 电路的电压功能表　　单位：V

V_A	V_B	V_F
0	0	0
0	3	2.3
3	0	2.3
3	3	2.3

由表 4－4 可知，当输入信号 V_A 或 V_B，只要有一个为高电平时，输出 V_F 就是高电平，这反映了或逻辑关系。

4. 非逻辑关系和非门

（1）非逻辑关系。

非即是反。如果条件与结果的状态总是相反的，则这样的逻辑关系称为非逻辑关系。

如图 4－10 所示，当开关闭合时灯泡不亮，当开关断开时灯泡亮。因此，灯泡状态与开关状态之间满足非逻辑关系。

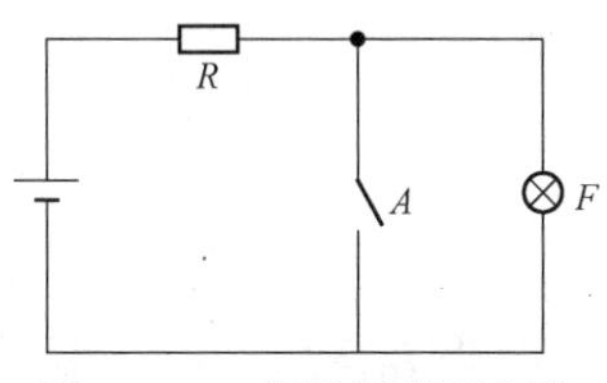

图 4－10　非逻辑关系电路

非逻辑真值表如表 4－5 所示。

表 4－5　非逻辑真值表

A	F
0	1
1	0

由表 4－5 可见，非逻辑规律为输入为“1”，输出为“0”；输入为“0”，输出为“1”。

非逻辑函数表达式为

$$F=\overline{A}$$

即 $\overline{0}=1$，$\overline{1}=0$。

（2）非门（也称反相器）。

实现非逻辑关系的电路称为非门。非门逻辑符号如图 4－11 所示。

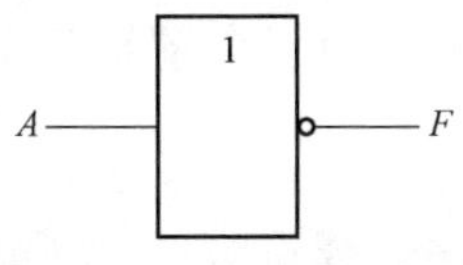

图 4－11　非门逻辑符号

① 三极管非门电路组成如图 4－12 所示。

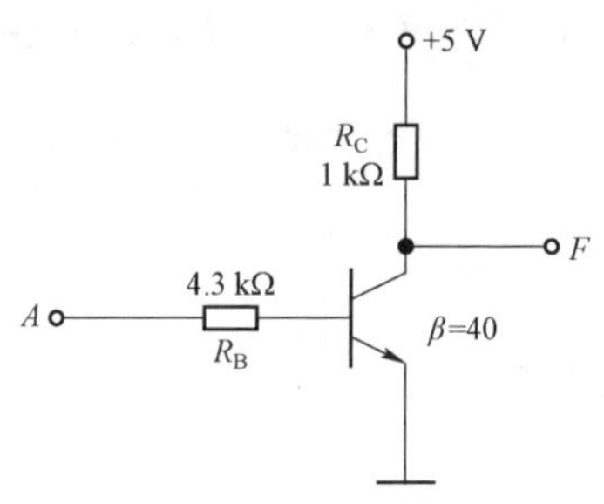

图 4–12　三极管非门电路组成

② 工作原理分析如下。

a. 当 $V_A=0.3$ V 时，三极管截止，$I_B=0$ A，$I_C=0$ A，输出电压 $V_F=V_{CC}=5$ V。

b. 当 $V_A=5$ V 时，三极管导通。基极电流为

$$I_B=\frac{5\ \text{V}-0.7\ \text{V}}{4.3\ \text{k}\Omega}=1\ \text{mA}$$

三极管临界饱和时的基极电流为

$$I_{BS}=\frac{5\ \text{V}-0.3\ \text{V}}{40\times1\ \text{k}\Omega}=0.12\ \text{mA}$$

当 $I_B>I_{BS}$ 时，三极管工作在饱和状态，输出电压 $V_F=U_{CES}=0.3$ V。

电压功能表如表 4–6 所示。

表 4–6　图 4–12 电路的电压功能表　　单位：V

V_A	V_F
0.3	5
5	0.3

由表 4–6 可以得出，图 4–12 所示电路为非门。当输入为高电平时，输出为低电平，而当输入为低电平时，输出为高电平，实现了非逻辑运算。

三、常用的复合逻辑运算和复合逻辑门电路

通过学习已经知道逻辑代数中有 3 种基本的逻辑运算，而在实际生产中总是希望用较少的器件来实现较多的逻辑功能，这时就必须用到复合逻辑门。

若一个逻辑函数中含有两种或两种以上逻辑运算，则该逻辑函数称为复合逻辑函数；能实现复合逻辑运算的电路，称为复合逻辑门电路。常用的复合逻辑有与非、或非、异或、同或等。

1. 与非逻辑、或非逻辑

表 4–7 所示为与非、或非两种复合逻辑的逻辑表达式、逻辑门符号和逻辑门特性。

表 4-7 与非、或非复合逻辑

逻辑名称	逻辑表达式	逻辑门符号	逻辑门特性
与非逻辑	$Y=\overline{AB}$	A、B → & → F	有 0 出 1，全 1 出 0
或非逻辑	$Y=\overline{A+B}$	A、B → ≥1 → F	有 1 出 0，全 0 出 1

通常把能实现与非逻辑运算的单元电路称为与非门，同理，把能实现或非逻辑运算的单元电路称为或非门。

2. 异或逻辑、同或逻辑

有时还会用到异或逻辑和同或逻辑，它们都是两个变量的逻辑函数。

（1）异或逻辑。

异或逻辑函数表达式为

$$F=A\overline{B}+\overline{A}B=A\oplus B$$

异或逻辑真值表如表 4-8 所示。

表 4-8 异或逻辑真值表

A	B	F
0	0	0
0	1	1
1	0	1
1	1	0

由表 4-8 可知，异或逻辑是指当两输入变量相异时，输出为“1”；当两输入变量相同时，输出为“0”。

一般把实现异或逻辑运算的单元电路称为异或门，图 4-13 所示为异或门逻辑符号。

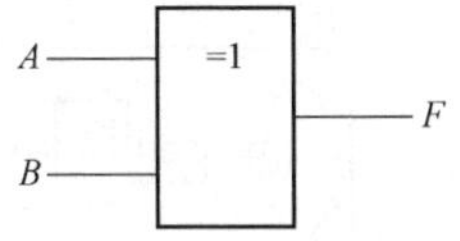

图 4-13 异或门逻辑符号

根据异或逻辑功能，不难得到 $A\oplus 1=\overline{A}$，$A\oplus 0=A$。因此，常常利用异或门的一个输入端作为控制端，从而改变输入信号的极性。

（2）同或逻辑。

同或逻辑函数表达式为

$$F=AB+\overline{A}\,\overline{B}=A\odot B$$

同或逻辑真值表如表 4-9 所示。

表 4-9 同或逻辑真值表

A	B	F
0	0	1
0	1	0
1	0	0
1	1	1

由表 4-9 可知，同或逻辑是指当两输入变量相同时，输出为“1”；当两输入变量相异时，输出为“0”。

一般把实现同或逻辑运算的单元电路称为同或门，图 4-14 所示为同或门逻辑符号。

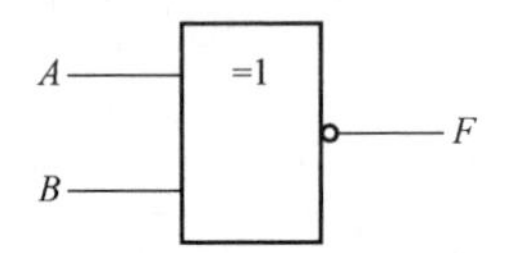

图 4-14 同或门逻辑符号

根据同或逻辑功能，不难得到 $A\odot 0=\overline{A}$，$A\odot 1=A$。因此，同样可以利用同或门的一个输入端作为控制端，从而改变输入信号的极性。

四、认识几种常见的 TTL 逻辑门电路

1. 几种基本逻辑门电路

图 4-15、图 4-16、图 4-17 所示分别为常用的 TTL 与门 74LS08、TTL 或门 74LS32、TTL 非门 74LS04 的引脚排列。请仔细观察这些逻辑门电路的引脚排列，并正确区分输入端和输出端。

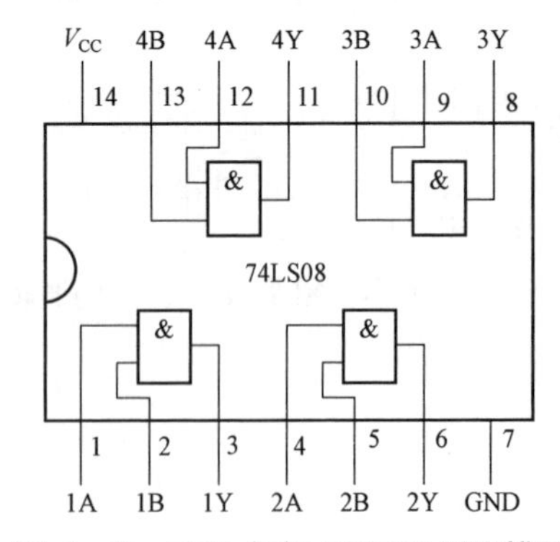

图 4-15 TTL 与门 74LS08 引脚排列

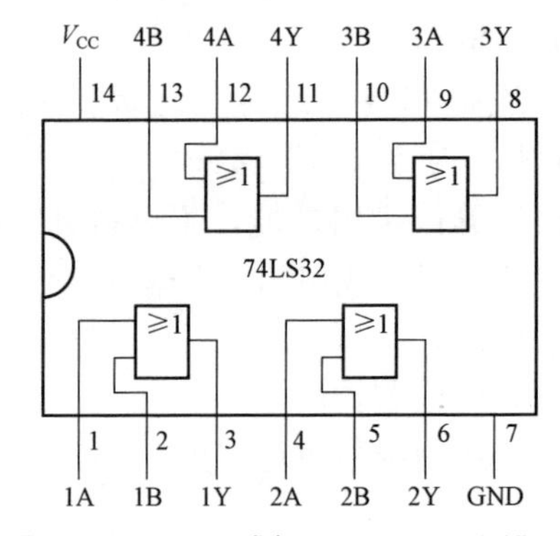

图 4-16 TTL 或门 74LS32 引脚排列

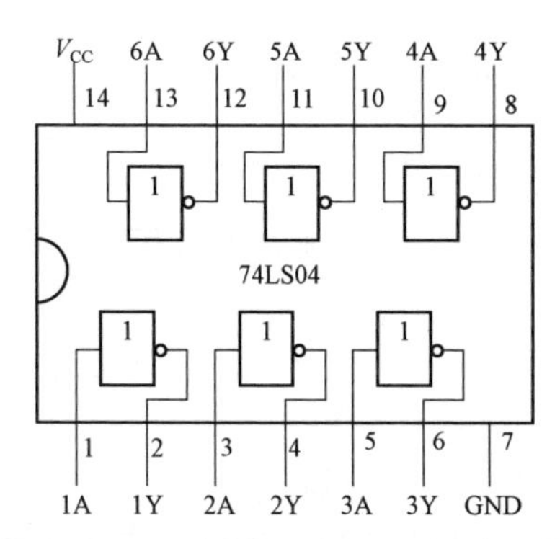

图 4-17　TTL 非门 74LS04 引脚排列

2. 几种常见的复合逻辑门电路

图 4-18、图 4-19、图 4-20 所示分别为四 2 输入与非门 74LS00、三 3 输入与非门 74LS10 和二 4 输入与非门 74LS20 的引脚排列。请仔细观察这些逻辑门电路的引脚排列，并正确区分输入端和输出端。

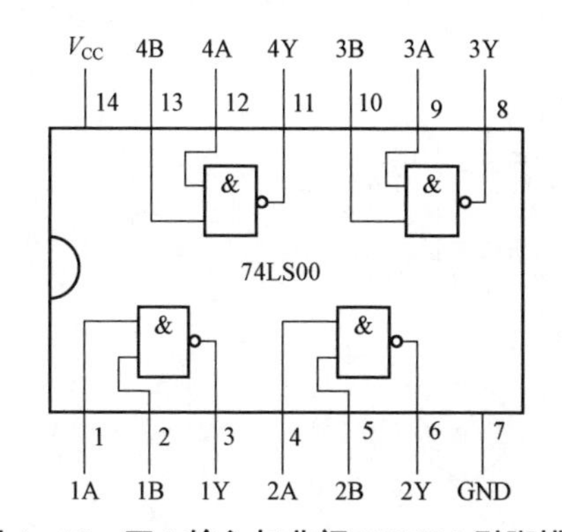

图 4-18　四 2 输入与非门 74LS00 引脚排列

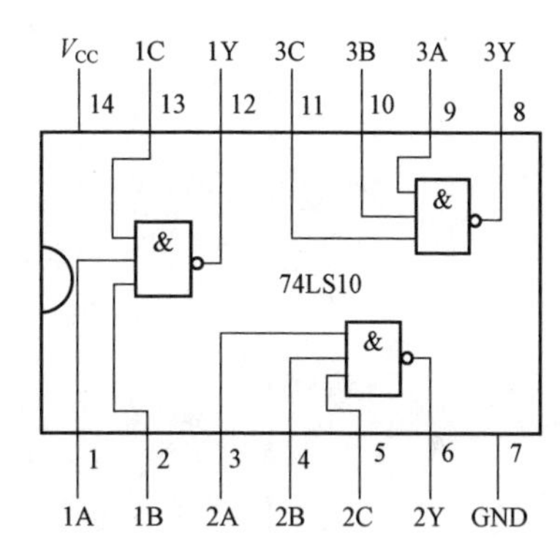

图 4-19　三 3 输入与非门 74LS10 引脚排列

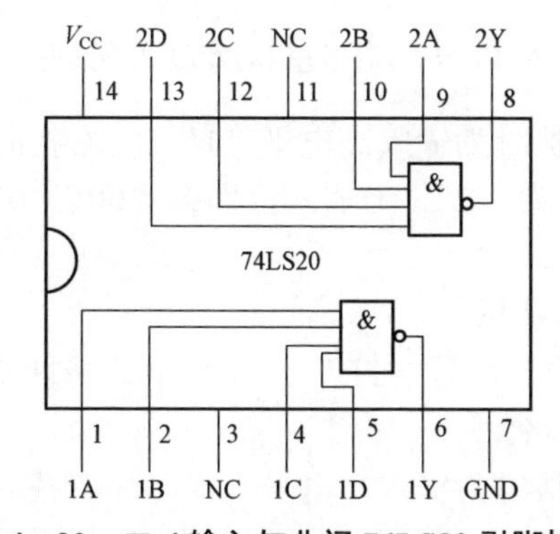

图 4-20　二 4 输入与非门 74LS20 引脚排列

想一想

（1）基本逻辑门有哪几种？

（2）简述与门、或门和非门的逻辑功能。

（3）默画出 3 种基本逻辑门的逻辑符号。

（4）求 1⊕1⊕…⊕1（偶数个 1）。

（5）求 1⊕1⊕…⊕1（奇数个 1）。

（6）表达式 $F=A\odot B$ 与表达式 $F=A\oplus B$ 之间有什么关系？

任务实施

逻辑门电路的 Multisim 软件仿真测试。

一、与门、或门、非门电路功能的 Multisim 软件仿真测试

1. 与门电路功能的仿真测试

（1）在 Multisim 软件的“放置 TTL”元件库中选择四 2 输入与门 74LS08，并搭建如图 4－21 所示的测试电路。

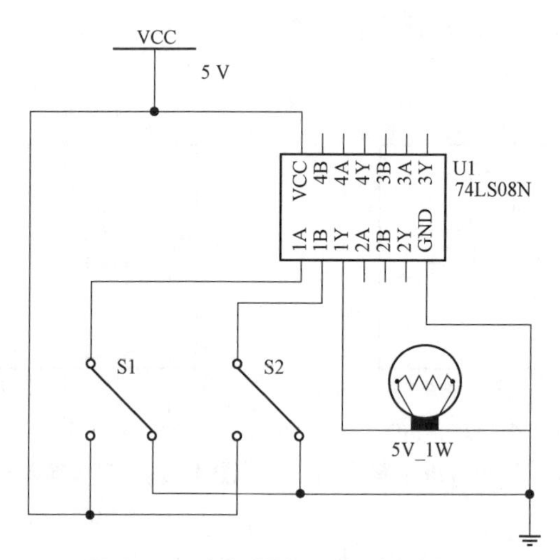

图 4－21　与门逻辑功能测试接线图

（2）开关 S1，S2 往左拨时为输入高电平“1”，往右拨时为输入低电平“0”；灯亮则输出为“1”，灯灭则输出为“0”。当输入分别为“00”“01”“10”“11”时，观察灯的状态，并分析其逻辑功能。

2. 或门电路功能的仿真测试

（1）在 Multisim 软件的“放置 TTL”元件库中选择四 2 输入或门 74LS32，并搭建如图 4－22 所示的测试电路。

（2）开关 S1，S2 往左拨时为输入高电平“1”，往右拨时为输入低电平“0”；灯亮则输出为“1”，灯灭则输出为“0”。当输入分别为“00”“01”“10”“11”时，观察灯的状态，并分析其逻辑功能。

3. 非门电路功能的仿真测试

（1）在 Multisim 软件的“放置 TTL”元件库中选择六非门 74LS04，并搭建如图 4－23 所示的测试电路。

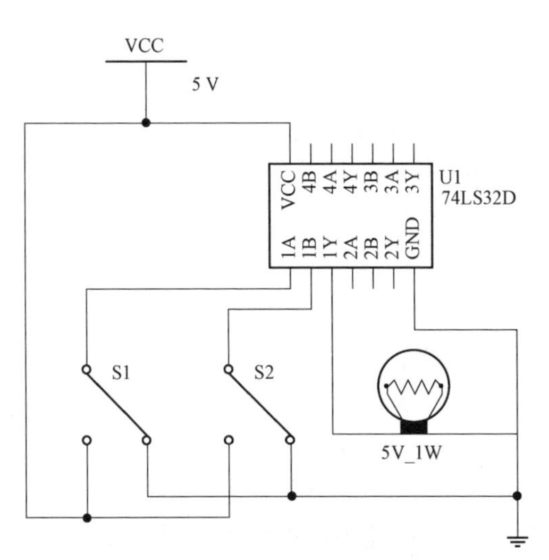

图 4－22　或门逻辑功能测试接线图

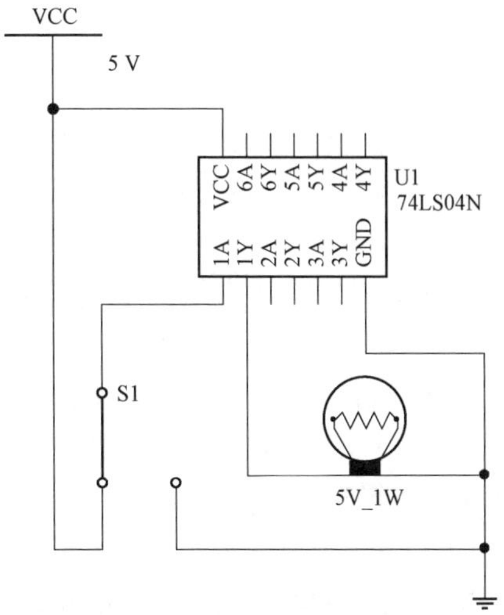

图 4－23　非门逻辑功能测试接线图

（2）开关 S1 向左拨时为输入高电平“1”，向右拨时为输入低电平“0”；灯亮则输出为“1”，灯灭则输出为“0”。当输入分别为“0”“1”时，观察灯的状态，并分析其逻辑功能。

二、TTL 与非门逻辑功能测试

（1）在 Multisim 软件的“放置 TTL”元件库中选择四 2 输入与非门 74LS00，并搭建如图 4－24 所示的测试电路。

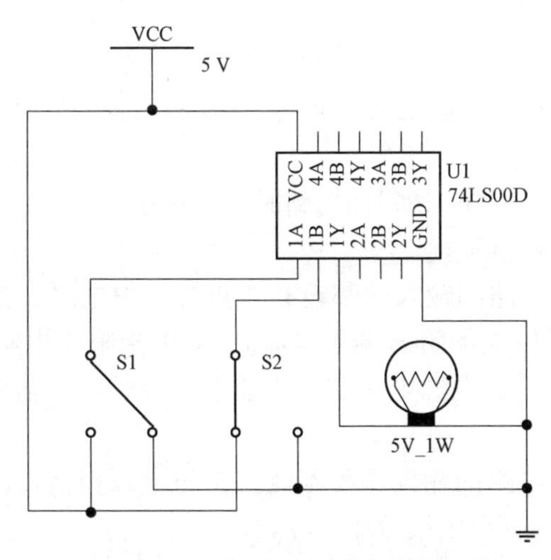

图 4－24　与非门逻辑功能测试接线图

（2）开关 S1，S2 向左拨时为输入高电平“1”，向右拨时为输入低电平“0”；灯亮则输出为“1”，灯灭则输出为“0”。当输入分别为“00”“01”“10”“11”时，观察灯的状态，并分析其逻辑功能。

知识拓展

常用的集成逻辑电路有 TTL，ECL 和 CMOS 三种系列，其分类及特点各有不同。下面仅介绍 TTL 和 CMOS 逻辑门电路的使用规则。

一、TTL 逻辑门电路的使用规则

（1）TTL 与非门电路对电源电压的稳定性要求较严，只允许在 5 V 的基础上有 ±10% 的波动。若电源电压超过 5.5 V，则易导致器件损坏；若电源电压低于 4.5 V，则易导致器件的逻辑功能不正常。

（2）TTL 与门、与非门电路不用的输入端允许直接悬空。但在数字系统中，不用的输入端悬空易受干扰，破坏电路功能，故 TTL 与非门电路不用的输入端最好接高电平，或者与有用的输入端并联使用，不能接低电平。

（3）TTL 或门、或非门电路不用的输入端应接低电平，或者与有用的输入端并联使用。

（4）TTL 与非门电路的输出端不允许直接接电源电压或接地，也不能并联使用。

二、CMOS 逻辑门电路的使用规则

（1）CMOS 与非门电路的电源电压允许在较大范围内变化，如 3～18 V，一般取中间值为宜。

（2）CMOS 与非门电路不用的输入端不能悬空，应接高电平。一般 CMOS 逻辑门电路的多余输入端不宜与使用的输入端并联，因为这样会增大输入电容，影响电路的工作速度。

（3）在组装、调试 CMOS 逻辑门电路时，电烙铁、仪表、工作台均应良好接地，同时要防止操作人员的静电干扰。

（4）CMOS 逻辑门电路的输入端都设有二极管保护电路，在导电时其电流容限一般为 1 mA，当可能出现较大的瞬态输入电流时，应串接限流电阻。若电源电压为 10 V，则限流电阻取 10 kΩ 即可。电源电压切记不能接反极性，否则保护二极管很快就会因过流而损坏。

（5）CMOS 逻辑门电路的输出端既不能直接与电源相接，也不能直接与接地点相接，否则输出端的 MOS 管会因过流而损坏。

三、认识几种常用的 CMOS 逻辑门电路

图 4－25～图 4－28 所示分别为 CMOS 与非门 CC4011、CMOS 或非门 CC4001、CMOS 非门 CC4069、CMOS 异或门 CC4070 的引脚排列。请仔细观察这些逻辑门电路的引脚排列，并正确区分输入端和输出端。

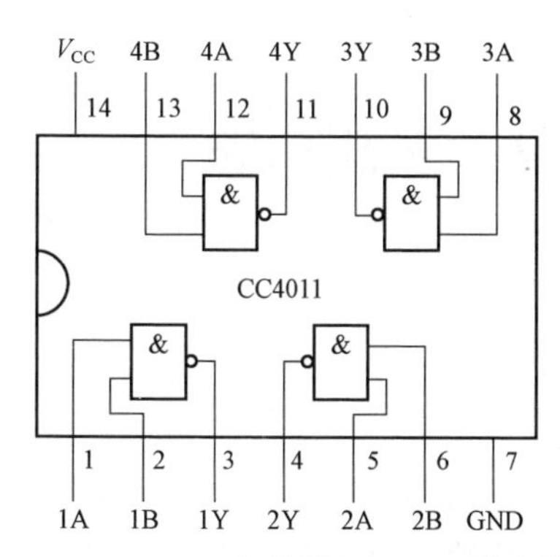

图 4-25　CMOS 与非门 CC4011 引脚排列

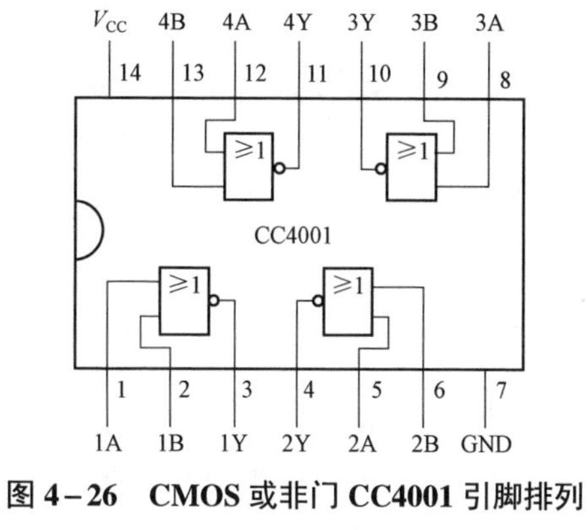

图 4-26　CMOS 或非门 CC4001 引脚排列

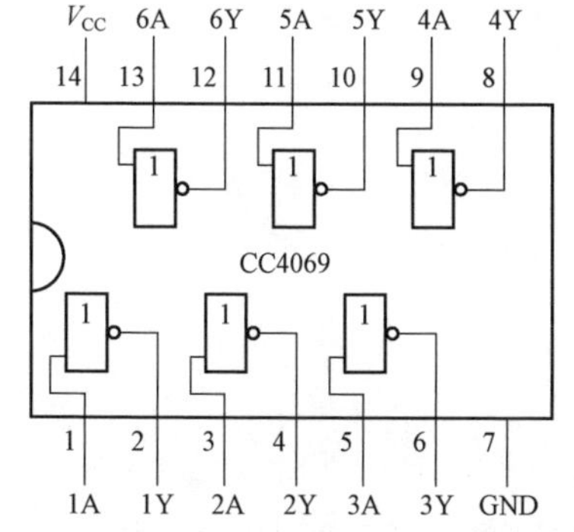

图 4-27　CMOS 非门 CC4069 引脚排列

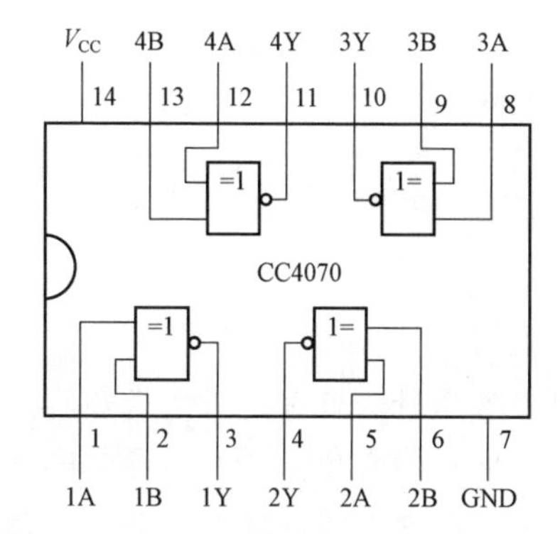

图 4-28　CMOS 异或门 CC4070 引脚排列

任务二　用门电路制作简单逻辑电路

任务导入

在现代科技的飞速发展下，数字电路已经渗透到生活的方方面面，从智能手机的运行到航天器的控制，都离不开它的支持。而门电路作为数字电路的基本组成部分，扮演着至关重要的角色，将这些门电路按照一定的方式连接起来，经过适当的组合，即可实现各种逻辑功能。本任务将制作简单的逻辑电路，并通过实践操作深入地了解门电路的工作原理和应用。

任务目标

素质目标

（1）增强科技强国、实干兴邦的意识。

（2）培养学生独立分析问题、解决问题的能力。

（3）培养学生理论联系实际的工作作风，严肃认真、实事求是的科学态度。

知识目标

（1）了解逻辑函数的多种表示方法，熟悉它们之间的相互转换。

（2）熟记逻辑代数的运算法则及基本定律。

（3）熟悉卡诺图化简原则。

能力目标

（1）会用逻辑代数基本公式及卡诺图化简逻辑函数，并理解其在工程应用中的实际意义。

（2）能根据实际要求选择合适的芯片。

（3）会应用 Multisim 软件，用门电路设计、装接并调试简单的逻辑电路。

任务分析

在研究和处理逻辑问题时，可以用逻辑函数来表示电路的逻辑功能。逻辑函数有多种表示方法，不仅要掌握它们各自的列写绘制方法和主要特点，而且要熟悉它们之间的相互转换。此外，还要掌握逻辑函数的化简和变换，以节省元器件，优化生产工艺，降低成本，并提高系统的可靠性，从而提高产品在市场上的竞争力。

基础知识

一、逻辑函数的表示方法及其相互转换

逻辑函数有多种表示方法，常用的有真值表、逻辑函数表达式、逻辑图、卡诺图及时序图 5 种，不仅要掌握它们各自的列写绘制方法和主要特点，而且要熟悉它们之间的相互转换。下面介绍真值表、逻辑函数表达式、逻辑图的表示方法。

1. 真值表

用二进制数“0”和“1”完整地表达所有可能的组合逻辑关系的表格称为真值表。

每一个输入变量有“0”和“1”两个取值，n 个输入变量就有 2^n 个不同的取值组合。如果将输入变量的全部取值组合和相应的输出函数值一一列举出来，即可得到真值表。

例 4－1　列出逻辑函数 $Z=AB+BC+CA$ 的真值表。

解：3 个输入变量，共有 8 种取值组合，把它们分别代入表达式中进行运算，求出相应的函数值，即可得到真值表，如表 4－10 所示。

表 4－10　例 4－1 表

A	B	C	Z
0	0	0	0
0	0	1	0
0	1	0	0
0	1	1	1
1	0	0	0
1	0	1	1
1	1	0	1
1	1	1	1

一般来说，输入变量的取值组合应按照二进制数递增的顺序排列，因为这样做既不易遗漏，也不会重复。

2. 逻辑函数表达式

用与、或、非等运算来表示逻辑函数中各个变量之间逻辑关系的代数式，称为逻辑函数表达式。

由真值表求逻辑函数表达式的具体步骤如下。

（1）找出真值表中输出变量为“1”的各行。

（2）查找对应的输入变量组合，如果输入变量为“1”，则取其原变量（如 A）；如果输入变量为“0”，则取其反变量（如 $\overline{A}$）。然后将各变量相乘得到乘积项。

（3）取以上各乘积项之和，就可以得到对应的逻辑函数式。

例 4－2 写出真值表 4－11 的逻辑函数表达式。

表 4－11 例 4－2 真值表

A	*B*	*C*	*F*
0	0	0	0
0	0	1	0
0	1	0	0
0	1	1	1
1	0	0	0
1	0	1	1
1	1	0	1
1	1	1	1

解：根据真值表，在 $F=1$ 的各行中，A，B，C 的取值分别为 011，101，110 和 111，其基本乘积项分别为 $\overline{A}BC$（011），$A\overline{B}C$（101），$AB\overline{C}$（110），ABC（111），所以其逻辑函数式为

$$F=\overline{A}BC+A\overline{B}C+AB\overline{C}+ABC$$

3. 逻辑图

数字电路用逻辑符号表示基本单元电路，而由若干个逻辑符号连接而成的电路图，称为逻辑图。

（1）逻辑图的画法。

一般根据逻辑函数表达式画逻辑图。对于逻辑代数中的基本运算，都有相应的门电路存在，如果用这些门电路的逻辑符号，代替表达式中相应的逻辑运算，则可以得到函数的逻辑图。

例 4－3 试画出逻辑函数 $F=\overline{\overline{AB}+\overline{CD}}$ 的逻辑图。

解：$\overline{AB}$，$\overline{CD}$ 可用两个与非门实现，$\overline{AB}$，$\overline{CD}$ 之间是或非逻辑关系，可用或非门实现。因此，该函数逻辑图如图 4－29 所示。

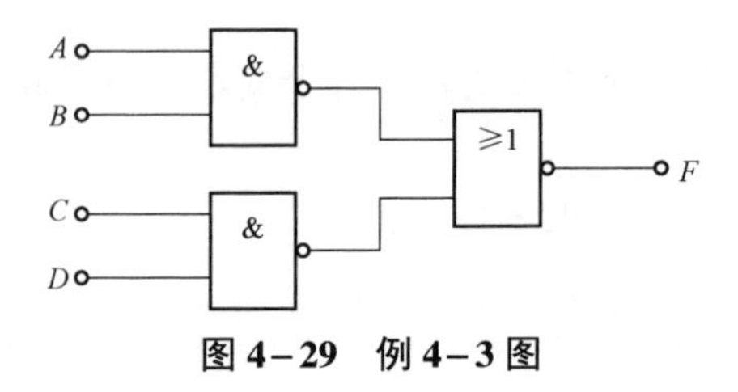

图 4－29 例 4－3 图

（2）由逻辑图求逻辑函数表达式。

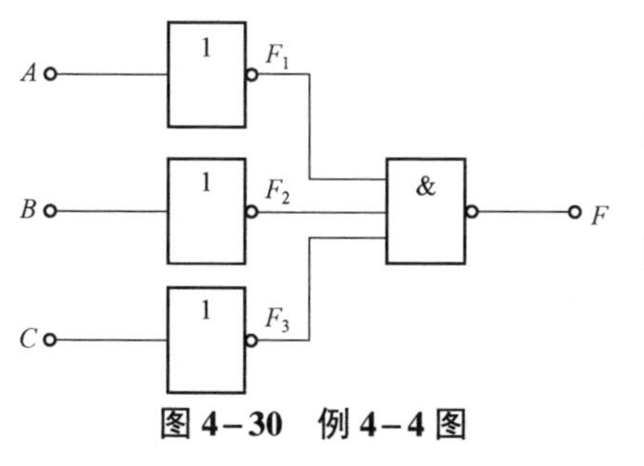

图 4-30　例 4-4 图

在逻辑图中，从输入到输出，逐级写出输出端的表达式，即可求出逻辑函数表达式。

例 4-4　写出如图 4-30 所示逻辑函数的表达式。

解： 由图 4-30 可知

$$F_1=\overline{A}$$

$$F_2=\overline{B}$$

$$F_3=\overline{C}$$

则

$$F=\overline{\overline{A}\,\overline{B}\,\overline{C}}$$

二、逻辑代数的基本公式

逻辑代数的基本公式是逻辑代数的基础，利用这些基本公式可以化简逻辑函数，还可以推证一些逻辑代数的基本定律。

1. 常量之间的公式

逻辑常量只有 0 和 1。对于常量之间的与、或、非三种基本逻辑运算公式如表 4-12 所示。

表 4-12　常量之间的与、或、非三种基本逻辑运算公式

与运算	或运算	非运算
$0\cdot0=0$	$0+0=0$	$\overline{1}=0$ $\overline{0}=1$
$0\cdot1=0$	$0+1=1$	
$1\cdot0=0$	$1+0=1$	
$1\cdot1=1$	$1+1=1$	

2. 基本公式

设 A 为逻辑变量，则基本公式如表 4-13 所示。

表 4-13　逻辑代数的基本公式

与运算	或运算	非运算
$A\cdot0=0$	$A+0=A$	$\overline{\overline{A}}=A$
$A\cdot1=A$	$A+1=1$	
$A\cdot A=A$	$A+A=A$	
$A\cdot\overline{A}=0$	$A+\overline{A}=1$	

3. 基本定律

（1）交换律。

$$AB=BA$$
$$A+B=B+A$$

（2）结合律。

$$ABC=(AB)C=A(BC)$$
$$A+B+C=A+(B+C)=(A+B)+C$$

（3）分配律。

$$A(B+C)=AB+AC$$
$$A+BC=(A+B)(A+C)$$

（4）吸收律。

$$A(A+B)=A$$
$$A(\overline{A}+B)=AB$$
$$A+AB=A$$
$$A+\overline{A}B=A+B$$
$$AB+\overline{A}C+BC=AB+\overline{A}C$$

（5）反演律。

$$\overline{AB}=\overline{A}+\overline{B}$$
$$\overline{A+B}=\overline{A}\,\overline{B}$$

例 4－5 用真值表验证反演律 $\overline{AB}=\overline{A}+\overline{B}$ 的正确性。

解：将 A 和 B 所有可能的取值组合逐一代入式 $\overline{AB}=\overline{A}+\overline{B}$，得到如表 4－14 所示的真值表。可见，等式两边对应的真值表相同，因此，等式成立。

表 4－14 例 4－5 表

A	B	AB	$\overline{AB}$	$\overline{A}$	$\overline{B}$	$\overline{A}+\overline{B}$
0	0	0	1	1	1	1
0	1	0	1	1	0	1
1	0	0	1	0	1	1
1	1	1	0	0	0	0

例 4－6 证明分配律 $A+BC=(A+B)(A+C)$。

证明：因为 $AA=A$

所以有

$$(A+B)(A+C)$$
$$=AA+AC+AB+BC$$
$$=A+AC+AB+BC$$
$$=A(1+C+B)+BC$$
$$=A+BC$$

例 4－7 证明吸收律 $A+\overline{A}B=A+B$。

证明：因为 $A+BC=(A+B)(A+C)$

所以有

$$
\begin{aligned}
&A+\overline{A}B\\
&=(A+\overline{A})(A+B)\\
&=A+B
\end{aligned}
$$

三、逻辑函数化简

1. 逻辑函数化简的意义

在进行逻辑设计时，根据逻辑问题归纳出来的逻辑函数表达式往往不是最简逻辑函数表达式，而且逻辑函数有不同的形式，实现这些逻辑函数就会有不同的逻辑电路。对逻辑函数进行化简和变换，就可以得到最简逻辑函数表达式和所需要的形式，从而设计出最简洁的逻辑电路，这对于节省元器件、优化生产工艺、降低成本、提高系统的可靠性，以及提高产品在市场上的竞争力都是非常重要的。

2. 逻辑函数化简的标准

逻辑函数通过基本定律进行恒等变换，可以有多种不同的表达形式，主要包括与－或表达式、或－与表达式、与非－与非表达式、或非－或非表达式、与－或－非表达式等。在实际应用中，由于生产和使用与非门集成电路较多，因此，把一般逻辑函数表达式变换成只用与非门就能实现的逻辑函数表达式具有重要意义。

例 4－8　$Y=(A+\overline{C})(C+D)$　　或与表达式

$=AC+\overline{C}D$　　与－或表达式

$=\overline{\overline{AC+\overline{C}D}}=\overline{\overline{AC}\;\overline{\overline{C}D}}$　　与非－与非表达式

$=\overline{\overline{A+\overline{C}}+\overline{C+D}}$　　或非－或非表达式

$=\overline{\overline{AC+\overline{C}D}}=\overline{(\overline{A}+\overline{C})(C+\overline{D})}$　　与－或－非表达式

3. 逻辑函数的代数化简法

运用逻辑代数的基本定律和公式对逻辑函数式化简的方法，称为代数化简法，也称公式化简法。基本的化简方法有以下几种。

（1）并项法。

利用 $A+\overline{A}=1$ 的关系，将两项合并为一项，并消去一个变量。

例 4－9　$\overline{A}\,\overline{B}C+\overline{A}\,\overline{B}\,\overline{C}=\overline{A}\,\overline{B}(C+\overline{C})=\overline{A}\,\overline{B}$。

（2）吸收法。

利用 $A+AB=A$ 的关系，消去多余的因子。

例 4－10　$AB+AB(E+F)=AB$。

（3）消去法。

运用 $A+\overline{A}B=A+B$，以及 $AB+\overline{A}C+BC=AB+\overline{A}C$ 消去多余因子。

例 4－11　$AB+\overline{A}C+\overline{B}C=AB+(\overline{A}+\overline{B})C=AB+\overline{AB}\,C=AB+C$

例 4－12　$\overline{A}+AB+\overline{B}C=\overline{A}+B+\overline{B}C=\overline{A}+B+C$

例 4－13　$AC+\overline{B+C}+A\overline{B}=AC+\overline{B}\,\overline{C}+A\overline{B}=AC+\overline{B}\,\overline{C}$

（4）配项法。

当不能直接运用公式、定律化简时，可通过乘 $A+\overline{A}=1$ 或加入零项 $A\cdot\overline{A}=0$ 进行配项再化简，也可通过公式 $A=A+A$ 或 $AB+\overline{A}C=AB+\overline{A}C+BC$ 进行配项化简。

例 4-14 $AB+\overline{B}\,\overline{C}+A\overline{C}D$

$$=AB+\overline{B}\overline{C}+A\overline{C}D(B+\overline{B})$$
$$=AB+\overline{B}\,\overline{C}+AB\overline{C}D+A\overline{B}\,\overline{C}D$$
$$=AB(1+\overline{C}D)+\overline{B}\,\overline{C}(1+AD)$$
$$=AB+\overline{B}\overline{C}$$

例 4-15 $\overline{A}BC+A\overline{B}C+AB\overline{C}+ABC$

$$=\overline{A}BC+A\overline{B}C+AB\overline{C}+ABC+ABC+ABC$$
$$=BC(\overline{A}+A)+AC(\overline{B}+B)+AB(\overline{C}+C)$$
$$=BC+AC+AB$$

例 4-16 $AB+\overline{A}C+B\overline{C}+BCD$

$$=AB+\overline{A}C+BC+B\overline{C}+BCD$$
$$=AB+\overline{A}\,C+B(C+\overline{C})+BCD$$
$$=AB+\overline{A}C+B+BCD$$
$$=B+\overline{A}C$$

想一想

（1）画出 $Y=AB+BC+CA$ 的逻辑图。

（2）试画出 $F=A\oplus B\oplus C\oplus D$ 的逻辑图。

（3）已知逻辑函数的真值表如表 4-15 所示，试写出逻辑函数表达式。

表 4-15 想一想（3）的真值表

A	*B*	*C*	*F*
0	0	0	0
0	0	1	1
0	1	0	1
0	1	1	0
1	0	0	1
1	0	1	0
1	1	0	0
1	1	1	1

（4）用公式证明下列逻辑等式。

① $A(A+B)=A$。

② $AB+A\overline{B}+\overline{A}B=A+B$。

（5）将 $\overline{A}B+A\overline{B}$ 变换为与非－与非表达式。

（6）利用代数法化简下列各逻辑函数表达式。

① $Y=AB(BC+A)$。

② $Y=(A+B)(A\overline{B})$。

③ $Y=\overline{ABC}(B+\overline{C})$。

④ $Y=A\overline{B}+BD+DCE+\overline{A}D$。

⑤ $Y=(A+B+C)(\overline{A}+\overline{B}+\overline{C})$。

知识拓展

代数化简法化简逻辑函数，需要依赖经验和技巧，有些复杂函数并不容易求得最简形式。下面介绍卡诺图化简法，该方法是一种更加系统并有统一规则可循的逻辑函数化简法。

一、逻辑函数的最小项表达式

1. 最小项

最小项的特点如下。

（1）最小项是一个乘积项。

（2）每项都包括了所有的输入变量因子。

（3）每个变量仅以原变量或反变量的形式出现一次，且仅出现一次。

例如，3 变量 A，B，C 的最小项有 $\overline{A}\,\overline{B}\,\overline{C}$，$\overline{A}\,\overline{B}\,C$，$\overline{A}\,B\,\overline{C}$，$\overline{A}\,B\,C$，$A\,\overline{B}\,\overline{C}$，$A\,\overline{B}\,C$，$A\,B\,\overline{C}$，$A\,B\,C$ 共 8（2^3）个最小项。

注意：2 变量的最小项最多应有 $2^2=4$ 个，4 变量的最小项最多应有 $2^4=16$ 个，n 变量的最小项最多应有 2^n 个。

为了表示方便，常常给最小项编号，编号的方法是将该最小项所对应的组合当成二进制数，再将其转换成相应的十进制数，而该十进制数就是该最小项的编号。例如，在 3 变量 A，B，C 的最小项中，$AB\overline{C}$ 和二进制组合 110 对应，而二进制数 110 所表示的十进制数是 6，则将 $AB\overline{C}$ 这个最小项记作 m_6。同理，$\overline{A}BC$ 对应的二进制组合为 011，则将 $\overline{A}BC$ 这个最小项记作 m_3。按照这一规定，可以得到如表 4－16 所示的 3 变量 A，B，C 的最小项编号表。同理，对于 4 变量的最小项编号可以记作 $m_0 \sim m_{15}$。

表 4－16　变量 *A*，*B*，*C* 的最小项编号表

最小项	使最小项为 1 的变量取值			对应的十进制数	编号
	A	*B*	*C*		
$\overline{ABC}$	0	0	0	0	m_0

续表

最小项	使最小项为 1 的变量取值			对应的十进制数	编号
	A	*B*	*C*		
$\overline{A}\overline{B}C$	0	0	1	1	m_1
$\overline{A}B\overline{C}$	0	1	0	2	m_2
$\overline{A}BC$	0	1	1	3	m_3
$A\overline{B}\overline{C}$	1	0	0	4	m_4
$A\overline{B}C$	1	0	1	5	m_5
$AB\overline{C}$	1	1	0	6	m_6
ABC	1	1	1	7	m_7

从最小项的定义，不难得到它具有以下几个重要的性质。

（1）在输入变量的任何取值下，有且仅有一个最小项的值为 1。

（2）全体最小项之和为 1。

（3）任意两个最小项的乘积为 0。

（4）如果两个最小项之间只有一个变量的形式不同，则这两个最小项具有相邻性（这种相邻称为逻辑相邻），如 $\overline{A}BC$ 和 ABC 彼此相邻。而具有相邻性的两个最小项之和可以消去一对因子，如 $\overline{A}BC + ABC = BC$ 。

2. 最小项表达式

若干个最小项之和，即为最小项表达式。任何逻辑函数都可以表示成最小项之和的形式，而且这种形式是唯一的，也就是说，一个逻辑函数只有一个最小项表达式。

例 4－17 写出逻辑函数 $F = AB + BC + CA$ 的最小项表达式。

解：

$$
\begin{aligned}
F &= AB + BC + CA \\
&= AB(C+\overline{C}) + BC(A+\overline{A}) + CA(B+\overline{B}) \\
&= ABC + AB\overline{C} + A\overline{B}C + \overline{A}BC \\
&= m_3 + m_5 + m_6 + m_7 \\
&= \sum m(3, 5, 6, 7)
\end{aligned}
$$

二、卡诺图的构成

1. 基本原理

对应于一组 n 个逻辑变量，函数共有 2^n 个最小项。如果把每个最小项用一个小方格表示，再将这些小方格按照相邻性原则排列，就可以构成 n 个变量的卡诺图。

相邻性原则是指在几何位置上相邻的最小项小方格在逻辑上也必定是相邻的。

所谓几何相邻，包括 3 种情况：一是相接——紧挨着；二是相对——任意一行或一列的两头；三是相重——对折起来位置重合。当然，相对的最小项对折起来肯定是相重的，分开说是为了便于识别和记忆，尤其在 5 变量和 6 变量卡诺图中，按照这 3 点识别具有相邻性的最小项比较方便。

逻辑相邻是指如果两个最小项中除一个变量不同外，其他变量都相同，那么这两个最小项就是相邻的，即逻辑上具有相邻性。例如，$m_0 = \overline{A}\,\overline{B}\,\overline{C}$ 和 $m_1 = \overline{A}\,\overline{B}\,C$ 是相邻的，因为两个最小项中只有变量 C 不同。此外，m_0 还和 m_2，m_4 相邻。

在逻辑上相邻的最小项相加合并时，可以消去有关变量。如 m_0 和 m_1 相加合并成一项时可消去 C，因为 $m_0 + m_1 = \overline{A}\,\overline{B}\,\overline{C} + \overline{A}\,\overline{B}\,C = \overline{A}\,\overline{B}(\overline{C} + C) = \overline{A}\,\overline{B}$；而 m_0 和 m_2 相加合并成一项时可消去 B，因为 $m_0 + m_2 = \overline{A}\,\overline{B}\,\overline{C} + \overline{A}\,B\,\overline{C} = \overline{A}\,\overline{C}(\overline{B} + B) = \overline{A}\,\overline{C}$。

2. 构图

图 4－31 所示为 2～4 变量最小项的卡诺图。图形两侧标注的“0”和“1”表示对应小方格内最小项为 1 的变量取值。同时，这些“0”和“1”组成的二进制数所对应的十进制数也就是对应小方格的编号。

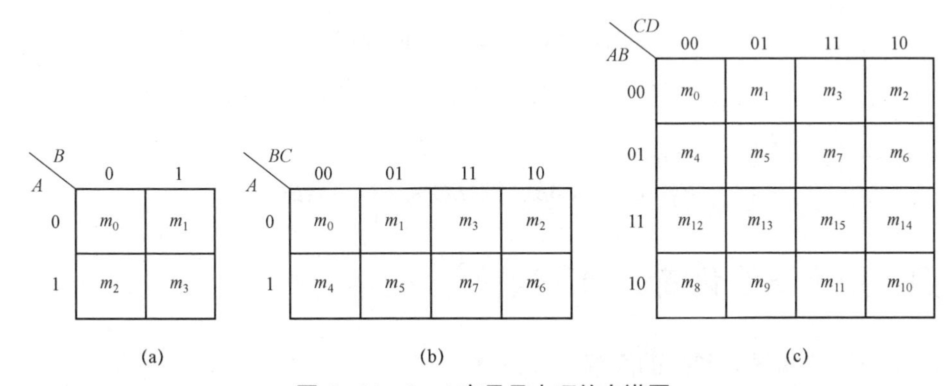

图 4－31　2～4 变量最小项的卡诺图

（a）2 变量（A，B）最小项的卡诺图；（b）3 变量（A，B，C）最小项的卡诺图；
（c）4 变量（A，B，C，D）最小项的卡诺图

三、用卡诺图表示逻辑函数

与真值表一样，卡诺图也是一种表示逻辑函数的方法。因此，可以用卡诺图表示逻辑函数。具体步骤如下。

（1）将逻辑函数变换成标准的与或式（最小项表达式）。

（2）将表达式中含有的最小项在所对应的小方格中填入“1”，其余位置则填入“0”（或不填），便可得到该逻辑函数的卡诺图。

例 4－18　用卡诺图表示逻辑函数 $F(A,B,C) = \overline{A}C + A\overline{B}C + AB$

解：

$$
\begin{aligned}
F(A,B,C) &= \overline{A}C(B+\overline{B}) + A\overline{B}C + AB(C+\overline{C}) \\
&= \overline{A}BC + \overline{A}\,\overline{B}C + A\overline{B}C + ABC + AB\overline{C} \\
&= m_1 + m_3 + m_5 + m_6 + m_7 \\
&= \sum m(1,3,5,6,7)
\end{aligned}
$$

画出表示该逻辑函数的卡诺图，如图 4－32 所示。

A \ BC	00	01	11	10
0		1	1	
1		1	1	1

图 4－32　例 4－18 的卡诺图

例 4－19　已知某逻辑函数的卡诺图如图 4－33 所示，试写出该逻辑函数的表达式。

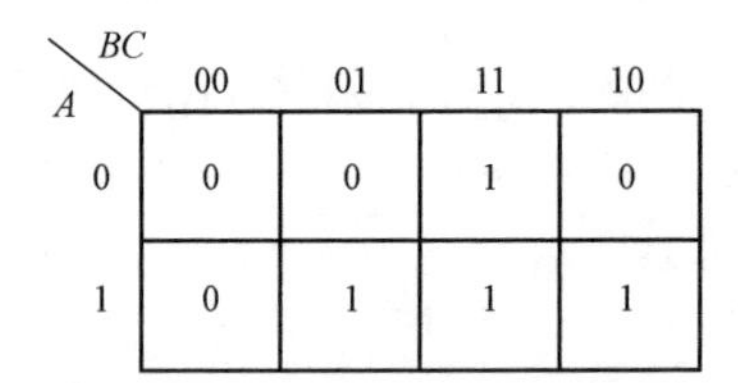

图 4－33　例 4－19 的卡诺图

解：因为函数 $F(A,B,C)$ 等于卡诺图中所有小方格为“1”的相应最小项和，所以有

$$F(A,B,C)=\overline{A}BC+A\overline{B}C+AB\overline{C}+ABC$$

四、用卡诺图化简逻辑函数

1. 卡诺图化简逻辑函数的原理

卡诺图化简逻辑函数的基本原理是依据 2 个与项中，如果只有 1 个变量互反，其余变量均相同，则这两个与项可以合并成 1 项，并消去其中互反的变量。

（1）2 个相邻的最小项合并成 1 项时，可以消去 1 个变量。

如图 4－34（a）所示，$\overline{A}\,\overline{B}\,\overline{C}+\overline{A}B\overline{C}=(\overline{B}+B)\overline{A}\,\overline{C}=\overline{A}\,\overline{C}$。

如图 4－34（b）所示，$\overline{A}\,\overline{B}\,\overline{C}+\overline{A}\,\overline{B}C=(\overline{C}+C)\overline{A}\,\overline{B}=\overline{A}\,\overline{B}$。

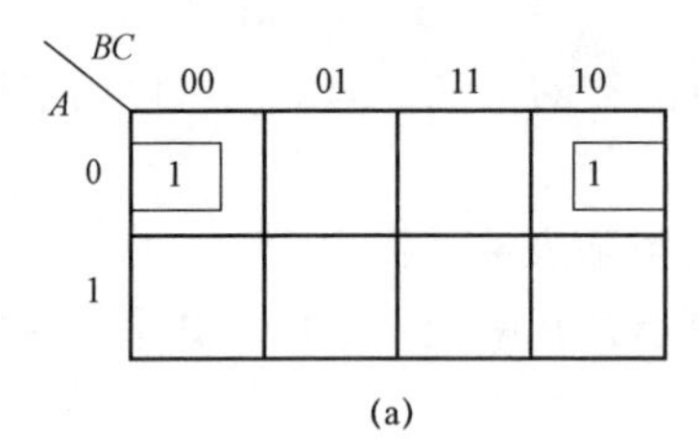

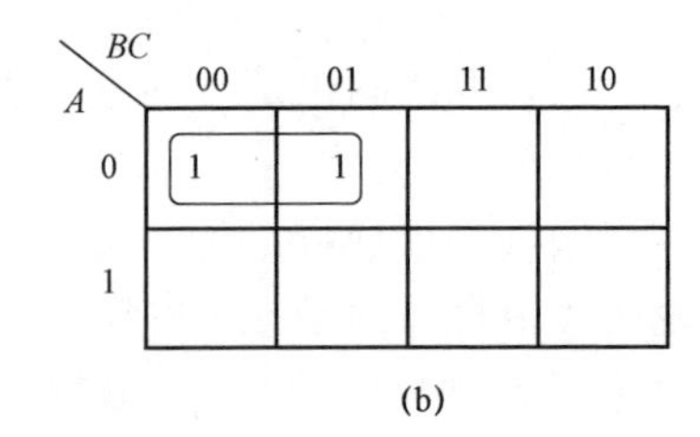

图 4－34　卡诺图 1

相邻最小项用矩形圈圈起来，称为卡诺圈。在合并项（卡诺圈）所处位置上，若某变量的代码有“0”也有“1”，则该变量消去，否则该变量保留，并按“0”为反变量，“1”为原变量的原则写成乘积项的形式。

（2）4 个相邻的最小项合并成 1 项时，可以消去 2 个变量。

如图 4－35 所示，有

$$\overline{A}B\overline{C}D + \overline{A}BCD + AB\overline{C}D + ABCD$$
$$=\overline{A}BD(C+\overline{C})+ABD(C+\overline{C})$$
$$=(A+\overline{A})BD=BD$$

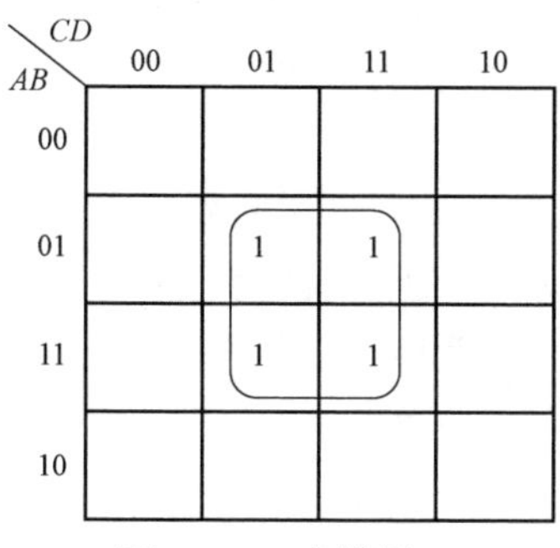

图 4-35　卡诺图 2

如图 4-36 所示，合并后消去了 2 对因子 B 和 $\overline{B}$ 、C 和 $\overline{C}$，则 $F=A$；而如图 4-37 所示，合并后消去了 2 对因子 A 和 $\overline{A}$ 、C 和 $\overline{C}$，所以 $F=\overline{B}\,\overline{D}$ 。

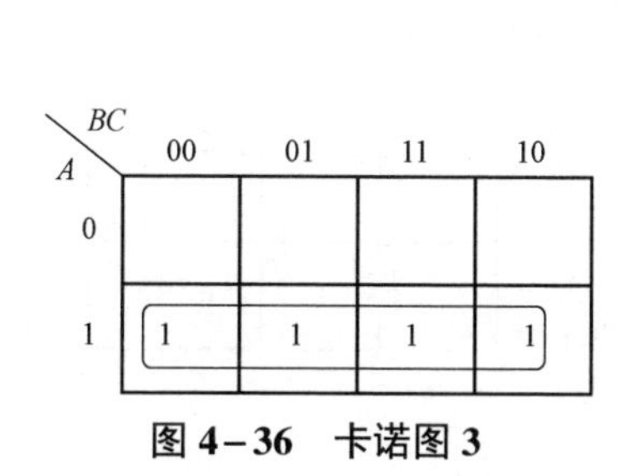

图 4-36　卡诺图 3

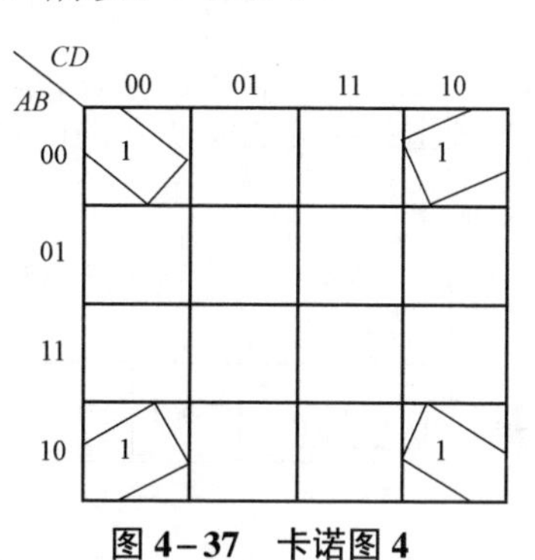

图 4-37　卡诺图 4

（3）8 个相邻的最小项合并成 1 项时，可以消去 3 个变量。

图 4-38 所示为 8 个相邻的最小项的卡诺图。如图 4-38（a）所示，化简后消去 3 个变量，得 $F=\overline{A}$；如图 4-38（b）所示，化简后得 $F=\overline{B}$ 。

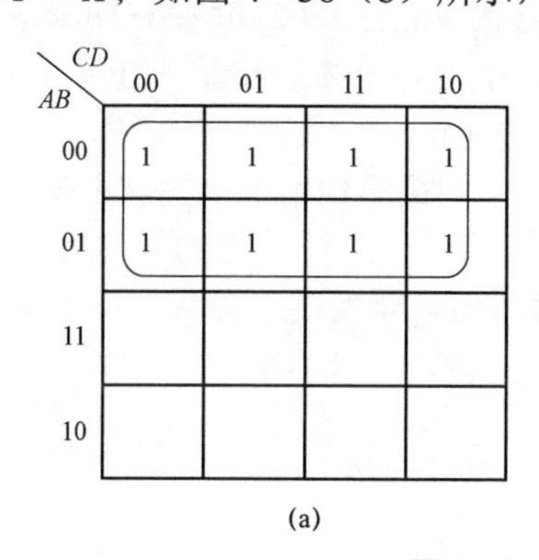

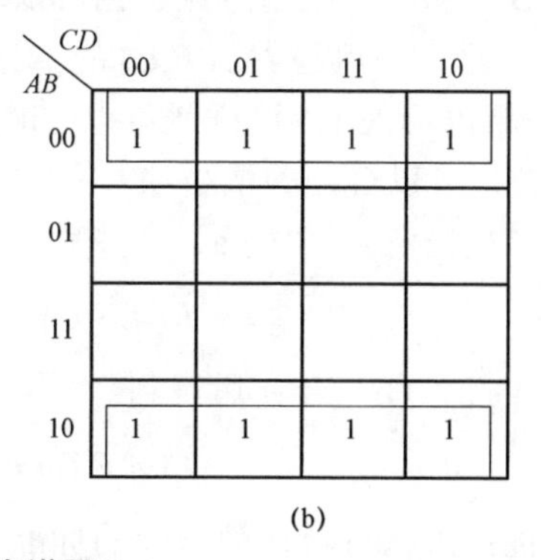

图 4-38　卡诺图 5

通过上面的分析，可以归纳出合并最小项的一般规则：如果有 2^n 个最小项相邻

（$n=1, 2, \cdots$）并排列成一个矩形组，则可以将其合并为1项，消去 n 对因子。合并后的结果仅仅包含这些最小项的公共因子。

2. 用卡诺图化简逻辑函数

卡诺图化简逻辑函数，可以按照以下步骤来进行。

（1）将逻辑函数化为最小项之和的形式。

（2）画出表示该逻辑函数的卡诺图。

（3）找出可以合并的最小项，并用卡诺圈圈出来。其包围的原则如下。

① 所包围的最小项个数必须为 2^n（$n=0,1,2,\cdots$）。

② 所画卡诺圈的数量应尽可能地少，从而使函数所含的乘积项尽可能少。

③ 所画卡诺圈应尽可能大，使每个乘积项所含的因子个数尽量少。

同时还应注意以下几点。

① 必须包含所有的最小项，即不能漏去任何一个“1”。

② 某些为“1”的最小项可以被重复多次使用。但每个卡诺圈内必须包含一个或一个以上未被其他圈包含的为“1”的最小项。

（4）将化简后所有的与项相或，便可以得到最简与或的形式。

例 4－20 用卡诺图法将函数 $F(A,B,C)=A\overline{C}+\overline{A}C+\overline{B}C+B\overline{C}$ 化简成最简与或的形式。

解： 首先画出如图 4－39 所示的函数 $F(A,B,C)$ 的卡诺图。

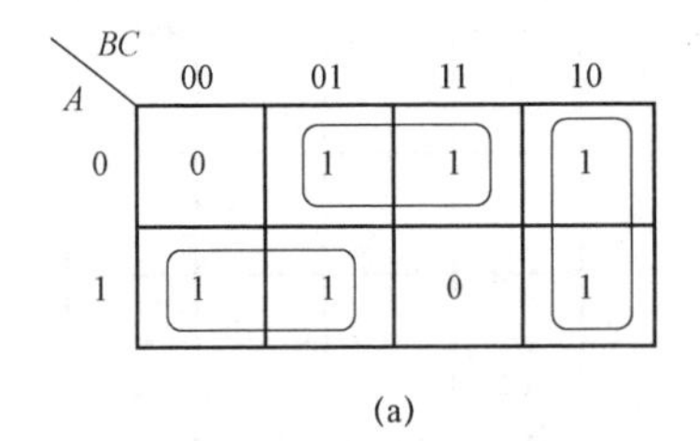

(a)

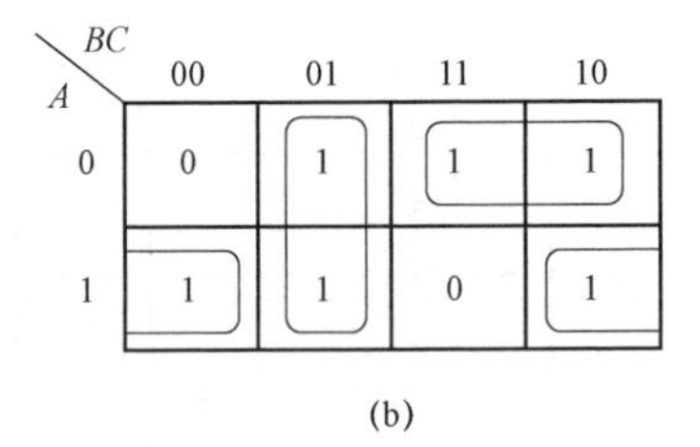

(b)

图 4－39 例 4－20 图

事实上，熟练了以后在填写 $F(A,B,C)$ 的卡诺图时，并非一定要将 $F(A,B,C)$ 化为最小项之和的形式。例如，$A\overline{C}$ 一项包含了所有含有 $A\overline{C}$ 因子的最小项，而不管另一个因子是 B 还是 $\overline{B}$。从另一个角度说，也可以理解为 $A\overline{C}$ 是 $A\overline{B}\,\overline{C}$ 和 $AB\overline{C}$ 两个最小项相或合并的结果。因此，在填写 $F(A,B,C)$ 的卡诺图时,可以直接在卡诺图上所有对应 $A=1$，$C=0$ 的小方格内填入1，这样就可以省略步骤（1）。

其次，找出可以合并的最小项。将可能合并的最小项用卡诺圈圈出来，有两种可以合并的方案。根据图 4－39（a）合并后得到

$$F(A,B,C)=A\overline{B}+\overline{A}C+B\overline{C}$$

根据图 4－39（b）合并后得到

$$F(A,B,C)=A\overline{C}+\overline{B}C+\overline{A}B$$

两个化简结果都符合最简与或的标准。

例 4－20 说明，有时一个逻辑函数的化简结果不是唯一的。

例 4－21 用卡诺图法将 $F(A,B,C,D)=ABC+ABD+A\overline{C}D+\overline{C}\,\overline{D}+A\overline{B}C+\overline{A}C\overline{D}$ 化

简成最简与或的形式。

解： 首先画出函数 $F(A,B,C,D)$ 的卡诺图，如图 4－40 所示。再把可能合并的最小项圈出，从而得到 $F(A,B,C,D)=A+\overline{D}$ 。

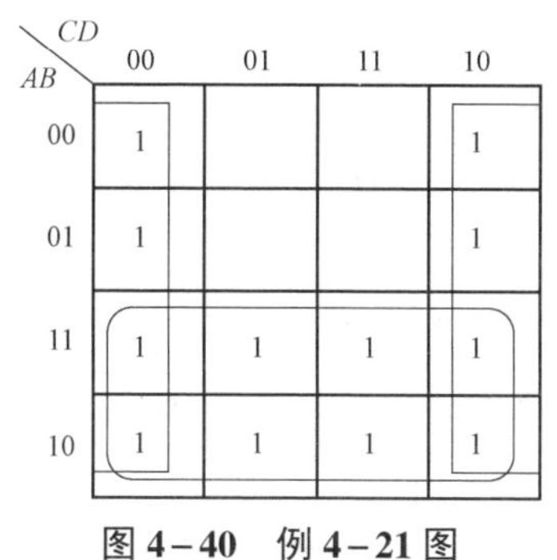

图 4－40　例 4－21 图

3. 具有无关项的逻辑函数的化简

在逻辑函数中有时某些变量的组合对逻辑函数的结果不会产生影响，也可能输入变量的所有组合中有些变量的组合就不可能出现，而这些变量组合对应的最小项称为无关项。

例如，有 3 个逻辑变量 A，B，C 分别表示一台电动机的正转、反转和停止的命令，$A=1$ 表示正转，$B=1$ 表示反转，$C=1$ 表示停止。因为电动机任何时候只能执行其中一种命令，所以不允许 2 个以上的变量同时为 1。ABC 的取值只可能是 001，010，100 当中的一种，而不能是 000，011，101，110，111 中的任何一种，则 $\overline{A}\,\overline{B}\,\overline{C}$ ，$\overline{A}BC$ ，$A\overline{B}C$ ，$AB\overline{C}$ 及 ABC 就是无关项。

用卡诺图化简逻辑函数时，首先将逻辑函数化成最小项之和的形式，然后在卡诺图中对应的小方格里填入“1”，其他位置上填入“0”。既然无关项对逻辑函数的结果没有影响，也就是说,这一部分最小项为“1”或为“0”对逻辑函数的逻辑值均没有影响，所以无关项可能是“1”也可能是“0”，在卡诺图中用 × 表示。在化简时，如果能合理利用这些无关项，可以得到更加简单的化简结果。

例 4－22　运用卡诺图化简逻辑函数 $F(A,B,C,D)=\sum m(5\sim9)+\sum d(10\sim15)$ 。

解： 根据已知条件，可以得到该逻辑函数的卡诺图，如图 4－41 所示。其中 10～15 号最小项为无关项，在卡诺图中用 × 表示，在逻辑函数化简时可以根据需要为“0”或为“1”。从而得到 $F(A,B,C,D)=BD+A+BC$ 。

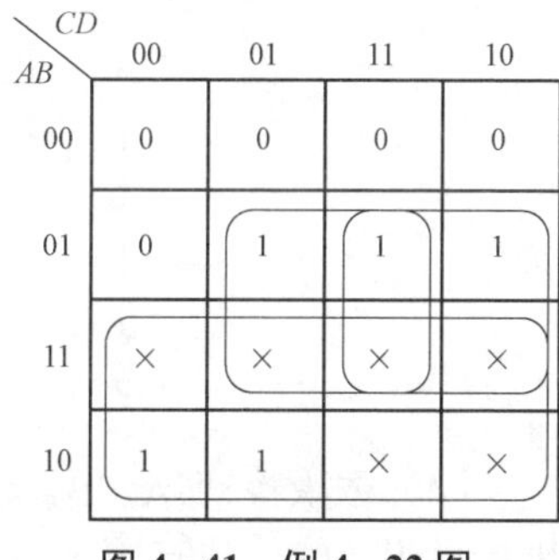

图 4－41　例 4－22 图

例 4－23　运用卡诺图化简逻辑函数 $F(A,B,C,D)=\overline{A}\,\overline{B}\,\overline{C}D+\overline{A}BCD+A\overline{B}\,\overline{C}\,\overline{D}$ ，已知约束条件 $\overline{A}\,\overline{B}CD+\overline{A}B\overline{C}D+AB\overline{C}\,\overline{D}+A\overline{B}\,\overline{C}D+ABCD+ABC\overline{D}+A\overline{B}C\overline{D}=0$ 。

解： 根据已知条件，可以得到该逻辑函数的卡诺图如图 4－42 所示。从而可以得到

$$F(A,B,C,D)=\overline{A}D+A\overline{D}$$

AB \ CD	00	01	11	10
00	0	1	×	0
01	0	×	1	0
11	×	0	×	×
10	1	×	0	×

图 4－42　例 4－23 图

任务实施

用门电路制作简单逻辑电路。

一、用四 2 输入与非门 74LS00 实现与或式 $Y=AB+CD$

（1）根据逻辑代数基本定律进行恒等变换，将 Y 的表达式变换为与非－与非表达式，即

$$Y=\overline{\overline{AB}\ \overline{CD}}$$

（2）由逻辑函数表达式画出逻辑图，如图 4－43 所示。

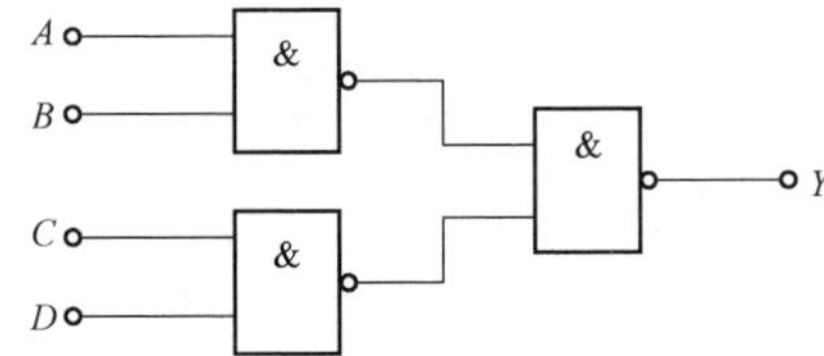

图 4－43　$Y=AB+CD$ 逻辑图

（3）用四 2 输入与非门 74LS00 实现该逻辑图，具体接线如图 4－44 所示。

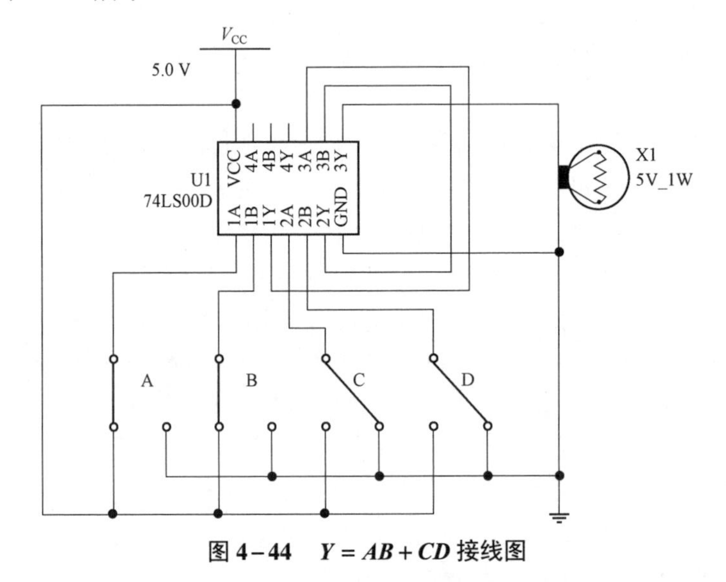

图 4－44　$Y=AB+CD$ 接线图

（4）依次拨动 A，B，C，D 四个开关，观察灯泡状态，灯亮则输出为“1”，灯灭则输出为“0”。填写表 4－17，并验证其正确性。

表 4－17　四 2 输入与非门 74LS00 实现与或式真值表

输入				输出		是否符合 $Y=AB+CD$ 的计算结果
A	B	C	D	电平	逻辑 0 或逻辑 1	
0	0	0	0			
0	0	0	1			
0	0	1	0			
0	0	1	1			
0	1	0	0			
0	1	0	1			

续表

输入				输出		是否符合 $Y=AB+CD$ 的计算结果
A	B	C	D	电平	逻辑 0 或逻辑 1	
0	1	1	0			
0	1	1	1			
1	0	0	0			
1	0	0	1			
1	0	1	0			
1	0	1	1			
1	1	0	0			
1	1	0	1			
1	1	1	0			
1	1	1	1			

二、用二 4 输入与非门 74LS20 实现 4 输入与式 $Y=ABCD$

（1）根据逻辑代数的基本定律进行恒等变换，将 Y 的表达式变换为与非－与非表达式，即

$$Y=\overline{\overline{ABCD}}$$

（2）由逻辑表达式画出逻辑图，如图 4－45 所示。

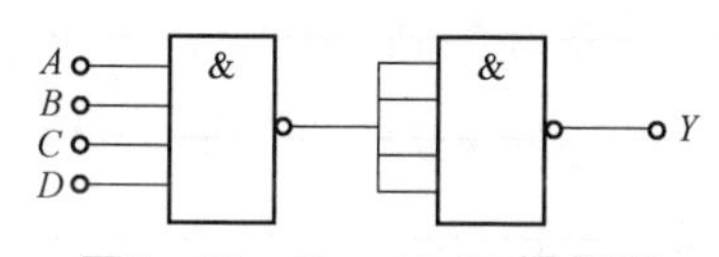

图4－45　$Y=ABCD$ 逻辑图

（3）用二 4 输入与非门 74LS20 实现该逻辑图，具体接线如图 4－46 所示。

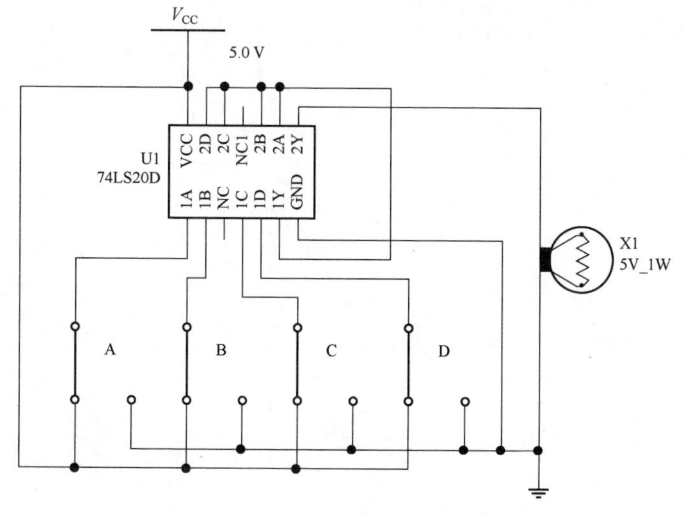

图 4－46　$Y=ABCD$ 接线图

（4）依次拨动 A，B，C，D 四个开关，观察灯泡状态，灯亮则输出为“1”，灯灭则输出为“0”。填写表 4－18，并验证其正确性。

表 4－18　二 4 输入与非门 74LS20 实现 4 输入与式真值表

输入				输出		是否符合 $Y=ABCD$ 的计算结果
A	B	C	D	电平	逻辑 0 或逻辑 1	
0	0	0	0			
0	0	0	1			
0	0	1	0			
0	0	1	1			
0	1	0	0			
0	1	0	1			
0	1	1	0			
0	1	1	1			
1	0	0	0			
1	0	0	1			
1	0	1	0			
1	0	1	1			
1	1	0	0			
1	1	0	1			
1	1	1	0			
1	1	1	1			

任务三　逻辑测试笔电路的设计与制作

任务导入

逻辑测试笔是一种新颖的测试工具，经常用于航空航天、电力、通信等多个领域的数字电路检测和维护，可帮助专业技术人员快速准确地诊断和解决问题。现电子加工中心接到制作逻辑测试笔的任务，要求该逻辑测试笔能方便地检测数字电路中的各种逻辑电平。本任务中将用到组合逻辑电路，应严谨、细致、认真地完成各个步骤。

任务目标

素质目标

（1）树立正确的设计思想，培养理论联系实际的工作作风。

（2）培养严谨、细致、认真的工匠精神。

知识目标

（1）能根据组合逻辑电路原理图分析电路的逻辑功能。

（2）能根据要求设计组合逻辑电路，完成逻辑测试笔电路的设计。

能力目标

（1）会根据逻辑测试笔电路原理图选择所需的元器件，并做简易测试。

（2）熟悉电路仿真软件 Multisim 12.0 的使用，学会用 Multisim 12.0 软件辅助设计逻辑测试笔电路。

（3）能按工艺要求正确安装逻辑测试笔电路，并做简单调试。

任务分析

本任务设计制作的逻辑测试笔是一个典型的组合逻辑电路，它由探针、逻辑电路和指示灯 3 个部分组成，要求学生学会组合逻辑电路的分析和设计方法，即可根据功能选择合适的逻辑门电路，并采用最优的方式进行组合，实现预期功能。

基础知识

一、组合逻辑电路的特点

数字电路分为组合逻辑电路和时序逻辑电路两大类。如果一个逻辑电路在任何时刻的输出状态只取决于该时刻的输入状态，而与电路的原来状态无关，则该电路称为组合逻辑电路。

组合逻辑电路的结构及特点如下。

（1）电路中不包含记忆单元。

（2）电路中不存在输出到输入的反馈连接。

如图 4－47 所示，A，B，C 为输入变量，F 为输出变量。可以看出，无论任何时刻，一旦 A，B，C 的取值确定后，F 的取值也随之确定，与电路过去的工作状态无关。

任何一个多输入、多输出的组合逻辑电路，都可以用如图 4－48 所示的框图表示。其中，A_1，A_2，A_3，…，A_n 表示输入变量，F_1，F_2，F_3，…，F_n 表示输出变量。输出与输入之间可以用一组逻辑函数表示，即

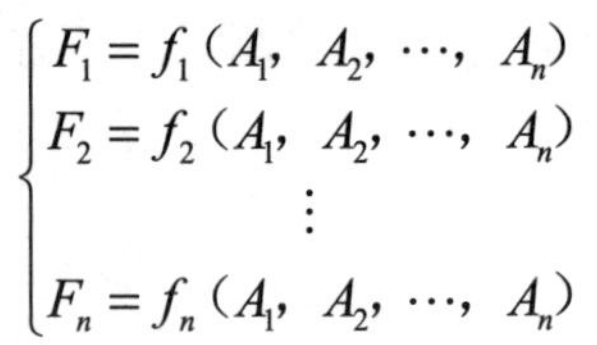

$$\begin{cases} F_1 = f_1(A_1,\ A_2,\ \cdots,\ A_n) \\ F_2 = f_2(A_1,\ A_2,\ \cdots,\ A_n) \\ \quad\vdots \\ F_n = f_n(A_1,\ A_2,\ \cdots,\ A_n) \end{cases}$$

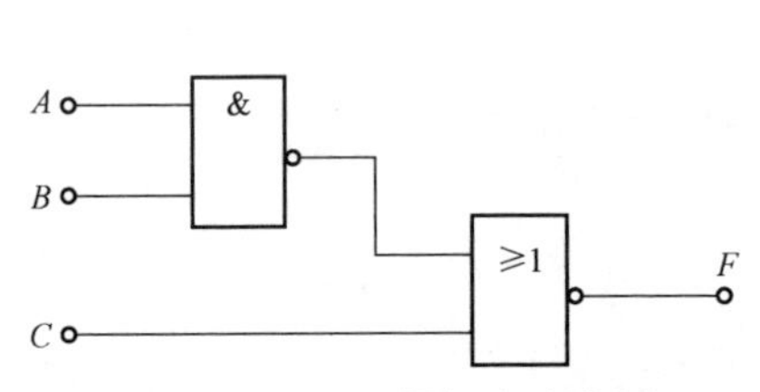

图 4－47　组合逻辑电路举例

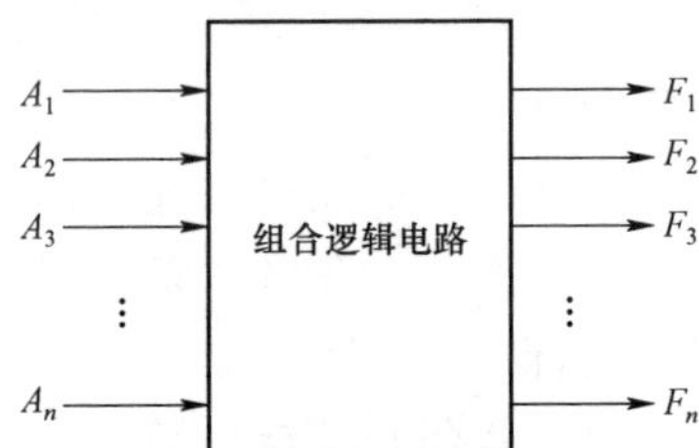

图 4－48　组合逻辑电路框图

二、组合逻辑电路的分析

组合逻辑电路的分析，是指根据给定的逻辑电路图，确定电路的逻辑功能。

1. 组合逻辑电路分析的主要步骤

（1）由逻辑图写出逻辑函数表达式。

（2）化简逻辑函数表达式。

（3）列真值表。

（4）根据真值表，描述电路的逻辑功能。

2. 举例说明

例 4－24　分析如图 4－49 所示的逻辑电路的逻辑功能。

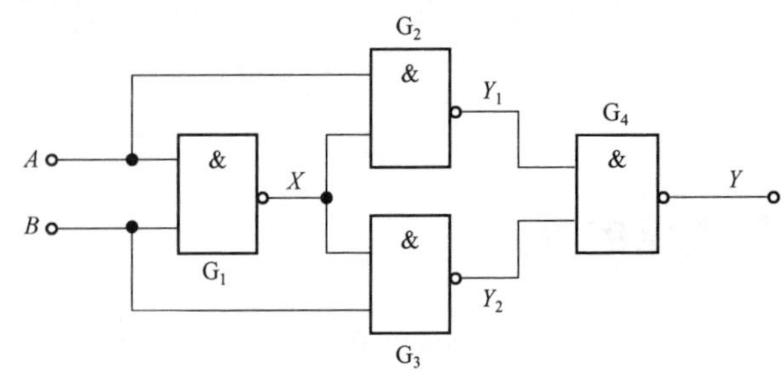

图 4－49　例 4－24 图

解：（1）由逻辑图写出逻辑函数表达式并化简。

从输入端到输出端，依次写出各个门的逻辑函数表达式，最后写出输出变量 Y 的逻辑函数表达式，即

门 G_1　　$X=\overline{AB}$

门 G_2　　$Y_1=\overline{AX}=\overline{A\overline{AB}}$

门 G_3　　$Y_2=\overline{BX}=\overline{B\overline{AB}}$

门 G_4　　$Y=\overline{Y_1Y_2}=\overline{\overline{A\overline{AB}}\,\overline{B\overline{AB}}}=A\overline{B}+\overline{A}B$

（2）由逻辑函数表达式列出真值表，如表 4－19 所示。

表 4－19　例 4－24 表

A	*B*	*Y*
0	0	0
0	1	1
1	0	1
1	1	0

（3）分析电路的逻辑功能。

由真值表可知，当输入 A 和 B 不同时，输出为“1”；否则，输出为“0”。可见，该电路实现的是异或逻辑功能。

例 4－25　分析如图 4－50 所示的逻辑电路的逻辑功能。

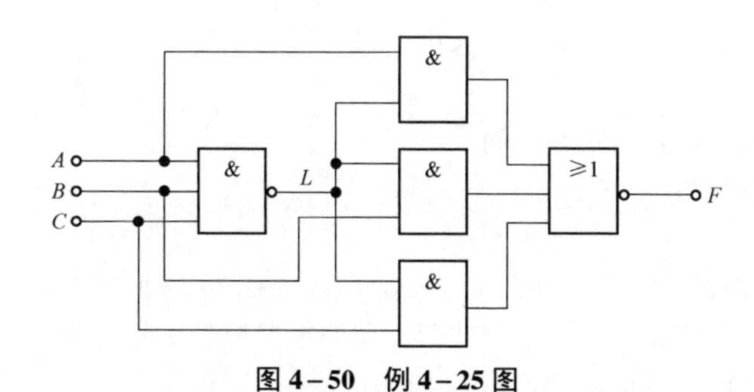

图 4－50　例 4－25 图

解：（1）由逻辑图逐级写出逻辑函数表达式（借助中间变量 L），有

$$L=\overline{ABC}$$

$$F=\overline{\overline{ABC}A+\overline{ABC}B+\overline{ABC}C}$$

（2）化简与变换，有

$$\begin{aligned}F&=\overline{\overline{ABC}A+\overline{ABC}B+\overline{ABC}C}\\&=\overline{\overline{ABC}(A+B+C)}\\&=ABC+\overline{A}\,\overline{B}\,\overline{C}\end{aligned}$$

（3）由逻辑函数表达式列出真值表，如表 4－20 所示。

表 4－20　例 4－25 表

A	*B*	*C*	*L*
0	0	0	1
0	0	1	0
0	1	0	0
0	1	1	0
1	0	0	0
1	0	1	0
1	1	0	0
1	1	1	1

（4）分析电路的逻辑功能。

由真值表可知，当 A，B，C 三个变量完全一致时，输出为“1”，否则，输出为“0”，所以这个电路为判一致电路。

三、组合逻辑电路的设计

与分析过程相反，组合逻辑电路的设计是根据给定的实际逻辑问题，求出实现其逻辑功能的最简单的逻辑电路。

1. 组合逻辑电路的设计步骤

（1）分析设计要求，设置输入、输出变量并逻辑赋值。

（2）列真值表。

（3）写出逻辑函数表达式并化简。

（4）画逻辑电路图。

2. 举例说明

例 4－26　某系统有三盏指示灯 L_1，L_2，L_3，当 L_1 与 L_2 同时亮，或 L_2 与 L_3 同时亮时，系统发出报警，请设计一个用与非门实现的报警控制信号电路。

解：（1）分析设计要求，确定输入、输出变量并逻辑赋值。

输入变量：A，B，C——三盏指示灯 L_1，L_2，L_3 状态。

逻辑赋值：灯亮——“1”；灯灭——“0”。

输出变量：F——报警控制信号。

逻辑赋值：报警——“1”；不报警——“0”。

（2）列真值表。

真值表如表 4－21 所示。

表 4-21　例 4-26 表

A	B	C	F
0	0	0	0
0	0	1	0
0	1	0	0
0	1	1	1
1	0	0	0
1	0	1	0
1	1	0	1
1	1	1	1

（3）由真值表写出逻辑函数表达式，即

$$F=\overline{A}BC+AB\overline{C}+ABC$$

化简得

$$F=AB+BC$$

用与非门实现，变换为

$$F=\overline{\overline{AB}\,\overline{BC}}$$

（4）画逻辑电路图。

逻辑电路图如图 4-51 所示。

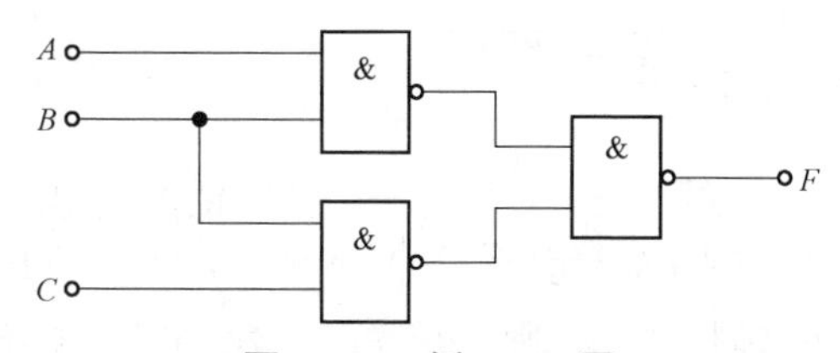

图 4-51　例 4-26 图

例 4-27　设计一个简易的三人多数表决器，即三表决人中，如多数赞成，则表决通过，指示灯亮；反之，指示灯不亮。

解：（1）分析设计要求，确定输入、输出变量并逻辑赋值。

输入变量：*A*，*B*，*C*——三人的表决态度。

输入变量取值的意义：同意——“1”；不同意——“0”。

输出变量：*Y*——表决结果。

输出变量取值的意义：表决通过——“1”；表决不通过——“0”。

（2）列真值表。

真值表如表 4-22 所示。

表 4-22　例 4-27 表

A	B	C	Y
0	0	0	0
0	0	1	0
0	1	0	0
0	1	1	1
1	0	0	0
1	0	1	1
1	1	0	1
1	1	1	1

（3）由真值表写出逻辑函数表达式，即

$$Y = AB\overline{C} + A\overline{B}C + \overline{A}BC + ABC$$

经变换和化简，有

$$\begin{aligned} Y &= AB\overline{C} + A\overline{B}C + \overline{A}BC + ABC \\ &= AB(\overline{C}+C) + BC(\overline{A}+A) + CA(\overline{B}+B) \\ &= AB + BC + CA \\ &= AB + C(A+B) \end{aligned}$$

（4）画逻辑电路图。

逻辑电路图如图 4－52 所示。

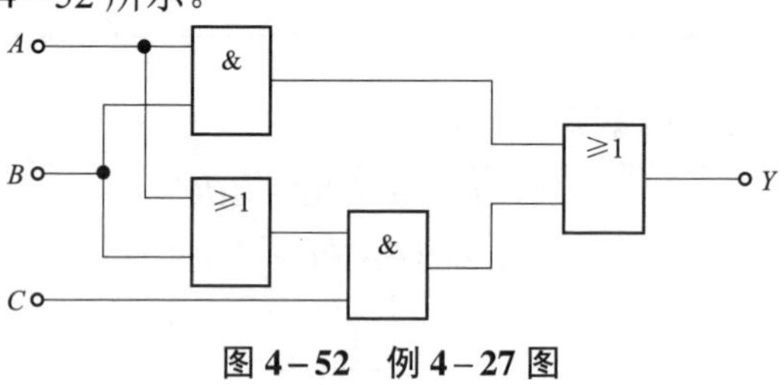

图 4－52　例 4－27 图

想一想

图 4－53 所示为一个密码锁控制电路。开锁条件：（1）将开锁开关 S 闭合；（2）要拨对密码。如果以上两个条件都得到满足，开锁信号为“1”，报警信号为“0”，不报警且锁打开；否则，开锁信号为“0”，报警信号为“1”，报警且锁不打开。试分析该电路的密码是多少。

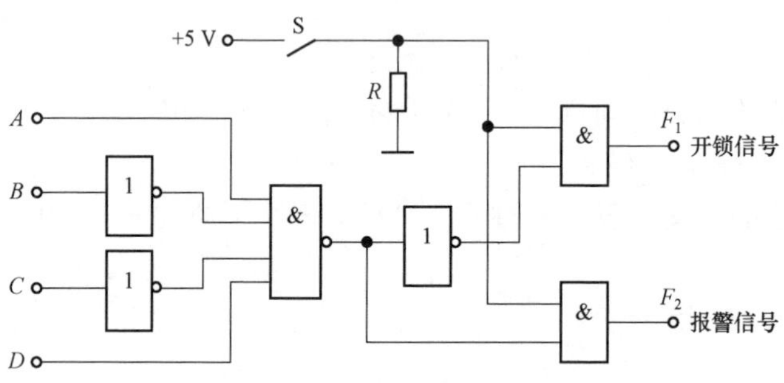

图 4－53　密码锁控制电路

任务实施

简易逻辑测试笔电路的设计与制作。

一、逻辑测试笔电路的设计

用芯片 74LS00 设计、制作一个简易逻辑测试笔电路，要求测试逻辑高电平时，红灯亮；测试逻辑低电平时，绿灯亮；如果测试的信号是脉冲电平，则红、绿灯交替闪烁。

芯片74LS00为四2输入与非门，根据题意设计简易逻辑测试笔电路如图4－54所示。该电路的工作原理是：当测试的信号为逻辑高电平时，二极管VD_1正偏导通，VD_2反偏截止。由于二极管的钳位作用，VD_1正偏导通导致与非门G1输入高电平，输出低电平；而与非门G2则输入低电平，输出高电平；红色发光二极管LED_1因正偏导通而发光。当测试的信号为逻辑低电平时，二极管VD_2正偏导通，VD_1反偏截止。由于二极管的钳位作用，VD_2正偏导通导致与非门G3输入低电平，输出高电平；而与非门G4则输入高电平，输出低电平；绿色发光二极管LED_2因正偏导通而发光。如果测试的信号是高低电平交替变化的脉冲信号，则红灯、绿灯交替闪烁。

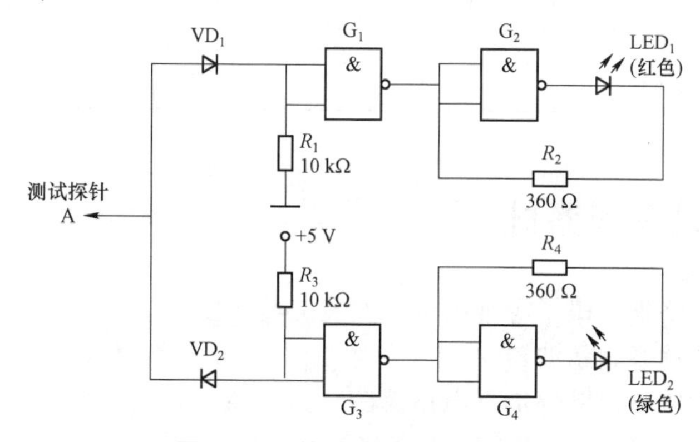

图4－54　简易逻辑测试笔电路

二、逻辑测试笔电路的Multisim软件仿真

在Multisim软件中搭建如图4－55所示的简易逻辑测试笔仿真电路，并检测该电路逻辑功能。

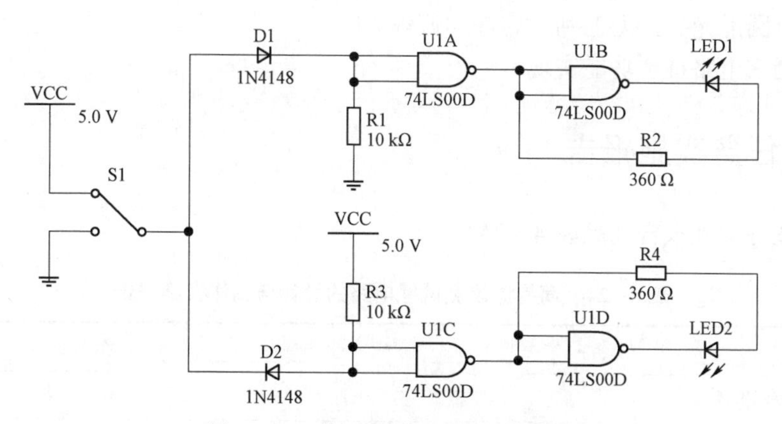

图4－55　简易逻辑测试笔仿真电路

三、元器件清单

根据简易逻辑测试笔电路的原理图，详细的元器件清单如表4－23。

表 4－23　简易逻辑测试笔电路元器件清单

序号	元器件名称	型号规格	数量	备注
1	芯片	74LS00	1	—
2	二极管	1N4148	2	—
3	发光二极管 LED_1	5 mm	1	高亮红光
4	发光二极管 LED_2	5 mm	1	高亮绿光
5	电阻 R_1/R_3	10 kΩ	2	—
6	电阻 R_2/R_4	360 Ω	2	—
7	测试探针		1	

四、实训设备和器材

（1）工具：电烙铁、镊子等常用电子安装工具一套。
（2）仪表：万用表、示波器。
（3）耗材：焊锡丝、助焊剂、电路板。

五、任务要求

（1）对照元器件清单逐一清点元器件，并对元器件作简单的测试，以确保无遗漏和无不良元器件。

（2）按电路安装的工艺要求，完成电路的制作。要求电路板焊接整洁，元器件排列整齐，焊点圆滑光亮，无毛刺、虚焊和假焊。

（3）调试电路直至功能实现。

六、任务实施报告

填写任务实施报告（见表 4－24）。

表 4－24　简易逻辑测试笔电路的设计与制作实施报告

班级：＿＿＿＿＿＿　姓名：＿＿＿＿＿＿　学号：＿＿＿＿＿＿　组号：＿＿＿＿＿＿
步骤 1：任务准备
查阅资料，画出 74LS00 的引脚排列图，说明 74LS00 的逻辑功能

续表

<table>
<tr><td colspan="8">步骤 2：清点、检测元器件，记录测试结果</td></tr>
<tr><td>74LS00</td><td>1N4148×2</td><td>10 kΩ×2</td><td colspan="2">360 Ω×2</td><td colspan="2">LED$_1$</td><td>LED$_2$</td></tr>
<tr><td></td><td></td><td></td><td colspan="2"></td><td colspan="2"></td><td></td></tr>
<tr><td colspan="8">步骤 3：电路装接及调试</td></tr>
<tr><td colspan="8">步骤 3-1：根据电路原理图装接电路</td></tr>
<tr><td colspan="2">出现的问题</td><td colspan="2">可能原因</td><td colspan="2">解决方法</td><td colspan="2">是否解决</td></tr>
<tr><td colspan="2"></td><td colspan="2"></td><td colspan="2"></td><td colspan="2"></td></tr>
<tr><td colspan="2"></td><td colspan="2"></td><td colspan="2"></td><td colspan="2"></td></tr>
<tr><td colspan="8">步骤 3-2：电路调试</td></tr>
<tr><td rowspan="2">测试探针接高电平</td><td>红灯（亮/灭）</td><td>绿灯（亮/灭）</td><td>R_1两端电压</td><td>R_2两端电压</td><td>R_3两端电压</td><td>R_4两端电压</td><td>功能是否实现</td></tr>
<tr><td></td><td></td><td></td><td></td><td></td><td></td><td></td></tr>
<tr><td rowspan="2">测试探针接低电平</td><td>红灯（亮/灭）</td><td>绿灯（亮/灭）</td><td>R_1两端电压</td><td>R_2两端电压</td><td>R_3两端电压</td><td>R_4两端电压</td><td>功能是否实现</td></tr>
<tr><td></td><td></td><td></td><td></td><td></td><td></td><td></td></tr>
<tr><td colspan="8">调试过程中出现的问题及解决办法</td></tr>
<tr><td colspan="8">步骤 4：收获与总结</td></tr>
<tr><td colspan="4">掌握的技能</td><td colspan="4">学会的知识</td></tr>
<tr><td colspan="4"></td><td colspan="4"></td></tr>
</table>

七、考核评价

填写考核评价表（表 4－25）。

表 4－25　简易逻辑测试笔电路的设计与制作评价表

班级		姓名			学号		组号		
操作项目	考核要求		分数配比		评分标准		自评	互评	教师评分
识读电路原理图	能正确理解电路原理图，掌握实验过程中各元器件的功能		10		每错一处，扣 2 分				

续表

操作项目	考核要求	分数配比		评分标准	自评	互评	教师评分
元器件的检测	能正确使用仪器仪表对需要检测的元器件进行检测	10		不能正确使用仪器仪表完成对元器件的检测，每处扣 2 分			
电路装接	能够正确装接元器件	20		装接错误，每处扣 2 分			
电路调试	能够利用仪器仪表对装接好的电路进行调试	20		不能正确使用仪器仪表对电路进行调试，每处扣 4 分			
任务实施报告	按要求做好实训报告	20		实训报告不全面，每处扣 4 分			
安全文明操作	工作台干净整洁，遵守安全操作规程，符合管理要求	10		工作台脏乱，不遵守安全操作规程，不听老师管理，酌情扣分			
团队合作	小组成员之间应互帮互助，分工合理	10		有成员未参与实训，每人扣 5 分			
	合计						
	学生建议：						
	总评成绩 教师签名：						

练习题

一、单项选择题

1.（　　）图 4－56 所示为________逻辑符号。

A. 或非门　　B. 与门　　C. 同或门　　D. 异或门

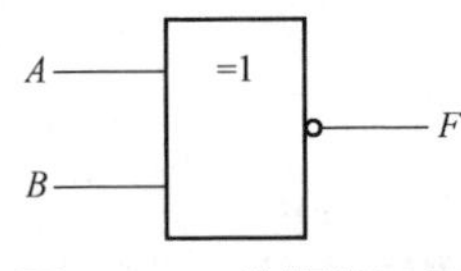

图 4－56　选择题 1 图

2.（　　）$A \oplus B =$________。

A. $AB\overline{C}\,\overline{D}$　　B. $\overline{A}\overline{B}+AB$　　C. $\overline{AB}$　　D. AB

3.（　　）6 输入的 TTL 或非门，在逻辑电路中使用时，其中有 3 个输入端是多余的，对多余端将作如下处理：________。

A. 将多余端与使用端连接在一起　　B. 将多余端悬空

C. 将多余端接工作电源　　　　　　D. 将多余端悬空或将多余端接工作电源

4.（　　）若要使逻辑函数表达式 $Y=A\oplus B\oplus C\oplus D$ 为 0，则 $ABCD$ 的取值组合为________。

A. 0001　　　B. 0011　　　C. 0111　　　D. 1110

5.（　　）如图 4－57 所示的 4 个电路中，不论输入信号 A，B 为何值，输出 Y 恒为 1 的电路为________。

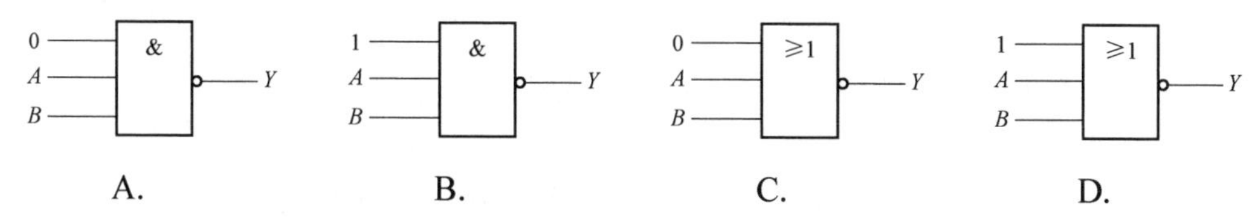

图 4－57　选择题 5 图

6.（　　）逻辑电路如图 4－58 所示，其对应的逻辑函数表达式为________。

A. $F=\overline{AB}$　　　B. $F=AB$　　　C. $F=A+B$　　　D. $F=\overline{A+B}$

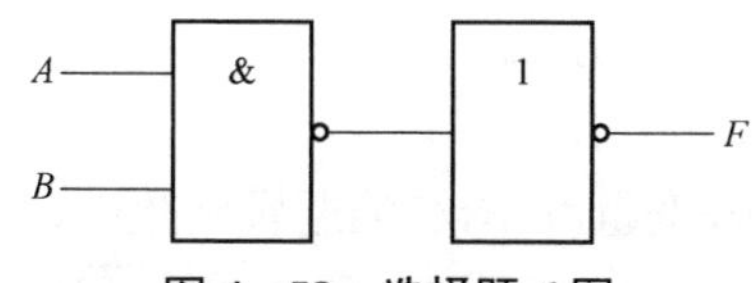

图 4－58　选择题 6 图

7.（　　）若逻辑函数表达式 $F=\overline{A+B}+CD=1$，则 A，B，C，D 分别为________。

A. 1，0，0，0　　B. 0，1，0，0　　C. 0，1，1，0　　D. 1，0，1，1

8.（　　）逻辑电路如图 4－59 所示，已知 $F=1$，则 $ABCD$ 的值为________。

A. 0101　　　B. 1010　　　C. 1110　　　D. 1101

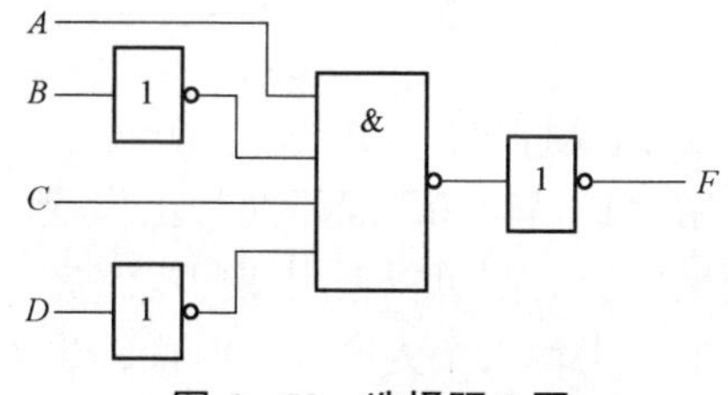

图 4－59　选择题 8 图

9.（　　）真值表如表 4－26 所示，其对应的逻辑函数表达式为________。

A. $F=A+B+C$　　B. $F=ABC$　　C. $F=A+B+\overline{C}$　　D. $F=AB\overline{C}$

表 4－26　选择题 9 表

A	*B*	*C*	*F*
0	0	0	0
0	0	1	0
0	1	0	0
0	1	1	0

续表

A	B	C	F
1	0	0	0
1	0	1	0
1	1	0	0
1	1	1	1

10.（　　）下列逻辑式中，正确的逻辑公式是________。

A. $\overline{A+B}=\overline{AB}$　　B. $\overline{AB}=\overline{A}\,\overline{B}$　　C. $\overline{A+B}=\overline{A}+\overline{B}$　　D. $\overline{A+B}=\overline{A}\,\overline{B}$

11.（　　）4 变量逻辑函数 F（A，B，C，D）的最小项 m_8 为________。

A. $ABC\overline{D}$　　B. $\overline{A}BC\overline{D}$　　C. $A\overline{B}\,\overline{C}\,\overline{D}$　　D. $ABCD$

12.（　　）函数 F（A，B，C）$=AB+BC+AC$ 的最小项表达式为________。

A. F（A，B，C）$=\sum m$（0，2，4）

B. F（A，B，C）$=\sum m$（0，2，3，4）

C. F（A，B，C）$=\sum m$（3，5，6，7）

D. F（A，B，C）$=\sum m$（2，4，6，7）

13.（　　）在具有 3 个输入变量 A,B,C 的逻辑函数中,为逻辑相邻项的是________。

A. AC，ABC　　B. AB，$A\overline{B}$　　C. ABC，$\overline{ABC}$　　D. $\overline{A}BC$，ABC

14.（　　）逻辑函数式 $Y=ABC+(\overline{A}+\overline{B}+\overline{C})$ 化简后的结果为 Y=________。

A. 0　　B. 1　　C. ABC　　D. $A+B+C$

15.（　　）$A+AB=$________。

A. A　　B. AB　　C. B　　D. 1

16.（　　）$F=AB+AC$ 在 3 变量卡诺图中有________个小方格是“1”。

A. 5 个　　B. 6 个　　C. 3 个　　D. 4 个

二、判断题（正确打√，错误打×）

1.（　　）数字电路中用“1”和“0”表示两种工作状态，无大小之分。

2.（　　）若要使某变量取反，则可以采用或门电路。

3.（　　）在与门电路中，当输入全为高电平时，输出为低电平。

4.（　　）在非门电路中，当输入为高电平时，输出为低电平。

5.（　　）或门实现的逻辑功能是有 1 出 1，全 0 出 0。

6.（　　）与非运算中，输入与输出的关系是有 1 出 1，全 0 出 0。

7.（　　）异或门与同或门在逻辑上互为反函数。

8.（　　）CMOS 逻辑门电路对电源电压的稳定性要求较严，只允许在 5 V 的基础上有±10%的波动。

9.（　　）逻辑函数式 $Y=A+BC+B$ 已是最简与或表达式。

10.（　　）卡诺圈内的小方格个数必须为 2^n 个。

三、综合题

1. 已知逻辑函数的真值表如表 4－27 所示，试写出逻辑函数表达式。

表 4－27　综合题 1 表

A	*B*	*C*	*F*
0	0	0	0
0	0	1	0
0	1	0	0
0	1	1	1
1	0	0	0
1	0	1	1
1	1	0	1
1	1	1	0

2. 写出如图 4－60 所示电路的逻辑函数表达式。

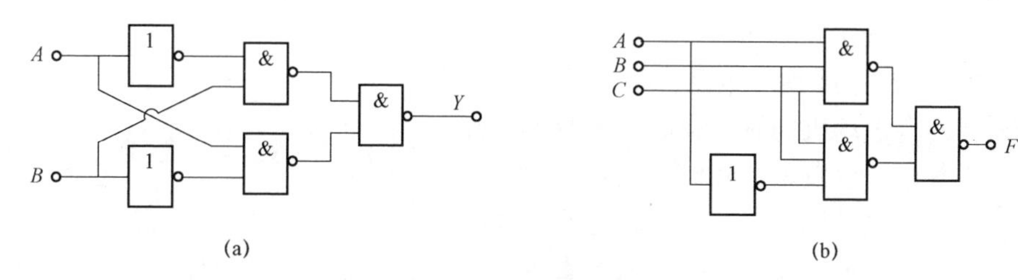

图 4－60　综合题 2 表

3. 用与非门实现下列逻辑关系，并画出逻辑电路图。

（1）$Y=AB+\overline{A}C$ 。

（2）$Y=A+B+\overline{C}$ 。

4. 用逻辑代数的公式化简法化简下列逻辑函数表达式。

（1）$Y=A\overline{B}+B+\overline{A}B$。

（2）$Y=(A+B)(A\overline{B})$。

（3）$Y=A\overline{C}+ABC+AC\overline{D}+CD$。

（4）$Y=BC+D+\overline{D}(\overline{B}+\overline{C})(AD+B)$。

5. 将下列逻辑函数转化为最小项表达式。

（1）$F(A,B,C)=AB+\overline{A}C$。

（2）$F(A,B,C,D)=\overline{A}\,\overline{B}D+ABC\overline{D}+A\overline{B}\,\overline{C}+\overline{A}CD$。

6. 利用卡诺图化简下列各逻辑函数。

（1）$F(A,\ B,\ C)=AB+A\overline{B}C+\overline{A}B\overline{C}$。

（2）$F(A,\ B,\ C,\ D)=A\overline{B}+A\overline{D}+\overline{A}B+B\overline{C}+ABCD$。

（3）$F(A,\ B,\ C,\ D)=A\overline{B}\,\overline{C}+\overline{A}\,\overline{B}+\overline{A}D+C+BD$。

（4）$F(A, B, C, D) = \sum m(2, 3, 6, 7, 8, 10, 12, 14)$。

（5）$F(A, B, C, D) = \sum m(0, 2, 5, 7, 8, 10, 13, 15) + \sum d(1, 3, 9, 11)$。

7. 用卡诺图表示综合题 6 中的各逻辑函数。

8. 试分析如图 4－61 所示的组合逻辑电路的逻辑功能。

9. 分析如图 4－62 所示的电路的逻辑功能，要求：写出输出变量 F 的逻辑函数表达式，列出真值表，并说明该电路逻辑功能的特点。

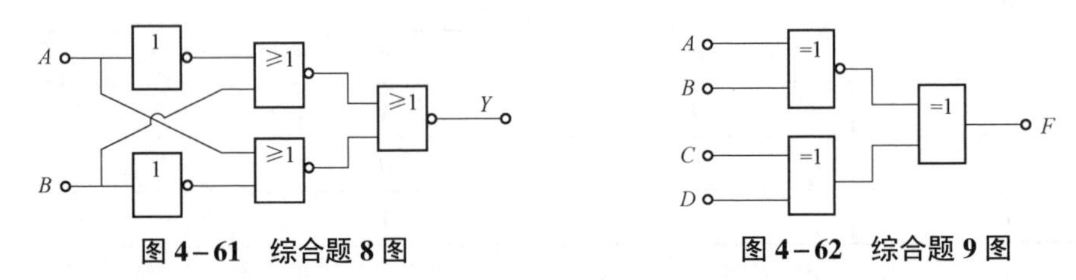

图 4－61　综合题 8 图　　图 4－62　综合题 9 图

10. 用与非门 74LS00 构成的组合逻辑电路来实现举重裁判表决功能，要求：只有当 3 名裁判（包括裁判长 A），或裁判长 A 和 1 名裁判（裁判 B 或裁判 C）认为杠铃已举起时，此次举重才算成功，否则举重失败。

11. 设计一个故障指示电路，要求满足如下条件。

（1）当两台电动机同时工作时，绿灯 G 亮。

（2）当其中一台发生故障时，黄灯 Y 亮。

（3）当两台电动机都有故障时，红灯 R 亮。

12. 某产品有 A，B，C，D 四项质量指标，规定：必须满足指标 A，其他三项指标中只要满足任意两项，产品就算合格。试列出真值表，通过卡诺图求出判断产品合格的最简与或表达式，并画出用与非门实现该功能的逻辑电路图。

13. 试用非门和与非门设计交通信号灯故障检查电路，该电路的逻辑功能为当交通信号灯正常时，只有一个灯亮，否则电路有故障并报警。

项目五

多路抢答器电路的设计与制作

项目导入

在知识竞赛、答题比赛、排名比赛、抢答游戏等场合，多路抢答器作为关键设备，为竞赛增添了刺激性和娱乐性，也在一定程度上丰富了人们的业余生活。现学校组织师生进行党史知识竞答比赛，请为选手设计并制作多路抢答器电路。

项目目标

素质目标

（1）鼓励学习中国共产党党史，增强爱国主义精神。

（2）增强为人民服务的意识和职业认同感。

（3）培养学生独立学习和创新合作的精神。

知识目标

（1）熟悉常见译码器的逻辑功能及引脚排列，了解译码器的应用。

（2）熟悉常见编码器的逻辑功能及引脚排列，了解编码器的应用。

能力目标

（1）能正确使用仪器仪表对译码器及编码器的逻辑功能进行测试。

（2）会制作抢答器电路并进行相关测试。

（3）能排除抢答器电路的常见故障。

项目分析

工厂、学校和电视台等单位常举办各种智力比赛，而抢答器是必要设备。抢答器是一名公正的裁判员，其任务是从若干名参赛者中确定最先按抢答器的抢答者。在实际应用中，抢答器可以通过分立门电路、中规模集成电路、PLD 或单片机等多种方式实现，本项目将学习如何使用中规模集成电路来实现抢答功能。

抢答器电路由 5 部分组成：开关阵列电路、编码器、锁存器、七段显示译码器及数码显示器。本项目将围绕抢答器电路，介绍译码器、编码器及数码显示器等器件的逻辑功能和应用。

任务一　认识译码器

任务导入

译码器在日常生活和工作中有着广泛应用，无论是计算机、通信设备还是各种智能设备都有它的身影。典型应用场景有七段显示译码器、内存地址译码、多路复用、数据总线扩展、键盘编码、模式识别和电路控制等。本任务将利用数字电路把输入的二进制代码翻译转换成对应的控制信号从而实现译码功能。

任务目标

素质目标

（1）培养勤于思考、耐心细致的工作作风。

（2）培养学生的创新精神和实践能力。

（3）培养严谨的科学态度和良好的职业道德。

知识目标

（1）理解数制和码制的基本知识。

（2）熟悉通用译码器的逻辑功能及引脚排列，了解 3 线 –8 线译码器 74LS138 的应用。

（3）熟悉七段显示译码器 CD4511 的逻辑功能及引脚排列。

能力目标

（1）能识别 3 线 –8 线译码器 74LS138、七段显示译码器 CD4511 的引脚排列及逻辑符号。

（2）能用 Multisim 软件测试 3 线 –8 线译码器 74LS138 的逻辑功能。

（3）能用 Multisim 软件测试七段显示译码器 CD4511 的逻辑功能。

任务分析

译码器的作用就是将某种代码的原意翻译出来，其按功能可分为通用译码器和显示译码器。而要想认识译码器，了解译码器的应用，首先必须理解数制及码制的相关知识。

基础知识

一、数制和码制

数字电路经常要和各种数码打交道，在组合逻辑电路的分析中，已经介绍了二进制数码，下面将对各种不同进制的数制和码制进行介绍。

1. 数制

数制即计数体制。日常生活中，最熟悉的是十进制，但十进制并非唯一的计数方法。例如，一年等于十二个月，1 min 等于 60 s，这些都不是十进制。而在数字电路中广泛采用的是二进制。

（1）常用的数制。

常用的数制有十进制、二进制、八进制、十六进制等。

① 十进制。

十进制共有 10 个数码，分别为 0，1，2，3，4，5，6，7，8，9。其计数规律为逢十进一、借一当十。

其权展开式为
$$(N)_{10}=\sum_{i=-m}^{n-1}a_{\mathrm{i}}\times 10^{i}$$

式中　10^{i}——十进制数各位的权。

　m,n——正整数。

例如，$(2001.9)_{10}=2\times10^{3}+0\times10^{2}+0\times10^{1}+1\times10^{0}+9\times10^{-1}$（$m=1$，$n=4$）。

② 二进制。

二进制计数与十进制计数相似，但数码只有 0 和 1。其计数规则是逢二进一、借一当二。

其权展开式为
$$(N)_{2}=\sum_{i=-m}^{n-1}a_{\mathrm{i}}\times 2^{i}$$

式中　2^{i}——二进制数各位的权。

　m,n——正整数。

例如，$(1101.101)_{2}=1\times2^{3}+1\times2^{2}+0\times2^{1}+1\times2^{0}+1\times2^{-1}+0\times2^{-2}+1\times2^{-3}$。

二进制不仅数码少，而且运算规则简单。数码“0”和“1”可以表示两种对立的状态，如开关的通和断、晶体管的导通和截止，同时运算放大电路和控制电路也很简单，所以在数字电子技术中普遍采用二进制数。但是二进制数的位数往往比较多，读、写起来不方便。为此，常使用八进制数和十六进制数来读、写二进制数。

③ 八进制。

八进制共有 0，1，2，3，4，5，6，7 八个数码，其计数规则是逢八进一，借一当八。

其权展开式为
$$(N)_{8}=\sum_{i=-m}^{n-1}a_{\mathrm{i}}\times 8^{i}$$

式中　8^{i}——八进制数各位的权。

　m,n——正整数。

例如，$(67.731)_{8}=6\times8^{1}+7\times8^{0}+7\times8^{-1}+3\times8^{-2}+1\times8^{-3}$。

④ 十六进制。

十六进制共有 0，1，2，3，4，5，6，7，8，9，A，B，C，D，E，F 十六个数码，其计数规则是逢十六进一，借一当十六。

其权展开式为
$$(N)_{16}=\sum_{i=-m}^{n-1}a_{\mathrm{i}}\times 16^{i}$$

式中　16^i——十六进制数各位的权。

m,n——正整数。

例如，$(8AE6)_{16}=8\times16^3+A\times16^2+E\times16^1+6\times16^0$。

（2）数制之间的相互转换。

① 二进制转换为十进制。

在二进制数转换为十进制数时，只要将其按权展开，并求出各加权系数的和，便得到对应的十进制数。

例如，$(1101.11)_2=1\times2^3+1\times2^2+0\times2^1+1\times2^0+1\times2^{-1}+1\times2^{-2}=(13.75)_{10}$。

② 十进制转换为二进制。

十进制数的整数部分转换为二进制数采用“除 2 取余法”，而十进制数的小数部分转换为二进制数采用“乘 2 取整法”。

例 5－1　将十进制数$(107.625)_{10}$转换成二进制数。

解： 整数部分转换为

除数	被除数		余数			
2	107	……	1	……	K_0	最低位
2	53	……	1	……	K_1	↑
2	26	……	0	……	K_2	读
2	13	……	1	……	K_3	数
2	6	……	0	……	K_4	顺
2	3	……	1	……	K_5	序
2	1	……	1	……	K_6	最高位
	0					

所以，有　$(107)_{10}=(K_6K_5K_4K_3K_2K_1K_0)=(1101011)_2$

小数部分转换为

$0.625\times2=1.250$　　整数部分$=1=K_{-1}$

$0.25\times2=0.500$　　整数部分$=0=K_{-2}$

$0.500\times2=1.00$　　整数部分$=1=K_{-3}$

所以，有　$(0.625)_{10}=(K_{-1}K_{-2}K_{-3})_2=(101)_2$

由此可得　$(107.625)_{10}=(1101011.101)_2$

③ 二进制与八进制之间的相互转换。

二进制数转换为八进制数的方法：整数部分从低位开始，每 3 位二进制数为一组，若最后不足 3 位，则在高位加 0 补足 3 位；小数点后的二进制数则从高位开始，每 3 位二进制数为一组，若最后不足 3 位，则在低位加 0 补足 3 位。最后写出每组所对应的八进制数即可。

例 5－2　将二进制数$(11100101.11101011)_2$转换成八进制数。

解： $(11100101.11101011)_2=(011\ \ 100\ \ 101.\ \ 111\ \ 010\ \ 110)_2=(345.726)_8$

反之，八进制数转换为二进制数，只要将每位八进制数用 3 位二进制数来代替，再按原来的顺序排列起来，便得到了相应的二进制数。

例 5－3　将八进制数 $(745.361)_8$ 转换成二进制数。

解：　　$(745.361)_8=(111\ \ 100\ \ 101.\ \ 011\ \ 110\ \ 001)_2$

④ 二进制与十六进制之间的相互转换。

二进制数转换为十六进制数的方法：整数部分从低位开始，每 4 位二进制数为一组，若最后不足 4 位，则在高位加 0 补足 4 位；小数点后的二进制数则从高位开始，每 4 位二进制数为一组，若最后不足 4 位的，则在低位加 0 补足 4 位。最后写出每组所对应的十六进制数即可。

例 5－4　将二进制数 $(10011111011.111011)_2$ 转换成十六进制数。

解：　$(10011111011.111011)_2=(0100\ \ 1111\ \ 1011.\ \ 1110\ \ 1100)_2=(4FB.EC)_{16}$

反之，十六进制数转换成二进制数，只要将每位十六进制数用 4 位二进制数来代替，再按原来的顺序排列起来，便得到了相应的二进制数。

例 5－5　将十六进制数 $(3BE5.97D)_{16}$ 转换成二进制数。

解：　$(3BE5.97D)_{16}=(11\ \ 1011\ \ 1110\ \ 0101.\ \ 1001\ \ 0111\ \ 1101)_2$

2. 码制

码制是指用二进制数表示数字或字符的编码方法。

十进制数不能用于数字电路，必须将其转换为二进制数，通常用 4 位二进制数进行编码来表示 1 位十进制数。这种二进制码对十进制数的编码称为二－十进制码（binary coded decimal，BCD）。常用 BCD 码如表 5－1 所示。

表 5－1　常用 BCD 码

十进制数	有权码				无权码
	8421 码	5421 码	2421（A）码	2421（B）码	余 3 码
0	0000	0000	0000	0000	0011
1	0001	0001	0001	0001	0100
2	0010	0010	0010	0010	0101
3	0011	0011	0011	0011	0110
4	0100	0100	0100	0100	0111
5	0101	1000	0101	1011	1000
6	0110	1001	0110	1100	1001
7	0111	1010	0111	1101	1010
8	1000	1011	1110	1110	1011
9	1001	1100	1111	1111	1100

（1）8421 码。

这种编码取 4 位二进制码的前 10 种状态，即 0000～1001，依次代表它所对应的十进制码 0～9，严格遵从二进制数的自然加权值，即 2^3，2^2，2^1，2^0，所以这种编码称为自然加权的二－十进制码，又称 8421BCD 码。

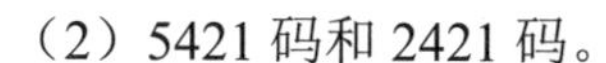

（2）5421码和2421码。

这两种编码也是有权码，由高到低，其权值依次为5，4，2，1和2，4，2，1。

（3）余3码。

余3码是由8421BCD码加3（0011）而得到的，是一种自补码。在余3码中，0和9、1和8、2和7、3和6、4和5，两两之间互为反码，适用于运算放大电路。

（4）格雷码。

格雷码（Gray code）的编码规则是，相邻两数的编码只能有一位码元发生变化，也称单位距离码，其首尾之间也只有一位码元改变，因而可成为循环码。

BCD码用4位二进制码表示的只是十进制数的1位。如果是多位十进制数，则应先将每位用BCD码表示，然后再组合起来。

例5-6　写出$(63.25)_{10}$的8421BCD码。

解：因为

6	3	.	2	5
0110	0011		0010	0101

所以$(63.25)_{10}=(01100011.00100101)_{8421BCD}$。

二、译码器

译码器是一种常用的组合逻辑电路，其逻辑功能是将输入的二进制编码所表示的特定含义翻译出来。具有译码功能的逻辑电路称为译码器。

译码器按照用途一般可分为两类，即通用译码器和显示译码器。而通用译码器又可分为二进制译码器、二-十进制译码器，它们都是很典型、应用十分广泛的译码电路。

1. 通用译码器

（1）二进制译码器。

把二进制编码的各种状态，按其原意翻译成对应输出信号的电路，称为二进制译码器，也称变量译码器。其电路特点是有n个输入，2^n个输出。图5-1所示为二进制译码器示意框图。

图5-1　二进制译码器示意框图

二进制译码器根据输入、输出端的个数可分为2线-4线译码器、3线-8线译码器、4线-16线译码器等。

下面以3线-8线译码器为例说明二进制译码器的工作原理。

3线-8线译码器逻辑电路如图5-2所示。该电路有3个输入端A_2，A_1，A_0，有8种输入状态的组合，分别对应8个输出端$Y_0 \sim Y_7$，所以该电路称为3线-8线译码器。

由图5-2可得

$$Y_0=\overline{A}_2\overline{A}_1\overline{A}_0 \qquad Y_1=\overline{A}_2\overline{A}_1A_0 \qquad Y_2=\overline{A}_2A_1\overline{A}_0 \qquad Y_3=\overline{A}_2A_1A_0$$

$$Y_4=A_2\overline{A}_1\overline{A}_0 \qquad Y_5=A_2\overline{A}_1A_0 \qquad Y_6=A_2A_1\overline{A}_0 \qquad Y_7=A_2A_1A_0$$

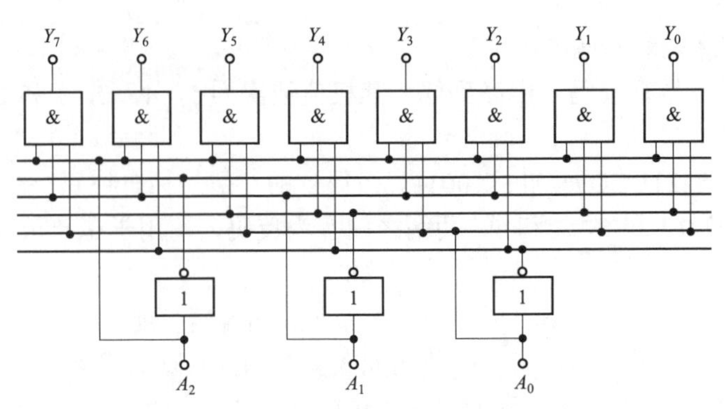

图 5-2　3 线-8 线译码器逻辑电路

其真值表如表 5-2 所示。

表 5-2　3 线-8 线译码器真值表

A_2	A_1	A_0	Y_0	Y_1	Y_2	Y_3	Y_4	Y_5	Y_6	Y_7
0	0	0	1	0	0	0	0	0	0	0
0	0	1	0	1	0	0	0	0	0	0
0	1	0	0	0	1	0	0	0	0	0
0	1	1	0	0	0	1	0	0	0	0
1	0	0	0	0	0	0	1	0	0	0
1	0	1	0	0	0	0	0	1	0	0
1	1	0	0	0	0	0	0	0	1	0
1	1	1	0	0	0	0	0	0	0	1

由表 5-2 可知，在输入 A_2，A_1，A_0 的任一取值下，8 个输出 Y_0～Y_7 中总有一个且只有一个为 1，其余 7 个输出都为 0，即每一个输出都对应一种输入状态的组合。

实际的集成 3 线-8 线译码器 74LS138，其引脚排列及逻辑符号分别如图 5-3（a）和图 5-3（b）所示，真值表如表 5-3 所示。

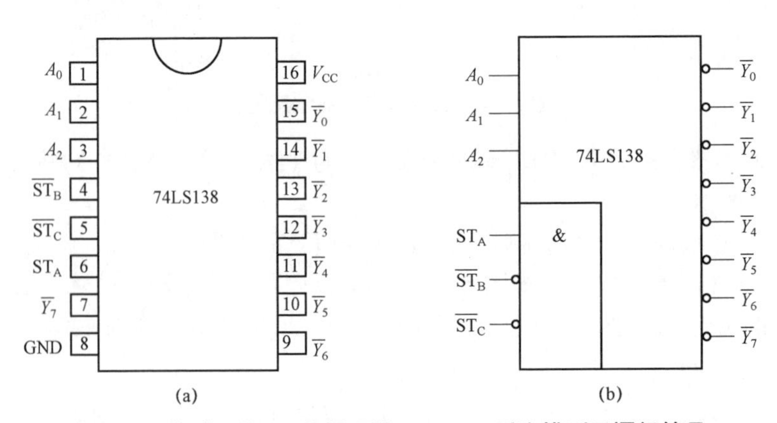

图 5-3　集成 3 线-8 线译码器 74LS138 引脚排列及逻辑符号

表 5-3　集成 3 线-8 线译码器 74LS138 真值表

输入					输出							
ST_A	$\overline{ST_B}+\overline{ST_C}$	A_2	A_1	A_0	$\overline{Y}_0$	$\overline{Y}_1$	$\overline{Y}_2$	$\overline{Y}_3$	$\overline{Y}_4$	$\overline{Y}_5$	$\overline{Y}_6$	$\overline{Y}_7$
0	×	×	×	×	1	1	1	1	1	1	1	1
×	1	×	×	×	1	1	1	1	1	1	1	1
1	0	0	0	0	0	1	1	1	1	1	1	1
1	0	0	0	1	1	0	1	1	1	1	1	1
1	0	0	1	0	1	1	0	1	1	1	1	1
1	0	0	1	1	1	1	1	0	1	1	1	1
1	0	1	0	0	1	1	1	1	0	1	1	1
1	0	1	0	1	1	1	1	1	1	0	1	1
1	0	1	1	0	1	1	1	1	1	1	0	1
1	0	1	1	1	1	1	1	1	1	1	1	0

集成 3 线-8 线译码器 74LS138 除了有 3 个代码输入端 A_2，A_1，A_0 外，还有 3 个控制输入端 ST_A，$\overline{ST_B}$，$\overline{ST_C}$，也称使能端，8 个输出端分别为 $\overline{Y}_0$ ～ $\overline{Y}_7$，该译码器有效输出电平为低电平。当 $A_2A_1A_0=001$ 时，$\overline{Y}_1=0$，而其他未被译中的输出线（$\overline{Y}_0$，$\overline{Y}_2$，$\overline{Y}_3$，$\overline{Y}_4$，$\overline{Y}_5$，$\overline{Y}_6$，$\overline{Y}_7$）均为高电平。

由表 5-3 可知，当控制端 $ST_A=1$，$\overline{ST_B}=\overline{ST_C}=0$ 时，译码器工作，允许译码；否则译码器停止工作，输出端全为高电平，即无效信号。

另外，当 $ST_A=1$ 且 $\overline{ST_B}+\overline{ST_C}=0$ 时，由表 5-3 可得各输出端的表达式为

$$\overline{Y}_0=\overline{\overline{A}_2\overline{A}_1\overline{A}_0}\qquad \overline{Y}_1=\overline{\overline{A}_2\overline{A}_1A_0}\qquad \overline{Y}_2=\overline{\overline{A}_2A_1\overline{A}_0}\qquad \overline{Y}_3=\overline{\overline{A}_2A_1A_0}$$

$$\overline{Y}_4=\overline{A_2\overline{A}_1\overline{A}_0}\qquad \overline{Y}_5=\overline{A_2\overline{A}_1A_0}\qquad \overline{Y}_6=\overline{A_2A_1\overline{A}_0}\qquad \overline{Y}_7=\overline{A_2A_1A_0}$$

由此可以看出，$\overline{Y}_0$ ～ $\overline{Y}_7$ 恰好为 A_2，A_1 和 A_0 这 3 个变量的全部最小项非的形式。

除了 74LS138 外，74LS131 也是集成 3 线-8 线译码器；另外，4 线-16 线译码器典型集成电路产品有 74LS154、CD4515B、CD4514B 等。

（2）二-十进制译码器。

二-十进制译码器就是能将 BCD 码的 10 个编码变换为相应的十进制数码的组合逻辑电路，也称 4 线-10 线译码器。

74LS42 是一种 4 线-10 线译码器，其引脚排列及逻辑符号分别如图 5-4（a）和图 5-4（b）所示，真值表如表 5-4 所示。

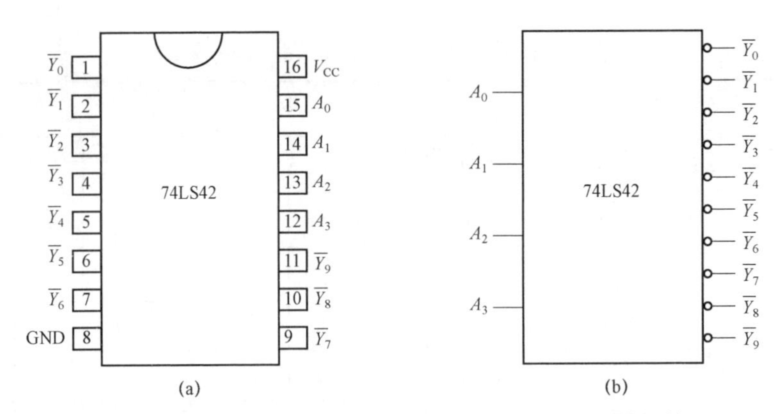

图 5-4　集成 4 线-10 线译码器 74LS42 引脚排列及逻辑符号

表 5-4　集成 4 线-10 线译码器 74LS42 真值表

序号	A_3	A_2	A_1	A_0	$\overline{Y}_0$	$\overline{Y}_1$	$\overline{Y}_2$	$\overline{Y}_3$	$\overline{Y}_4$	$\overline{Y}_5$	$\overline{Y}_6$	$\overline{Y}_7$	$\overline{Y}_8$	$\overline{Y}_9$
0	0	0	0	0	0	1	1	1	1	1	1	1	1	1
1	0	0	0	1	1	0	1	1	1	1	1	1	1	1
2	0	0	1	0	1	1	0	1	1	1	1	1	1	1
3	0	0	1	1	1	1	1	0	1	1	1	1	1	1
4	0	1	0	0	1	1	1	1	0	1	1	1	1	1
5	0	1	0	1	1	1	1	1	1	0	1	1	1	1
6	0	1	1	0	1	1	1	1	1	1	0	1	1	1
7	0	1	1	1	1	1	1	1	1	1	1	0	1	1
8	1	0	0	0	1	1	1	1	1	1	1	1	0	1
9	1	0	0	1	1	1	1	1	1	1	1	1	1	0
伪码	1	0	1	0	1	1	1	1	1	1	1	1	1	1
	1	0	1	1	1	1	1	1	1	1	1	1	1	1
	1	1	0	0	1	1	1	1	1	1	1	1	1	1
	1	1	0	1	1	1	1	1	1	1	1	1	1	1
	1	1	1	0	1	1	1	1	1	1	1	1	1	1
	1	1	1	1	1	1	1	1	1	1	1	1	1	1

由逻辑符号可知，它有 4 个输入端 A_3，A_2，A_1，A_0，有 10 个输出端分别为 $\overline{Y}_0 \sim \overline{Y}_9$，该译码器有效输出电平为低电平。

由真值表可知，对于 8421BCD 码以外的伪码（即 1010～1111 这 6 个编码），$\overline{Y}_0 \sim \overline{Y}_9$ 上均无低电平信号（有效信号），即译码器拒绝翻译。

另外，74LS145，CD4028 等也都是 4 线-10 线译码器。

2. 显示译码器

在数字系统中，经常需要将表示数字、文字和符号的二进制编码通过译码器翻译出来，并驱动显示器件显示出该数字、文字和符号，以便直接观察和读取，这一类译码器称为显示译码器。

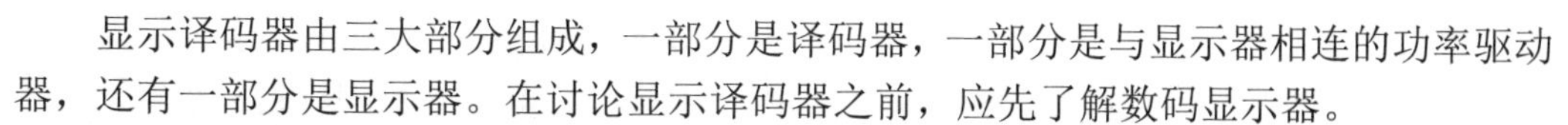

显示译码器由三大部分组成，一部分是译码器，一部分是与显示器相连的功率驱动器，还有一部分是显示器。在讨论显示译码器之前，应先了解数码显示器。

（1）数码显示器。

数码显示器是用来显示数字、文字和符号的器件。显示器的种类很多，最常用的是七段字形数码管。按发光材料的不同，它可分为发光二极管显示器、荧光数码管显示器、液晶显示器（liquid crystal display，LCD）等几种，这里主要介绍目前应用最广泛的由发光二极管构成的七段数码显示器。

七段数码显示器就是将 7 个发光二极管（加小数点为 8 个）按一定的方式排列起来，七段 *a*，*b*，*c*，*d*，*e*，*f*，*g*（小数点 DP）各对应一个发光二极管，利用不同发光段的组合，显示不同的阿拉伯数字。若 BCD 码超过 10，则译码器输出各种奇形怪状的符号，以提醒使用者有伪码输入，如图 5－5 所示。

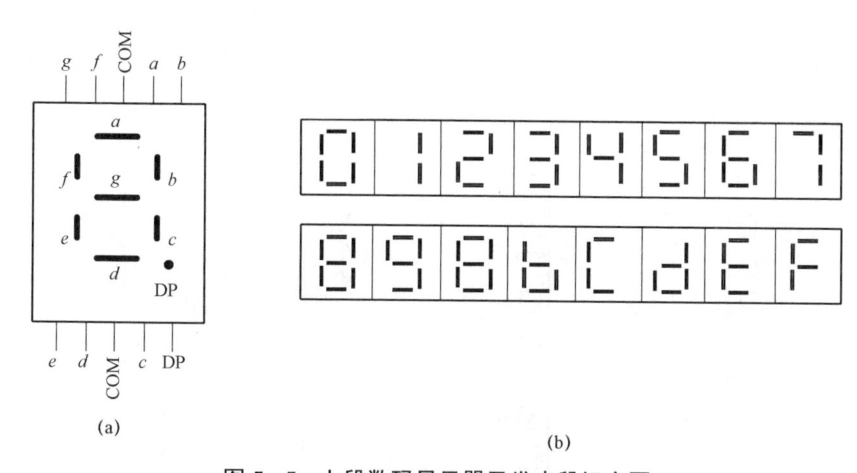

图 5－5　七段数码显示器及发光段组合图

（a）显示器；（b）发光段组合图

按内部连接方式不同，七段数码显示器分为共阳极和共阴极两种，如图 5－6 所示。而在共阳极接法中，译码器需要输出高电平来驱动各显示段发光；在共阴极接法中，译码器输出低电平来驱动显示段发光。

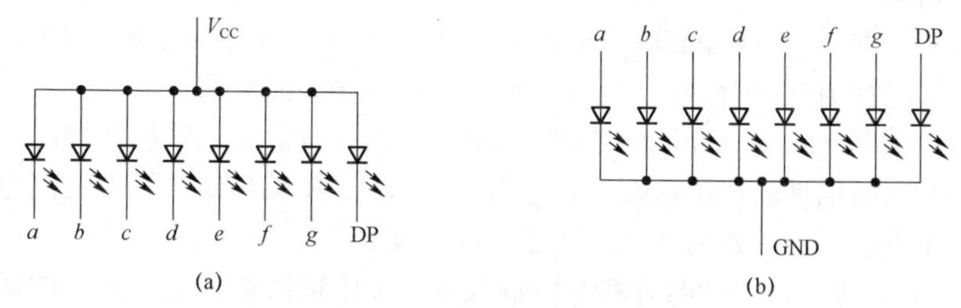

图 5－6　半导体数字显示器的内部接法

（a）共阳极接法；（b）共阴极接法

发光二极管显示器的优点是清晰悦目，工作电压较低（1.5～3 V）、体积小、寿命长、亮度高、响应速度快、工作可靠性高。其缺点是工作电流大，每个字段的工作电流约为 10 mA。

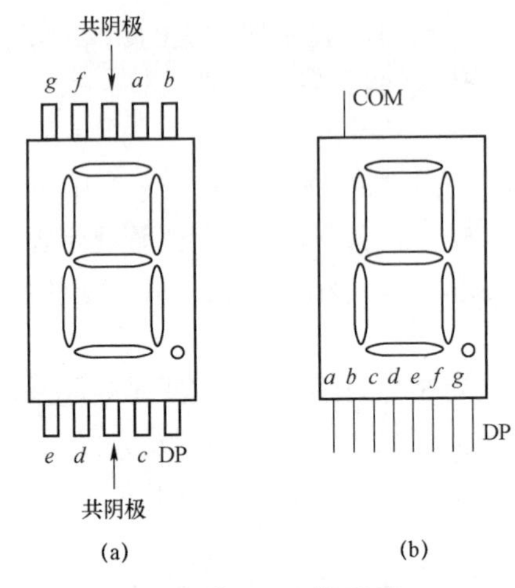

图 5-7 共阴极 LED 数码管 LC5011 引脚排列及逻辑符号

图 5-7（a）和图 5-7（b）所示分别为共阴极 LED 数码管 LC5011 的引脚排列及逻辑符号。

（2）七段数码显示器。

七段数码显示器利用不同发光段的组合来显示不同的数字，因此，为了使数码显示器能将代码所代表的数显示出来，必须首先将代码译出，然后经驱动电路点亮对应的显示段。

CD4511 是一种用于驱动共阴极 LED 显示器（数码管）的 BCD 码—七段码译码器，它具有 BCD 转换、消隐和锁存控制、七段译码及驱动功能，能提供较大的拉电流，可直接驱动 LED 显示器。

CD4511 引脚排列及逻辑符号如图 5-8（a）和图 5-8（b）所示，各引脚功能说明如下。

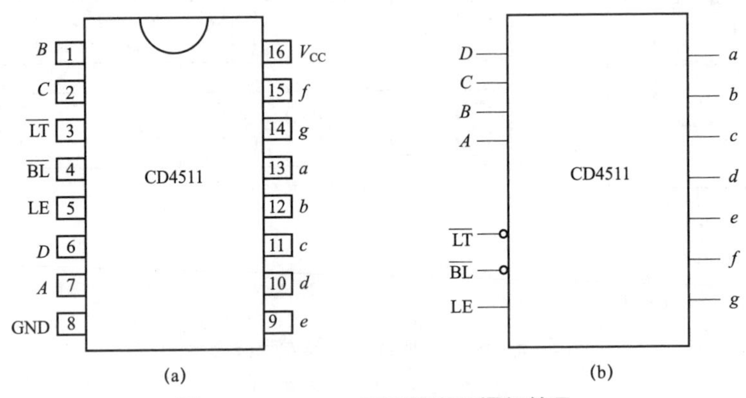

图 5-8 CD4511 引脚排列及逻辑符号

① $\overline{\text{LT}}$：试灯输入（lamp test input），低电平有效。当其为低电平时，与 CD4511 相连的显示器所有笔画全部亮，如不亮，则表示该笔画可能有故障。因此，它可用于检验数码显示器的好坏。

② $\overline{\text{BL}}$：灭灯输入（blanking input），低电平有效。当其为低电平（$\overline{\text{LT}}=1$）时，所有笔画熄灭。利用 $\overline{\text{BL}}$ 信号端，可以控制该电路的显示或消隐。

③ LE：锁存（latch enable）。当其为低电平时，CD4511 的输出与该时刻输入的信号有关；当其为高电平时，不接收输入信号，CD4511 的输出仅与该端为高电平前的状态有关，且无论输入信号如何变化，输出保持不变。

④ *D*，*C*，*B*，*A* 为 8421BCD 码输入端，其中输入端 *D* 对应编码的最高位，输入端 *A* 对应编码最低位。

⑤ *a*～*g* 为输出端。

CD4511 真值表如表 5-5 所示。

表 5-5　CD4511 真值表

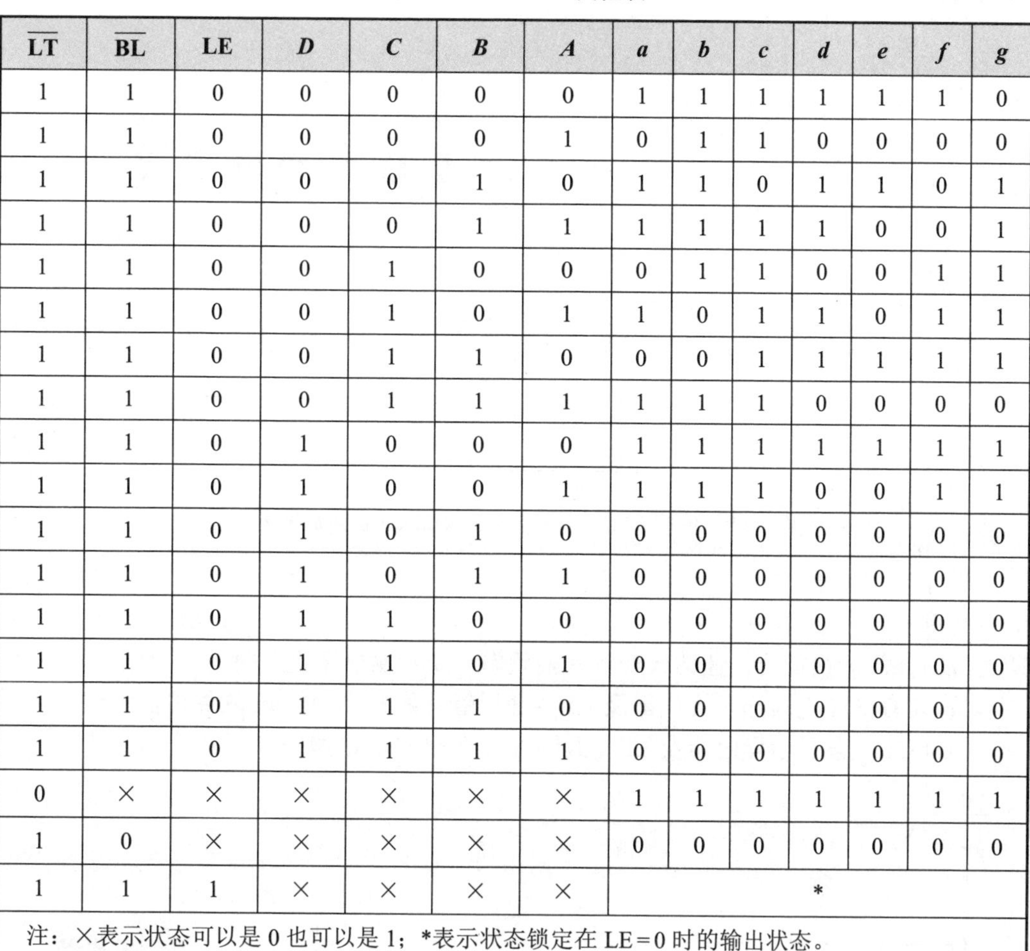

$\overline{LT}$	$\overline{BL}$	LE	D	C	B	A	a	b	c	d	e	f	g
1	1	0	0	0	0	0	1	1	1	1	1	1	0
1	1	0	0	0	0	1	0	1	1	0	0	0	0
1	1	0	0	0	1	0	1	1	0	1	1	0	1
1	1	0	0	0	1	1	1	1	1	1	0	0	1
1	1	0	0	1	0	0	0	1	1	0	0	1	1
1	1	0	0	1	0	1	1	0	1	1	0	1	1
1	1	0	0	1	1	0	0	0	1	1	1	1	1
1	1	0	0	1	1	1	1	1	1	0	0	0	0
1	1	0	1	0	0	0	1	1	1	1	1	1	1
1	1	0	1	0	0	1	1	1	1	0	0	1	1
1	1	0	1	0	1	0	0	0	0	0	0	0	0
1	1	0	1	0	1	1	0	0	0	0	0	0	0
1	1	0	1	1	0	0	0	0	0	0	0	0	0
1	1	0	1	1	0	1	0	0	0	0	0	0	0
1	1	0	1	1	1	0	0	0	0	0	0	0	0
1	1	0	1	1	1	1	0	0	0	0	0	0	0
0	×	×	×	×	×	×	1	1	1	1	1	1	1
1	0	×	×	×	×	×	0	0	0	0	0	0	0
1	1	1	×	×	×	×	*						
注：×表示状态可以是 0 也可以是 1；*表示状态锁定在 LE=0 时的输出状态。													

想一想

（1）说一说 3 线-8 线、4 线-10 线分别代表什么？

（2）当 3 线-8 线译码器 74LS138 正常工作，输入信号 $A_2A_1A_0=101$ 时，其输出端各会出现什么状态？若输入信号 $A_2A_1A_0=011$，则其输出端又各会出现什么状态？

（3）3 线-8 线译码器 74LS138 除了 3 个输入端，8 个输出端外，还有 3 个使能端 ST_A，$\overline{ST}_B$，$\overline{ST}_C$，若 $ST_A=\overline{ST}_B=\overline{ST}_C=0$，则其输出端状态如何？

任务实施

译码器的 Multisim 软件仿真测试。

一、集成 3 线-8 线译码器 74LS138 的 Multisim 软件仿真测试

在 Multisim 软件中搭建好如图 5-9 所示的集成 3 线-8 线译码器 74LS138 仿真测

试电路。

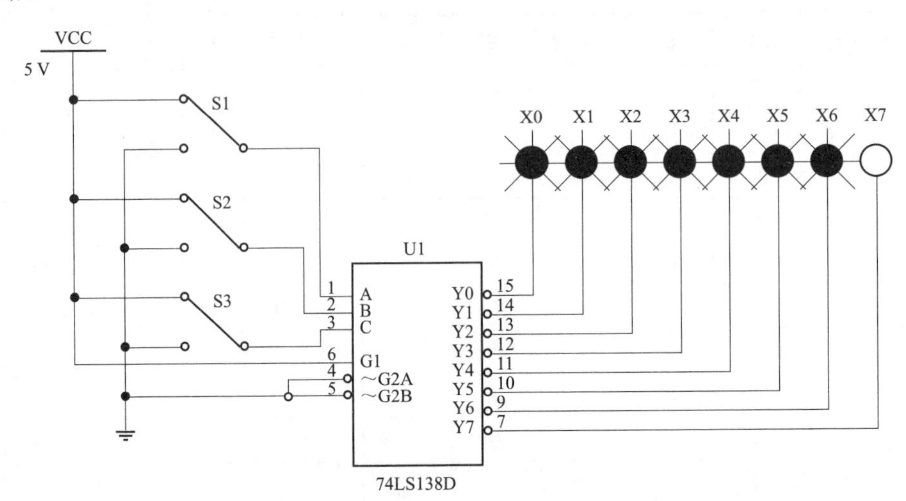

图 5-9　集成 3 线-8 线译码器 74LS138 仿真测试电路

将开关 S3，S2，S1 向上拨时，输入为高电平“1”；向下拨时，输入为低电平“0”。注意：3 个输入端中，S3 所对应的 *C* 端为最高位，S2 所对应的 *B* 端为次高位，S1 所对应的 *A* 端为最低位。任意改变输入端状态，观察输出端状态的变化情况。

二、CD4511 七段显示译码器及 LED 数码管功能的 Multisim 软件仿真测试

CD4511 七段显示译码器及 LED 数码管仿真测试电路如图 5-10 所示。

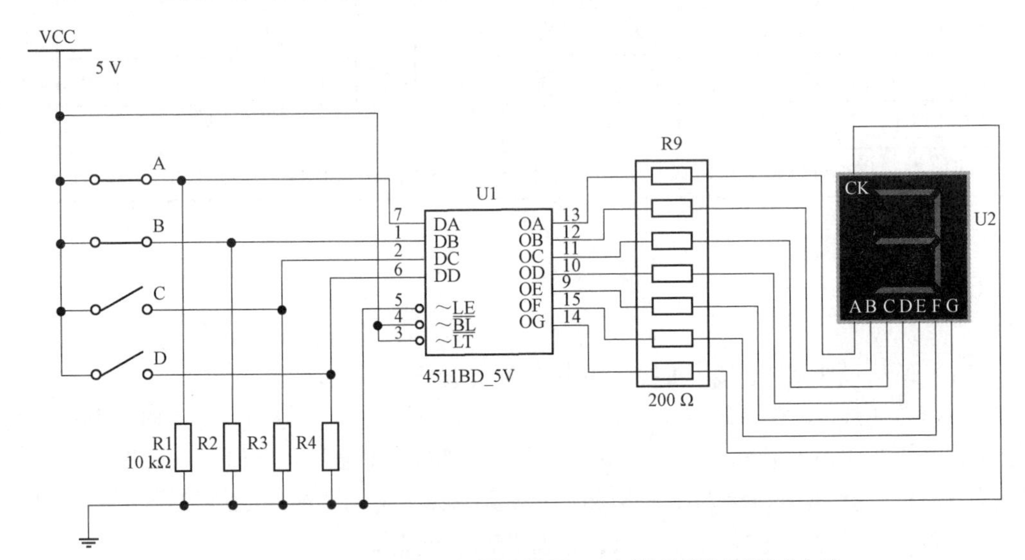

图 5-10　CD4511 七段显示译码器及 LED 数码管仿真测试电路

图 5-10 中 R_1，R_2，R_3，R_4 为输入端的 4 个下拉电阻，阻值均为 10 kΩ；当开关 D，C，B，A 闭合时，输入为高电平“1”；当开关 D，C，B，A 断开时，输入为低电平“0”。其中 *D* 输入端对应数码的最高位，*A* 输入端对应数码的最低位。引脚 3、引脚 4、引脚 5 分别为 CD4511 的 3 个功能端，即试灯输入端、灭灯输入端和锁存端。CD4511 正常译码时应使引脚 3、引脚 4、引脚 5 依次为“1”“1”“0”。任意改变其输入端的状态，观

察 CD4511 输出端的状态，以及数码管显示状态的变化。

知识拓展

译码器 74LS138 的功能拓展介绍如下。

译码器除完成译码功能外，还可以完成其他逻辑功能。

一、用 74LS138 构成 4 线 – 16 线译码器

由译码器 74LS138 的逻辑符号可知，它每片只有 8 个输出端，3 个输入端，而 4 线 – 16 线译码器则需要 16 个输出端，4 个输入端，故需要 2 片 74LS138 才能构成一个 4 线 – 16 线译码器。现在要对 4 位二进制译码，所以可以利用使能端 ST_A，$\overline{ST}_B$，$\overline{ST}_C$ 中若干个连接作为第四个输入端。图 5 – 11 电路所示为用两片 74LS138 构成的 4 线 – 16 线译码器。

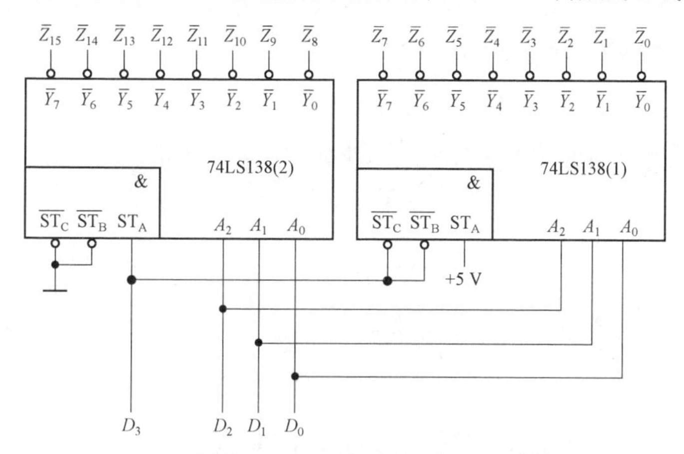

图 5 – 11　两片 74LS138 构成的 4 线 – 16 线译码器

令第一片译码器 74LS138 中的 $\overline{ST}_B$ 和 $\overline{ST}_C$ 与第二片 74LS138 中的 ST_A 连接，作为第四个输入端 D_3（最高位）。则当 $D_3=0$ 时，第一片 74LS138 工作，其输出端 $\overline{Y}_0\sim\overline{Y}_7$ 状态取决于输入端 $D_3\sim D_0$，而第二片 74LS138 处于禁止状态，这时将 $D_3D_2D_1D_0$ 的 0000～0111 八个编码译成 $\overline{Z}_0\sim\overline{Z}_7$ 八个信号。当 $D_3=1$ 时，第二片 74LS138 工作，第一片 74LS138 处于禁止状态，将 $D_3D_2D_1D_0$ 的 1000～1111 八个代码译成 $\overline{Z}_8\sim\overline{Z}_{15}$ 八个信号。这样，两片 74LS138 就扩展为 4 线 – 16 线译码器。

二、用 74LS138 实现组合逻辑函数

因为一个二进制译码器可提供 2^n 个最小项输出，而任何逻辑函数都可用最小项之和表示，所以，可利用译码器产生最小项，再外接门电路取得最小项之和，从而得到某逻辑函数。

例 5 – 7　试用一片 74LS138 实现三人多数表决电路。

解：可知三人多数表决电路的逻辑函数表达式为

$$Y = AB + BC + AC$$

（1）设函数的自变量与译码器的输入变量之间的相应关系为

$$A = A_2,\quad B = A_1,\quad C = A_0$$

（2）将函数化为译码器输入变量的最小项表达式，即

$$\begin{aligned}Y &= AB + BC + AC\\ &= AB(C+\overline{C}) + BC(A+\overline{A}) + AC(B+\overline{B})\\ &= ABC + AB\overline{C} + ABC + \overline{A}BC + ABC + A\overline{B}C\\ &= ABC + AB\overline{C} + \overline{A}BC + A\overline{B}C\\ &= A_2A_1A_0 + A_2A_1\overline{A_0} + \overline{A_2}A_1A_0 + A_2\overline{A_1}A_0\end{aligned}$$

（3）用译码器的输出表示函数，当 $\mathrm{ST_A}=1$，$\overline{\mathrm{ST_B}}=\overline{\mathrm{ST_C}}=0$ 时，有

$$\overline{Y}_3 = \overline{\overline{A_2}A_1A_0},\quad \overline{Y}_5 = \overline{A_2\overline{A_1}A_0},\quad \overline{Y}_6 = \overline{A_2A_1\overline{A_0}},\quad \overline{Y}_7 = \overline{A_2A_1A_0}$$

因此，可用外接与非门实现该电路，即

$$Y = Y_3 + Y_5 + Y_6 + Y_7 = \overline{\overline{Y}_3\,\overline{Y}_5\,\overline{Y}_6\,\overline{Y}_7}$$

一片 74LS138 构成的三人多数表决电路如图 5－12 所示。

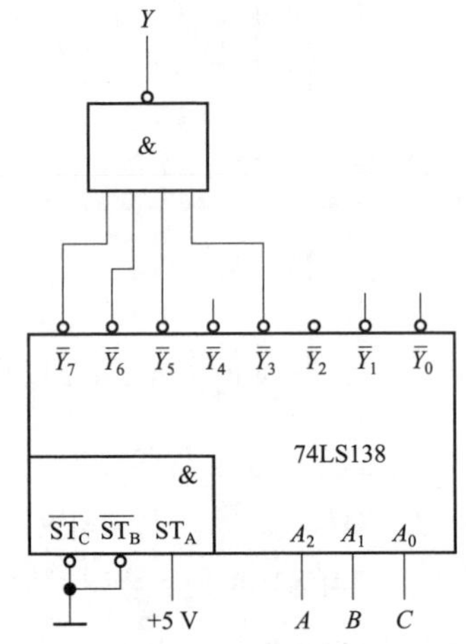

图 5－12　一片 74LS138 构成的三人多数表决电路

任务二　认识编码器

任务导入

编码器是一种用于测量旋转或线性位移的设备，它可将物理量转换为数字信号，实现测量、检测、控制、调节、数据转换和通信等功能，广泛应用于工业自动化、机器人技术、汽车电子、航空航天等领域中。本任务将把某种具有特定意义的信号（如选手编号、生日号码、楼层信息）编成相应的若干位二进制编码来处理，请保持细致耐心的工作作风和爱岗敬业的职业态度。

任务目标

素质目标

（1）增强爱国主义精神，培养实干报国意识。
（2）培养爱岗敬业的职业态度和耐心细致的工作作风。
（3）培养节约资源、创新合作的精神。

知识目标

（1）理解编码器在数字电路中的作用。
（2）熟悉常见编码器的逻辑功能及引脚排列，了解编码器的应用。

能力目标

（1）能识别常见编码器的引脚排列及逻辑符号。
（2）能用 Multisim 软件测试常见编码器 74LS148 的逻辑功能。

任务分析

编码器的输入是特定含义的信号（如选手编号、生日号码），输出为二进制编码。编码器按编码方式可分为普通编码器和优先编码器，按编码种类可分为二进制编码器和二－十进制编码器。其中普通编码器对输入要求比较苛刻，任何时刻只允许一个输入信号有效；而优先编码器克服了普通编码器输入信号相互排斥的问题，允许同时输入两个或两个以上的信号，所以应用更加广泛。

基础知识

一、普通编码器

此处仅介绍普通的二进制编码器。

用 n 位二进制编码对 2^n 个信号进行编码的电路称为二进制编码器。3 位二进制编码器有 8 个输入端、3 个输出端，所以常为 8 线 – 3 线编码器，除此之外，还有 4 线 – 2 线编码器及 16 线 – 4 线编码器。

图 5 – 13 所示为 8 线 – 3 线编码器逻辑电路，它有 8 个输入端、3 个输出端。

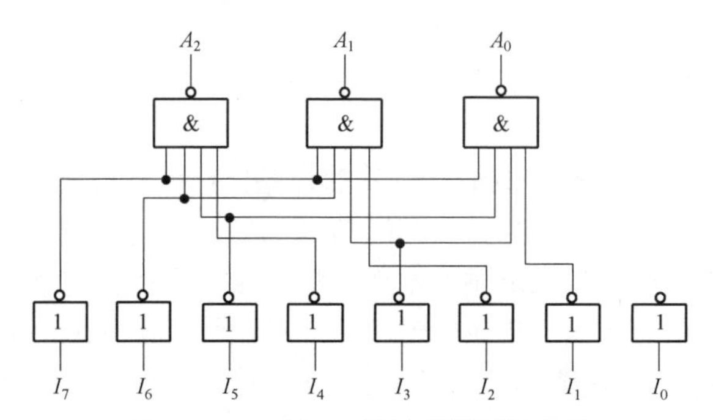

图 5 – 13　8 线 – 3 线编码器逻辑电路

由该逻辑电路可写出逻辑函数表达式

$$A_2 = \overline{\overline{I}_4\overline{I}_5\overline{I}_6\overline{I}_7} = I_4 + I_5 + I_6 + I_7$$

$$A_1 = \overline{\overline{I}_2\overline{I}_3\overline{I}_6\overline{I}_7} = I_2 + I_3 + I_6 + I_7$$

$$A_0 = \overline{\overline{I}_1\overline{I}_3\overline{I}_5\overline{I}_7} = I_1 + I_3 + I_5 + I_7$$

由逻辑函数表达式列真值表，如表 5 – 6 所示。

表 5 – 6　8 线 – 3 线编码器真值表

I_0	I_1	I_2	I_3	I_4	I_5	I_6	I_7	A_2	A_1	A_0
1	0	0	0	0	0	0	0	0	0	0
0	1	0	0	0	0	0	0	0	0	1
0	0	1	0	0	0	0	0	0	1	0
0	0	0	1	0	0	0	0	0	1	1
0	0	0	0	1	0	0	0	1	0	0
0	0	0	0	0	1	0	0	1	0	1
0	0	0	0	0	0	1	0	1	1	0
0	0	0	0	0	0	0	1	1	1	1

由真值表可知如下内容。

（1）该编码器为输入高电平有效，即当输入端是高电平时，发出编码请求。

（2）该电路要求任何时刻只允许有一个输入端输入有效信号，否则，电路不能正常工作，编码器功能将发生紊乱。

二、优先编码器

实际应用中，有时存在同时输入两个或两个以上的信号的情况，此时要求编码器的

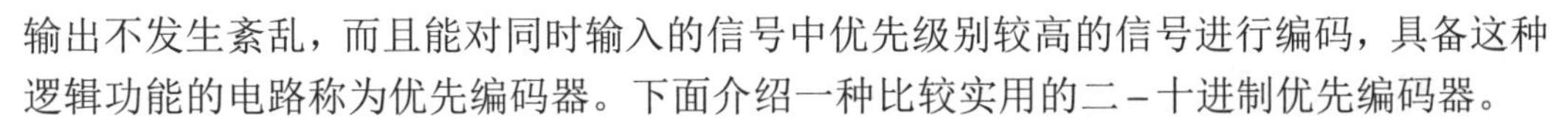

输出不发生紊乱，而且能对同时输入的信号中优先级别较高的信号进行编码，具备这种逻辑功能的电路称为优先编码器。下面介绍一种比较实用的二-十进制优先编码器。

二-十进制编码器也称为BCD编码器。中规模集成8421BCD码优先编码器主要有CD40147、74LS147等。现以CD40147为例，说明BCD编码器的逻辑功能。

8421BCD码优先编码器CD40147引脚排列如图5-14所示，其真值表如表5-7所示。

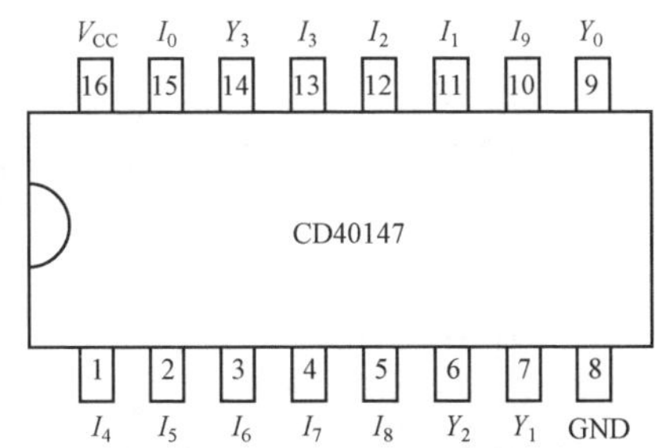

图5-14　8421BCD码优先编码器CD40147引脚排列

表5-7　8421BCD码优先编码器CD40147真值表

I_9	I_8	I_7	I_6	I_5	I_4	I_3	I_2	I_1	I_0	Y_3	Y_2	Y_1	Y_0
0	0	0	0	0	0	0	0	0	0	1	1	1	1
1	×	×	×	×	×	×	×	×	×	1	0	0	1
0	1	×	×	×	×	×	×	×	×	1	0	0	0
0	0	1	×	×	×	×	×	×	×	0	1	1	1
0	0	0	1	×	×	×	×	×	×	0	1	1	0
0	0	0	0	1	×	×	×	×	×	0	1	0	1
0	0	0	0	0	1	×	×	×	×	0	1	0	0
0	0	0	0	0	0	1	×	×	×	0	0	1	1
0	0	0	0	0	0	0	1	×	×	0	0	1	0
0	0	0	0	0	0	0	0	1	×	0	0	0	1
0	0	0	0	0	0	0	0	0	1	0	0	0	0

CD40147有10个输入端$I_0 \sim I_9$，4个输出端Y_3，Y_2，Y_1，Y_0，优先等级是9～0。

例如，当$I_9 = 1$时，无论其他输入端为何种状态，输出$Y_3Y_2Y_1Y_0 = 1001$；当$I_9 = I_8 = 0$，$I_7 = 1$时，输出$Y_3Y_2Y_1Y_0 = 0111$；当10个输入信号全为0时，输出$Y_3Y_2Y_1Y_0 = 1111$，这是一种伪码，表示没有编码输入。

想一想

（1）什么是编码？优先编码器中的“优先”二字应如何理解？

（2）说出10线-4线和8线-3线分别代表什么。

（3）译码器和编码器的主要区别在哪里？

知识拓展

8 线-3 线优先编码器 74LS148 介绍如下。

74LS148 为常见的 8 线-3 线优先编码器，其引脚排列及逻辑符号分别如图 5-15（a）和图 5-15（b）所示，真值表如表 5-8 所示。

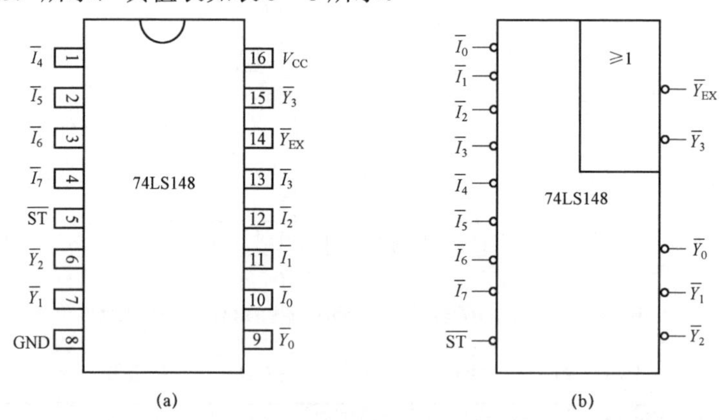

图 5-15　8 线-3 线优先编码器 74LS148 引脚排列及逻辑符号

表 5-8　8 线-3 线优先编码器 74LS148 真值表

$\overline{ST}$	$\overline{I}_7$	$\overline{I}_6$	$\overline{I}_5$	$\overline{I}_4$	$\overline{I}_3$	$\overline{I}_2$	$\overline{I}_1$	$\overline{I}_0$	$\overline{Y}_2$	$\overline{Y}_1$	$\overline{Y}_0$	$\overline{Y}_{EX}$	$\overline{Y}_S$
1	×	×	×	×	×	×	×	×	1	1	1	1	1
0	1	1	1	1	1	1	1	1	1	1	1	1	0
0	0	×	×	×	×	×	×	×	0	0	0	0	1
0	1	0	×	×	×	×	×	×	0	0	1	0	1
0	1	1	0	×	×	×	×	×	0	1	0	0	1
0	1	1	1	0	×	×	×	×	0	1	1	0	1
0	1	1	1	1	0	×	×	×	1	0	0	0	1
0	1	1	1	1	1	0	×	×	1	0	1	0	1
0	1	1	1	1	1	1	0	×	1	1	0	0	1
0	1	1	1	1	1	1	1	0	1	1	1	0	1

由图 5-15 以及真值表 5-8 可知如下内容。

（1）$\overline{I}_0 \sim \overline{I}_7$ 为编码输入端，低电平有效；$\overline{Y}_2 \sim \overline{Y}_0$ 为编码输出端，也为低电平有效。

（2）$\overline{ST}$ 为使能输入端，低电平有效。

（3）优先顺序为 $\overline{I}_7 \rightarrow \overline{I}_0$，即 $\overline{I}_7$ 的优先级最高，然后是 $\overline{I}_6$，$\overline{I}_5$，…，$\overline{I}_0$。

（4）$\overline{Y}_{EX}$ 为编码器的工作标志，低电平有效。

（5）$\overline{Y}_S$ 为使能输出端，高电平有效。

任务实施

8 线－3 线优先编码器 74LS148 功能的 Multisim 软件仿真测试。

在 Multisim 软件中搭建如图 5－16 所示的 8 线－3 线优先编码器 74LS148 仿真测试电路。

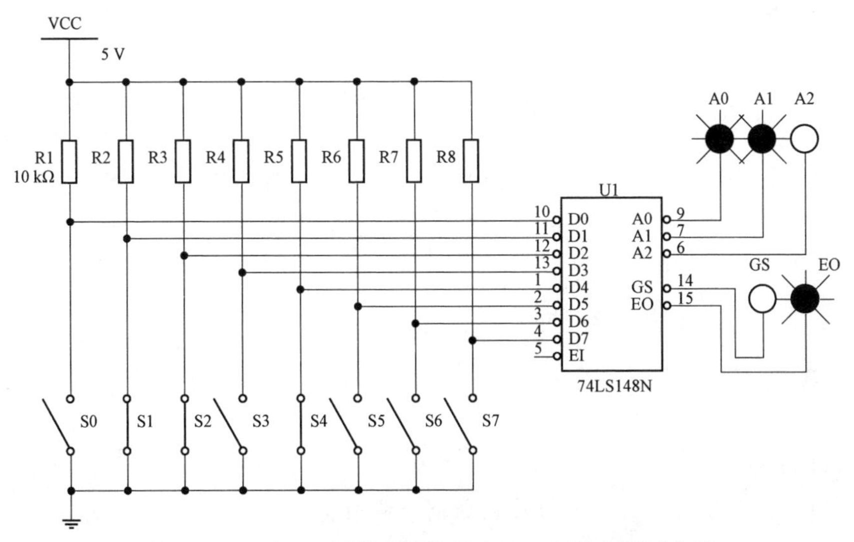

图 5－16　8 线－3 线优先编码器 74LS148 仿真测试电路

在图 5－16 中，开关 S0～S7 控制 74LS148 8 个输入端的状态，开关 ST 控制使能输入端的状态，正常工作时应将开关 ST 往下拨（即使能输入端接低电平）。拨动开关 S0～S7 改变输入端的状态，观察输出端、使能输出端和编码器的工作标志状态的变化情况。

任务三　抢答器电路的设计与制作

任务导入

实用抢答器这一产品是各种竞赛活动中不可缺少的设备。无论是学校、工厂、军队还是益智性电视节目，经常会举办各种各样的智力竞赛，这种竞赛都会用到抢答器。抢答器不仅考验选手的反应速度，同时也要求选手具备广博的知识储备和一定的勇气。竞赛选手都站在同一个起跑线上，体现了公平、公正的原则。

本任务要求运用模拟电路、数字电路知识制作一个四路智力竞赛抢答器，要求有优先锁存、数显及复位功能。

任务目标

素质目标

（1）培养独立分析、自我学习及创新创业能力。

（2）培养科学严谨、理论联系实际、实事求是的工作作风。

（3）培养学生正确的设计思想以及团队合作的精神。

知识目标

（1）熟悉按钮开关、译码器、编码器、数码管等元器件的测试及应用。

（2）学会抢答器电路系统的制作、调试，并能排除抢答器电路的常见故障。

能力目标

（1）能识读抢答器电路原理图。

（2）能对抢答器电路进行简单的分析。

任务分析

抢答器的组成框图如图 5–17 所示。它主要由开关阵列电路、优先编码器、锁存器、解锁电路、七段显示译码器、数码显示器等几部分组成。

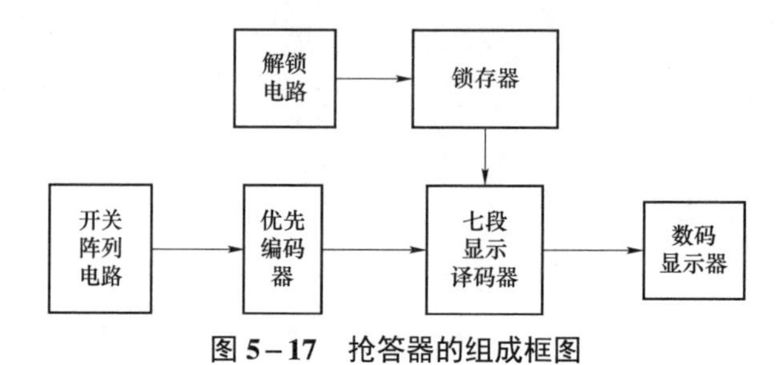

图 5–17　抢答器的组成框图

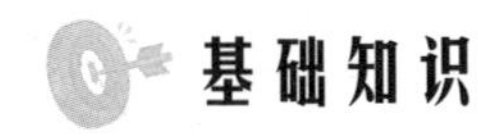

1. 开关阵列电路

开关阵列电路由多路开关组成，每个竞赛者与一组开关相对应。开关应为常开型，当按下开关时，开关闭合；当松开开关时，开关自动弹出断开。

图 5–18 所示为四路开关阵列电路，可以看出其结构非常简单。在该电路中，R_1～R_4 为下拉电阻。当任一开关按下时，相应的输出为高电平，否则为低电平。

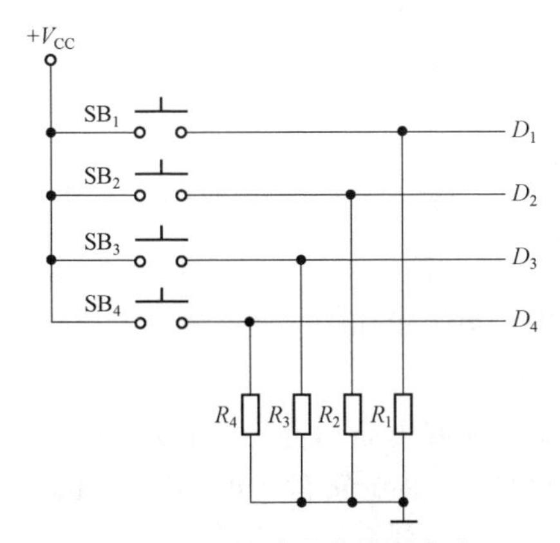

图 5–18　四路开关阵列电路

2. 编码器

编码器的作用是将某一开关信息转化为相应的 8421BCD 码，以提供数字显示译码器所需要的编码输入。

CD40147 为 10 线–4 线优先（高位优先）编码器，当输入为高电平时，输出为相应输入编号的 8421 码 BCD 码的原码，其逻辑符号如图 5–19 所示。

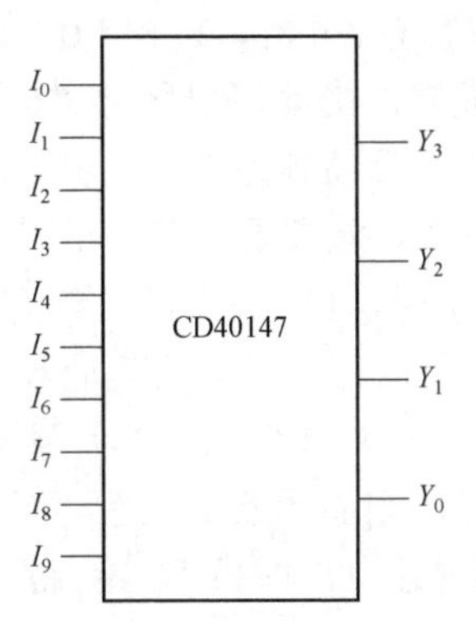

图 5–19　优先编码器 CD40147 逻辑符号

3. 七段显示译码器

编码器实现了对开关信号的编码并以 BCD 码的形式输出。为了将 BCD 码显示出来，需用显示译码电路将编码器的输出编码转换为数码显示器所需要的信号。

CD4511 为带锁存功能的 4 线 – 七段码译码器，其逻辑符号如图 5 – 20 所示。

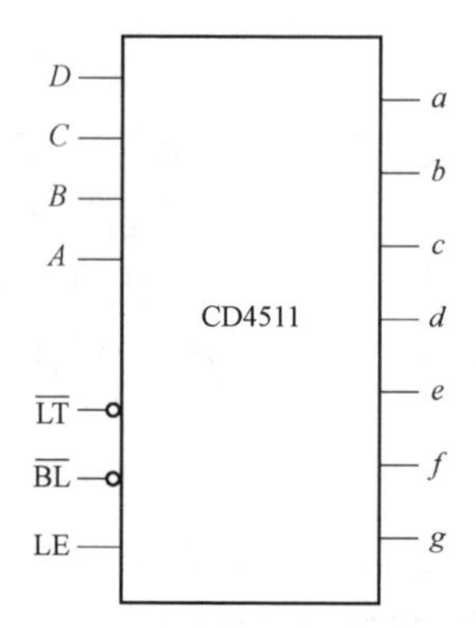

图 5 – 20　4 线 – 七段码译码器 CD4511 逻辑符号

4. 数码显示器

数码管通常有发光二极管数码管和液晶数码管。本任务提供的为发光二极管数码管。

LC5011 为共阴极连接七段数码显示器，它可以根据译码器的输出显示相应的数字，其逻辑符号如图 5 – 21 所示。

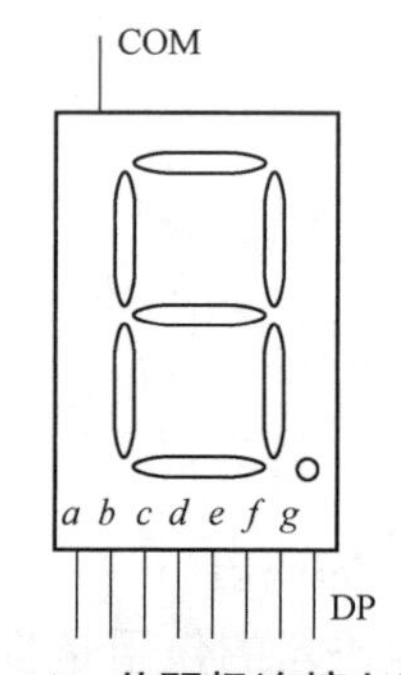

图 5 – 21　共阴极连接七段数码显示器 LC5011 逻辑符号

5. 锁存器电路

当某一开关首先按下时，在锁存器输入端产生相应的开关电平信息。为了使锁存器锁定第一个抢答信号，并拒绝后面抢答信号的干扰，最先产生的输出电平变化应反馈回来将电路锁定。

锁存器电路的设计原理：启用 CD4511 的锁存功能端 LE，高电平有效，即当输入高电平时，执行锁存功能。锁存器应能锁定第一个抢答信号，并拒绝后面抢答信号的干扰。对 0～9 十个数字的显示笔段进行分析，只有“0”这个数字的 d 笔段亮的同时 g 笔段灭，其他数字至少有一点不成立，由此可以区分“0”与其他数字。将发光二极管数码管的 d 笔段与 g 笔段的输入信号反馈到锁存器，并通过锁存器控制锁存端 LE 输入为“0”或“1”(锁存与否)。当 LED 显示器显示为“0”时，LE = 0，CD4511 译码器不锁存；当 LED 显示器显示其他数字时，LE = 1，芯片锁存。这样只有当 LED 显示器上显示为“0”时，CD4511 译码器才不锁存，而显示其他数字均锁存。所以只要有选手按了按键，显示器上一定会显示数字 1～4。LE = 1，芯片锁存之后其他选手再按下按键都不起作用。例如，若先按下 SB_1 键，则显示器上显示“1”，LE = 1，芯片锁存，其他选手再按 SB_2～SB_4 键，显示器上仍显示 1，即按下 SB_1 键之后的任一按键信号均不显示。直到主持人按清零键，显示器上才再次显示“0”，LE = 0，锁存功能解除，又可开始新一轮的抢答。

6. 解锁电路

当电路被锁存后，若要进行下一轮的重新抢答，则需将锁存器解锁。此时，可将使

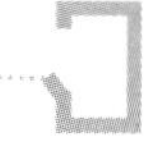

能端强迫置“1”或置“0”（根据具体情况而定），使锁存器处于等待状态即可。

任务实施

抢答器电路的设计与制作。

1. 抢答器电路的设计

抢答器可以根据抢答情况，显示优先抢答者的编号。抢答器由抢答按键、编码、译码、优先锁存、数显及解锁电路组成。其电路组成原理如图 5－22 所示。

抢答器的工作原理如下：

当电源接通时，CD40147 编码器的 I_1，I_2，I_3，I_4 均通过电阻接地，各输入端为“0”，所以输出为“0”，抢答器开始工作，这时如果按下任何一个抢答开关，如按下开关“2”，则经编码器编码后，对应的 BCD 编码是 $Y_3=0$，$Y_2=0$，$Y_1=1$，$Y_0=0$，二进制代码 0010 通过译码在数码管中就显示相应的十进制数字“2”，表示 2 号选手抢答成功，同时锁存电路将译码器锁定。在电路中设一个复位开关，一旦问题回答完毕，主持人按下复位开关，电路复位回到初始状态，进行下一轮抢答。

2. 抢答器电路的 Multisim 仿真

本次训练的 Multisim 仿真电路为四路抢答器电路。由于 Multisim 仿真软件的元器件库中没有 10 线－4 线优先编码器 CD40147 这块芯片，故电路中采用 10 线－4 线优先编码器 74LS147 代替 CD40147 对输入信号进行编码。74LS147 的逻辑功能与 CD40147 基本相同，所不同的是 74LS147 输入、输出均为低电平有效，其输出端输出 8421BCD 反码。在图 5－23 中，当 S1～S4 键均断开时，编码器编码输出 8421BCD 反码 1111，经非门将反码转换为原码，七段显示译码器 CD4511 的四个输入端 $DCBA=0000$，则译码器 CD4511 驱动数码显示器显示“0”；当 S1 键被按下时，通过编码器编码输出 8421BCD 反码 1110，经非门将反码转换为原码，使得七段显示译码器 CD4511 的四个输入端 $DCBA=0001$，则译码器 CD4511 驱动数码显示器显示“1”；当 S2 键被按下时，通过编码器编码输出 8421BCD 反码 1101，经非门将反码转换为原码，使得七段显示译码器 CD4511 的四个输入端 $DCBA=0010$，则译码器 CD4511 驱动数码显示器显示“2”；当 S3 键被按下时，通过编码器编码输出 8421BCD 反码 1100，经非门将反码转换为原码，使得七段显示译码器 CD4511 的四个输入端 $DCBA=0011$，则译码器 CD4511 驱动数码显示器显示“3”；当 S4 键被按下时，通过编码器编码输出 8421BCD 反码 1011，经非门将反码转换为原码，使得七段显示译码器 CD4511 的四个输入端 $DCBA=0100$，则译码器 CD4511 驱动数码显示器显示“4”。

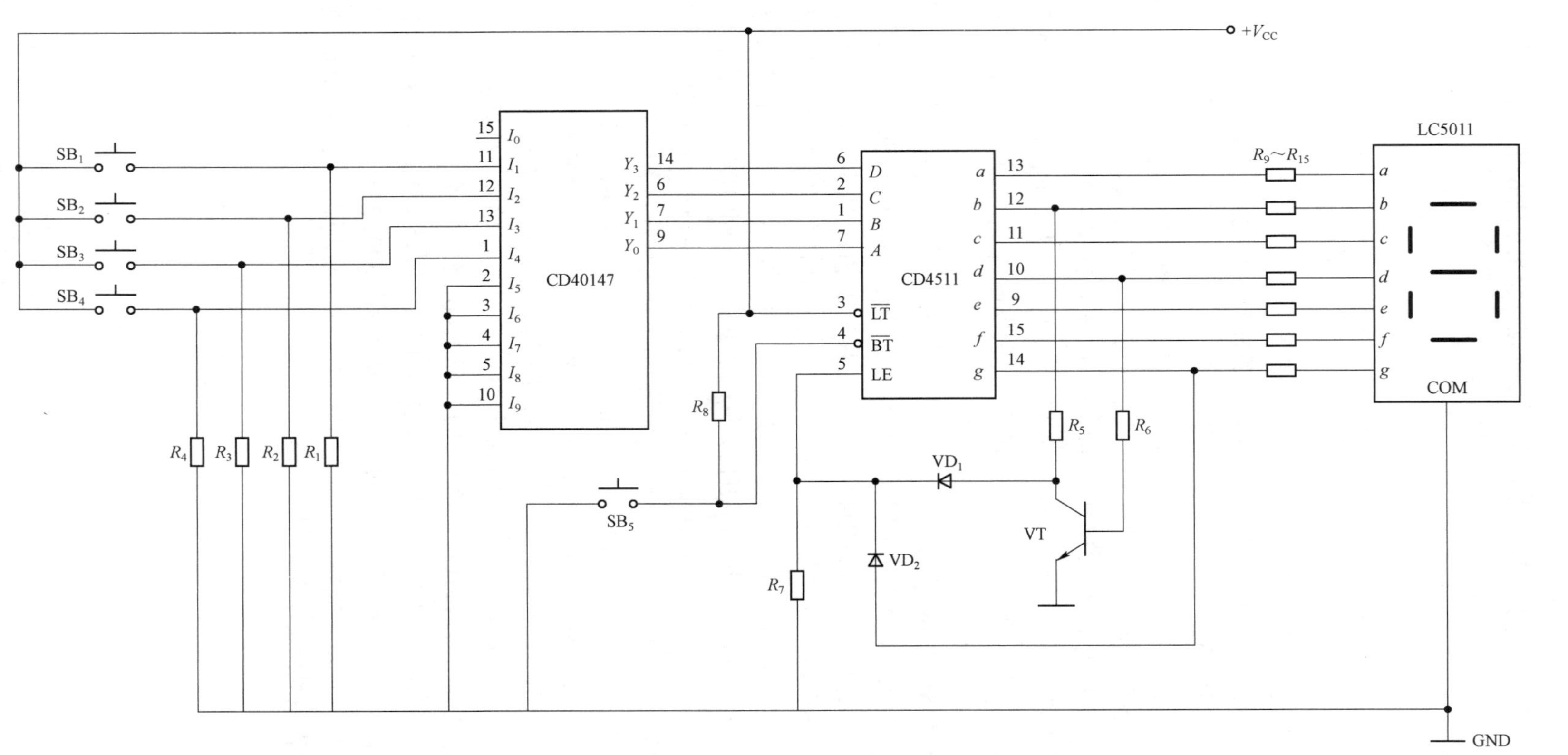

图 5－22　四路智力竞赛抢答器电路原理图

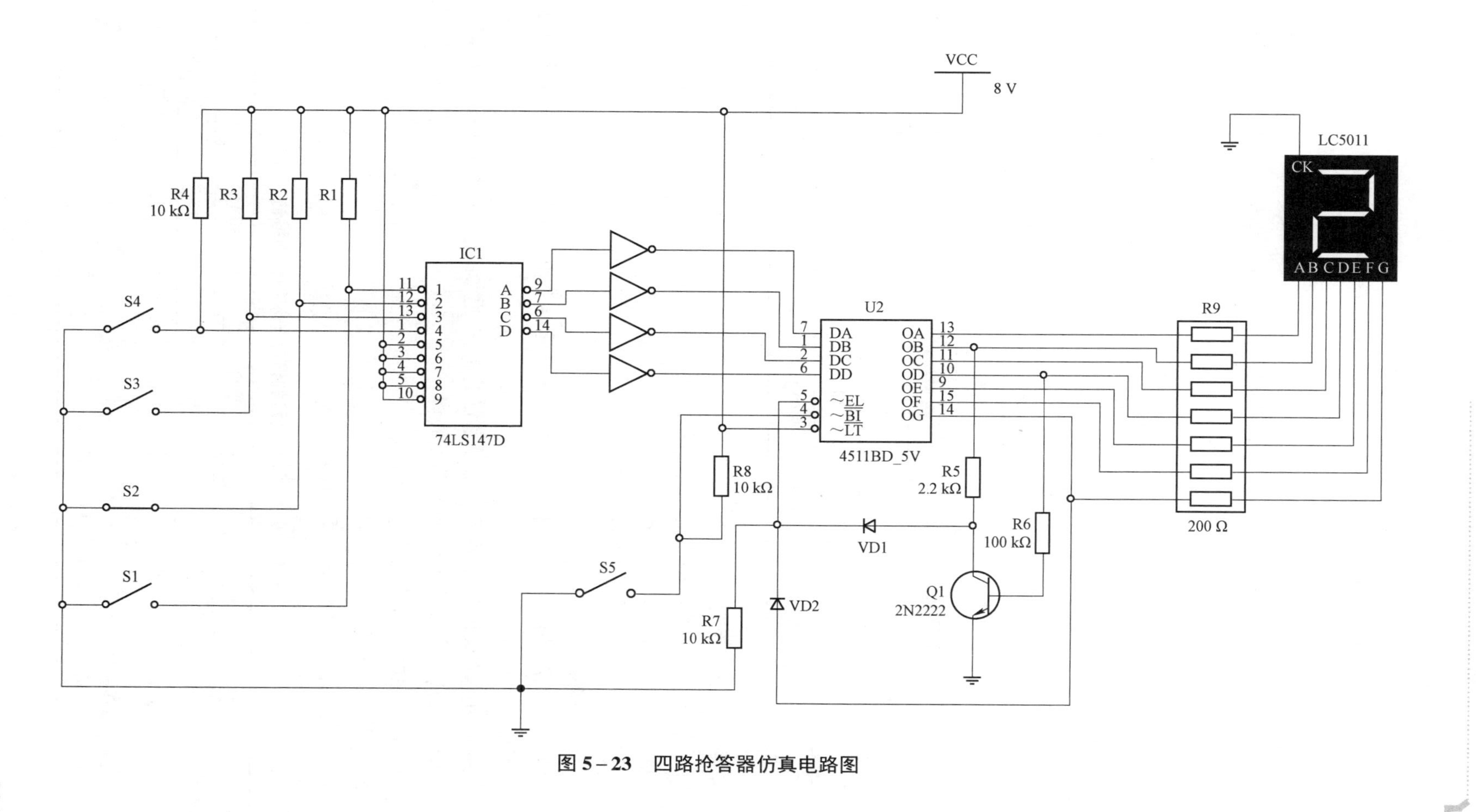

图 5－23 四路抢答器仿真电路图

3. 元器件清单

根据抢答器电路的原理图，详细的元器件清单如表 5－9 所示。

表 5－9　抢答器电路元器件清单

序号	元器件名称	型号规格	数量	备注
1	按键 SB1～SB5	6 cm × 6 cm	5	无自锁按键
2	优先编码器	CD40147	1	
3	七段译码器	CD4511	1	
4	数码管	LC5011	1	共阴极接法
5	电阻 R_1，R_4，R_7，R_8	10 kΩ	6	
6	电阻 R_5	2.2 kΩ	1	
7	电阻 R_6	100 kΩ	1	
8	电阻 R_9～R_{15}	200 Ω	7	
9	二极管 VD1，VD2	1N4148	2	
10	三极管 VT	9013	1	

4. 实训设备和器材

（1）工具：电烙铁、镊子等常用电子安装工具一套。

（2）仪表：万用表、示波器。

（3）耗材：焊锡丝、助焊剂、电路板。

5. 任务要求

（1）对照元器件清单逐一清点元器件，并对元器件作简单的测试，以确保无遗漏和无不良元器件。

（2）按电路安装的工艺要求，完成电路的制作。要求电路板焊接整洁，元器件排列整齐，焊点圆滑光亮，无毛刺、虚焊和假焊。

（3）调试电路直至功能实现。

6. 任务实施报告

填写任务实施报告（见表 5－10）。

表 5－10　抢答器电路的设计与制作实施报告

班级：__________　　姓名：__________　　学号：________　　组号：________
步骤 1：任务准备
查阅资料，熟悉 CD40147、CD4511、LC5011 等主要器件的引脚排列，说明 CD40147、CD4511 的逻辑功能： CD40147 逻辑功能： CD4511 逻辑功能：

续表

<table>
<tr><td colspan="4">步骤 2：清点、检测元器件，记录测试结果</td></tr>
<tr><td colspan="2">元器件</td><td colspan="2">测试结果</td></tr>
<tr><td colspan="2">CD40147</td><td colspan="2"></td></tr>
<tr><td colspan="2">CD4511</td><td colspan="2"></td></tr>
<tr><td colspan="2">LC5011</td><td colspan="2"></td></tr>
<tr><td colspan="2">电阻 R_1～R_4，R_7，R_8</td><td colspan="2"></td></tr>
<tr><td colspan="2">电阻 R_5</td><td colspan="2"></td></tr>
<tr><td colspan="2">电阻 R_6</td><td colspan="2"></td></tr>
<tr><td colspan="2">电阻 R_9～R_{15}</td><td colspan="2"></td></tr>
<tr><td colspan="2">二极管 VD1，VD2</td><td colspan="2"></td></tr>
<tr><td colspan="2">三极管 VT</td><td colspan="2"></td></tr>
<tr><td colspan="4">步骤 3：电路装接及调试</td></tr>
<tr><td colspan="4">步骤 3－1：根据电路原理图装接电路</td></tr>
<tr><td>出现的问题</td><td>可能原因</td><td>解决方法</td><td>是否解决</td></tr>
<tr><td></td><td></td><td></td><td></td></tr>
<tr><td></td><td></td><td></td><td></td></tr>
<tr><td colspan="4">步骤 3－2：电路调试</td></tr>
<tr><td>序号</td><td>操　作</td><td>数码管显示</td><td>功能是否实现</td></tr>
<tr><td>1</td><td>按下 SB1 键解锁，观察数码管显示的数字，记入表中</td><td></td><td></td></tr>
<tr><td>2</td><td>按下 SB5 键解锁，观察数码管显示的数字，记入表中</td><td></td><td></td></tr>
<tr><td>3</td><td>按下 SB2 键解锁，观察数码管显示的数字，记入表中</td><td></td><td></td></tr>
<tr><td>4</td><td>按下 SB5 键解锁，观察数码管显示的数字，记入表中</td><td></td><td></td></tr>
<tr><td>5</td><td>按下 SB3 键解锁，观察数码管显示的数字，记入表中</td><td></td><td></td></tr>
<tr><td>6</td><td>按下 SB5 键解锁，观察数码管显示的数字，记入表中</td><td></td><td></td></tr>
<tr><td>7</td><td>按下 SB4 键解锁，观察数码管显示的数字，记入表中</td><td></td><td></td></tr>
<tr><td>8</td><td>按下 SB5 键解锁，观察数码管显示的数字，记入表中</td><td></td><td></td></tr>
<tr><td colspan="4">调试过程中出现的问题及解决办法：</td></tr>
<tr><td colspan="4">步骤 4：收获与总结</td></tr>
<tr><td colspan="2">掌握的技能</td><td colspan="2">学会的知识</td></tr>
<tr><td colspan="2"></td><td colspan="2"></td></tr>
</table>

7. 考核评价

填写考核评价表（见表 5－11）。

表 5－11　抢答器电路的设计与制作评价表

班级	姓名		学号		组号	
操作项目	考核要求	分数配比	评分标准	自评	互评	教师评分
识读电路原理图	能正确理解电路原理图，掌握实验过程中各元器件的功能	10	每错一处，扣 2 分			
元器件的检测	能正确使用仪器仪表对需要检测的元器件进行检测	10	不能正确使用仪器仪表完成对元器件的检测，每处扣 2 分			
电路装接	能够正确装接元器器件	20	装接错误，每处扣 2 分			
电路调试	能够利用仪器仪表对装接好的电路进行调试	20	不能正确使用仪器仪表对电路进行调试，每处扣 4 分			
任务实施报告	按要求做好实训报告	20	实训报告内容不全面，每处扣 4 分			
安全文明操作	工作台干净整洁，遵守安全操作规程，符合管理要求	10	工作台脏乱，不遵守安全操作规程，不听老师管理酌情扣分			
团队合作	小组成员之间应互帮互助，分工合理	10	有成员未参与实训，每人扣 5 分			
合计						
学生建议：						
总评成绩： 教师签名：						

想一想

（1）若要制作一个八路抢答器，则电路应如何改变？

（2）若抢答时还要发出声音，则抢答器电路应如何改进？

练习题

一、单项选择题

1.（　　）与八进制数$(537)_8$相等的十六进制数是________。

A. $(17C)_{16}$　　B. $(15F)_{16}$　　C. $(17B)_{16}$　　D. $(16C)_{16}$

2.（　　）3 线－8 线译码器有________。

A. 3 个输入端，6 个输出端　　B. 6 个输入端，3 个输出端

C. 3 个输入端，8 个输出端　　D. 8 个输入端，3 个输出端

3.（　　）74LS138 属于________。

A. 显示译码器　　B. 通用译码器　　C. 优先编码器　　D. 普通编码器

4.（　　）集成 74LS138 译码器有 3 个控制输入端 ST_A，$\overline{ST}_B$，$\overline{ST}_C$，只有当________时，译码器才能正常工作。

A. $ST_A=1$，$\overline{ST}_B=1$，$\overline{ST}_C=1$　　B. $ST_A=1$，$\overline{ST}_B=0$，$\overline{ST}_C=0$

C. $ST_A=0$，$\overline{ST}_B=1$，$\overline{ST}_C=1$　　D. $ST_A=0$，$\overline{ST}_B=0$，$\overline{ST}_C=0$

5.（　　）LED 数码管是由________排列成显示数字。

A. 小灯泡　　B. 液态晶体　　C. 辉光器件　　D. 发光二极管

6.（　　）每个发光二极管的工作电压为________。

A. 0.6～0.7 V　　B. 1.5～3 V　　C. 5～15 V　　D. 15～20 V

7.（　　）由 CD4511 组成的 8421BCD 码显示译码器正常译码，当输入信号为 $DCBA=0111$ 时，数码显示器将显示________。

A. 6　　B. 7　　C. 8　　D. 9

8.（　　）当优先编码器同时有两个输入信号时，按________的输入信号编码。

A. 高电平　　B. 低电平　　C. 高频率　　D. 高优先级

二、判断题（正确打√，错误打×）

1.（　　）BCD 码是二－十进制的 8421BCD 码中的一种。

2.（　　）集成 3 线－8 线译码器 74LS138 的输出端为高电平有效。

3.（　　）当 3 线－8 线译码器 74LS138 正常工作，输入 $A_2A_1A_0=101$ 时，只有输出端 $\overline{Y}_5$ 输出低电平，其余输出端均输出高电平。

4.（　　）在使用共阴极接法的 LED 数码管时，其公共端应接电源。

5.（　　）七段显示译码器 CD4511 有 3 个功能输入端，分别为试灯输入端 $\overline{LT}$、灭灯输入端 $\overline{BL}$、锁存端 LE，正常译码时应使 $\overline{LT}=0$，$\overline{BL}=0$，$LE=1$。

6.（　　）编码器是把特殊含义的信号转换成二进制码的逻辑电路。

7.（　　）编码器、译码器都是组合逻辑电路。

8.（　　）10 线－4 线编码器有 4 个输入端，10 个输出端。

9.（　　）优先编码器不允许多个编码信号同时有效。

三、综合题

1. 将下列十进制数转化为二进制数。

24　　43　　63　　129

2. 将下列二进制数转化为十进制数。

1011　　0111　　1110101　　100100

3. 将下列二进制数转化为十六进制数。

$(10101111)_2$　　$(1001011)_2$

4. 将下列十六进制数转化为二进制数。

5E　　2D4　　47　　F0

5. 将下列十进制数用 8421BCD 码表示。

$(206)_{10}$　　　　　$(81)_{10}$

6. 将下列8421BCD码转换成十进制数。

$(1000\ 1001\ 0011\ 0001)_{8421BCD}$

$(0111\ 1000\ 0101\ 0010)_{8421BCD}$

7. 如图5-24所示，74LS138为3线-8线译码器，试写出Z_1，Z_2的最简与或式。

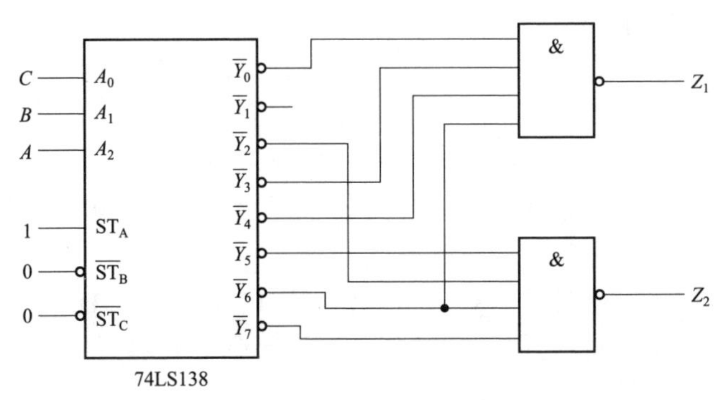

图5-24　综合题7图

8. 试用74LS138及门电路实现下列逻辑功能。

（1）$F(A,B,C)=\sum m(0,2,3,6,7)$。

（2）$F(A,B,C)=A\overline{C}+\overline{A}B\overline{C}+\overline{B}C$。

（3）$F(A,B,C)=A+\overline{BC}$。

9. 用74LS138和与非门设计能实现下列功能的电路。

（1）三人多数表决电路：三人表决，少数服从多数。

（2）三地控制一灯电路。

10. 电话室需要对4种电话编码控制，按紧急次序排列优先权由高到低是火警电话、急救电话、工作电话、生活电话，其编码分别为11，10，01，00。试设计该编码电路。

11. 现有一病房，试设计一个呼叫系统。该病房里一共有6间病室，这6间病室里所需护理病人的病情轻重缓急各不相同。假设把病情最重的病人安排在第6号病室，病情次重的安排在第5号病室，……，最轻的安排在第1号病室。要求在每个病房里各设置一个呼叫按钮。当病人按动按钮时，护士值班室就显示所在病室的相应号码。如果有两个或两个以上的病室同时按动按钮，在值班室里就只显示优先权最高的病室号码，以便优先处理。

项目六

三挡可变调光台灯电路的设计与制作

项目导入

党的二十大报告指出：“必须坚持在发展中保障和改善民生，鼓励共同奋斗创造美好生活，不断实现人民对美好生活的向往。”随着生活质量的提高，人们对于照明设备的需求更多地转向了舒适、节能和智能化。在此背景下，提出了三挡可变调光台灯电路设计与制作的项目。本项目旨在设计并制作一款能够根据用户需求调整亮度的台灯，满足不同场景下的照明需求，提升用户的使用体验。

项目目标

素质目标

（1）增强技能报国、实干报国意识。

（2）增强职业认同感和自豪感。

（3）培养节约资源、创新合作的精神。

知识目标

（1）认识几种常见触发器的电路结构和特点。

（2）熟悉几种常见触发器的逻辑功能和引脚排列。

（3）理解三挡可变调光台灯电路的工作原理。

能力目标

（1）会制作三挡可变调光台灯电路并进行相关测试。

（2）能排除三挡可变调光台灯电路的常见故障。

项目分析

调光台灯电路的构成形式多样，其中一种简单且常见的电路是利用触发器制作的。这种电路仅需一片普通的数字触发器集成电路（integrated circuit，IC）和一些分立元件，便能实现调光效果，精简且高效。

触发器在该电路中发挥着关键作用。它通过接收外部控制信号，改变自身输出状态，从而控制负载电流的大小，以达到调节亮度的目的。这种调节方式不仅简单易懂，而且效果显著。

任务一　认识 RS 触发器

任务导入

时序逻辑电路和组合逻辑电路作为数字电路的两大分支并驾齐驱。时序逻辑电路任何时刻的输出，不仅与该时刻的输入有关，还与电路原来的状态有关。时序逻辑电路的基本单元电路是触发器。其中复位－置位（reset-set，RS）触发器的工作原理具有唯物辩证法的思想。当 R 端为 0、S 端为 1 时，Q 端输出为 1，$\overline{Q}$ 端输出为 0，这体现了内因是变化的根据，外因是变化的条件的哲学思想。

任务目标

素质目标

（1）培养唯物辩证法思想，提升哲学素养。

（2）培养独立分析问题、解决问题的能力。

知识目标

（1）认识 RS 触发器的电路结构和特点。

（2）熟悉 RS 触发器的逻辑功能。

（3）了解基本 RS 触发器和钟控 RS 触发器的逻辑符号。

能力目标

会用仪器仪表检测 RS 触发器的逻辑功能。

任务分析

触发器是构成时序逻辑电路的基本单元电路，是具有记忆功能的逻辑电路，应用十分广泛。

触发器有如下两个基本特性。

（1）触发器具有两个稳定的状态——“0”状态和“1”状态。

（2）触发器能够接收、保持和输出信号。

实际上触发器本身是由门电路构成的，因为在构成应用电路时触发器已经成为时序逻辑电路的基本单元电路，所以相关学习重点并不在于触发器是如何构成的，或其内部的详细工作过程，而在于触发器的外部特性，应理解的是时钟信号对各种触发器的作用，以及触发器对输入信号的要求，即重点掌握各种触发器的动作特点。

基础知识

一、基本 RS 触发器

基本 RS 触发器结构简单，是构成各种触发器的最基本单元。

1. 电路结构

基本RS触发器主要由两个与非门交叉连接构成，其电路结构如图 6－1 所示。

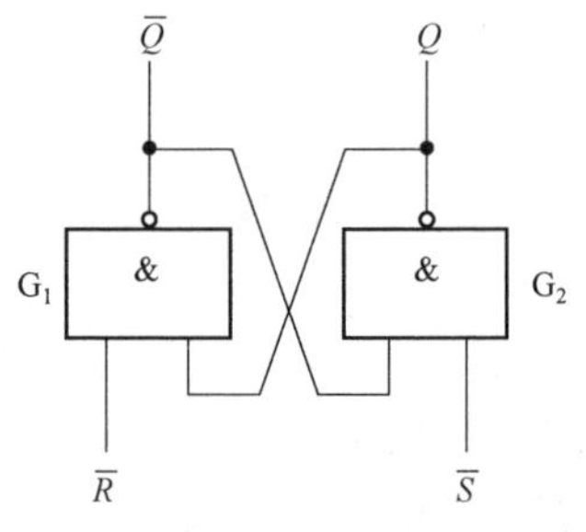

图 6－1　基本 RS 触发器的电路结构

（1）$\overline{R}$ 和 $\overline{S}$ 是基本 RS 触发器的两个输入端，$\overline{R}$ 与 $\overline{S}$ 上有逻辑非符号，表示这种触发器必须用低电平加到输入端才能翻转，这种情况称为低电平有效。

（2）$\overline{Q}$ 和 Q 是基本 RS 触发器的两个输出端，当触发器处于正常工作状态时，它们的状态相反。通常情况下把输出端 Q 的状态作为触发器的输出状态，即当 $Q=1$，$\overline{Q}=0$ 时，触发器处于“1”状态，而当 $Q=0$，$\overline{Q}=1$ 时，触发器处于“0”状态。

2. 工作原理

根据与非门的逻辑关系，只要有一个输入端为低电平，则输出就是高电平（即有 0 出 1）；只有当所有输入端均为高电平时，输出才是低电平（即全 1 出 0）。依据这一逻辑关系分析基本 RS 触发器的工作原理如下。

（1）$\overline{R}=0$，$\overline{S}=1$。

按照与非门有 0 出 1 的功能，$\overline{R}=0$ 会使与非门 G_1 的输出 $\overline{Q}=1$，而 $\overline{Q}=1$ 的信息反馈到与非门 G_2 的输入端，使与非门 G_2 全 1 出 0，所以 $Q=0$，此时，触发器处于“0”状态。无论触发器原来的状态如何，只要符合此输入条件，触发器均为置 0 功能，因此，$\overline{R}$ 称为置 0 端。

（2）$\overline{R}=1$，$\overline{S}=0$。

按照与非门有 0 出 1 的功能，$\overline{S}=0$ 会使与非门 G_2 的输出 $Q=1$，而 $Q=1$ 的信息反馈到与非门 G_1 的输入端，使与非门 G_1 全 1 出 0，所以 $\overline{Q}=0$，此时，触发器处于“1”状态。无论触发器原来的状态如何，只要符合此输入条件，触发器均为置 1 功能，因此，$\overline{S}$ 称为置 1 端。

（3）$\overline{R}=1$，$\overline{S}=1$。

可以看出，此种输入并不能改变与非门的输出状态，触发器仍保持原来状态不变。

（4）$\overline{R}=0$，$\overline{S}=0$。

由于输入都是低电平，因此，两个与非门输出必定都是高电平，即 $Q=\overline{Q}=1$。而触发器正常工作时的输出状态必须是一高一低，而且一旦 $\overline{R}$ 和 $\overline{S}$ 的低电平同时撤去，触发器的状态不确定。所以为保证触发器正常工作，$\overline{R}$ 和 $\overline{S}$ 两个输入同时为 0 的情况是禁止的。

图 6－2 所示为基本 RS 触发器逻辑符号，其输入端带小圆圈表示输入端低电平有效。

顺便说明，用两个或非门也可以构成一个基本 RS 触发器，但其输入端必须用高电平触发。

3. 基本 RS 触发器逻辑功能的描述

各种触发器的逻辑功能通常可用特征方程、真值表、状态图、时序图进行描述。

（1）真值表。

将分析结论归纳整理以后，即可得到基本 RS 触发器真值表，如表 6－1 所示。由此可以看出，基本 RS 触发器具有置 0、置 1 和保持 3 种功能。

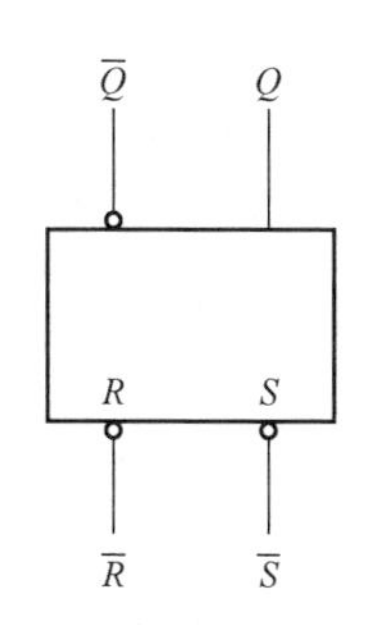

图 6－2　基本 RS 触发器逻辑符号

表 6－1　基本 RS 触发器真值表

$\bar{R}$	$\bar{S}$	Q^{n+1}	功能说明
0	1	0	触发器置“0”
1	0	1	触发器置“1”
1	1	$Q^{n+1}=Q^n$	触发器保持原状态
0	0	×	不允许

其中×表示有效信号撤去后触发器的状态不能确定。

其中 Q^n 为触发器输入信号变化前的状态，也称现态。Q^{n+1} 为触发器输入信号变化后的状态，也称次态。

（2）时序图。

已知输入信号的波形，可根据触发器逻辑功能画出相应输出信号的波形图，该图称为时序图。时序图能非常直观地表示触发器的工作状态，在时序逻辑电路的分析中应用非常广泛。图 6－3 所示为基本 RS 触发器的时序图示例（设触发器的初始状态为“0”）。

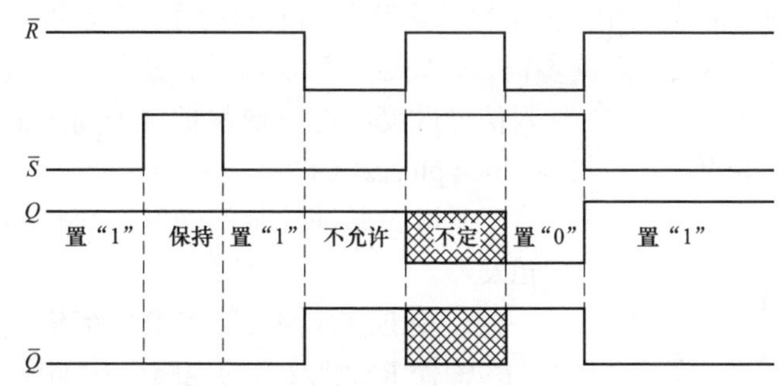

图 6－3　基本 RS 触发器的时序图示例

4. 基本 RS 触发器的应用——消抖动开关

由于基本 RS 触发器可直接由输入端信号控制输出端信号，因此，其具有线路简单、操作方便的优点，广泛应用于键盘输入电路、消抖动开关电路，以及运控部件中某些特定的场合。下面简单介绍基本 RS 触发器的应用——消抖动开关。

通常使用的开关一般是通过机械触点实现开关的通断，而由于机械触点的弹性作用，开关在闭合时不会马上稳定接通，在断开时也不会立即断开，因此，在闭合及断开的瞬间均伴随一连串的抖动，反映在电信号上就是不规则的脉冲信号，如图 6–4（a）所示。

为了消除开关的抖动，可以用基本 RS 触发器结合机械开关做成消抖动开关，其电路如图 6–5 所示。其中两个与非门构成一个基本 RS 触发器。当开关从位置 1 拨向位置 2 时，$\overline{R}=1$，$\overline{S}=0$，则触发器置“1”，但由于开关抖动，开关会离开位置 2 使 $\overline{S}=1$，此时，触发器的两个输入端均为高电平，而电路仍保持“1”状态不变。同理，当开关从位置 2 拨向位置 1 时，$\overline{R}=0$，$\overline{S}=1$，则触发器置“0”，但由于开关抖动，开关会离开位置 1 使 $\overline{R}=1$，此时，触发器的两个输入端均为高电平，而电路仍保持“0”状态不变。由此可见，即使机械开关有弹性作用，该电路仍消除了抖动。消除抖动后的波形如图 6.4（b）所示。

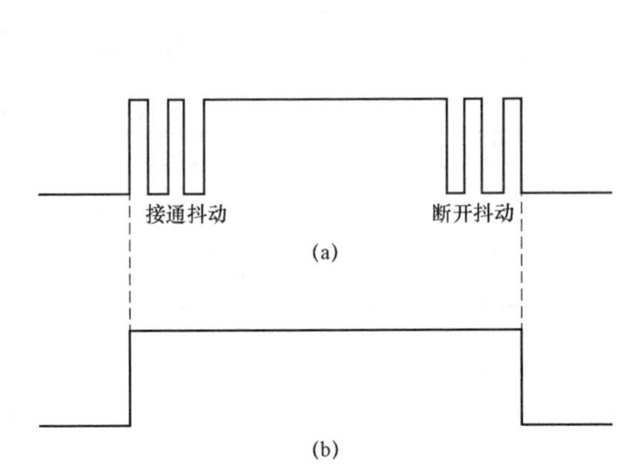

图 6–4　消除抖动前后的工作波形

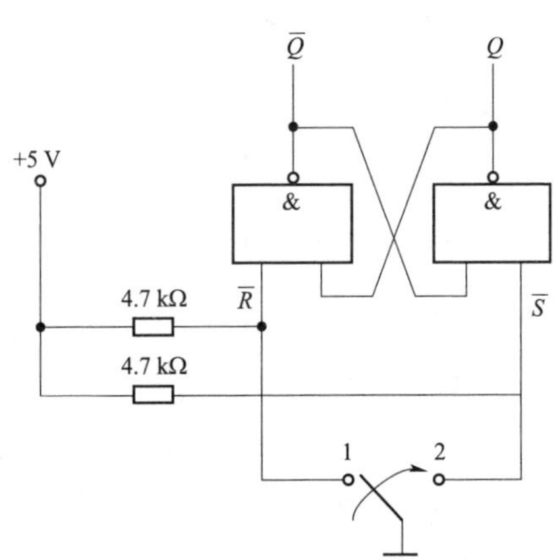

图 6–5　消抖动开关电路

二、钟控 RS 触发器

在数字系统的实际应用中，为了协调电路各部分的动作，常常要求某些触发器于同一时刻动作，为此，必须引入同步信号，使这些触发器只有在同步信号到达时才能按输入信号改变状态。通常把这个同步信号称为时钟脉冲（clock pulse，CP）。

受时钟脉冲控制的触发器统称同步触发器或钟控触发器。

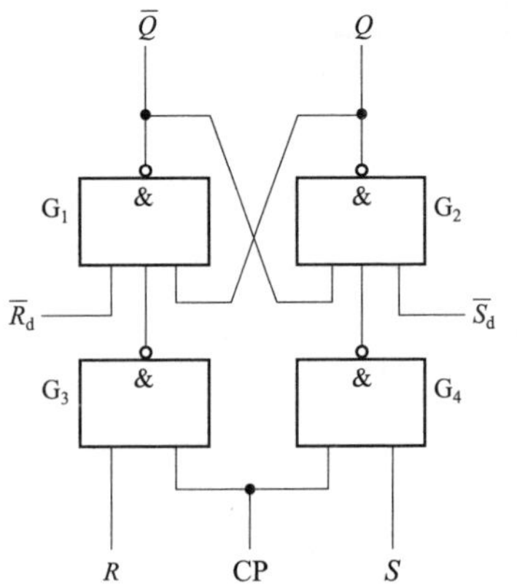

1. 钟控 RS 触发器的电路结构

钟控 RS 触发器的电路结构如图 6–6 所示。其中门 G_1 和门 G_2 构成基本 RS 触发器，门 G_3 和门 G_4 构成触发导引电路。

图 6–6　钟控 RS 触发器的电路结构

2. 工作原理

（1）当时钟脉冲 CP=0 时，门 G_3 和门 G_4 被封锁，无论输入信号 R，S 如何变化，两个导引门的输出均为 1，基本 RS 触发器的输出状态不变，即此时触发器不

接收 R、S 信号。

（2）当时钟脉冲 CP=1 时，输入信号 R、S 才可能通过导引门 G_3 和 G_4 加入基本 RS 触发器。接收信号情况如下。

① 当 $R=0$，$S=0$ 时，门 G_3 和门 G_4 输出均为 1，触发器状态保持不变。

② 当 $R=0$，$S=1$ 时，门 G_4 输出为 0，门 G_3 输出为 1，触发器输出 $Q=1$，$\overline{Q}=0$，触发器处于“1”状态。

③ 当 $R=1$，$S=0$ 时，门 G_3 输出为 0，门 G_4 输出为 1，触发器输出 $Q=0$，$\overline{Q}=1$，触发器处于“0”状态。

④ 当 $R=1$，$S=1$ 时，门 G_3 和门 G_4 输出均为 0，触发器输出 $Q=\overline{Q}=1$，输入信号撤除后，触发器状态不定，使用中要避免这种情况出现。

图 6-7 所示为钟控 RS 触发器逻辑符号，其输入端为高电平有效。

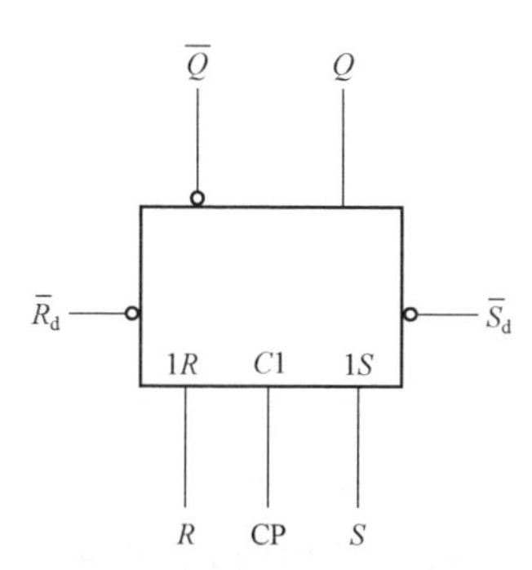

图 6-7　钟控 RS 触发器逻辑符号

3. 钟控 RS 触发器逻辑功能的描述

（1）真值表。

表 6-2 所示为钟控 RS 触发器真值表。

表 6-2　钟控 RS 触发器真值表

R	S	Q^n	Q^{n+1}	功能说明
0	0	0	0	触发器保持原状态
0	0	1	1	
0	1	0	1	触发器置“1”
0	1	1	1	
1	0	0	0	触发器置“0”
1	0	1	0	
1	1	0	×	不允许
1	1	1	×	

（2）特征方程。

通过如图 6-8 所示的卡诺图可得到钟控 RS 触发器特征方程，即

$$\begin{cases} Q^{n+1}=S+\overline{R}Q^n \\ RS=0\text{（约束条件）} \end{cases}$$

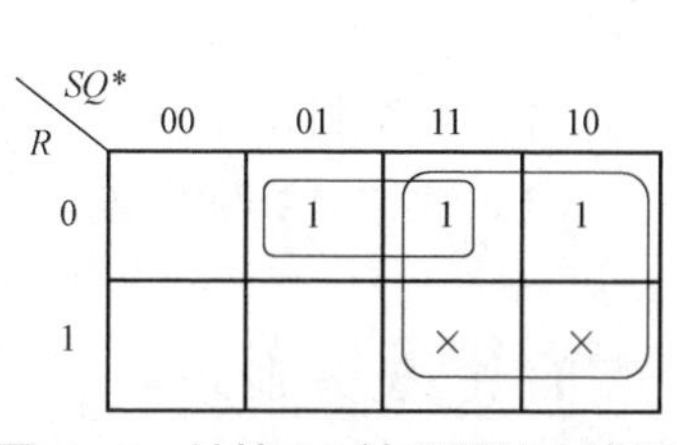

图 6-8　钟控 RS 触发器的卡诺图

（3）时序图。

钟控 RS 触发器是受时钟脉冲 CP 控制的触发器。当时钟脉冲 CP=0 时，触发器不接收输入信号，保持原来的状态不变；但在 CP=1 期间，输出将随输入变化，其时序图如图 6-9 所示（设触发器的初始状态为“0”）。

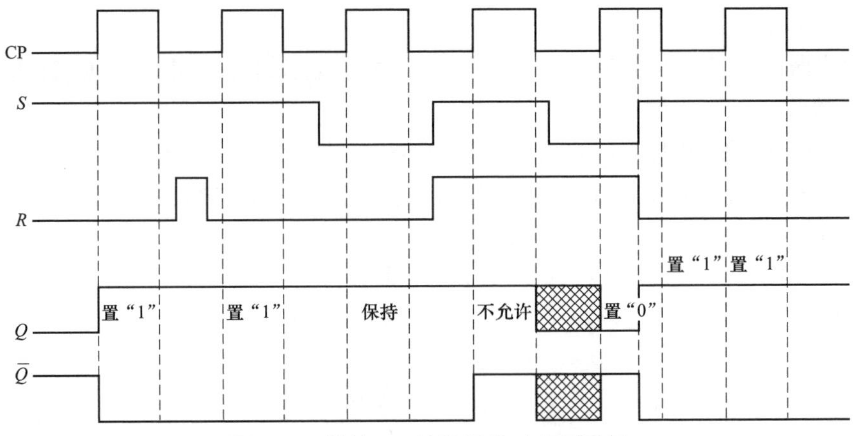

图 6-9 钟控 RS 触发器的时序图示例

4. 异步输入端的作用

（1）同步输入端。

图 6-6 中的 R，S 端称为同步输入端。R，S 端的输入信号能否进入触发器且被接收，受时钟脉冲 CP 同步控制。当 CP=0 时，R，S 端的输入信号对触发器不起作用。

（2）异步输入端。

图 6-6 中的 $\overline{R}_d$，$\overline{S}_d$ 端称为异步输入端。当 $\overline{R}_d=0$ 时，触发器置“0”；当 $\overline{S}_d=0$ 时，触发器置“1”，其作用与 CP 无关，故称为异步输入端。异步输入端可用来预置触发器的初始状态，或在工作过程中对触发器强行置位和复位。当触发器正常工作时，$\overline{R}_d=\overline{S}_d=1$。

在实际应用中，要求触发器的工作规律是每来 1 个 CP 只置于 1 种状态，即使数据输入端发生了多次改变，触发器状态也不能跟着改变。在 CP=1 期间触发器发生多次翻转的情况称为空翻（即如图 6-9 所示的第 5 个时钟脉冲期间），从这个角度看，钟控 RS 触发器的抗干扰能力相对较差。

为确保数字电路可靠工作，要求触发器在 1 个 CP 期间至多翻转 1 次，即不允许空翻现象的出现，为此，在钟控 RS 触发器的基础上又研制出了边沿触发器。

想一想

（1）查资料，了解用或非门组成的基本 RS 触发器的电路结构及功能。

（2）钟控 RS 触发器的 $\overline{R}_d$，$\overline{S}_d$ 端的作用是什么？

任务实施

基本 RS 触发器的 Multisim 软件仿真测试。

在 Multisim 软件中搭建如图 6-10 所示的与非门组成的基本 RS 触发器仿真测试电路，其中与非门可选用 CC4011 或 CD4011。

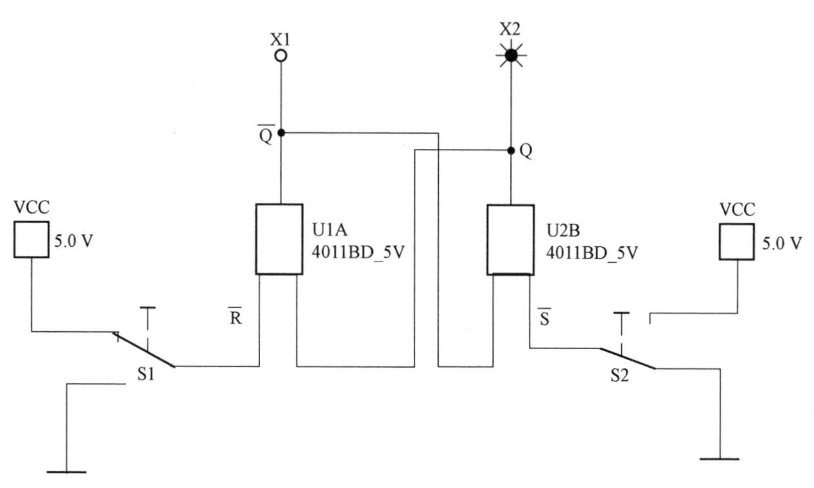

图 6-10　与非门组成的基本 RS 触发器仿真测试电路

拨动开关 S1，S2，改变输入信号，通过指示灯观察基本 RS 触发器两个输出端的状态。

任务二 认识 JK 触发器

任务导入

无论是基本 RS 触发器还是钟控 RS 触发器，均存在状态不确定的现象，因而其应用范围也受到较大限制。为了克服上述缺点，JK 触发器应运而生，它具有置“0”、置“1”、保持和翻转的功能，是功能最齐全的触发器，应用非常广泛，而且，它能灵活地转换成其他类型的触发器。

任务目标

素质目标

（1）培养创新的意识和变革的能力。

（2）培养独立分析问题、解决问题的能力。

知识目标

（1）了解 JK 触发器的边沿触发方式，理解其逻辑功能。

（2）了解 JK 触发器的逻辑符号。

（3）熟悉集成 JK 触发器的引脚排列。

能力目标

会测试集成 JK 触发器的逻辑功能。

任务分析

边沿触发器是指触发器的次态仅由 CP 上升沿（或 CP 下降沿）到达时刻的输入信号决定，而在此之前或之后的输入状态变化对触发器的次态无任何影响。边沿触发器按照逻辑功能的不同可分为维持阻塞 D 触发器、边沿 JK 触发器、T 触发器、T′触发器等；其触发形式有 CP 上升沿（前沿）触发和 CP 下降沿（后沿）触发两种。

本任务主要介绍边沿 JK 触发器，要求熟悉集成 JK 触发器的引脚排列，理解并会测试集成 JK 触发器的逻辑功能。

基础知识

边沿 JK 触发器逻辑符号如图 6－11 所示，图 6－11（a）中 CP 输入端有小圆圈，表示触发器改变状态的时间是 CP 的下降沿（由 1 变 0），故称为下降沿触发或负边沿触发；图 6－11（b）中 CP 输入端没有小圆圈，表示上升沿触发。

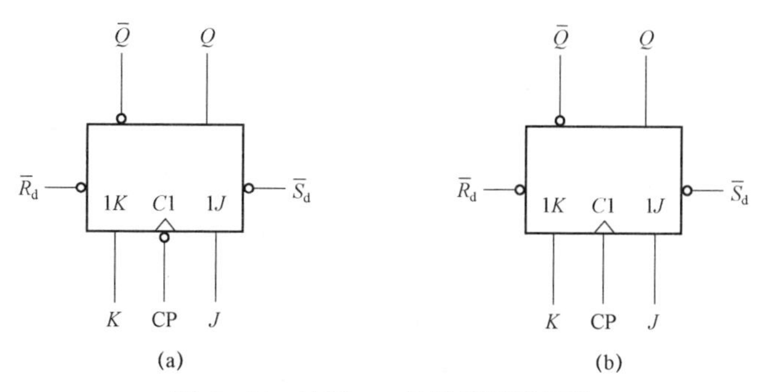

图 6-11　边沿 JK 触发器逻辑符号

1. 边沿 JK 触发器逻辑功能的描述

（1）真值表。

边沿 JK 触发器真值表如表 6-3 所示。

表 6-3　边沿 JK 触发器真值表

J	K	Q^n	Q^{n+1}	功能说明
0	0	0	0	保持
0	0	1	1	
0	1	0	0	置“0”
0	1	1	0	
1	0	0	1	置“1”
1	0	1	1	
1	1	0	1	翻转（计数）
1	1	1	0	

由边沿 JK 触发器真值表可知，边沿 JK 触发器具有置“0”、置“1”、保持和翻转（计数）等功能。

（2）特征方程。

通过如图 6-12 所示的卡诺图可得到边沿 JK 触发器特征方程，即

$$Q^{n+1}=J\overline{Q^n}+\overline{K}Q^n$$

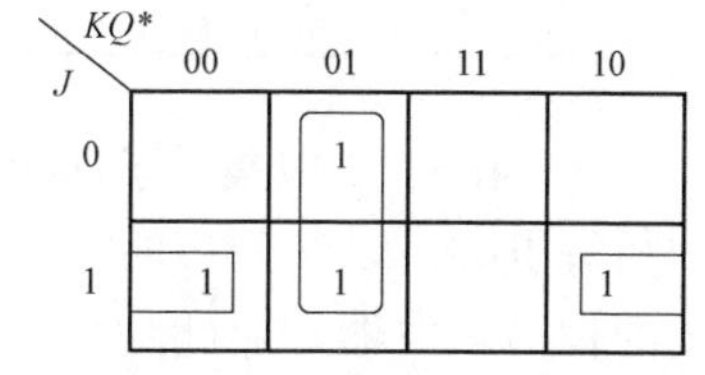

图 6-12　边沿 JK 触发器的卡诺图

（3）时序图。

边沿 JK 触发器受时钟脉冲 CP 控制，只有在 CP 上升沿（或 CP 下降沿）到达时输出才随输入变化，其余时间触发器状态不变。

下降沿触发 JK 触发器的时序图示例如图 6-13 所示（设触发器的初始状态为“0”）。

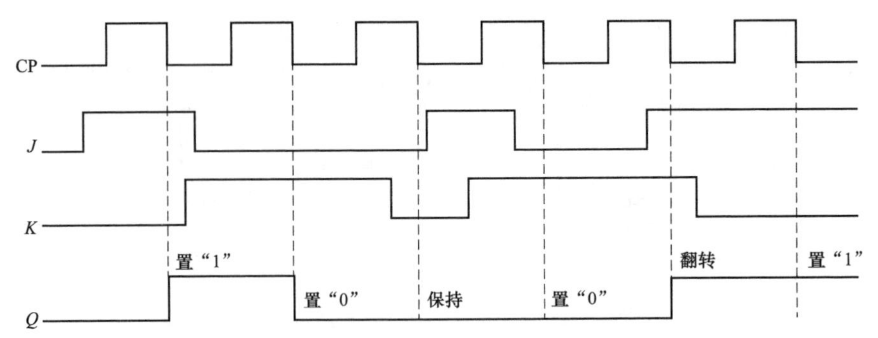

图 6-13　下降沿触发 JK 触发器的时序图示例

2. 集成边沿 JK 触发器 74LS112

集成边沿 JK 触发器有多种产品，如 74 系列的 74LS112，74LS113，74LS76 等。双 JK 下降沿触发器 74LS112 的引脚排列及真值表分别如图 6-14 和表 6-4 所示。

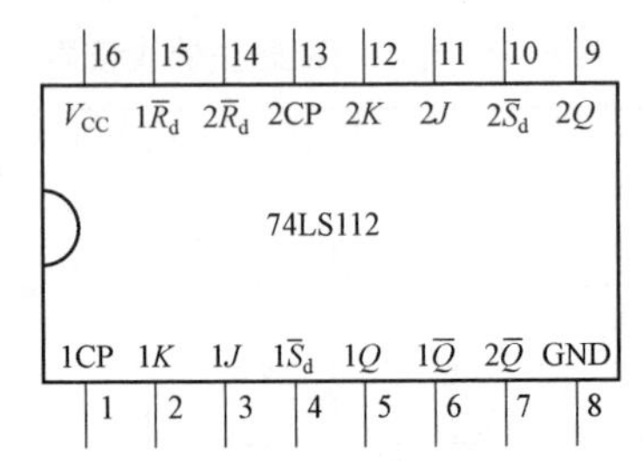

图 6-14　双 JK 下降沿触发器 74LS112 引脚排列

表 6-4　双 JK 下降沿触发器 74LS112 真值表

CP	J	K	Q^{n+1}
↓	0	0	Q^n
↓	0	1	0
↓	1	0	1
↓	1	1	$\overline{Q^n}$

在 74LS112 中集成了两个边沿 JK 触发器，以 1 开头的标号端是第一个 JK 触发器的相关引脚，以 2 开头的标号端是第二个 JK 触发器的相关引脚。74LS112 是下降沿触发的边沿触发器，也就是当 CP 的下降沿到来时的 J，K 决定了触发器的输出状态。74LS112 中的 $\overline{R}_d$，$\overline{S}_d$ 端分别是低电平有效的异步置“0”端和异步置“1”端，主要用于初始状态的预置。

想一想

（1）JK 触发器具备几个稳定状态？

（2）JK 触发器是否具备异步置“1”和异步置“0”的功能？

任务实施

集成边沿 JK 触发器 74LS112 的 Multisim 软件仿真测试。

在 Multisim 软件中搭建如图 6-15 所示的集成边沿 JK 触发器 74LS112 的仿真测试电路。

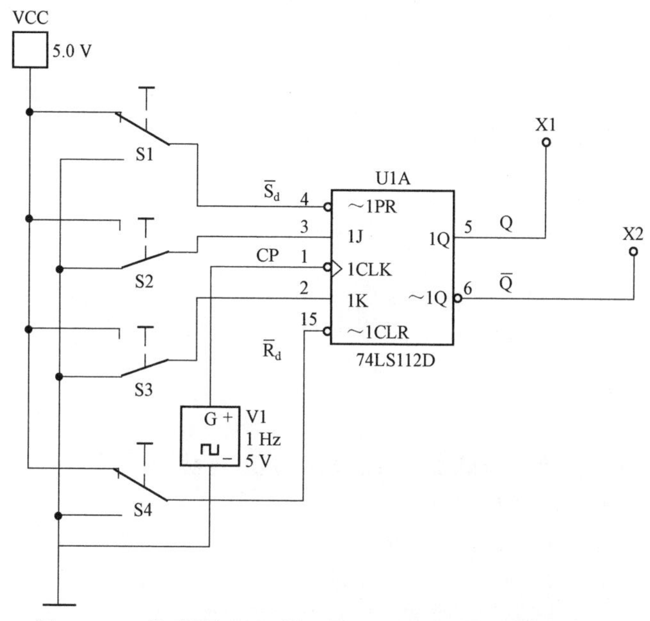

图 6-15　集成边沿 JK 触发器 74LS112 的仿真测试电路

（1）测试 JK 触发器异步输入端 $\overline{R}_d$，$\overline{S}_d$ 的复位、置位功能。

拨动开关 S1，S4，改变 $\overline{R}_d$，$\overline{S}_d$（J，K，CP 处于任意状态），并在 $\overline{R}_d=0$（$\overline{S}_d=1$）或 $\overline{S}_d=0$（$\overline{R}_d=1$）作用期间观察输出端 Q，$\overline{Q}$ 的状态变化。

（2）测试 JK 触发器同步输入端 J，K 的逻辑功能。

在 $\overline{R}_d=1$ 且 $\overline{S}_d=1$ 时，拨动开关 S2，S3，改变同步输入端 J，K 的状态，观察输出端 Q，$\overline{Q}$ 的状态变化。

任务三　认识D触发器

任务导入

为了提高触发器的可靠性，增强其抗干扰能力，应使触发器的次态仅仅取决于 CP 下降沿（或 CP 上升沿）到达时刻的输入信号状态，而在此之前和之后的输入状态变化对触发器的次态无任何影响。本任务学习逻辑关系更为简单的 D 触发器，请运用辩证思维和系统观念理解其与数字电路中其他元器件的关系和作用。

任务目标

素质目标

（1）培养辩证思维和系统观念。

（2）培养勤于思考、耐心细致的工作作风。

知识目标

（1）了解D触发器的边沿触发方式，理解其逻辑功能。

（2）了解D触发器的逻辑符号。

（3）熟悉集成D触发器的引脚排列。

能力目标

会测试集成D触发器的逻辑功能。

任务分析

D触发器是一种常用的触发器，适用于制作寄存器和计数器。

本任务主要介绍边沿 D 触发器，要求熟悉集成 D 触发器的引脚排列，理解并会测试集成D触发器的逻辑功能。

基础知识

一、边沿D触发器

D触发器只有一个触发输入端D，因此，逻辑关系非常简单。其逻辑符号如图6-16所示。

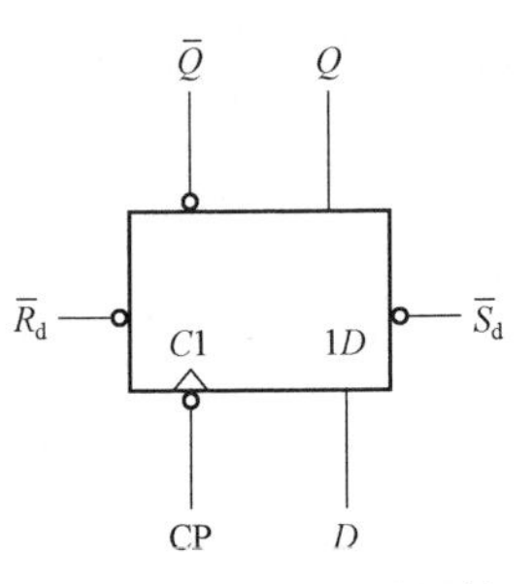

图6-16　D触发器逻辑符号

1. 边沿D触发器逻辑功能的描述

（1）真值表。

边沿 D 触发器真值表如表 6-5 所示。由该表可知，边沿D触发器具有置“0”、置“1”功能。

表6-5　边沿D触发器真值表

CP	D	Q^{n+1}	功能说明
↑	0	0	置“0”
↑	1	1	置“1”

（2）特征方程。

由边沿D触发器真值表可知，边沿D触发器的特征方程为

$$Q^{n+1}=D$$

即触发器的次态取决于CP上升沿前输入端D的信号，而在上升沿后，输入端D的信号变化对触发器的输出状态没有影响。

（3）时序图。

上升沿触发D触发器的时序图示例如图6-17所示（设触发器的初始状态为“0”）。

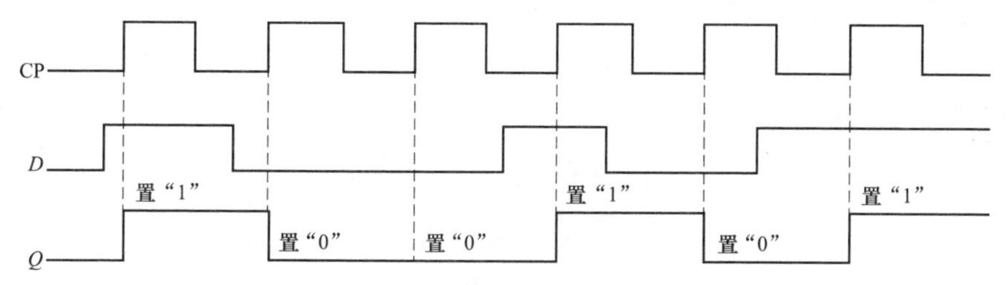

图6-17　上升沿触发D触发器的时序图示例

2. 集成边沿D触发器74LS74及CC4013

74LS74及CC4013均是上升沿触发的双D触发器，其引脚排列分别如图6-18（a）和图6-18（b）所示。

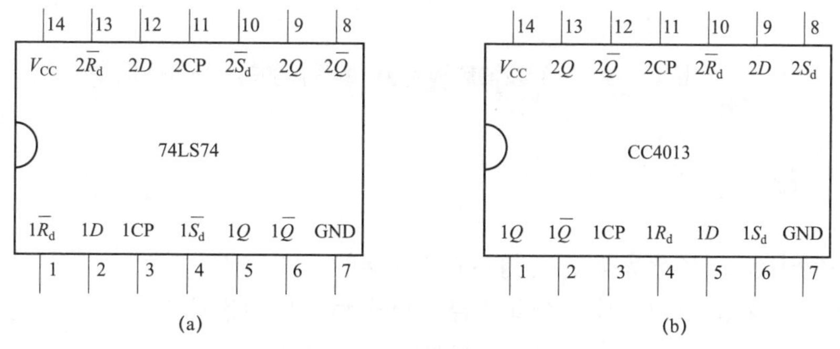

图6-18　双D上升沿触发器引脚排列

二、触发器逻辑功能的转换

在实际应用触发器时，各种触发器的逻辑功能可以通过改变外部连接实现相互转换。例如，JK触发器可通过外部连线，或增加附加电路转换成D触发器或其他触发器。

注意：各种触发器的逻辑功能可以相互转换，但这种转换不能改变电路的触发方式。

1. JK 触发器转换为 D 触发器

JK 触发器转换为 D 触发器的转换电路如图 6－19 所示。

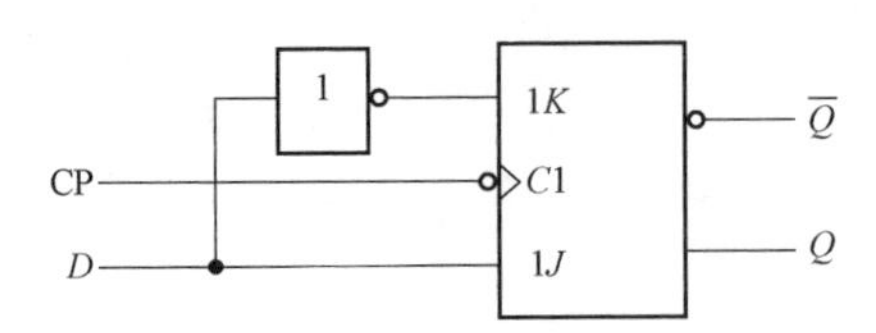

图 6－19　JK 触发器转换为 D 触发器的转换电路

可见，这种 D 触发器是由 JK 触发器的 J，K 两个输入端之间接入一个非门，再由非门输入端和 J 输入端直接连接作为 D 输入端而构成的。

显然，$J = D$，$K = \overline{D}$，结合 JK 触发器的特征方程 $Q^{n+1} = J\overline{Q^n} + \overline{K}Q^n$，可得

$$Q^{n+1} = D\text{（下降沿触发）}$$

可见该电路将 JK 触发器转换为了 D 触发器。

2. D 触发器转换为 JK 触发器

D 触发器转换为 JK 触发器的转换方程可由以下方法推导出。

D 触发器的特征方程为　　$Q^{n+1} = D$

而 JK 触发器的特征方程为　　$Q^{n+1} = J\overline{Q^n} + \overline{K}Q^n$

则应使 D 触发器的输入信号转换为

$$D = J\overline{Q^n} + \overline{K}Q^n = \overline{\overline{J\overline{Q^n}}\;\overline{\overline{K}Q^n}}$$

D 触发器转换为 JK 触发器的转换电路如图 6－20 所示。

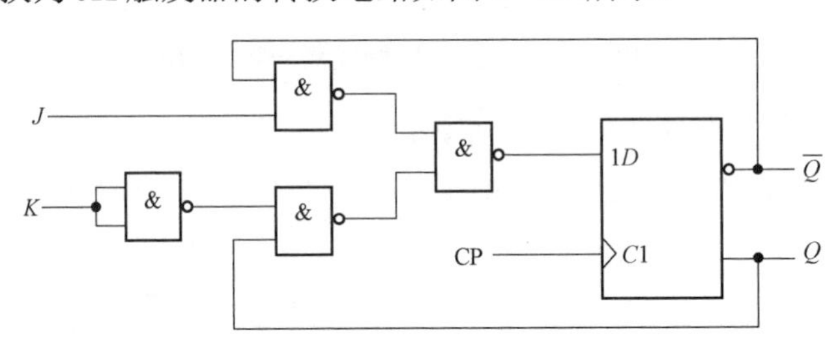

图 6－20　D 触发器转换为 JK 触发器的转换电路

想一想

（1）D 触发器、JK 触发器各有何特点？主要区别是什么？

（2）若利用 D 触发器实现二分频电路，则电路该如何设计？

任务实施

集成边沿 D 触发器 74LS74 的 Multisim 软件仿真测试。

在 Multisim 软件中搭建如图 6－21 所示的集成边沿 D 触发器 74LS74 的仿真测试电路。

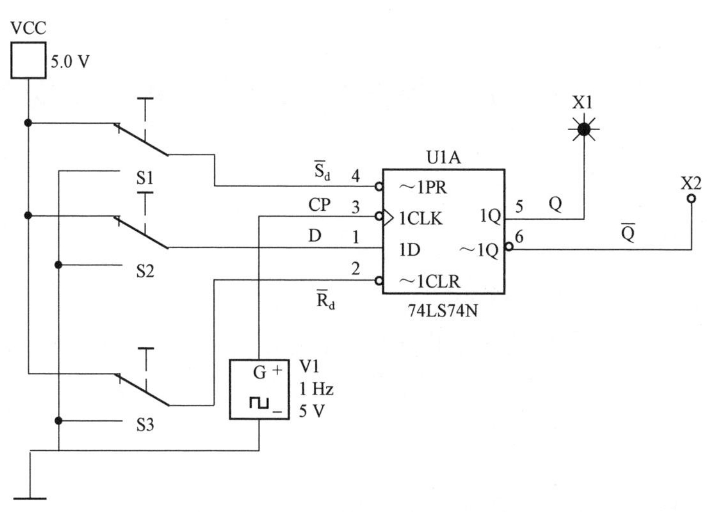

图 6-21　集成边沿 D 触发器 74LS74 的仿真测试电路

（1）测试 D 触发器异步输入端 $\overline{R}_d$，$\overline{S}_d$ 的复位、置位功能。

拨动开关 S1，S3，改变 $\overline{R}_d$，$\overline{S}_d$（D，CP 处于任意状态），并在 $\overline{R}_d=0$（$\overline{S}_d=1$）或 $\overline{S}_d=0$（$\overline{R}_d=1$）作用期间观察输出端 Q，$\overline{Q}$ 的状态变化。

（2）测试 D 触发器同步输入端 D 的逻辑功能。

在 $\overline{R}_d=1$ 且 $\overline{S}_d=1$ 时，拨动开关 S2，改变同步输入端 D 的状态，观察输出端 Q，$\overline{Q}$ 的状态变化。

任务四　三挡可变调光台灯电路的设计与制作

任务导入

随着科技的进步和生活质量的提高，台灯作为家居照明的重要组成部分，不仅需要提供足够的光线以适应不同的使用场景，还需要具备足够的灵活性和舒适性。本任务需设计一款按键控制、亮度可调的台灯，要求在每次短促按下按键时，台灯亮度便会按强→中→弱→关的顺序轮换显示。

任务目标

素质目标

（1）培养爱岗敬业的职业态度和耐心细致的工作作风。

（2）具备节约资源、创新合作的精神。

（3）掌握安全操作知识，严格遵守安全操作规程，同时增强学生安全生产的意识。

知识目标

（1）能读懂三挡可变调光台灯电路原理图。

（2）了解三挡可变调光台灯电路的工作原理，并能对电路进行分析。

能力目标

（1）会根据三挡可变调光台灯电路原理图绘制电路安装连接图，并能正确安装。

（2）会用万用电表对三挡可变调光台灯电路进行调试和测量，并能排除电路的常见故障。

任务分析

三挡可变调光台灯电路的功能是通过按键控制台灯亮度的变化，使台灯在开启状态下呈现强、中、弱 3 种亮度变化。该电路主要由 3 部分组成，即按键开关电路、驱动电路和照明电路。其中的核心电路（控制电路）可采用集成边沿 D 触发器来制作。

任务实施

三挡可变调光台灯电路的设计与制作。

1. 三挡可变调光台灯电路设计

根据电路设计要求，当短促按下按键时，台灯分别处于“强、中、弱、关”4 种工作状态，由此可以利用两个 D 触发器的级联实现四种输出状态，通过控制三极管基极电流的大小，从而控制台灯的亮暗。

三挡可变调光台灯的参考电路原理图如图 6－22 所示。

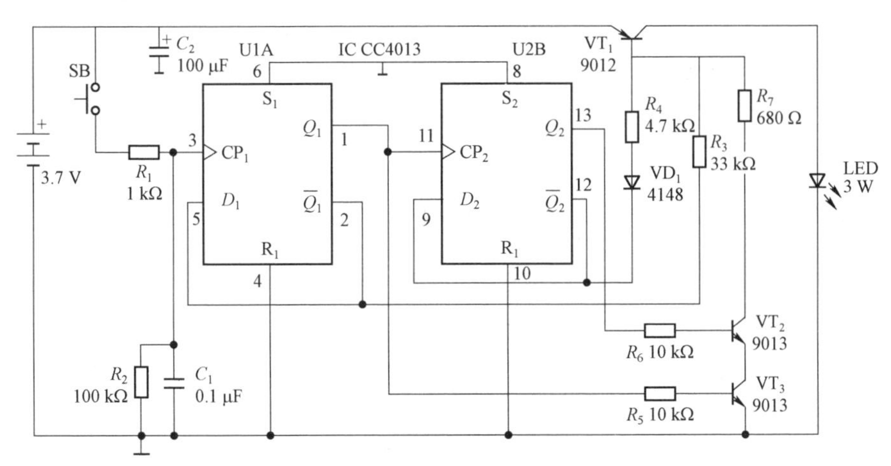

图 6－22　三挡可变调光台灯电路原理

2. 工作原理

图 6－22 所示的三挡可变调光台灯电路的核心元件为 CMOS 双上升沿触发 D 触发器 CC4013，该集成电路的引脚排列如图 6－18（b）所示。在电路中，两个 D 触发器的 $\overline{Q}$ 输出端均连接输入端 D，电路初始状态 Q_1 和 Q_2 均为低电平“0”，VT_2，VT_3 不导通，LED 灯灭。

当按下 SB 键时，CP_1 由低电平向高电平跳变，U1A 上升沿触发，Q_1 输出高电平“1”，此时，CP_2 也由低电平向高电平跳变，U2B 上升沿触发，Q_2 输出高电平“1”，VT_2，VT_3 均导通，VT_1 通过 R_7，VD_2，VT_2，VT_3 形成基极电流，LED 灯强亮。

按下 SB 键，U1A 上升沿触发，Q_1 由高电平“1”变为低电平“0”，U2B 不触发，Q_2 保持输出高电平“1”，$\overline{Q_2}$ 为低电平“0”，VT_1 通过 R_4，VD_1，$\overline{Q_2}$ 形成基极电流，LED 灯亮。

按下 SB 键，U1A 上升沿触发，Q_1 由低电平“0”变为高电平“1”，U2B 触发，Q_2 输出低电平“0”，VT_1 通过 R_3、$\overline{Q_1}$ 形成基极电流，LED 灯弱亮。

继续按下 SB 键，U1A 上升沿触发，Q_1 输出低电平“0”，U2B 不触发，Q_2 保持输出低电平“0”，VT_1 基极电流几乎为 0，VT_1 截止，LED 灯灭，再次按下按键时，循环以上工作过程，从而实现 LED 灯的三种亮度可调。

3. 元器件清单

电路元器件清单见表 6－6。

表 6－6　三挡可变调光台灯电路元器件列表

序号	元器件名称	型号	备注
1	集成 D 触发器	CC4013	
2	发光二极管 LED	3W 白色	高亮大功率
3	二极管 VD_1	1N4148	
4	三极管 VT_1	9012	
5	三极管 VT_2，VT_3	9013	
6	电容 C_1	104	瓷片电容

续表

序号	元器件名称	型号	备注
7	电容 C_2	100 μF/16 V	电解电容
8	电阻 R_1	1 kΩ	
9	电阻 R_2	100 kΩ	
10	电阻 R_3	33 kΩ	
11	电阻 R_4	4.7 kΩ	
12	电阻 R_5，R_6	10 kΩ	
13	电阻 R_7	680 Ω	
14	轻触式按键开关	直插立式	6×6×4.3 四脚
15	锂电池	3.7 V	

4. 三挡可变调光台灯电路的 Multisim 仿真

在Multisim软件中按图6-23搭建三挡可变调光台灯仿真电路，检测电路逻辑功能。电路仿真时，多次按下按键，观察D触发器的输出状态是否发生变化，观察LED是否点亮，流经LED的电流是否按“强、中、弱、无”顺序发生变化。如电路运行结果表明电路的功能实现，则电路仿真成功。

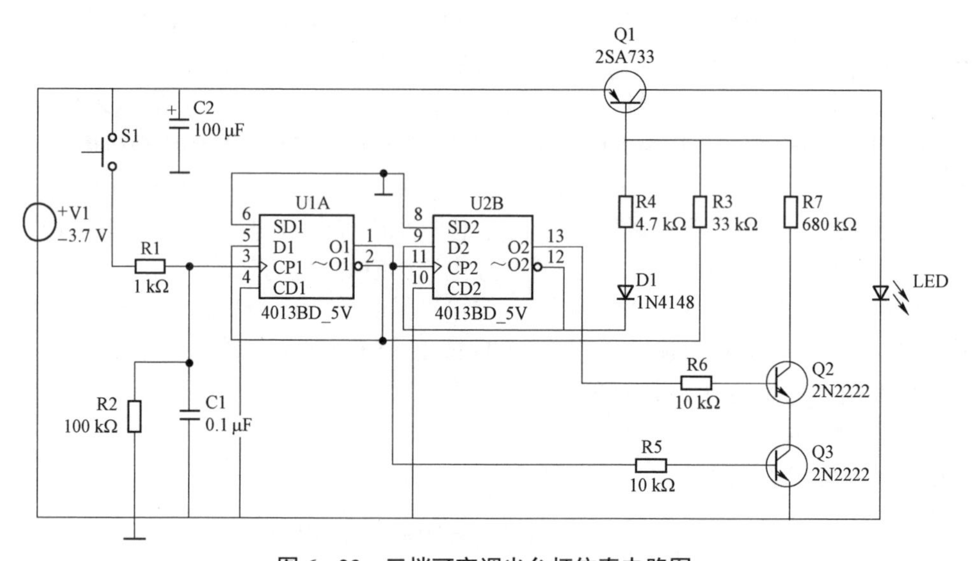

图 6-23　三挡可变调光台灯仿真电路图

5. 实训设备和器材

（1）电阻、电容、二极管、三极管、按键开关、集成D触发器CC4013、发光二极管等。

（2）焊锡丝、助焊剂、电路板。

（3）电烙铁、烙铁架。

（4）万用表。

6. 要求

（1）电路板焊接整洁，元器件排列整齐，焊点圆滑光亮，无毛刺、虚焊和假焊。

（2）写出制作和调试过程中遇到的问题和解决方法。

7. 实施报告

填写实施报告（见表 6－7）。

表 6－7　三挡可变调光台灯电路的设计与制作实施报告

<table>
<tr><td colspan="7">班级：________　姓名：________　学号：______　组号：______</td></tr>
<tr><td colspan="7">步骤 1：分析电路原理图，并指出以下元器件的功能</td></tr>
<tr><td>SB</td><td>CC4013</td><td>VT_1</td><td>VT_2，VT_3</td><td>C_1</td><td colspan="2">C_2</td></tr>
<tr><td></td><td></td><td></td><td></td><td></td><td colspan="2"></td></tr>
<tr><td colspan="7">步骤 2：焊接前元器件检测，并记录测试结果</td></tr>
<tr><td>100μF 电容</td><td>9012 三极管</td><td>9013 三极管</td><td>1N4148
二极管</td><td>高亮大功率
发光二极管
LED</td><td>按键开关</td><td>电阻
$R_1 \sim R_7$</td></tr>
<tr><td></td><td></td><td></td><td></td><td></td><td></td><td></td></tr>
<tr><td colspan="7">步骤 3：装接电路并测试电路功能</td></tr>
<tr><td colspan="7">步骤 3－1：
根据电路原理图装接电路。用时______min</td></tr>
<tr><td colspan="7">步骤 3－2：
根据测试要求，检测电路的装接情况，若发现错误及时改正</td></tr>
<tr><td colspan="7">步骤 3－3：
CC4013 的引脚电压测量</td></tr>
<tr><td rowspan="2">模拟状态</td><td colspan="4">测　量　值</td><td rowspan="2" colspan="2">实验现象描述</td></tr>
<tr><td>Q_1</td><td>$\overline{Q_1}$</td><td>Q_2</td><td>$\overline{Q_2}$</td></tr>
<tr><td>未通电</td><td></td><td></td><td></td><td></td><td colspan="2"></td></tr>
<tr><td>第一次按下按键</td><td></td><td></td><td></td><td></td><td colspan="2"></td></tr>
<tr><td>第二次按下按键</td><td></td><td></td><td></td><td></td><td colspan="2"></td></tr>
<tr><td>第三次按下按键</td><td></td><td></td><td></td><td></td><td colspan="2"></td></tr>
<tr><td colspan="7">步骤 3－4：
三极管 VT1 的各极电位和电流</td></tr>
<tr><td rowspan="2">模拟状态</td><td colspan="5">测　量　值</td><td rowspan="2">实验现象描述</td></tr>
<tr><td>V_B/V</td><td>V_E/V</td><td>V_C/V</td><td>I_B/mA</td><td>I_C/mA</td></tr>
<tr><td>未通电</td><td></td><td></td><td></td><td></td><td></td><td></td></tr>
<tr><td>第一次按下按键</td><td></td><td></td><td></td><td></td><td></td><td></td></tr>
<tr><td>第二次按下按键</td><td></td><td></td><td></td><td></td><td></td><td></td></tr>
<tr><td>第三次按下按键</td><td></td><td></td><td></td><td></td><td></td><td></td></tr>
<tr><td colspan="7">测试过程中出现的问题及解决办法</td></tr>
<tr><td colspan="7"></td></tr>
</table>

8. 考核评价

填写考核评表（见表 6-7）。

表 6-7　三挡可变调光台灯电路的设计与制作评价表

班级		姓名		学号		组号		
操作项目	考核要求		分数配比	评分标准		自评	互评	教师评分
识读电路原理图	能正确识读电路原理图，掌握实验过程中各元器件的功能		10	每错一处，扣 2 分				
元器件的检测	能正确使用仪器仪表对需要检测的元器件进行检测		10	不能正确使用仪器仪表完成对元器件的检测，每处扣 2 分				
电路装接	能够正确装接元器件		20	装接错误，每处扣 2 分				
电路测试	能够利用仪器仪表对装接好的电路进行测试		20	不能正确使用仪器仪表对电路进行测试，每处扣 4 分				
任务实施报告	按要求做好实训报告		20	实训报告不全面，每处扣 4 分				
安全文明操作	工作台干净整洁，遵守安全操作规程，符合管理要求		10	工作台脏乱，不遵守安全操作规程，不听老师管理酌情扣分				
团队合作	小组成员之间应互帮互助，分工合理		10	有成员未参与实践，每人扣 5 分				
合计								
学生建议：								
总评成绩： 教师签名：								

想一想

（1）三挡可变调光台灯电路原理图(见图 6-22)中为什么不能使用带自锁的按键？若使用带自锁的按键，则结果会怎样？

（2）结合本书所学知识，思考还可以用什么方式实现调光台灯电路。

练习题

一、单项选择题

1.（　　）由与非门组成的基本 RS 触发器，当 $\overline{R}$ 端、$\overline{S}$ 端都接高电平时，该触发器具有________。

A. 置“1”功能　B. 保持功能　C. 不定功能　D. 置“0”功能

2.（　　）与非门组成的基本 RS 触发器禁止________。

A. $\overline{R}$ 端为 0、$\overline{S}$ 端为 1　B. $\overline{R}$ 端、$\overline{S}$ 端同时为 1

C. $\overline{R}$ 端为 1、$\overline{S}$ 端为 0　D. $\overline{R}$ 端、$\overline{S}$ 端同时为 0

3.（　　）要使钟控 RS 触发器在 CP=1 时“置 1”，其输入信号必须满足________。

A. $R=S=1$　B. $R=S=0$

C. $R=1$，$S=0$　D. $R=0$，$S=1$

4.（　　）JK 触发器在 CP 作用下，若要求保持原来的状态不变，则应使________。

A. $J=K=0$　B. $J=K=1$

C. $J=0$，$K=1$　D. $J=1$，$K=0$

5.（　　）逻辑电路如图 6－25 所示，当 $A=0$ 时，CP 脉冲来到后 D 触发器________。

A. 保持　B. 置“0”　C. 置“1”　D. 翻转

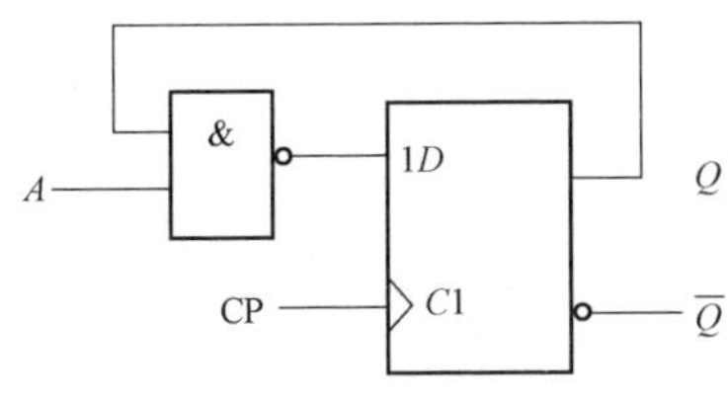

图 6－25　选择题 5 图

6.（　　）仅具有置“0”和置“1”功能的触发器是________。

A. 基本 RS 触发器　B. 钟控 RS 触发器

C. D 触发器　D. JK 触发器

二、判断题（正确打 √，错误打 ×）

1.（　　）时序逻辑电路的最小单元是触发器，其具有记忆功能。

2.（　　）与非门组成的基本 RS 触发器，当输入信号 $\overline{R}=0$，$\overline{S}=1$ 时，输出 $Q=1$。

3.（　　）钟控 RS 触发器不受 CP 控制。

4.（　　）边沿触发的触发器能有效避免空翻。

5.（　　）在边沿触发器逻辑符号中，CP 端有小圆圈表示该边沿触发器为上升沿触发。

6.（　　）JK 触发器的 J，K 端均置“1”时，每输入一个 CP 脉冲，输出状态就翻转一次。

7.（　　）JK 触发器仅具有置“1”、置“0”、保持三项功能。

8.（　　）D 触发器的状态方程为 $Q^{n+1}=D$，与 Q^n 无关，所以它没有记忆功能。

三、综合题

1. 分析图 6－26（a）所示的基本 RS 触发器的逻辑功能，并根据图 6－26（b）所示的输入波形画出 Q 和 $\overline{Q}$ 的波形。

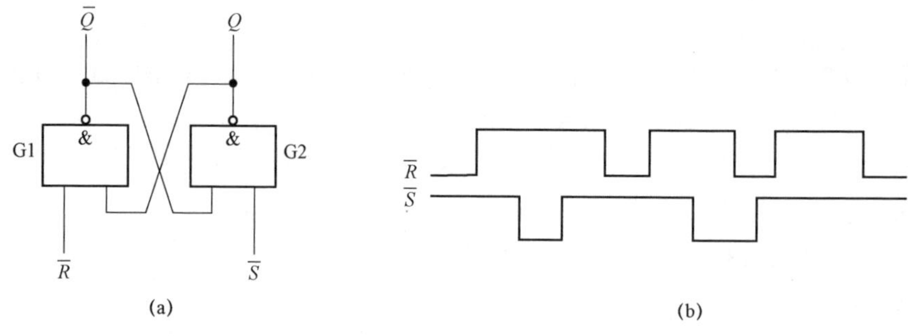

图 6－26　综合题 1 图

2. 分析图 6－27（a）所示的钟控 RS 触发器的逻辑功能，并根据图 6－27（b）所示的输入波形画出 Q 和 $\overline{Q}$ 的波形。

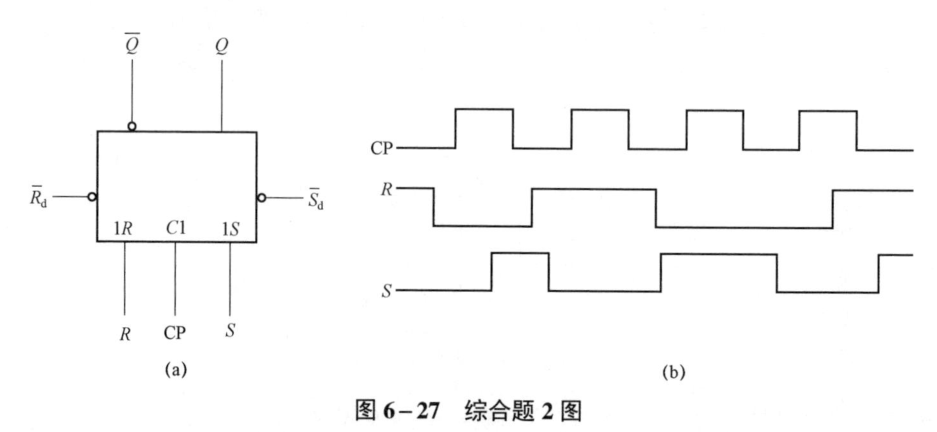

图 6－27　综合题 2 图

3. 下降沿触发 JK 触发器的输入波形如图 6－28 所示，设触发器初始状态为“0”，画出相应输出波形。

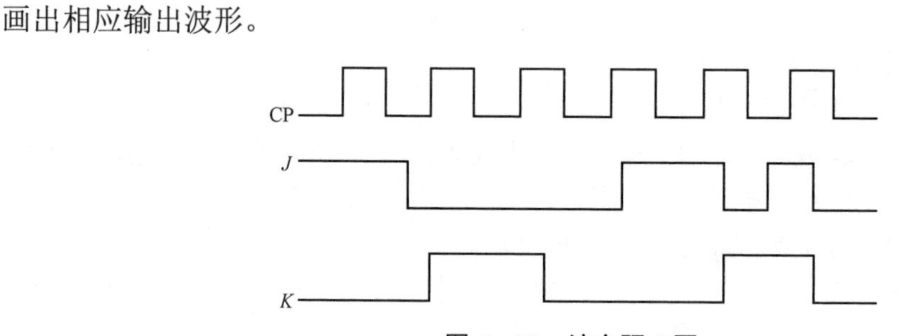

图 6－28　综合题 3 图

4. 已知上升沿触发 D 触发器输入端 D 和时钟信号 CP 的电压波形如图 6－29 所示，设触发器的初始状态为“0”，试画出输出端 Q 对应的电压波形。

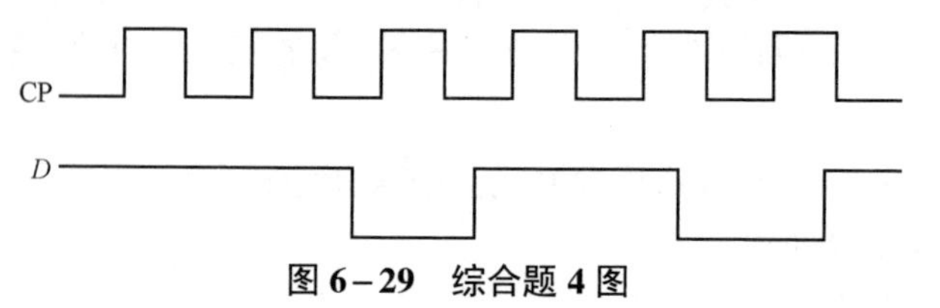

图 6－29　综合题 4 图

5. 边沿 D 触发器连接成如图 6－30（a）～图 6－30（d）所示的形式，设触发器的初始状态为“0”，写出各逻辑电路的次态方程，并根据图 6－30（e）所示的 CP 波形画出 Q_a，Q_b，Q_c，Q_d 的波形图。

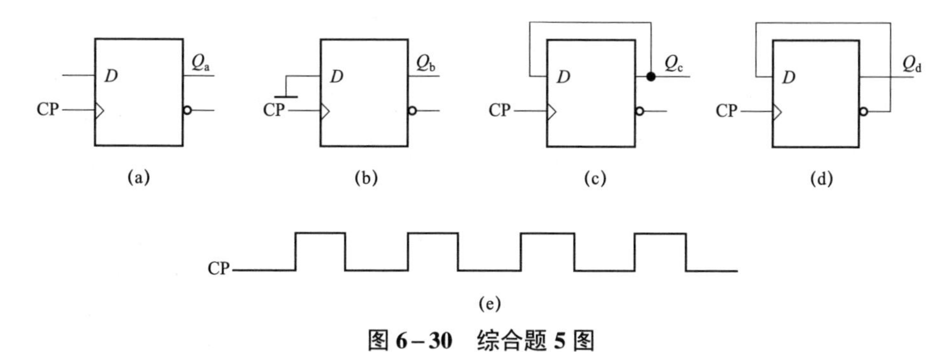

图 6－30　综合题 5 图

项目七

小区车位计数电路的设计与制作

项目导入

随着人民生活水平的提高，我国汽车保有量不断提升，私家车的数量越来越多，目前停车场已成为人们生活的必备场所之一。为解决日益突出的小区停车难问题，除了加大基础设施投入（扩建停车场）外，有效地对现有停车场进行合理分配、调度与管理，也是必不可少的措施。停车场车位管理系统需要实现计数功能，同步显示剩余车位数。本项目设计的电路便能满足这些需求。

项目目标

素质目标

（1）增强科学原理与工程实践相结合的意识。

（2）提升职业认同感和自豪感。

（3）培养爱岗敬业的职业态度和耐心细致的工作作风。

（4）增强为人民服务的意识。

知识目标

（1）理解时序逻辑电路的基本概念和特点。

（2）能用驱动方程、状态方程和时序图分析时序逻辑电路。

（3）熟悉常见的集成计数器引脚排列、逻辑功能及典型应用。

能力目标

（1）会根据计数器的逻辑功能设计简单的电路，并能根据电路原理图正确选用电子元器件。

（2）会制作小区车位计数电路，并进行相关测试。

（3）能排除小区车位计数电路的常见故障。

项目分析

小区车位计数电路的主要功能为显示停车泊位数：当有车辆进入小区时，停车泊位数减 1；当有车辆驶出小区时，停车泊位数加 1。由此可见，该电路应有计数功能。在数字电路中能实现计数功能的电路称为计数器，是一种典型的时序逻辑电路。

任务一　认识计数器

任务导入

计数是一种最简单、最基本的运算，可以用来表示某个物体的数量、某个事件的次数、某个特征的频率等，如全国人口普查、统计商品数量、统计景区人流量等都需要用到计数。计数器就是实现这种运算的逻辑电路。计数器在数字系统中主要是对脉冲的个数进行计数，以实现测量、计数和控制的目的，同时兼有分频功能。

任务目标

素质目标

(1) 培养严谨的计数态度和习惯。

(2) 增强科学原理与工程实践相结合的意识。

(3) 培养勤于思考、耐心细致的工作作风。

知识目标

(1) 理解计数器的逻辑功能，会利用状态方程、状态表、状态图及时序图对计数器电路进行分析。

(2) 会分析计数器的自启动功能。

能力目标

会装接由基本触发器组成的计数器，并测试其逻辑功能。

任务分析

用于统计输入脉冲 CP 个数的电路称为计数器。计数器有多种分类，按计数进制计数器可分为二进制计数器和非二进制计数器，非二进制计数器中最典型的是十进制计数器；按数字的增减趋势计数器可分为加法计数器、减法计数器和可逆计数器；按计数器中触发器翻转是否与计数脉冲同步计数器可分为同步计数器和异步计数器。

基础知识

一、二进制计数器

1. 异步二进制计数器

(1) 异步二进制加法计数器。

图 7-1 所示为由 4 个 JK 触发器组成的 4 位异步二进制加法计数器的逻辑电路图。

其中最低位触发器 FF_0 的时钟脉冲输入端接计数脉冲，其他触发器的时钟脉冲输入端接相邻低位触发器的 Q 端。

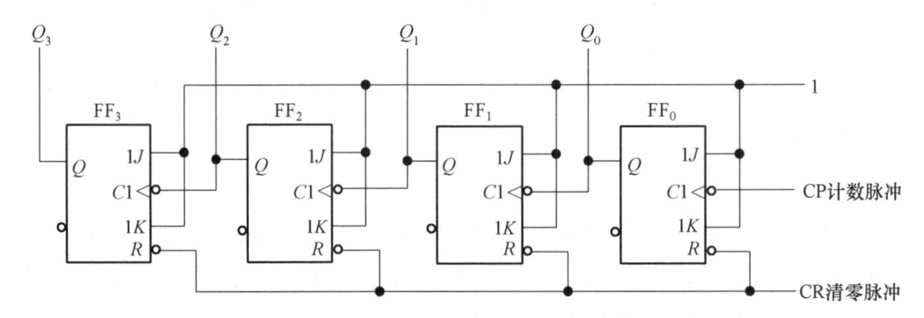

图 7－1　由 4 个 JK 触发器组成的 4 位异步二进制加法计数器的逻辑电路图

由于该电路的连线简单且规律性强，因此，只需进行简单的观察与分析即可画出时序图或状态图，这种分析方法称为观察法。

用观察法画出该电路的时序图，如图 7－2 所示。状态图如图 7－3 所示。由状态图可见，从初态 0000（由清零脉冲所置）开始，每输入一个计数脉冲，计数器的状态就按二进制加法规律加 1，所以是二进制加法计数器（4 位）。又因为该计数器有 0000～1111 共 16 个状态，所以也称十六进制加法计数器或模 16（$M=16$）加法计数器。

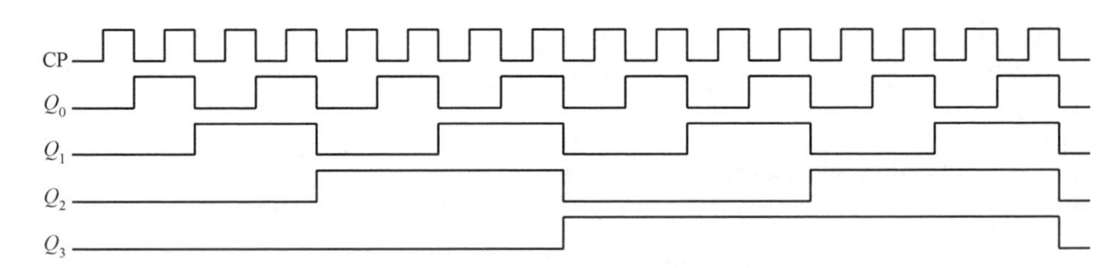

图 7－2　图 7－1 所示电路的时序图

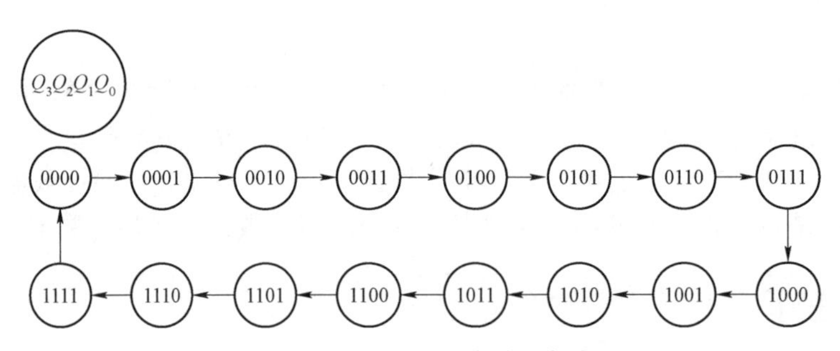

图 7－3　图 7－1 所示电路的状态图

另外，从时序图可以看出，Q_0，Q_1，Q_2，Q_3 的周期分别是计数脉冲周期的 2 倍、4 倍、8 倍、16 倍，也就是说，Q_0，Q_1，Q_2，Q_3 分别对 CP 波形进行了二分频、四分频、八分频、十六分频，因而计数器也可作为分频器使用。

异步二进制计数器结构简单，只需改变级联触发器的个数，就可以很方便地改变二进制计数器的位数，n 个触发器构成 n 位二进制计数器或模 2^n 计数器，或 2^n 分频器。

（2）异步二进制减法计数器。

将图 7-1 所示电路中 FF_1，FF_2，FF_3 的时钟脉冲输入端改接到相邻低位触发器的 $\overline{Q}$ 端就可构成异步二进制减法计数器，其工作原理请自行分析。

图 7-4 所示为由 4 个 D 触发器组成的 4 位异步二进制减法计数器的逻辑电路图，其时序图及状态图分别如图 7-5 和图 7-6 所示。

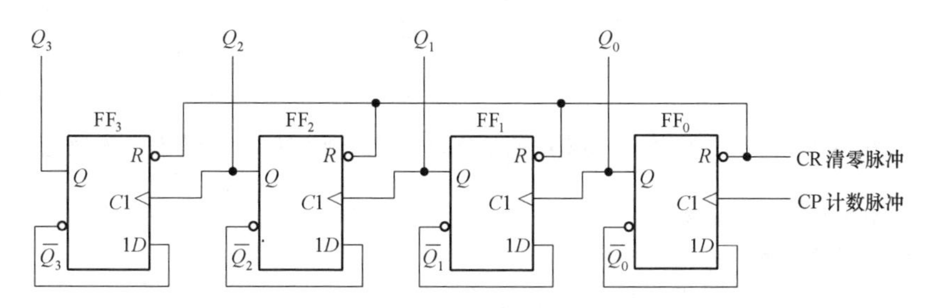

图 7-4　由 4 个 D 触发器组成的 4 位异步二进制减法计数器的逻辑电路图

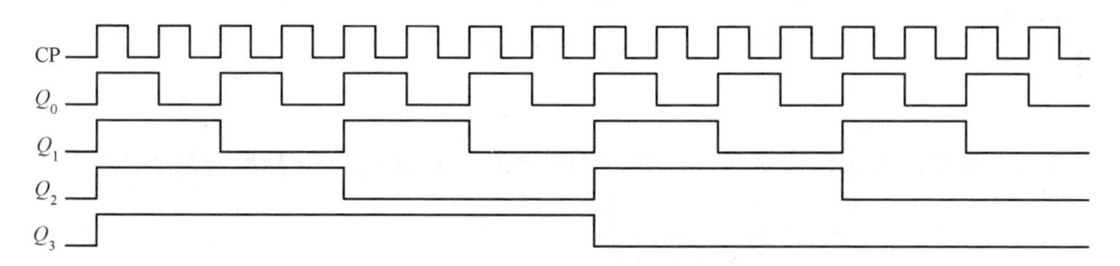

图 7-5　图 7-4 所示电路的时序图

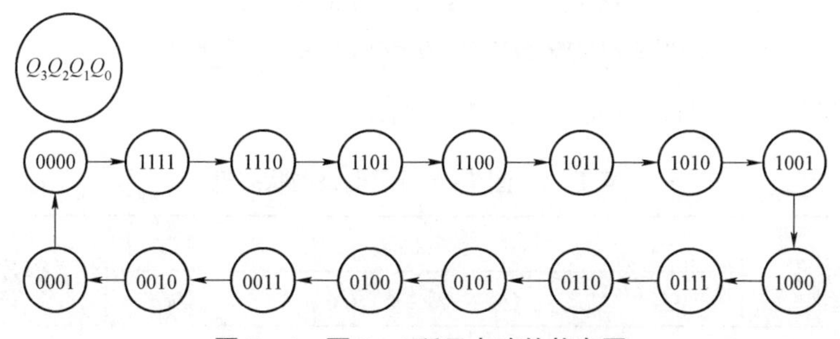

图 7-6　图 7-4 所示电路的状态图

由图 7-1 和图 7-4 可见，用 JK 触发器和 D 触发器都可以很方便地组成异步二进制计数器。但在异步二进制计数器中，高位触发器的状态翻转必须在相邻触发器中产生进位信号（加计数）或借位信号（减计数）之后才能实现，所以异步计数器的工作速度较低。为了提高计数速度，可采用同步计数器。

2. 同步二进制计数器

（1）同步二进制加法计数器。

图 7-7 所示为由 4 个 JK 触发器组成的 4 位同步二进制加法计数器的逻辑电路图。其中各触发器的时钟脉冲输入端接同一计数脉冲 CP，显然，这是一个同步时序电路。由于该电路结构比较复杂，因此，采用观察法难以分析其功能。那么应如何对该电路进行分析呢？

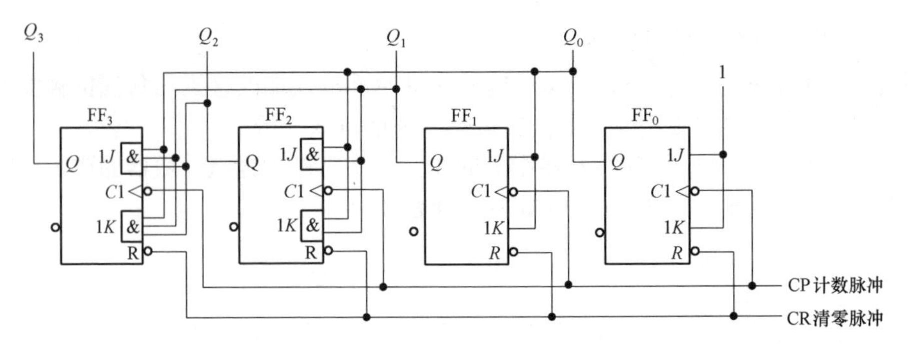

图 7-7　由 4 个 JK 触发器组成的 4 位同步二进制加法计数器的逻辑电路图

电路分析的具体步骤如下。

① 写出驱动方程和状态方程。

驱动方程为
$$\begin{cases} J_0 = K_0 = 1 \\ J_1 = K_1 = Q_0^n \\ J_2 = K_2 = Q_0^n Q_1^n \\ J_3 = K_3 = Q_0^n Q_1^n Q_2^n \end{cases}$$

将驱动方程代入 JK 触发器特征方程 $Q^{n+1} = J\overline{Q^n} + \overline{K}Q^n$，可得到电路的状态方程，即

$$\begin{cases} Q_0^{n+1} = \overline{Q_0^n} \\ Q_1^{n+1} = Q_0^n \overline{Q_1^n} + \overline{Q_0^n} Q_1^n = Q_0^n \oplus Q_1^n \\ Q_2^{n+1} = Q_0^n Q_1^n \overline{Q_2^n} + \overline{Q_0^n Q_1^n} Q_2^n = Q_0^n Q_1^n \oplus Q_2^n \\ Q_3^{n+1} = Q_0^n Q_1^n Q_2^n \overline{Q_3^n} + \overline{Q_0^n Q_1^n Q_2^n} Q_3^n = Q_0^n Q_1^n Q_2^n \oplus Q_3^n \end{cases}$$

② 根据状态方程列状态表，如表 7-1 所示。

表 7-1　图 7-7 所示电路的状态表

计数脉冲序号	电路状态				等效十进制数
	Q_3	Q_2	Q_1	Q_0	
0	0	0	0	0	0
1	0	0	0	1	1
2	0	0	1	0	2
3	0	0	1	1	3
4	0	1	0	0	4
5	0	1	0	1	5
6	0	1	1	0	6
7	0	1	1	1	7
8	1	0	0	0	8
9	1	0	0	1	9
10	1	0	1	0	10
11	1	0	1	1	11

续表

计数脉冲序号	电路状态				等效十进制数
	Q_3	Q_2	Q_1	Q_0	
12	1	1	0	0	12
13	1	1	0	1	13
14	1	1	1	0	14
15	1	1	1	1	15
16	0	0	0	0	0

③ 作状态图及时序图。

该电路时序图及状态图分别如图 7–2 和图 7–3 所示。

④ 逻辑功能。

由状态表、状态图和时序图可知，该电路为 4 位同步二进制加法计数器。

（2）同步二进制减法计数器。

4 位同步二进制减法计数器的状态表如表 7–2 所示，分析其翻转规律并与 4 位同步二进制加法计数器相比较，不难看出，只要将图 7–7 所示电路各触发器的驱动方程改为

$$\begin{cases} J_0 = K_0 = 1 \\ J_1 = K_1 = \overline{Q_0^n} \\ J_2 = K_2 = \overline{Q_0^n}\,\overline{Q_1^n} \\ J_3 = K_3 = \overline{Q_0^n}\,\overline{Q_1^n}\,\overline{Q_2^n} \end{cases}$$

就构成了 4 位同步二进制减法计数器。

表 7–2　4 位同步二进制减法计数器的状态表

计数脉冲序号	电路状态				等效十进制数
	Q_3	Q_2	Q_1	Q_0	
0	0	0	0	0	0
1	1	1	1	1	15
2	1	1	1	0	14
3	1	1	0	1	13
4	1	1	0	0	12
5	1	0	1	1	11
6	1	0	1	0	10
7	1	0	0	1	9
8	1	0	0	0	8
9	0	1	1	1	7
10	0	1	1	0	6
11	0	1	0	1	5
12	0	1	0	0	4

续表

计数脉冲序号	电路状态				等效十进制数
	Q_3	Q_2	Q_1	Q_0	
13	0	0	1	1	3
14	0	0	1	0	2
15	0	0	0	1	1
16	0	0	0	0	0

二、非二进制计数器

若计数器 $N \neq 2^n$，则计数器为非二进制计数器。非二进制计数器中最常用的是十进制计数器，下面讨论 8421BCD 码十进制计数器。

1. 8421BCD 码同步十进制加法计数器

图 7-8 所示为由 4 个 JK 触发器组成的 8421BCD 码同步十进制加法计数器的逻辑电路图。采用同步时序逻辑电路分析方法对该电路进行分析。

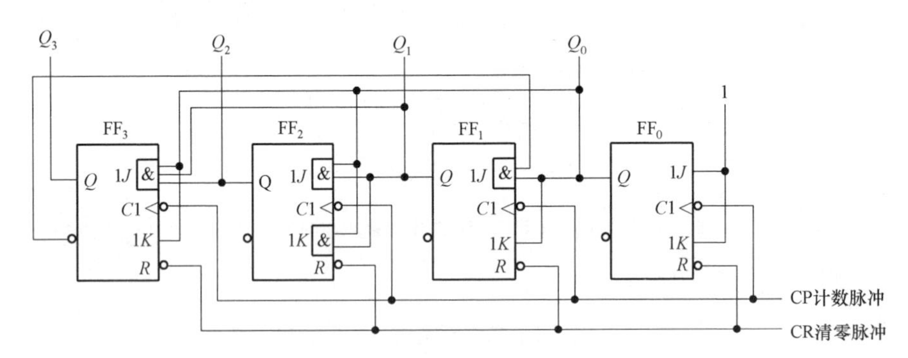

图 7-8 8421BCD 码同步十进制加法计数器的逻辑电路图

（1）写出驱动方程和状态方程。

驱动方程为

$$
\begin{cases}
J_0 = 1 & K_0 = 1 \\
J_1 = \overline{Q_3^n} Q_0^n & K_1 = Q_0^n \\
J_2 = Q_1^n Q_0^n & K_2 = Q_1^n Q_0^n \\
J_3 = Q_2^n Q_1^n Q_0^n & K_3 = Q_0^n
\end{cases}
$$

将驱动方程代入 JK 触发器特征方程 $Q^{n+1} = J\overline{Q^n} + \overline{K}Q^n$，可得到电路的状态方程，即

$$
\begin{cases}
Q_0^{n+1} = \overline{Q_0^n} \\
Q_1^{n+1} = \overline{Q_3^n} Q_0^n \overline{Q_1^n} + \overline{Q_0^n} Q_1^n \\
Q_2^{n+1} = Q_1^n Q_0^n \overline{Q_2^n} + \overline{Q_1^n Q_0^n} Q_2^n = Q_1^n Q_0^n \oplus Q_2^n \\
Q_3^{n+1} = Q_2^n Q_1^n Q_0^n \overline{Q_3^n} + \overline{Q_0^n} Q_3^n
\end{cases}
$$

（2）根据状态方程列状态表。设初态为 $Q_3Q_2Q_1Q_0 = 0000$，代入状态方程进行计算，

得状态表如表 7–3 所示。

表 7–3　图 7–8 所示电路的状态表

计数脉冲序号	电路状态				等效十进制数
	Q_3	Q_2	Q_1	Q_0	
0	0	0	0	0	0
1	0	0	0	1	1
2	0	0	1	0	2
3	0	0	1	1	3
4	0	1	0	0	4
5	0	1	0	1	5
6	0	1	1	0	6
7	0	1	1	1	7
8	1	0	0	0	8
9	1	0	0	1	9
10	0	0	0	0	0

（3）作状态图及时序图。

该电路的时序图及状态图如图 7–9 和图 7–10 所示。

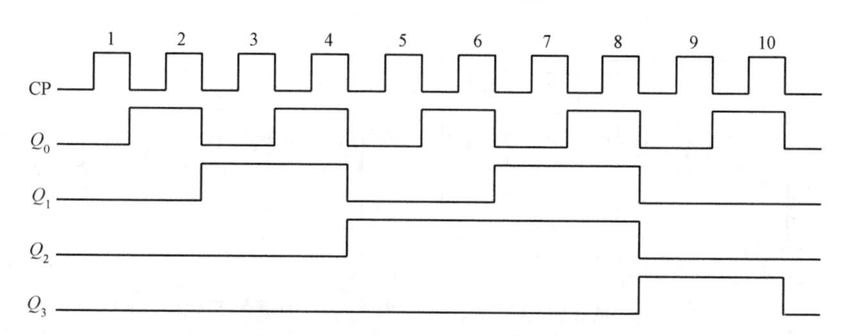

图 7–9　图 7–8 所示电路的时序图

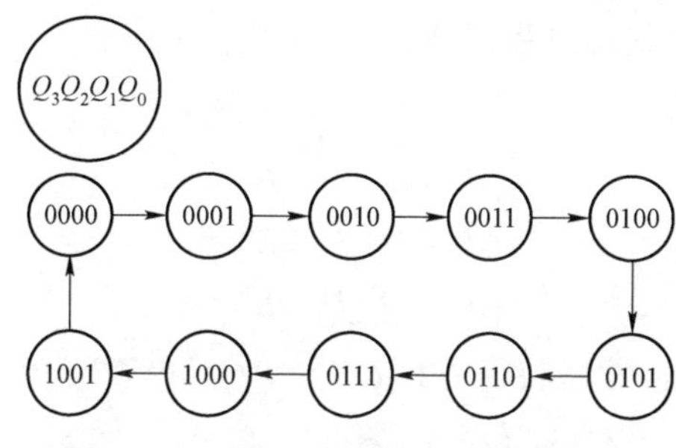

图 7–10　图 7–8 所示电路的状态图

（4）逻辑功能。

由此可知，该电路为 8421BCD 码同步十进制加法计数器。

（5）检查电路能否自启动。

图 7－8 所示电路中有 4 个触发器，它们的状态组合共有 16 种，而在 8421BCD 码同步十进制计数器中只用了 10 种，称为有效状态，其余 6 种状态称为无效状态。在实际工作中，当由于某种原因，使计数器进入无效状态时，如果能在时钟脉冲作用下，最终进入有效状态，则称该电路具有自启动能力。

用同样的分析方法分别求出 6 种无效状态下的次态，补充到状态图中，即可得到完整状态图，如图 7－11 所示。由此可见，该电路能够自启动。

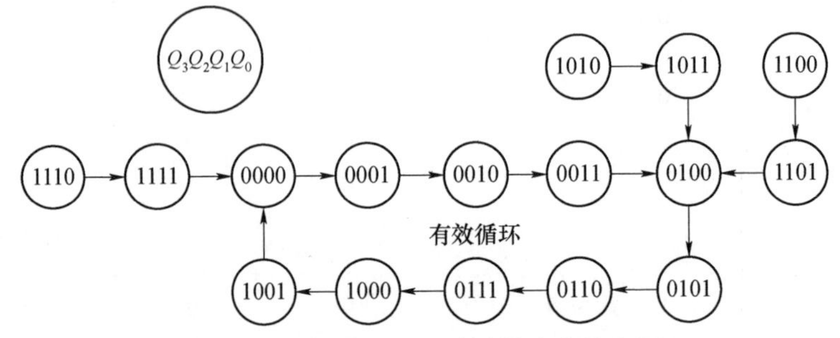

图 7－11　图 7－8 所示电路的完整状态图

2. 8421BCD 码异步十进制加法计数器

图 7－12 所示为由 4 个 JK 触发器组成的 8421BCD 码异步十进制加法计数器的逻辑电路图。

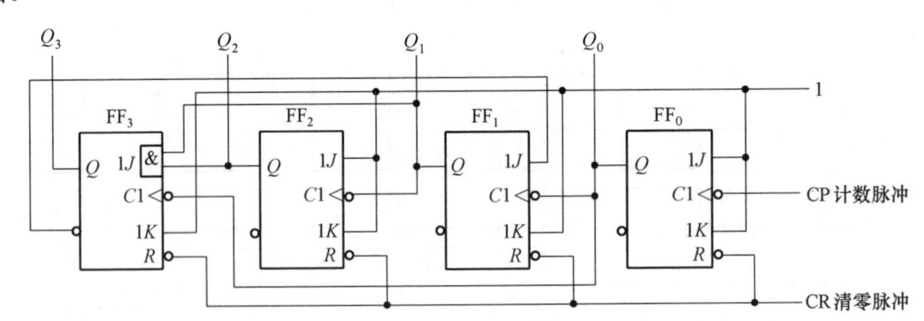

图 7－12　8421BCD 码异步十进制加法计数器的逻辑电路图

电路分析如下。

（1）写出驱动方程和状态方程。

驱动方程为

$$\begin{cases} J_0 = 1 & K_0 = 1 \\ J_1 = \overline{Q_3^n} & K_1 = 1 \\ J_2 = 1 & K_2 = 1 \\ J_3 = Q_2^n Q_1^n & K_3 = 1 \end{cases}$$

将驱动方程代入 JK 触发器特征方程 $Q^{n+1} = J\overline{Q^n} + \overline{K}Q^n$，可得到电路的状态方程，

即

$$\begin{cases} Q_0^{n+1} = \overline{Q_0^n} \downarrow \\ Q_1^{n+1} = \overline{Q_3^n}\,\overline{Q_1^n}\,Q_0 \downarrow \\ Q_2^{n+1} = \overline{Q_2^n}\,Q_1 \downarrow \\ Q_3^{n+1} = Q_2^n Q_1^n \overline{Q_3^n}\,Q_0 \downarrow \end{cases}$$

（2）根据状态方程列状态表。设初态为 $Q_3Q_2Q_1Q_0=0000$，代入状态方程进行计算，得状态表如表 7–4 所示。

表 7–4　图 7–12 所示电路的状态表

计数脉冲序号	电路状态				备注
	Q_3	Q_2	Q_1	Q_0	
0	0	0	0	0	
1	0	0	0	1	CP↓
2	0	0	1	0	CP↓，Q_0↓
3	0	0	1	1	CP↓
4	0	1	0	0	CP↓，Q_0↓，Q_1↓
5	0	1	0	1	CP↓
6	0	1	1	0	CP↓，Q_0↓
7	0	1	1	1	CP↓
8	1	0	0	0	CP↓，Q_0↓，Q_1↓
9	1	0	0	1	CP↓
10	0	0	0	0	CP↓，Q_0↓

（3）作状态图及时序图。

该电路状态图及时序图分别如图 7–9 和图 7–10 所示。

（4）逻辑功能。

由此可知，该电路为 8421BCD 码异步十进制加法计数器。

（5）检查电路能否自启动。

经分析，得到完整状态图如图 7–13 所示。由此可见，该电路能够自启动。

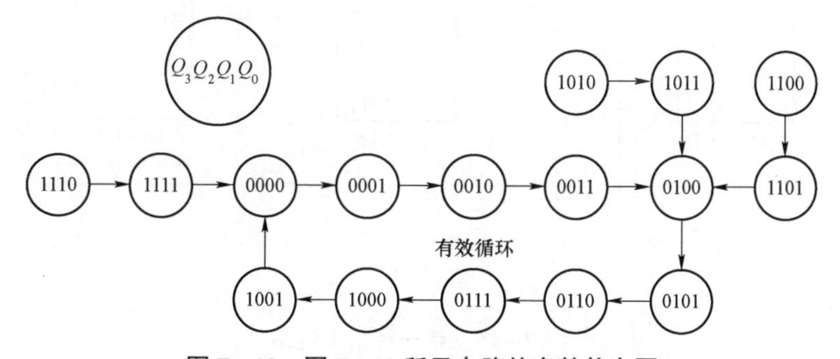

图 7–13　图 7–12 所示电路的完整状态图

想一想

（1）六进制计数器至少应由几个集成 JK 触发器组成？

（2）为什么同步计数器会比异步计数器速度更快？

任务实施

计数器电路分析与 Multisim 软件仿真。

1. 计数器电路分析

分析图 7-14 所示电路的逻辑功能。要求写出驱动方程和状态方程、列出状态表、检查电路的自启动功能，并画出完整的状态图。

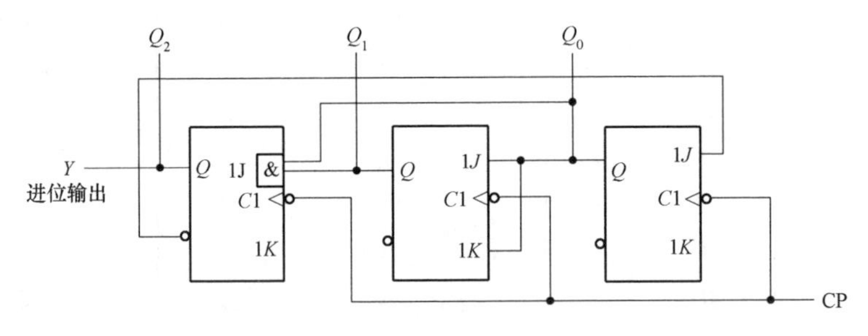

图 7-14　练一练电路图

2. 计数器电路的 Multisim 软件仿真

按照图 7-14 所示电路在 Multisim 软件元器件库中选择集成 JK 触发器 74LS112、四 2 输入与门 74LS08，并进行正确连线，如图 7-15 所示。

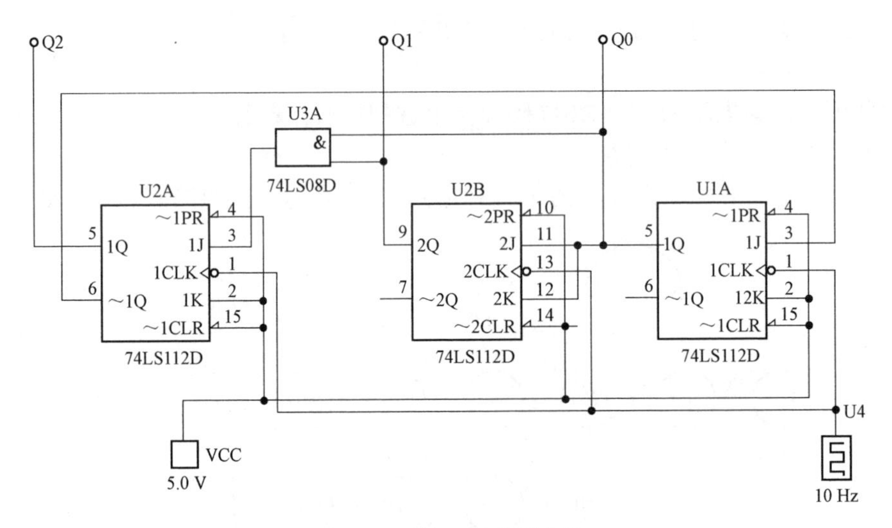

图 7-15　练一练仿真电路

仿真开始，观察输出端状态，并验证计数器功能是否与分析结果相同。

注意：该电路输出端状态有高、低位之分，其中 Q_2 为最高位，Q_0 为最低位。

任务二　常用集成计数器的应用

任务导入

集成计数器是一种用于对脉冲信号计数的集成电路，它根据计数原理，将一个或多个触发器作为计数单元，用于存储计数值。当输入的脉冲信号被触发时，计数单元的计数值就会增加或减少。集成计数器的应用非常广泛，如时钟计数、频率测量、信号处理等领域。由于集成计数器具有较高的集成度和稳定性，因此，它在许多数字系统中都被用作主要的计数器件。本任务将介绍几种常见集成计数器的应用。

任务目标

素质目标

（1）拓宽专业视野，激发专业兴趣。

（2）培养勤于思考、耐心细致的工作作风。

知识目标

熟悉典型集成计数器的引脚排列和逻辑功能。

能力目标

（1）会测试二进制和十进制典型集成计数器的逻辑功能。

（2）会用反馈归零法和反馈置数法设计、制作简单的计数电路。

任务分析

目前中规模集成计数器品种很多，应用十分方便。除特殊需要外，已不必用单元触发器自行设计计数器了。通过反馈归零法和反馈置数法，可以利用现有的集成计数器产品便捷地构成任意进制的计数器。

基础知识

在数字集成产品中，通用的计数器是二进制计数器和十进制计数器。按计数长度、有效时钟、控制信号、置位和复位信号的不同集成计数器可分为多种不同的型号。

一、集成二进制计数器

1. 集成 4 位同步二进制加法计数器 74LS161/74LS163

图 7－16（a）所示为集成 4 位同步二进制加法计数器 74LS161/74LS163 的逻辑功能

示意图，图 7–16（b）所示为其引脚排列。

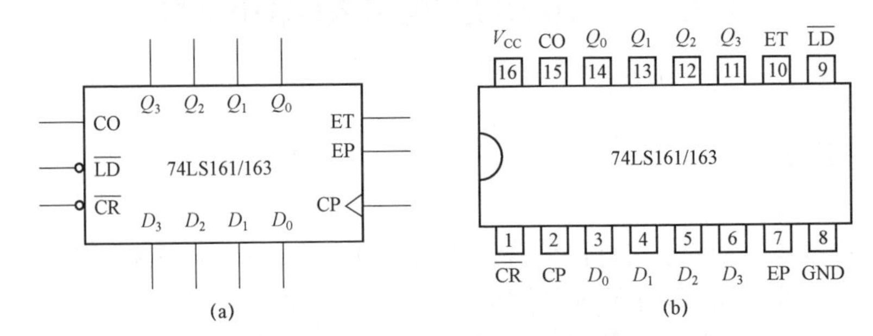

图 7–16　74LS161/74LS163 的逻辑功能示意图及引脚排列

表 7–5 所示为 74LS161 功能表。由该表可知，74LS161 具有如下功能。

表 7–5　74LS161 功能表

清零	预置	使能		时钟	预置数据输入	输出	工作模式
$\overline{CR}$	$\overline{LD}$	EP	ET	CP	$D_3\,D_2\,D_1\,D_0$	$Q_3\,Q_2\,Q_1\,Q_0$	
0	×	×	×	×	××××	0　0　0　0	异步清零
1	0	×	×	↑	$d_3\,d_2\,d_1\,d_0$	$d_3\,d_2\,d_1\,d_0$	同步置数
1	1	0	×	×	××××	保持	数据保持
1	1	×	0	×	××××	保持	数据保持
1	1	1	1	↑	××××	计数	加法计数

（1）异步清零。当 $\overline{CR}=0$ 时，不论其他输入端的状态如何，或是否有时钟脉冲 CP，计数器输出都将被直接置零（$Q_3Q_2Q_1Q_0=0000$），称为异步清零。

（2）同步置数。当 $\overline{CR}=1$，$\overline{LD}=0$ 时，在输入时钟脉冲 CP 上升沿的作用下，并行输入端的数据 $d_3d_2d_1d_0$ 被置入计数器的输出端，即 $Q_3Q_2Q_1Q_0=d_3d_2d_1d_0$。由于这个操作要与 CP 上升沿同步，因此，称为同步置数。

（3）计数。当 $\overline{CR}=\overline{LD}=EP=ET=1$ 时，在 CP 端输入计数脉冲，计数器进行二进制加法计数。

（4）数据保持。当 $\overline{CR}=\overline{LD}=1$，且 $EP\cdot ET=0$，即两个使能端中有 0 时，计数器保持原来的状态不变。

另外集成 4 位同步二进制加法计数器 74LS161 的进位输出端 CO 平时为低电平，只有当计数器状态 $Q_3Q_2Q_1Q_0=1111$ 时，进位输出端 CO=1。

集成同步二进制加法计数器 74LS163 和 74LS161 的引脚排列完全相同，逻辑功能也基本相同，唯一不同的是 74LS161 的 $\overline{CR}$ 端为异步清零端，而 74LS163 的 $\overline{CR}$ 端为同步清零端。

2. 集成 4 位同步二进制可逆计数器 74LS191

图 7–17（a）所示为集成 4 位同步二进制可逆计数器 74LS191 的逻辑功能示意图，

图 7－17（b）所示为其引脚排列。其中 $\overline{LD}$ 是异步预置数控制端，D_3，D_2，D_1，D_0 是预置数据输入端；$\overline{EN}$ 是允许计数端，低电平有效；$\overline{U}/D$ 是加/减控制端，为 0 时作加法计数，为 1 时作减法计数；CO/BO 是进位/借位输出端，$\overline{RC}$ 为串行输出使能端。

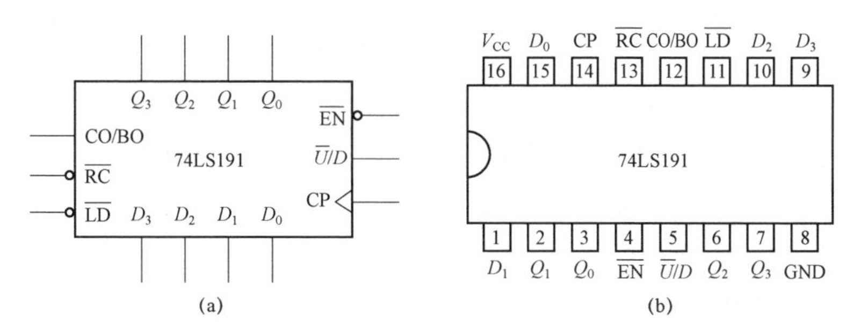

图 7－17　74LS19l 的逻辑功能示意图及引脚排列

74LS19l 功能表如表 7－6 所示。由该表可知，74LS191 具有如下功能。

表 7－6　74LS191 功能表

预置	允许计数	加/减控制	时钟	预置数据输入	输出	工作模式
$\overline{LD}$	$\overline{EN}$	$\overline{U}/D$	CP	$D_3\ D_2\ D_1\ D_0$	$Q_3\ Q_2\ Q_1\ Q_0$	
0	×	×	×	$d_3\ d_2\ d_1\ d_0$	$d_3\ d_2\ d_1\ d_0$	异步置数
1	1	×	×	××××	保持	数据保持
1	0	0	↑	××××	加法计数	加法计数
1	0	1	↑	××××	减法计数	减法计数

（1）异步置数。当 $\overline{LD}=0$ 时，不论其他输入端的状态如何，或是否有时钟脉冲 CP，并行输入端的数据 $d_3d_2d_1d_0$ 都将被直接置入计数器输出端，即 $Q_3Q_2Q_1Q_0=d_3d_2d_1d_0$。由于该操作不受 CP 控制，所以称为异步置数。

注意：该计数器无清零端，需清零时可用预置数的方法置零。

（2）数据保持。当 $\overline{LD}=1$ 且 $\overline{EN}=1$ 时，计数器保持原来的状态不变。

（3）计数。当 $\overline{LD}=1$ 且 $\overline{EN}=0$ 时，在 CP 端输入计数脉冲，计数器进行二进制计数。当 $\overline{U}/D=0$ 时作加法计数；当 $\overline{U}/D=1$ 时作减法计数。

另外，该电路还有串行输出使能端 $\overline{RC}$ 和进位/借位输出端 CO/BO。串行输出使能端 $\overline{RC}$ 的功能如下：当作加法计数时，计到最大值 1111 时，$\overline{RC}$ 端输出“0”；当作减法计数时，计到最小值 0000 时，$\overline{RC}$ 也输出“0”。$\overline{RC}$ 可作为多个芯片级联时使用。

二、集成十进制计数器

1. 集成同步十进制加法计数器 74LS160/162

图 7－18（a）所示为集成同步十进制加法计数器 74LS160/162 的逻辑功能示意图，图 7－18（b）所示为其引脚排列。

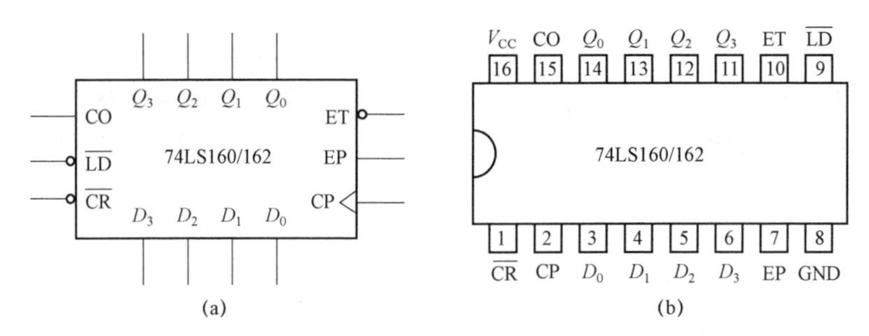

图 7－18　74LS160/162 的逻辑功能示意图及引脚排列

由此可见，集成同步十进制加法计数器 74LS160/162 和 74LS161/163 的引脚排列完全相同，实际上它们的逻辑功能也基本相同，其中集成同步十进制加法计数器 74LS160 的 $\overline{CR}$ 端为异步清零端，而 74LS162 的 $\overline{CR}$ 端为同步清零端。四者功能比较如表 7－7 所示。

表 7－7　集成计数器 74LS160/161/162/163 功能比较

型号	同步/异步	加/减	进制	预置功能	清零功能	辅助功能
74LS160	同步	加法	十进制	同步置数 $\overline{LD}=0$	异步清零 $\overline{CR}=0$	进位：CO 当计数至最大值时，CO＝1
74LS161			4 位二进制			
74LS162			十进制		同步清零 $\overline{CR}=0$	
74LS163			4 位二进制			

2. 双时钟集成十进制可逆计数器 74LS192

74LS192 是一个双时钟集成十进制可逆计数器，其引脚排列如图 7－19 所示。

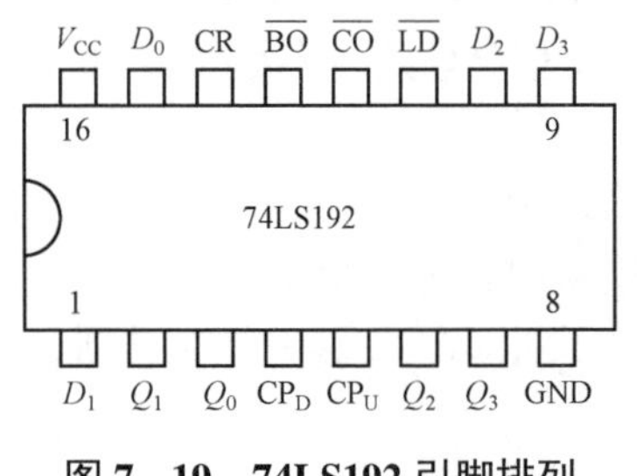

图 7－19　74LS192 引脚排列

其中，CR 是异步清零端，高电平有效；$\overline{LD}$ 是异步置数端，低电平有效；CP_U 是加法计数脉冲输入端；CP_D 是减法计数脉冲输入端；D_0～D_3 是并行数据输入端；Q_0～Q_3 是计数器状态输出端；$\overline{CO}$ 是进位脉冲输出端；$\overline{BO}$ 是借位脉冲输出端。当多个 74LS192 级联时，只要把低位的 $\overline{CO}$ 端、$\overline{BO}$ 端分别与高位的 CP_U，CP_D 连接起来，再将各个芯片的 CR 端连接在一起并接地，最后使 $\overline{LD}$ 端连接在一起并接电源就可以了。74LS192 功能表如表 7－8 所示。

表 7－8　74LS192 功能表

输入端								输出端				功能
CP_U	CP_D	CR	$\overline{LD}$	D_3	D_2	D_1	D_0	Q_3	Q_2	Q_1	Q_0	
×	×	1	×	×	×	×	×	0	0	0	0	异步清零
×	×	0	0	d_3	d_2	d_1	d_0	d_3	d_2	d_1	d_0	异步置数

续表

输入端								输出端				功能
CP_U	CP_D	CR	$\overline{LD}$	D_3	D_2	D_1	D_0	Q_3	Q_2	Q_1	Q_0	
↑	1	0	1	×	×	×	×	计数				加法计数
1	↑	0	1	×	×	×	×	计数				减法计数
1	1	0	1	×	×	×	×	保持				保持

3. 集成同步十进制可逆计数器 74LS190

集成同步十进制可逆计数器 74LS190 与集成 4 位同步二进制可逆计数器 74LS191 的引脚排列相同，如图 7－17（b）所示，其逻辑功能也基本相同，只是 74LS190 是十进制计数，而 74LS191 是 4 位二进制计数。

4. 集成十进制计数器/脉冲分配器 CD4017

CD4017 引脚排列图如图 7－20 所示，其功能表如表 7－9 所示。

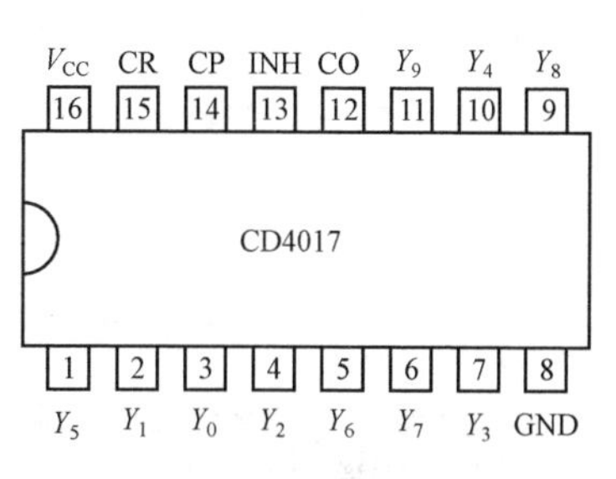

图 7－20　CD4017 引脚排列

表 7－9　CD4017 功能表

清零端	输入端		输出端	进位端
CR	CP	INH	Y_0～Y_9	CO
1	×	×	$Y_0=1$	计数脉冲为 Y_0～Y_4 时，CO＝1；计数脉冲为 Y_5～Y_9 时，CO＝0
0	↑	0	计数	
0	1	↓		
0	0	×	保持	
0	×	1		
0	↓	×		
0	×	↑		

CD4017 有 10 个输出端（Y_0～Y_9）、2 个时钟脉冲输入端（CP，INH）、1 个清零端（CR）和 1 个进位端（CO）。当 CR＝1 时，计数器清零；若用时钟脉冲上升沿触发，则信号由 CP 端输入，此时 INH 端为低电平；若用时钟脉冲下降沿触发，则信号由 INH 端输入，此时 CP 端为高电平；随着计数脉冲的到来，其输出端（Y_0～Y_9）依次输出高电平，且宽度等于时钟脉冲周期。每 10 个时钟脉冲输入周期 CO 信号完成一次进位，可用作多级计数器的下级时钟脉冲。

由此可见，当有连续脉冲输入时，CD4017 对应的输出端依次变为高电平，故可直接用于顺序脉冲发生器。

5. 集成十进制计数器 CD4518

CD4518 是一个双 BCD 同步加计数器，由两个相同的同步十进制计数器组成。CD4518 引脚排列如图 7－21 所示。

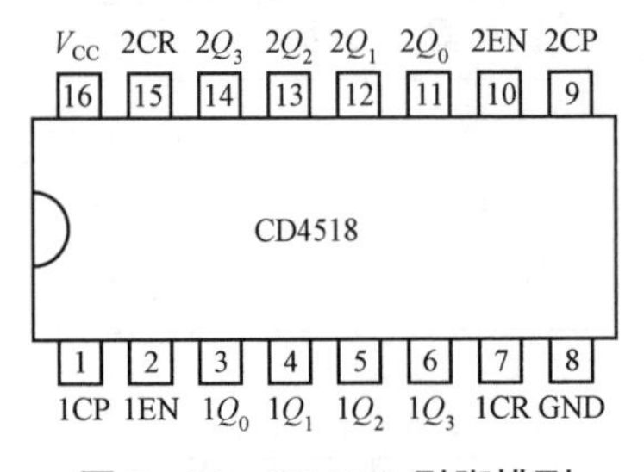

图 7－21　CD4518 引脚排列

CD4518 有两个时钟输入端 CP 和 EN，若用时钟脉冲上升沿触发，则信号由 CP 端输入，此时 EN 端为高电平；若用时钟脉冲下降沿触发，则信号由 EN 输入，此时 CP 端为低电平；同时复位端 CR 也应保持低电平。只有满足这些条件，电路才会处于计数状态，否则电路不工作，保持原状态不变。其功能表如表 7－10 所示。

表 7－10　CD4518 功能表

清零端	输入端		功能
CR	CP	EN	
1	×	×	清零
0	↑	1	加计数
0	0	↓	加计数
0	×	0	保持
0	1	×	保持

值得注意的是，集成十进制计数器 CD4518 无进位端，但从表 7－10 可以看出，电路在第十个脉冲作用下，会自动复位，同时引脚 6 或引脚 14（Q_3）将输出下降沿的脉冲，利用该脉冲和 EN 端功能，就可作为计数器的进位脉冲供多位数显使用。由此可见，只有充分利用各计数器的功能表，才能学好数字电路。

三、二－五－异步十进制加法计数器 74LS290

74LS290 内部包含一个独立的 1 位二进制计数器和一个独立的异步五进制计数器。二进制计数器的时钟输入端为 CP_0，输出端为 Q_0；异步五进制计数器的时钟输入端为 CP_1，输出端为 Q_1，Q_2，Q_3。如果将 Q_0 与 CP_1 相连，CP_0 作时钟脉冲输入端，Q_0～Q_3 作输出端，则能得到 8421BCD 码十进制计数器。其引脚排列如图 7－22 所示。

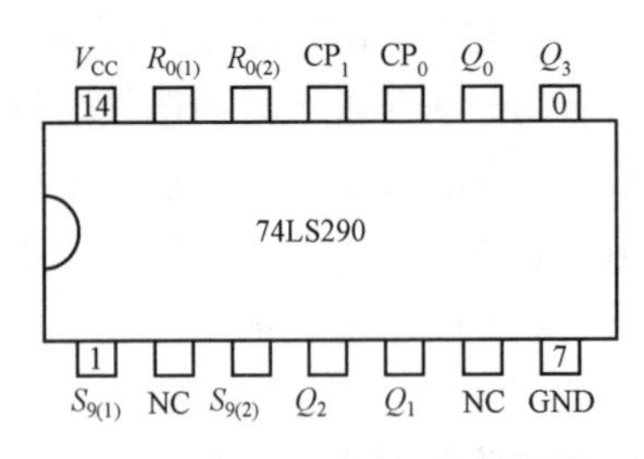

图 7－22　74LS290 引脚排列

表 7－11 所示为 74LS290 功能表。由该表可知，74LS290 具有如下功能。

表 7－11　74LS290 功能表

复位输入		置位输入		时钟	输出				功能
$R_{0(1)}$	$R_{0(2)}$	$S_{9(1)}$	$S_{9(2)}$	CP	Q_3	Q_2	Q_1	Q_0	
1	1	0	×	×	0	0	0	0	异步清零
1	1	×	0	×					
×	×	1	1	×	1	0	0	1	异步置数
0	×	0	×	↓	计数				加法计数
0	×	×	0	↓	计数				
×	0	0	×	↓	计数				
×	0	×	0	↓	计数				

（1）异步清零。当复位输入端 $R_{0(1)}=R_{0(2)}=1$，且置位输入 $S_{9(1)}S_{9(2)}=0$ 时，不论是否有时钟脉冲 CP，计数器输出都将被直接置零。

（2）异步置数。当置位输入 $S_{9(1)}=S_{9(2)}=1$ 时，无论其他输入端状态如何，计数器输出都将被直接置 9（即 $Q_3Q_2Q_1Q_0=1001$）。

（3）计数。当 $R_{0(1)}=R_{0(2)}=0$ 且 $S_{9(1)}S_{9(2)}=0$ 时，在计数脉冲（下降沿）作用下，可进行二－五－十进制加法计数。

四、集成计数器的应用

1. 组成任意进制计数器

市场上能买到的集成计数器一般为二进制计数器和 8421BCD 码十进制计数器，如果需要其他进制的计数器，则可用现有二进制计数器或十进制计数器的清零端或预置端，外接适当的门电路即可。

（1）反馈归零法。

反馈归零法是指在正常计数过程中，利用其中某个计数状态进行反馈，控制清零端，强迫计数器中的各触发器回到“0”状态。

① 异步清零法：适用于具有异步清零端的集成计数器。图 7－23 所示为由集成计数器 74LS161 和与非门组成的六进制计数器。

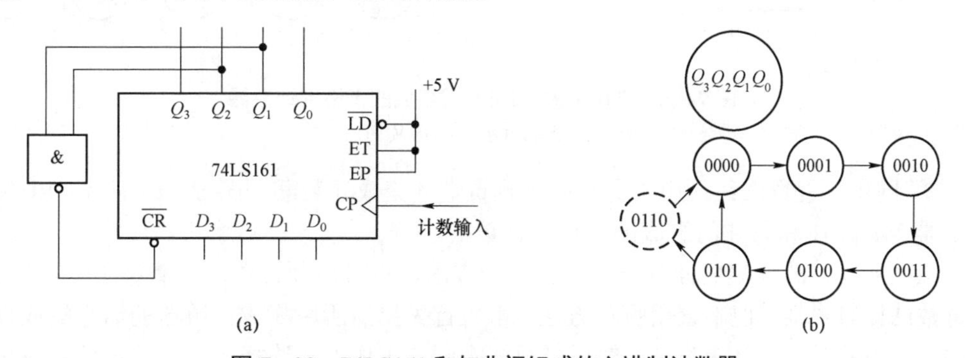

图 7－23　74LS161 和与非门组成的六进制计数器

（a）逻辑电路；（b）状态图

② 同步清零法：适用于具有同步清零端的集成计数器。图 7－24 所示为由集成计数器 74LS163 和与非门组成的六进制计数器。

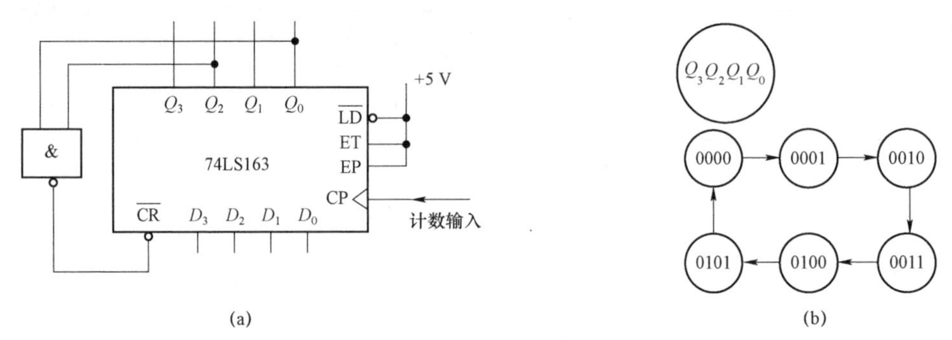

图 7－24　74LS163 和与非门组成的六进制计数器

（a）逻辑电路；（b）状态图

注意：74LS163 为集成 4 位同步二进制加法计数器，其引脚排列与 74LS161 相同，不同之处在于 74LS161 为异步清零，即当 $\overline{CR}=0$ 时，计数器输出将被直接置零（$Q_3Q_2Q_1Q_0=0000$）；而 74LS163 为同步清零，即当 $\overline{CR}=0$ 且时钟脉冲 CP 到来时，计数器输出将被直接置零（$Q_3Q_2Q_1Q_0=0000$）。

（2）反馈置数法。

反馈置数法是指利用计数器的预置数功能，在适当时刻通过反馈将预置数置入计数器，从而实现对计数周期的控制。

① 异步预置数法：适用于具有异步预置端的集成计数器。图 7－25 所示为由集成计数器 74LS191 和与非门组成的十进制计数器，该电路的有效状态是 0000～1001，共 10 个状态。

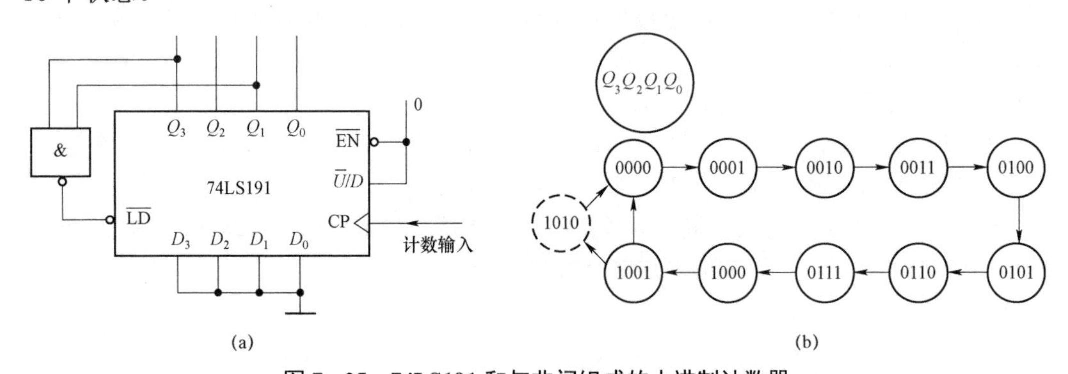

图 7－25　74LS191 和与非门组成的十进制计数器

（a）逻辑电路；（b）状态图

② 同步预置数法：适用于具有同步预置端的集成计数器。图 7－26 所示为由集成计数器 74LS161 和与非门组成的十进制计数器。

综上所述，改变集成计数器的模可用清零法，也可用预置数法。清零法比较简单，预置数法比较灵活。但不管用哪种方法，都应首先搞清所用集成计数器的清零端或预置端的工作方式是异步还是同步，然后再根据不同的工作方式选择合适的清零信号或预置信号。

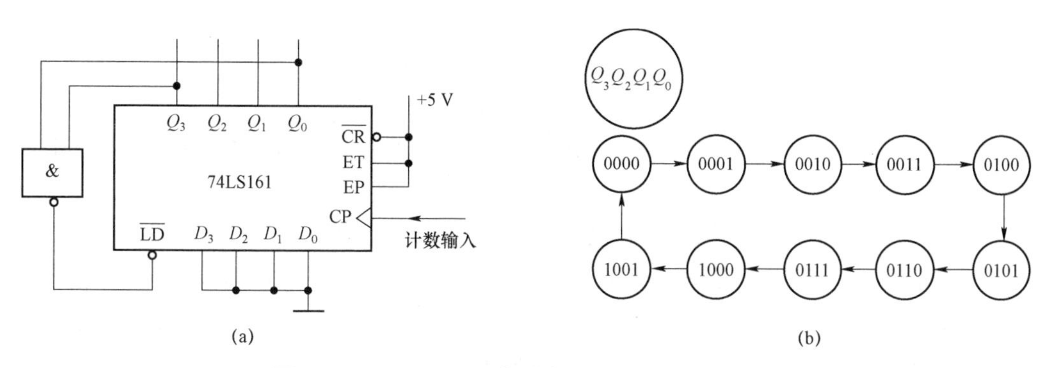

图 7－26　74LS161 和与非门组成的十进制计数器

（a）逻辑电路；（b）状态图

2. 计数器的级联

当计数模长 N 大于 10 时，可用两片以上的集成计数器级联来实现。

例 7－1　用 74LS161 组成六十进制计数器。

解：因为 $N=60$，而 74LS161 为 4 位二进制（十六进制）计数器，所以要用两片 74LS161 构成此计数器。其中低位计数器应组成十进制计数器，而高位计数器应组成六进制计数器，且低位计数器和高位计数器之间应采取相应的级联以达到逢十进一的目的。其逻辑电路如图 7－27 所示。

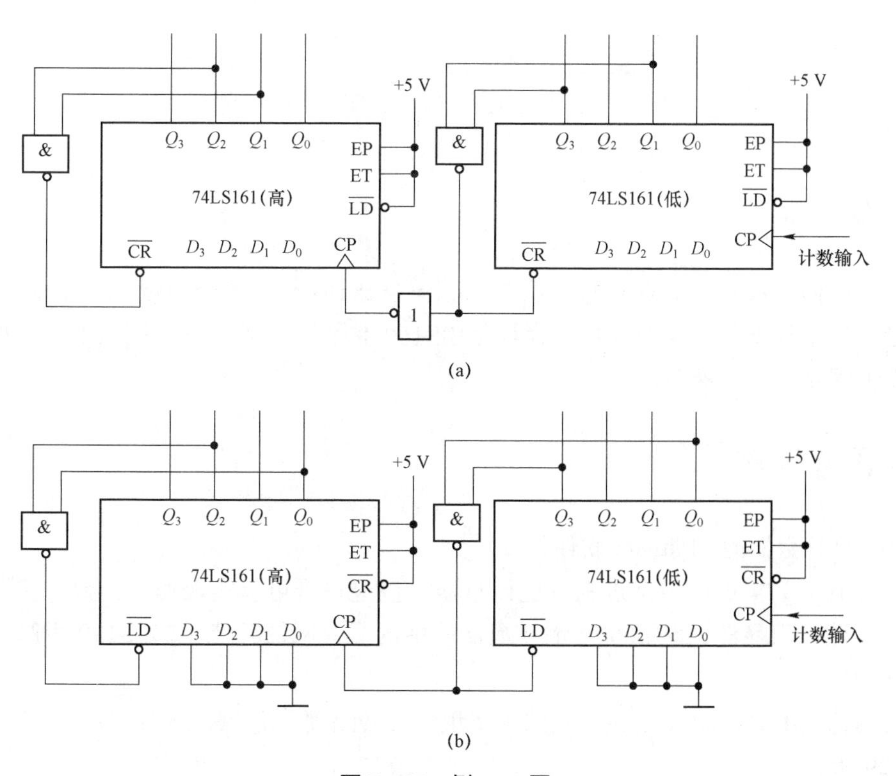

图 7－27　例 7－1 图

其中，图 7-27（a）所示为异步连接反馈清零法实现的六十进制计数器，图 7-27（b）所示为异步连接反馈置数法实现的六十进制计数器。

例 7-2 用 74LS160 组成四十八进制计数器。

解： 因为 $N=48$，而 74LS160 为十进制计数器，所以要用两片 74LS160 才能组成该计数器。

先将两芯片采用同步级联方式连接成一百进制计数器，然后再借助 74LS160 异步清零功能，在输入第 48 个计数脉冲，计数器输出状态为 0100 1000 时，使高位计数器的 Q_2 和低位计数器的 Q_3 同时为 1，使与非门输出为 0，再加到两芯片异步清零端上，使计数器立即返回 0000 0000 状态，状态 0100 1000 仅在极短的瞬间出现，为过渡状态，这样就组成了四十八进制计数器。其逻辑电路如图 7-28 所示。

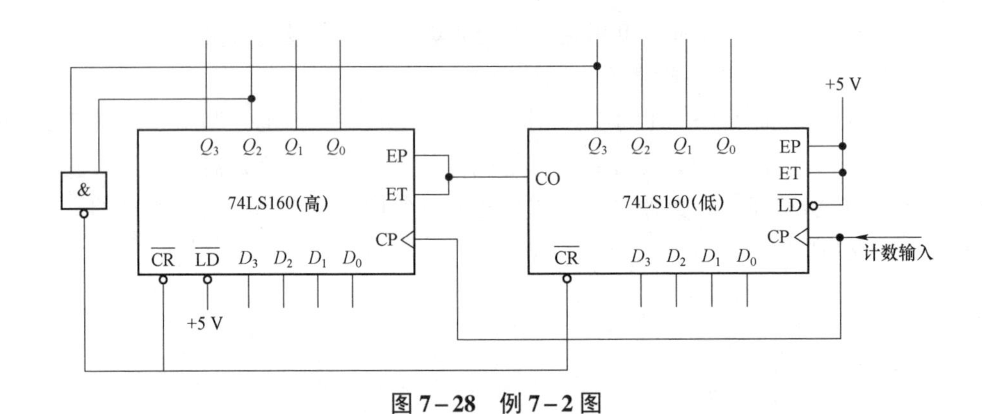

图 7-28 例 7-2 图

想一想

（1）如何用双时钟集成十进制可逆计数器 74LS192 组成一个 60 s 倒计数器？

（2）如果要求用集成十进制计数器 74LS160 制作一个数字钟，则该电路应如何设计？请上网查找相关资料。

任务实施

60 s 倒计数器的 Multisim 软件仿真。

74LS190 为集成同步十进制可逆计数器，该电路既可以实现加法计数，又可以实现减法计数，很显然，组成 60 s 倒计数器使用的是其减法功能。74LS190 引脚排列参考图 7-17（b）。

用两片 74LS190 同步连接预置法可实现 60 s 倒计数功能，60 s 倒计数器仿真电路如图 7-29 所示。

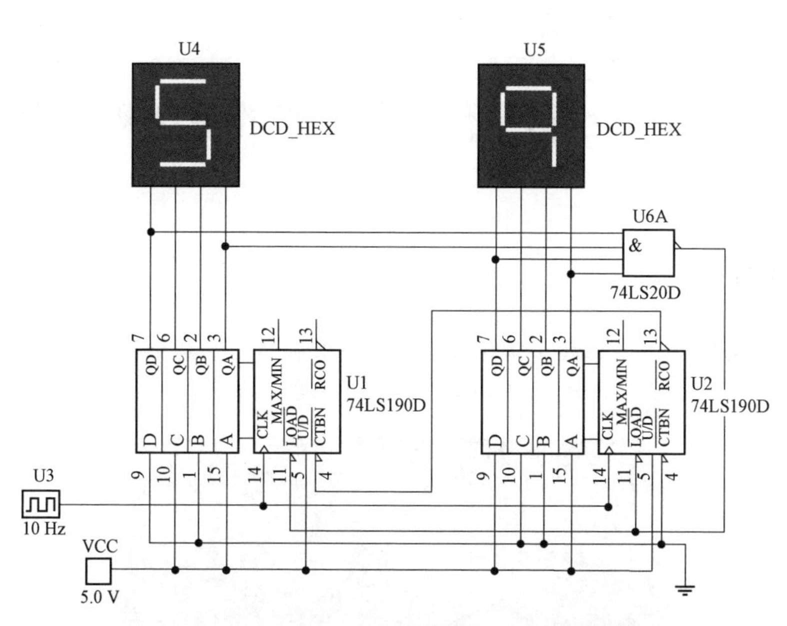

图 7－29　两片 74LS190 组成的 60 s 倒计数器仿真电路

加/减输入端 $\overline{U}/D$ 接高电平实现减计数，片 1 为十位计数器，片 2 为个位计数器。当运行仿真时，电路为初始状态，显示“00”。当第一个脉冲到达后，两片 74LS190 实现异步置数，置数控制端都为有效信号低电平，片 1 置“5”，片 2 置“9”。当秒脉冲到来时，片 2 实现 9～0 的减计数，当片 2 计到 0 时，其串行输出使能端输出一个低电平，由于片 2 的串行输出使能端连至片 1 的允许计数端，因此，当下一个秒脉冲到来时，片 1 减 1。在片 2 其他状态期间，由于串行输出使能端为“1”，片 1 不计数，因此，电路实现了从“59”至“00”状态的循环倒计数。

任务三　小区车位计数电路的设计和制作

任务导入

某小区为方便业主停车和车辆管理，准备在车辆通行的两个通道（一个入口、一个出口）安装车位计数系统，如图 7-30 所示，具体要求如下。

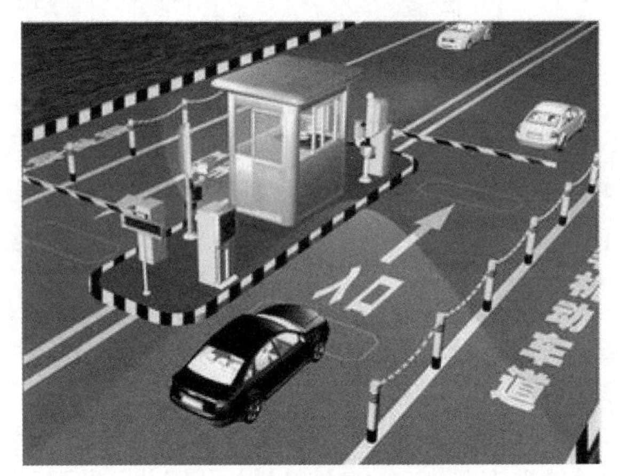

图 7-30　某小区出入口

（1）能够设置小区的总泊车车位数（96 个车位）。

（2）能够自动进行计数。车辆进出均需刷卡，当车辆驶入小区内，计数器能够自动减 1；当汽车从小区驶出时，计数器能够自动加 1。

（3）能够实时显示现有的可泊车车位数。

任务目标

素质目标

（1）增强职业认同感和自豪感。

（2）增强为人民服务的意识。

（3）培养勤于思考、耐心细致的工作作风。

知识目标

理解小区车位计数电路的工作原理。

能力目标

（1）会根据集成计数器的逻辑功能设计小区车位计数电路，并能根据电路原理图正确选用电子元器件。

（2）会制作小区车位计数电路，并进行相关调试。

（3）能排除小区车位计数电路的常见故障。

任务分析

小区车位计数电路主要由红外光信号发射接收装置、计数装置、七段显示译码器、数码显示器几部分组成。鉴于车辆进出小区时该计数电路能够根据车辆的进出情况自动加/减计数，故应使用可逆计数器完成计数功能。

基础知识

一、小区车位计数电路的组成框图

小区车位计数电路的组成框图如图 7－31 所示。

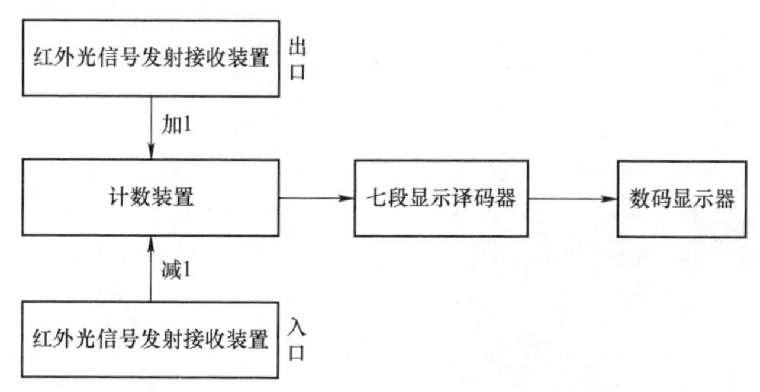

图 7－31　小区车位计数电路的组成框图

二、小区车位计数电路各部分功能分解

1. 红外光信号发射接收装置

红外光信号发射接收装置是一种利用红外线的开关管，在接收和不接收红外线时电阻发生的明显变化，驱动外围电路输出明显的高、低电平信号，再将该变化信号输入数字集成电路并使其识别，从而实现智能控制的装置。

其中发射部分的发射元件为红外发光二极管，它发出的是红外线而不是可见光，其实物图如图 7－32 所示。

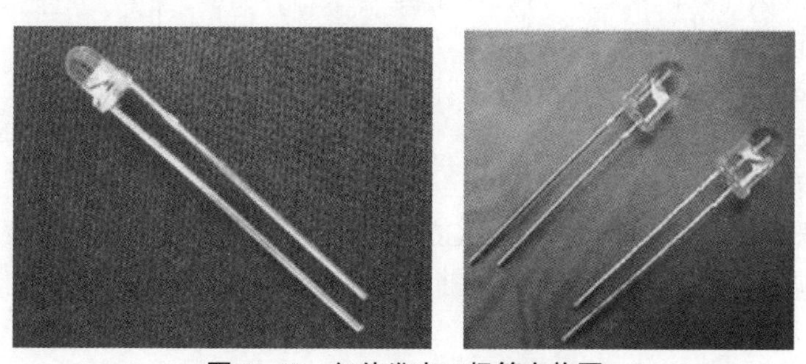

图 7－32　红外发光二极管实物图

红外发光二极管的外形与普通发光二极管相似，只是颜色不同，一般有透明、黑色和深蓝色3种。其引脚有正负极之分，长引脚为正极，短引脚为负极。

小功率红外发光二极管压降约为1.4 V，工作电流一般小于 20 mA，若长时间超过额定电流使用，则会造成损坏，因此，红外发光二极管应和限流电阻串联使用。图7-33所示为红外发光二极管图形符号。

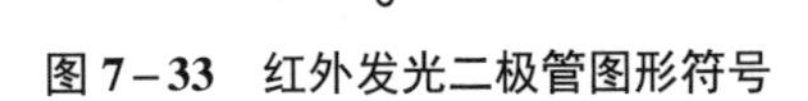

图7-33　红外发光二极管图形符号

接收部分的接收元件通常采用光敏三极管。光敏三极管的顶端有能射入光线的窗口，光线可通过该窗口照射到管芯上。在光线的照射下，光敏三极管 c，e 之间的电阻迅速减小。光敏三极管的光电流一般都在几毫安以上，至少也有几百微安，而暗电流一般都不会超过 1 μA，大多在 0.5 μA 以下。图 7-34 所示为光敏三极管实物图与图形符号。

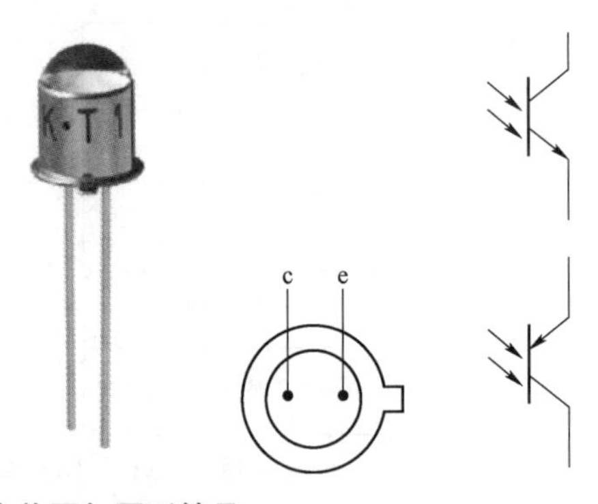

图7-34　光敏三极管实物图与图形符号

由红外发光二极管和光敏三极管组成的红外光信号发射接收装置可以产生计数器所需要的脉冲信号，其电路如图7-35所示。

2. 计数装置

计数电路采用可逆加减计数器 CD40192（其引脚排列和逻辑功能可参考 74LS192），当红外光信号发射接收装置检测到车辆进入小区时，将相应的减法计数信号送给计数器，使计数器进行减法计数；反之，当红外光信号发射接收装置检测到车辆驶出小区时，则将相应的加法计数信号送给计数器，使计数器进行加法计数。

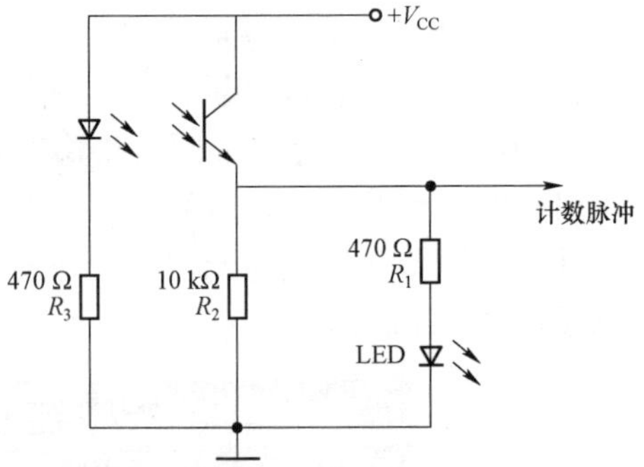

图7-35　由红外光信号发射接收装置产生的脉冲信号电路

3. 七段译码器

七段译码器将计数器输出的 8421BCD 码信号转换为数码显示器需要的逻辑状态，并且为保证数码显示器正常工作提供足够的工作电流。

4. 数码显示器（数码管）

数码显示器应安装在小区门口，可显示小区内现有的可泊车车位数。

想一想

（1）如果小区车辆驶入、驶出只有一个通道，则应如何设计小区车位计数电路？

（2）图 7－36 中的可逆计数器 CD40192 能否用其他可逆加减计数器芯片替代？电路设计有何不同？

任务实施

小区车位计数电路的设计与 Multisim 软件仿真。

在 Multisim 软件中搭建如图 7－36 所示的小区车位计数仿真电路。在检查元器件及连线正确无误后，开始对电路进行仿真，观察该电路是否能实现小区车位计数电路的基本功能。

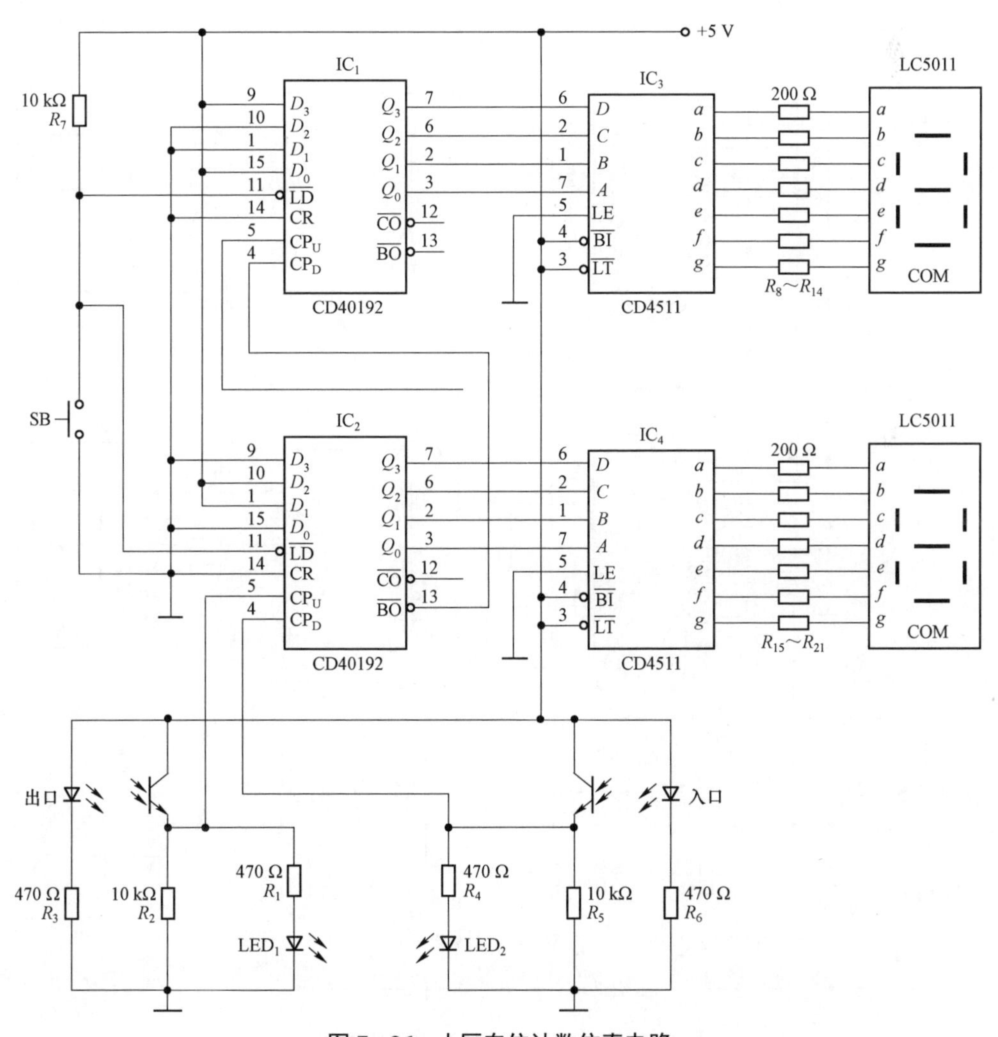

图 7－36　小区车位计数仿真电路

（1）测试预置数电路。按下开关 SB，观察数码显示器是否显示数码“96”。

（2）断开开关 SB，测试加减计数电路。预置数后，仿真电路中以开关的断开和闭合模拟车辆的进、出，观察数码管示数变化。

任务实施

小区车位计数电路的设计与制作。

一、小区车位计数电路设计

根据电路设计要求，结合前面所学知识，利用红外发射接收对管接收车辆的进出信号，再利用 CD40192 对车位数进行加/减计数，之后通过 CD4511 译码器进行译码显示输出剩余车位数，参考电路原理图如图 7－37 所示。

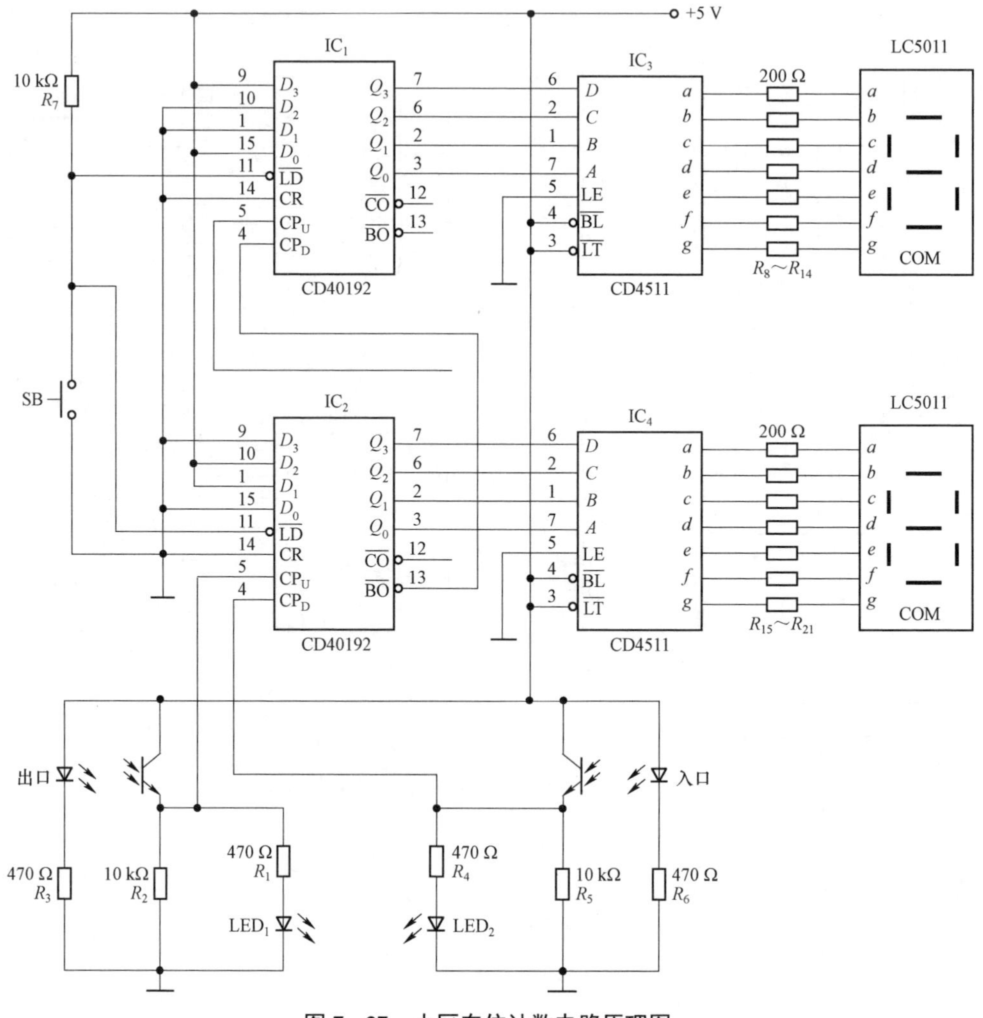

图 7－37 小区车位计数电路原理图

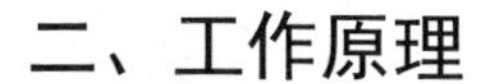

二、工作原理

由图 7－37 可知，按下 SB 键能够设置小区的总泊车车位数（96 个车位）。当无车进出小区时，两个红外发射接收对管均输出高电平信号，则可逆计数器 CD40192 的加计数输入端 CP_U 和减计数输入端 CP_D 均为高电平，计数器不计数；当车辆驶入小区时，通过刷卡，安装在小区入口的红外发射、接收对管检测到车辆进入小区，将相应的减法计数信号送给可逆计数器 CD40192 的减计数输入端 CP_D，计数器减 1，显示器则显示可泊车位减少一个；当车辆驶离小区时，同样通过刷卡，安装在小区出口的红外发射、接收对管检测到车辆驶出小区，将相应的加法计数信号送给可逆计数器 CD40192 的加计数输入端 CP_U，计数器加 1，显示器则显示可泊车位增加一个。

三、元器件清单

电路元器件清单见表 7－12。

表 7－12　小区车位计数电路元器件清单

序号	元器件名称	型号规格	数量	备注
1	集成计数器	CD40192	2 个	2 个
2	显示译码器	CD4511	2 个	2 个
3	发光二极管 LED_1，LED_2	5 mm	2 个	R_8～R_{21}
4	数码管	共阴 1 位	2 个	0.56 in（1.42 cm）
5	电阻	200 Ω	14 个	R_8～R_{21}
6	电阻	470 Ω	4 个	R_1，R_3，R_4，R_6
7	电阻	10 kΩ	3 个	R_2，R_5，R_7
8	轻触式按键开关	直插立式	3 个	6×6×4.3 四脚
9	红外发射接收对管	5 mm	2 对	

四、小区车位计数电路的 Multisim 仿真

在 Multisim 软件中按图 7－38 搭建小区车位计数电路，检查元器件及连线正确无误后，开始对电路进行仿真，观察电路是否能实现小区车位计数电路的基本功能。

（1）测试预置数电路。按下 SB 键，观察数码管是否显示数码“96”。

（2）断开 SB 键，测试加减计数电路。预置数后，仿真电路中以开关的断开和闭合模拟车辆的进出，观察数码管示数变化。

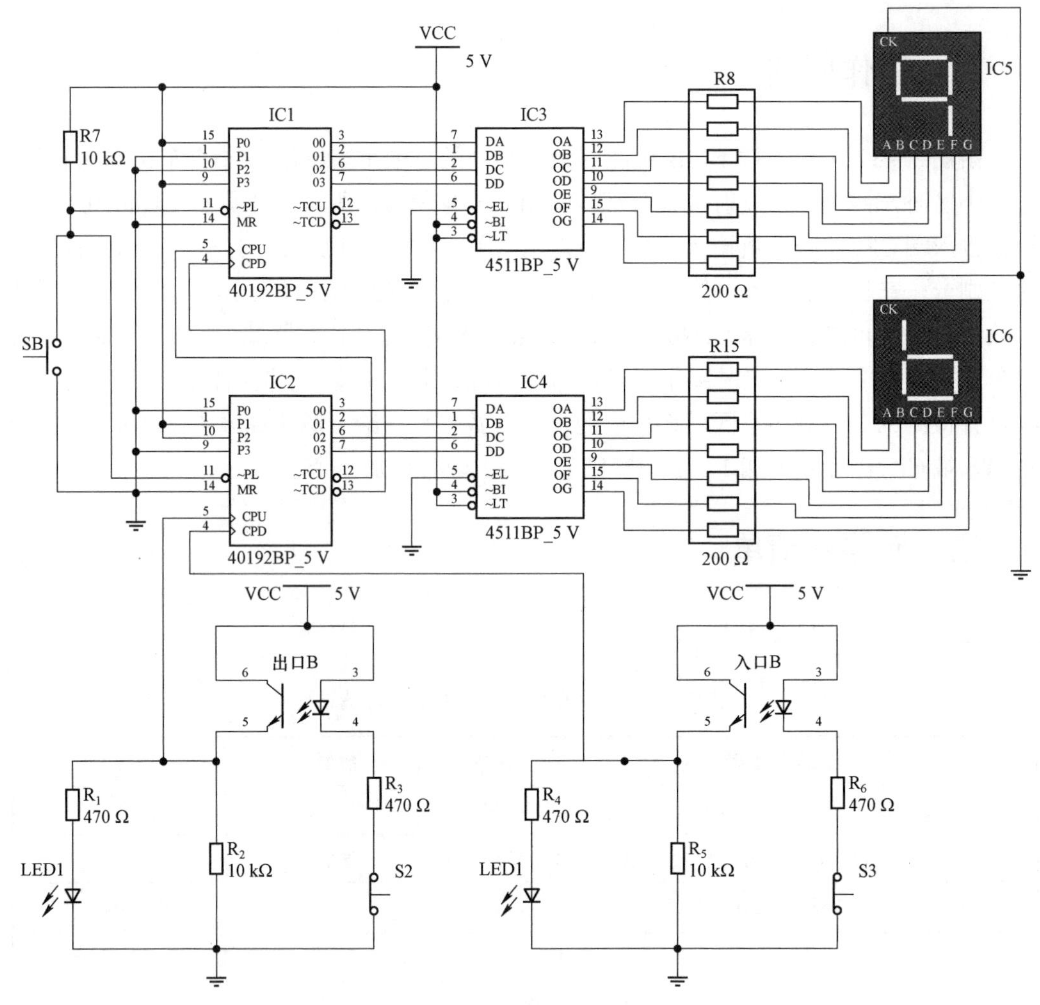

图 7－38　小区车位计数电路仿真图

五、实训设备和器材

（1）电阻、电容、排阻、红外发光二极管、光敏三极管、按键开关、集成计数器 CD40192、显示译码器 CD4511、数码管等。

（2）焊锡丝、助焊剂、电路板。

（3）电烙铁、烙铁架。

（4）万用表。

六、要求

（1）电路板焊接整洁，元器件排列整齐，焊点圆滑光亮，无毛刺、虚焊和假焊。

（2）写出制作和调试过程中遇到的问题和解决方法。

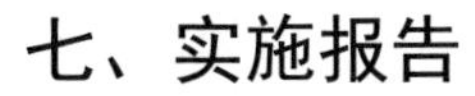

七、实施报告

填写实施报告（见表 7－13）。

表 7－13　小区车位计数电路的设计与制作实施报告

<table>
<tr><td colspan="7">班级：________　姓名：________　学号：______　组号：______</td></tr>
<tr><td colspan="7">步骤 1：分析电路原理图，并指出以下元器件的功能</td></tr>
<tr><td>CD40192</td><td>CD4511</td><td>SB</td><td>LED_1，LED_2</td><td>红外发射接收对管</td><td colspan="2">R_8～R_{21}</td></tr>
<tr><td></td><td></td><td></td><td></td><td></td><td colspan="2"></td></tr>
<tr><td colspan="7">步骤 2：焊接前元器件检测，并记录测试结果</td></tr>
<tr><td>R_1，R_3，R_4，R_6</td><td>R_2，R_5，R_7</td><td>R_8～R_{21}</td><td>按键开关</td><td>数码管</td><td>发光二极管</td><td>红外发射接收对管</td></tr>
<tr><td></td><td></td><td></td><td></td><td></td><td></td><td></td></tr>
<tr><td colspan="7">步骤 3：装接电路并测试电路功能</td></tr>
<tr><td colspan="7">步骤 3-1：
根据电路原理图装接电路。用时______min</td></tr>
<tr><td colspan="7">步骤 3-2：
根据测试要求，检测电路的装接情况，若发现错误及时改正</td></tr>
<tr><td colspan="7">步骤 3-3：
按如下步骤对电路功能进行测试。
（1）轻触按键 SB，数码管显示数字为________。
（2）模拟汽车经过入口，红外收发对管每触发一次信号，数码管数值________（加/减）1。
（3）模拟汽车经过出口，红外收发对管每触发一次信号，数码管数值________（加/减）1</td></tr>
<tr><td colspan="7">测试过程中出现的问题及解决办法</td></tr>
<tr><td colspan="7"></td></tr>
</table>

八、考核评价

填写考核评价表（见表 7－14）。

表 7－14　小区车位计数电路的设计与制作评价表

<table>
<tr><td>班级</td><td></td><td>姓名</td><td></td><td>学号</td><td></td><td>组号</td><td colspan="2"></td></tr>
<tr><td>操作项目</td><td colspan="2">考核要求</td><td>分数配比</td><td colspan="2">评分标准</td><td>自评</td><td>互评</td><td>教师评分</td></tr>
<tr><td>识读电路原理图</td><td colspan="2">能正确识读电路原理图，掌握实验过程中各元器件的功能</td><td>10</td><td colspan="2">每错一处，扣 2 分</td><td></td><td></td><td></td></tr>
<tr><td>元器件的检测</td><td colspan="2">能正确使用仪器仪表对需要检测的元器件进行检测</td><td>10</td><td colspan="2">不能正确使用仪器仪表完成对元器件的检测，每处扣 2 分</td><td></td><td></td><td></td></tr>
<tr><td>电路装接</td><td colspan="2">能够正确装接元器件</td><td>20</td><td colspan="2">装接错误，每处扣 2 分</td><td></td><td></td><td></td></tr>
<tr><td>电路测试</td><td colspan="2">能够利用仪器仪表对装接好的电路进行测试</td><td>20</td><td colspan="2">不能正确使用仪器仪表对电路进行测试，每处扣 4 分</td><td></td><td></td><td></td></tr>
<tr><td>任务实施报告</td><td colspan="2">按要求做好实训报告</td><td>20</td><td colspan="2">实训报告不全面，每处扣 4 分</td><td></td><td></td><td></td></tr>
<tr><td>安全文明操作</td><td colspan="2">工作台干净整洁，遵守安全操作规程，符合管理要求</td><td>10</td><td colspan="2">工作台脏乱，不遵守安全操作规程，不听老师管理，酌情扣分</td><td></td><td></td><td></td></tr>
<tr><td>团队合作</td><td colspan="2">小组成员之间应互帮互助，分工合理</td><td>10</td><td colspan="2">有成员未参与实践，每人扣 5 分</td><td></td><td></td><td></td></tr>
<tr><td colspan="6">合计</td><td></td><td></td><td></td></tr>
<tr><td colspan="9">学生建议：</td></tr>
<tr><td colspan="9">总评成绩：
教师签名：</td></tr>
</table>

知识拓展

数码寄存器和移位寄存器是另一类时序逻辑电路。其中数码寄存器可用于寄存二进制信息，而移位寄存器除了具有存储二进制信息的功能外，还具有移位功能，广泛应用于各类数字系统和数字计算机中。

一、数码寄存器

数码寄存器——储存二进制数码的时序电路，具有接收和寄存二进制数码的逻辑功能。各种集成触发器，就是一种可以存储 1 位二进制数的寄存器，用 n 个触发器就可以存储 n 位二进制数。

图 7－39 所示为由 D 触发器组成的 4 位集成寄存器。

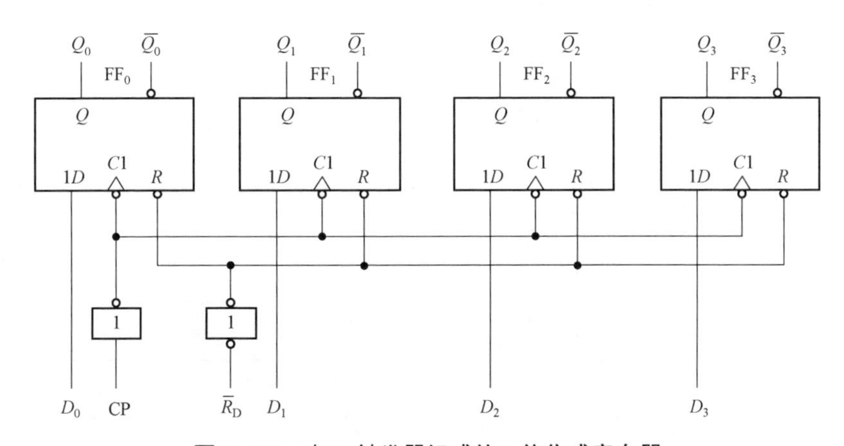

图 7－39　由 D 触发器组成的 4 位集成寄存器

其中，$\overline{R}_D$ 为异步清零控制端，D_0～D_3 为并行数据输入端，CP 为时钟脉冲端，Q_0～Q_3 为并行数据输出端。

该电路的数码接收过程：将需要存储的 4 位二进制数码送到并行数据输入端 D_0～D_3，在 CP 端送一个时钟脉冲，脉冲上升沿作用后，4 位数码可并行地出现在并行数据输出端 Q_0～Q_3。

二、移位寄存器

移位寄存器不但可以寄存数码，而且其中的数码在移位脉冲作用下，可根据需要向左或向右移动 1 位。移位寄存器也是数字系统和计算机中应用很广泛的基本逻辑部件。

1. 单向移位寄存器

（1）4 位右移寄存器。

由 D 触发器组成的 4 位右移寄存器如图 7－40 所示。设移位寄存器的初始状态为 0000，输入串行数码 D_I=1101，从高位到低位依次输入。在 4 个移位脉冲作用后，输入的 4 位串行数码 1101 即可全部存入寄存器中。该电路的时序图如图 7－41 所示，状态表如表 7－15 所示。

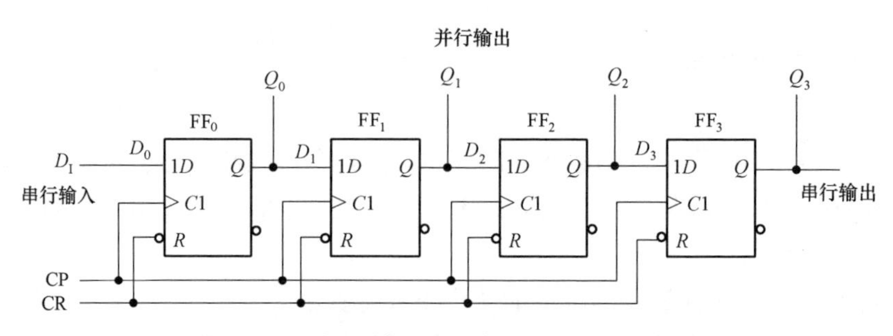

图 7-40　由 D 触发器组成的 4 位右移寄存器

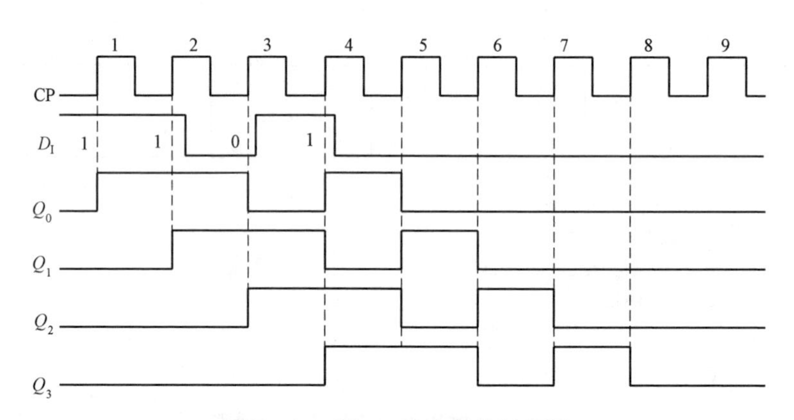

图 7-41　图 7-39 电路的时序图

表 7-15　图 7-39 电路的状态表

移位脉冲	输入数码	输出			
CP	D_I	Q_0	Q_1	Q_2	Q_3
0		0	0	0	0
1	1	1	0	0	0
2	1	1	1	0	0
3	0	0	1	1	0
4	1	1	0	1	1

移位寄存器中的数码可由 Q_3，Q_2，Q_1 和 Q_0 并行输出，也可从 Q_3 串行输出。若要串行输出，则需继续输入 4 个移位脉冲，才能将寄存器中存放的 4 位串行数码 1101 依次输出。图 7-40 中 CP 脉冲 5～8 及所对应的 Q_3，Q_2，Q_1，Q_0 波形，就是将 4 位数码 1101 串行输出的过程。所以移位寄存器具有串行输入-并行输出，以及串行输入-串行输出两种工作方式。

（2）4 位左移寄存器。

由 D 触发器组成的 4 位左移寄存器如图 7-42 所示。

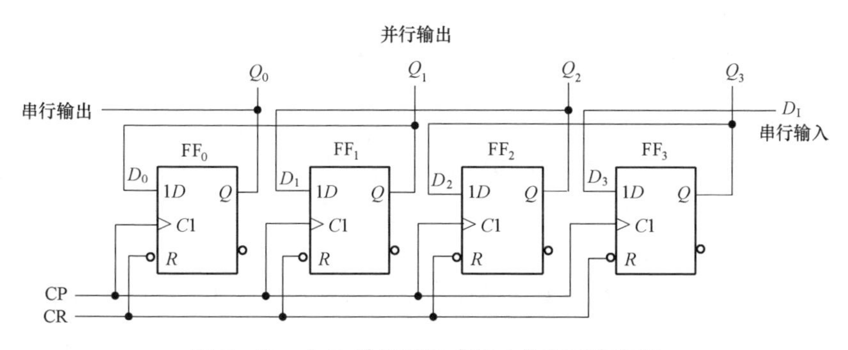

图 7-42　由 D 触发器组成的 4 位左移寄存器

2. 集成移位寄存器 74LS194

74LS194 是由 4 个触发器组成的功能很强的 4 位移位寄存器，其逻辑功能示意图及引脚排列如图 7-43 所示，其功能表如表 7-16 所示。

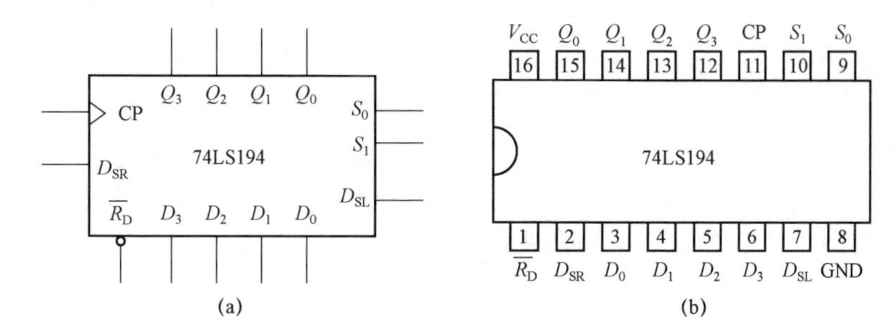

图 7-43　集成移位寄存器 74LS194

（a）逻辑功能示意图；（b）引脚排列

表 7-16　74LS194 功能表

输入										输出				工作模式
清零	控制		串行输入		时钟	并行输入								
$\overline{R}_D$	S_1	S_0	D_{SL}	D_{SR}	CP	D_0	D_1	D_2	D_3	Q_0	Q_1	Q_2	Q_3	
0	×	×	×	×	×	×	×	×	×	0	0	0	0	异步清零
1	0	0	×	×	×	×	×	×	×	Q_0^n	Q_1^n	Q_2^n	Q_3^n	保持
1	0	1	×	1	↑	×	×	×	×	1	Q_0^n	Q_1^n	Q_2^n	右移，D_{SR} 为串行输入，Q_3 为串行输出
1	0	1	×	0	↑	×	×	×	×	0	Q_0^n	Q_1^n	Q_2^n	
1	1	0	1	×	↑	×	×	×	×	Q_1^n	Q_2^n	Q_3^n	1	左移，D_{SL} 为串行输入，Q_0 为串行输出
1	1	0	0	×	↑	×	×	×	×	Q_1^n	Q_2^n	Q_3^n	0	
1	1	1	×	×	↑	D_0	D_1	D_2	D_3	D_0	D_1	D_2	D_3	并行置数

注：D_{SL} 和 D_{SR} 分别为左移和右移串行输入；D_0，D_1，D_2 和 D_3 为并行输入端；Q_0 和 Q_3 分别为左移和右移时的串行输出端；Q_0，Q_1，Q_2 和 Q_3 为并行输出端。

由表 7-16 可以看出 74LS194 具有如下功能。

（1）异步清零。

当 $\overline{R}_D=0$ 时即刻清零，与其他输入状态及 CP 无关。

（2）S_1，S_0 是控制输入。

当 $\overline{R}_D=1$ 时，74LS194 有如下 4 种工作方式。

① 当 S_1S_0=00 时，不论是否有 CP 到来，各触发器状态不变，为保持工作状态。

② 当 S_1S_0=01 时，在 CP 的上升沿作用下，实现右移操作，流向是 $D_{SR}\to Q_0\to Q_1\to Q_2\to Q_3$。

③ 当 S_1S_0=10 时，在 CP 的上升沿作用下，实现左移操作，流向是 $D_{SL}\to Q_3\to Q_2\to Q_1\to Q_0$。

④ 当 S_1S_0=11 时，在 CP 的上升沿作用下，实现置数操作：$D_0\to Q_0$，$D_1\to Q_1$，$D_2\to Q_2$，$D_3\to Q_3$。

3. 移位寄存器构成的移位型计数器

（1）环形计数器。

图 7－44 所示为用 74LS194 构成的环形计数器的逻辑功能示意图和状态图。当正脉冲启动信号 START 到来时，$S_1S_0=11$，因此，不论移位寄存器 74LS194 的原状态如何，在 CP 作用下总是执行置数操作使 $Q_0Q_1Q_2Q_3=1000$。当 START 由 1 变 0 之后，$S_1S_0=01$，在 CP 作用下移位寄存器进行右移操作。在第 4 个 CP 到来之前 $Q_0Q_1Q_2Q_3=0001$，这样在第 4 个 CP 到来时，由于 $D_{SR}=Q_3=1$，因此，在此 CP 作用下 $Q_0Q_1Q_2Q_3=1000$。由此可见，该计数器共有 4 个状态，为模 4 计数器。

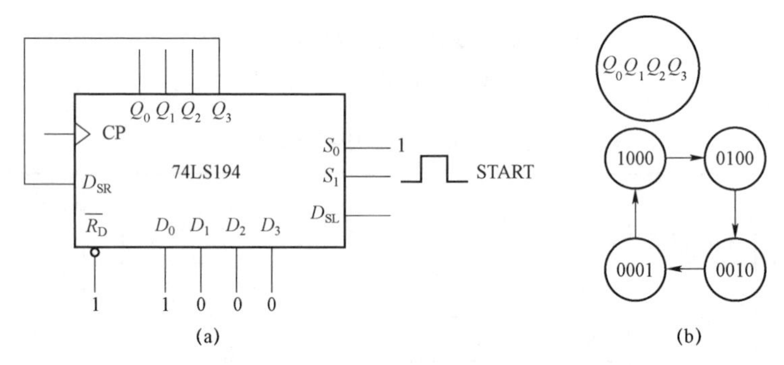

图 7－44 用 74LS194 构成的环形计数器

（a）逻辑功能示意图；（b）状态图

环形计数器的电路十分简单，N 位移位寄存器可以计 N 个数，实现模 N 计数器功能，且状态为 1 的输出端的序号即代表收到的计数脉冲的个数，通常不需要任何译码器。

（2）扭环形计数器。

为了增加有效计数状态，扩大计数器的模，将上述接成右移寄存器的 74LS194 的末级输出 Q_3 反相后，接到串行输入端 D_{SR}，就构成了扭环形计数器，如图 7－45（a）所示，图7－45（b）为其状态图。由此可见，该电路有 8 个计数状态，为模 8 计数器。一般来说，N 位移位寄存器可以组成模 $2N$ 的扭环形计数器，只需将末级输出反相后，接到串行输入端即可。

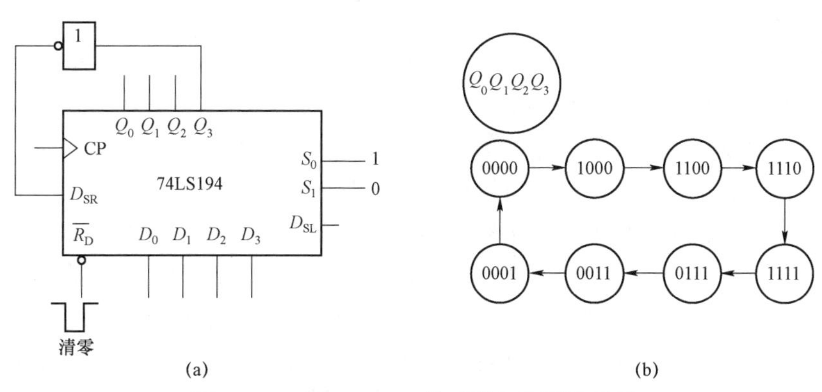

图 7-45　用 74LS194 构成的扭环形计数器

（a）逻辑功能示意图；（b）状态图

练习题

一、单项选择题

1.（　　）由 4 个触发器组成一个十进制计数器，无效状态的个数为__________。

A. 2 个　　B. 4 个　　C. 6 个　　D. 10 个

2.（　　）在相同的时钟脉冲作用下，同步计数器与异步计数器比较，工作速度__________。

A. 较快　　B. 较慢

C. 一样　　D. 有差异不确定

3.（　　）某计数器最大输入脉冲数为 15，组成该计数器所需最少的触发器个数为__________。

A. 2　　B. 3　　C. 4　　D. 5

4.（　　）在图 7-46 所示电路中，74LS161 组成的是__________计数器。

A. 五进制　　B. 六进制　　C. 七进制　　D. 八进制

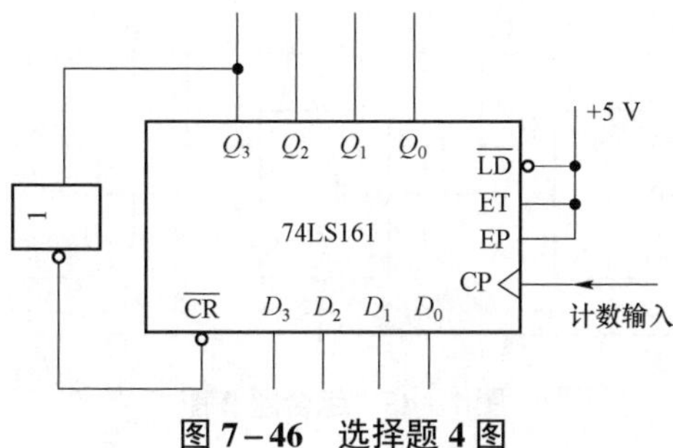

图 7-46　选择题 4 图

5.（　　）一个触发器可存放__________二进制数。

A. 1 位　　B. 2 位　　C. 3 位　　D. 4 位

6.（　　）下列电路中不属于时序电路的是__________。

A. 同步计数器　　　　B. 异步计数器

C. 数码寄存器　　　　D. 译码器

二、判断题（正确打√，错误打×）

1.（　　）寄存器可存放二进制信息。

2.（　　）用4个触发器最多可以构成八进制计数器。

3.（　　）各触发器时钟信号来源不同的计数器称为同步计数器。

4.（　　）74LS161与74LS163的引脚排列完全相同，逻辑功能也基本相同，不同的是74LS161的$\overline{CR}$端为异步清零端，而74LS163的$\overline{CR}$端为同步清零端。

5.（　　）集成4位同步二进制可逆计数器74LS191，当$\overline{U}/D=0$时作加法计数。

6.（　　）在小区车位计数电路中，若要求显示器能显示小区中的可泊车车位数，则当车辆进入小区内时，计数器应能够自动加1；当车辆从小区驶出时，计数器应能够自动减1。

三、综合题

1. 分析图7-47所示电路，画出其状态图。

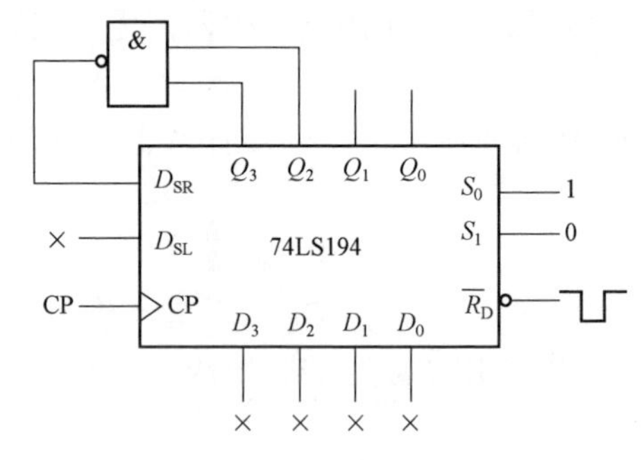

图7-47　综合题1图

2. 分析图7-48所示电路的逻辑功能。

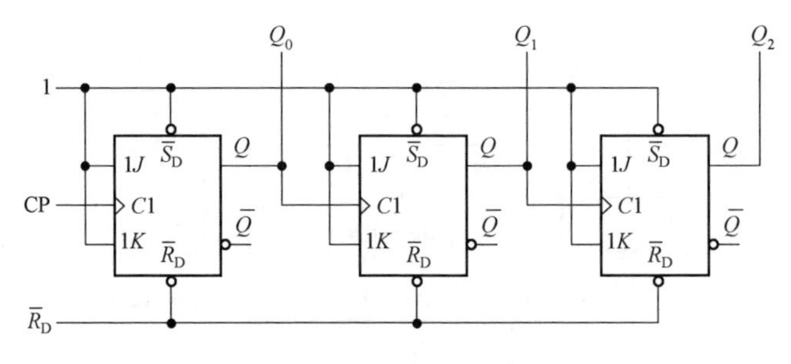

图7-48　综合题2图

3. 分析图7-49所示电路的逻辑功能。写出该电路的驱动方程和状态方程，并画出其时序图和状态图。

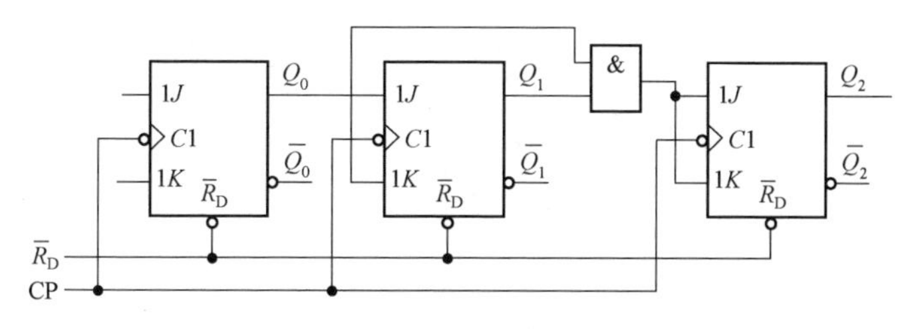

图 7-49　综合题 3 图

4. 用 74LS161 构成五进制计数器，要求分别用清零法和置数法实现。

5. 用 74LS161 构成二十四进制计数器。

6. 试用图 7-50（a）所示电路和最少的门电路实现图 7-50（b）所示功能，要求发光二极管周期性地重复亮 3 s 暗 4 s。

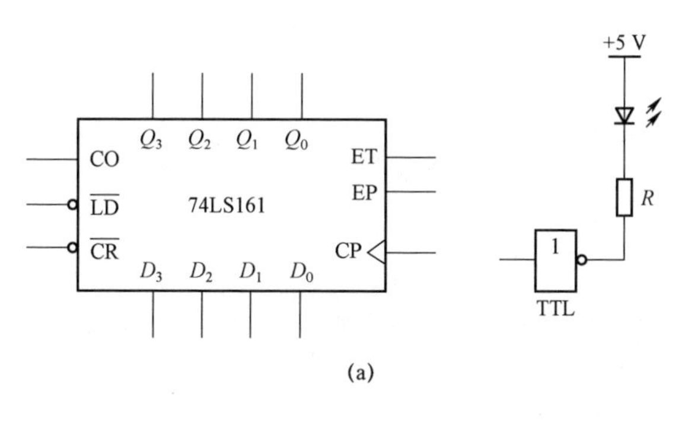

(a)

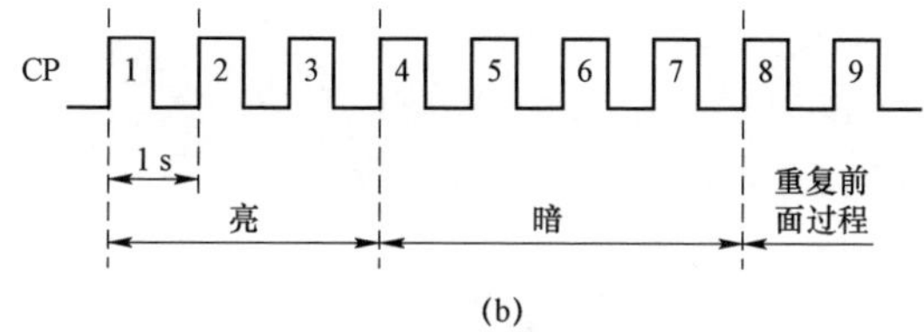

(b)

图 7-50　综合题 6 图

项目八

简易声音报警电路的设计与制作

项目导入

党的二十大报告指出："坚持安全第一、预防为主，建立大安全大应急框架，完善公共安全体系，推动公共安全治理模式向事前预防转型。"每年全国在工厂、仓库、学校、宿舍、办公室等场所都会发生各种安全事故，因此，安全监控系统极为重要。本项目将设计与制作声音报警器，旨在培养学生的安全防范意识，提高事故预防应对能力。

项目目标

素质目标

（1）培养安全防范意识，提高事故预防应对能力。

（2）提升学生独立分析问题和解决问题的能力。

（3）培养学生自主学习和创新合作的能力。

知识目标

（1）理解多谐振荡器、单稳态触发器和施密特触发器的工作原理和基本功能。

（2）能识别集成单稳态触发器、施密特触发器的引脚排列并理解其逻辑功能。

（3）能识别 555 定时器的引脚排列并理解其逻辑功能。

（4）理解由 555 定时器组成的多谐振荡器、单稳态触发器和施密特触发器的工作原理。

能力目标

（1）会用门电路装接多谐振荡器、单稳态触发器和施密特触发器。

（2）会用 555 定时器装接多谐振荡器、单稳态触发器和施密特触发器。

（3）会制作和调试简易声音报警电路并进行相关测试。

（4）能排除简易声音报警电路的常见故障。

项目分析

声音报警器属于一种带讯响功能的装置，能在需要时发出刺耳的声音，起到警示作用，因此，其广泛应用在生产、生活的各个领域。数字电路中的讯响电路蜂鸣器常由多谐振荡器驱动，而具有定时功能的电路则由单稳态触发器和施密特触发器实现。施密特触发器、单稳态触发器和多谐振荡器可以用基本门电路组成，也可以用 555 定时器构成。

任务一　简易报警闪烁灯的制作

任务导入

党的二十大报告指出："提高防灾减灾救灾和重大突发公共事件处置保障能力，加强国家区域应急力量建设。"安全监控系统通常采取声、光、电的方式进行报警，而在数字电路中声、光、电等信号由各种脉冲波形产生。这些脉冲波形的获取，一般采用两种方法：一种是利用脉冲信号产生器直接产生；另一种则是对已有信号进行整形，使其满足系统要求。本任务将采用门电路组成的多谐振荡器制作一个简易报警闪烁灯。

任务目标

素质目标

（1）培养安全防范意识，提高事故预防和应对能力。

（2）培养科学严谨、理论联系实际、实事求是的工作作风。

（3）培养节约资源、创新合作的精神。

知识目标

（1）理解多谐振荡器、单稳态触发器和施密特触发器的基本功能。

（2）理解门电路组成的多谐振荡器、单稳态触发器和施密特触发器的工作原理。

能力目标

（1）熟记门电路组成的多谐振荡器、单稳态触发器和施密特触发器的电路结构。

（2）会用门电路装接多谐振荡器、单稳态触发器和施密特触发器，并会对电路进行简单的分析和参数计算。

（3）能识别集成单稳态触发器、施密特触发器的引脚排列并理解其逻辑功能。

（4）会用 Multisim 软件制作简易报警闪烁灯电路。

任务分析

在脉冲波形的产生电路中，最常用的是多谐振荡器；在脉冲波形的整形电路中，最常用的有施密特触发器和单稳态触发器。用门电路组成的多谐振荡器、单稳态触发器和施密特触发器，其电路组成简单，使用元件较少，在实用电路中应用非常广泛。

基础知识

一、概述

在数字系统中经常需要各种宽度和幅值的矩形脉冲，如时钟脉冲、各种时序逻辑电路的输入或控制信号等。有些脉冲信号在传送过程中会受到干扰而使波形变坏，此时就需要整形。

典型的矩形脉冲产生及整形电路有多谐振荡器、单稳态触发器和施密特触发器3种。

（1）多谐振荡器能够自激产生连续矩形脉冲，它没有稳定状态，只有两个暂稳态。其状态转换不需要外加信号触发，而完全由电路自身完成。

（2）单稳态触发器只有一个稳定状态，另一个是暂时稳定状态（简称暂稳态），在外加触发信号的作用下，可从稳定状态转换到暂稳态，暂稳态维持一段时间后，电路自动返回到稳态，暂稳态的持续时间取决于电路的参数。

（3）施密特触发器又称双稳态触发电路，它具有两个稳定状态，且两个稳定状态之间的转换都需要在外加触发脉冲的作用下才能完成。

二、多谐振荡器

多谐振荡器是一种无稳态电路，它不需外加触发信号，在电源接通后就可自动产生一定频率和幅度的矩形波或方波。

1. 门电路构成的多谐振荡器

图8－1所示为由CMOS反相器与电阻R、电容C组成的多谐振荡器。接通电源后，因电路中电容C不断充、放电，所以电路将产生自激振荡，从而使两个反相器的状态不断发生翻转。

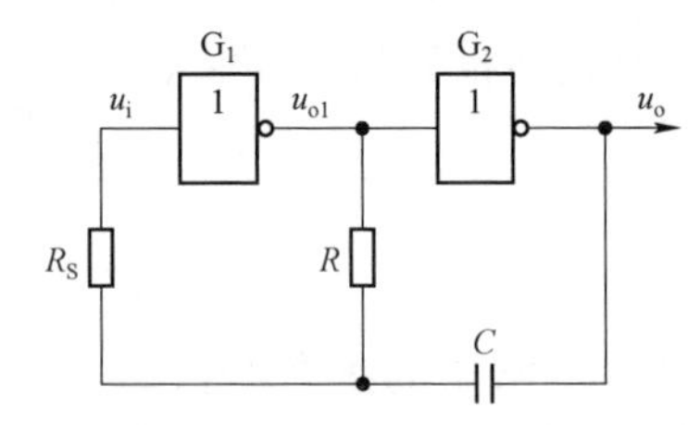

图8－1　由CMOS反相器与电阻R、电容C组成的多谐振荡器

其工作过程如下所述。

当接通电源后，假设电路初始状态$u_i=0$，门G_1截止，$u_{o1}=1$，门G_2导通，$u_o=0$，这一状态称为第一暂稳态。此时，电容C两端的电位不相等，于是电源经门G_1、电阻R对电容C充电，使得u_i的电位按指数规律上升，当u_i的电位达到门G_1的阈值电压u_{TH}时，门G_1由截止变为导通，电路发生如下正反馈过程

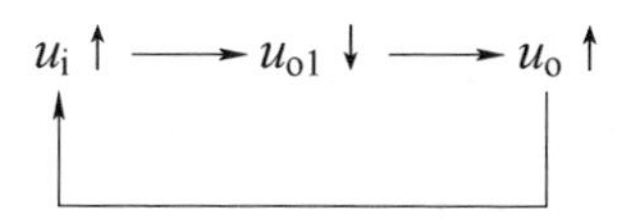

此时，门 G_1 导通，门 G_2 截止，$u_i=1$，$u_{o1}=0$，$u_o=1$，这一状态称为电路第二暂稳态。

第二暂稳态也不能稳定保持，在电路进入该状态的瞬间，门 G_2 的输出电位 u_o 由 0 上跳至 1，电容两端的电位不相等，电容通过电阻 R、门 G_1 放电，使得 u_i 电位不断下降，当 u_i 的电位下降到下门限电压 u_{TL} 时，电路发生如下正反馈过程

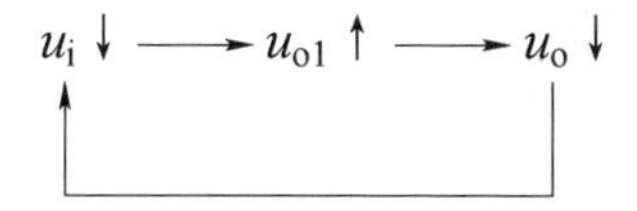

此时，门 G_1 截止，门 G_2 导通，$u_i=0$，$u_{o1}=1$，$u_o=0$，电路又回到第一暂稳态。

此后电容 C 重复充、放电，在输出端即获得矩形波输出，其振荡波形如图 8－2 所示。

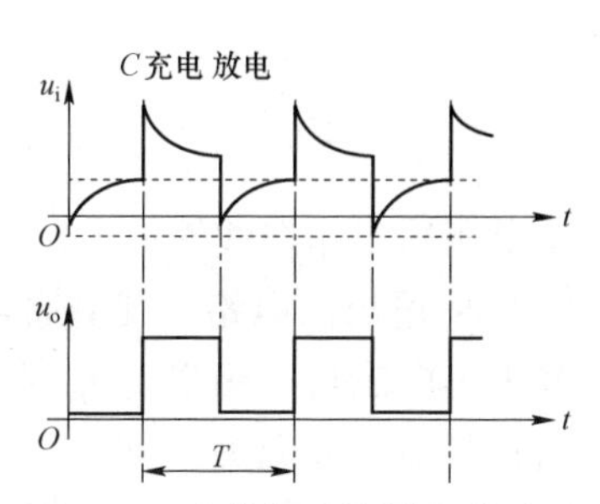

图 8－2　多谐振荡器的振荡波形

矩形脉冲信号的周期由电容的充电、放电时间决定，可这样估算：

当 $R_S\approx R$ 时，有　　　$T\approx 1.8RC$

当 $R_S\gg R$ 时，有　　　$T\approx 2.2RC$

在实际应用中，常通过调换电容 C 的容量来粗调振荡周期，通过改变电阻 R 的阻值来细调振荡周期，使电路的振荡频率达到要求。

用电阻、电容作为定时元件和非门电路组成的多谐振荡器有多种形式，图 8－3 所示为使用两个非门和两个 RC 电路组成的多谐振荡器，图 8－4 所示为用三个非门和 R、C 元件组成的环形多谐振荡器。

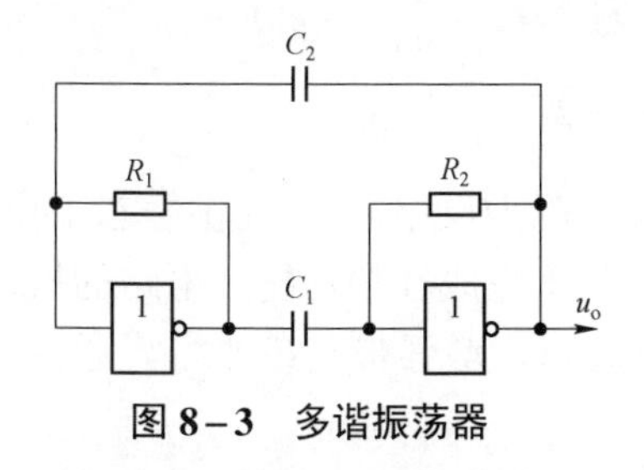

图 8－3　多谐振荡器

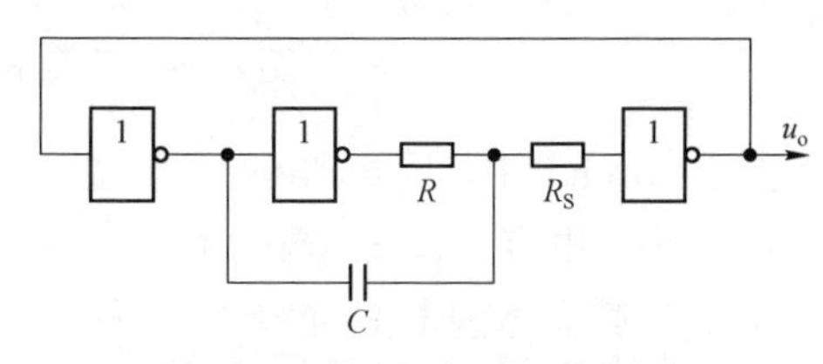

图 8－4　环形多谐振荡器

在图 8－3 所示电路中通常令 $R_1=R_2=R$，$C_1=C_2=C$，则电路的振荡周期 $T\approx 1.4RC$。

在图 8－4 所示电路中 R 不能选得太大（一般为 1 kΩ 左右），否则电路不能正常振荡。R_S 是限流电阻，通常为 100 Ω 左右。该电路的振荡周期为 $T\approx 2.2RC$。

2. 石英晶体多谐振荡器

在许多数字系统中，都要求时钟脉冲频率稳定。例如，在数字钟表里，计数脉冲频率的稳定性，就直接决定着计时的精度。由门电路和 R，C 元件组成的多谐振荡器输出

信号的幅值稳定性好，但振荡频率易受温度、电源波动等因素的影响，因此，只能使用在对振荡频率稳定性要求不高的场合。在对频率稳定性要求较高的数字电路中，都要求采用脉冲频率十分稳定的石英晶体多谐振荡器。

石英晶体的选频特性非常好，具有一个极为稳定的谐振频率 f_0，而 f_0 只由石英晶体的结晶方向和外尺寸所决定。目前，具有各种谐振频率的石英晶体（简称晶振）已被制成标准化和系列化的产品出售。石英晶体振荡器实物图如图 8－5 所示。

图 8－5　石英晶体振荡器实物图

图 8－6 所示为两种常见的石英晶体多谐振荡器。在图 8－6（a）中，电阻的作用是使反相器工作在线性放大区，对于 TTL 逻辑门电路，其值通常在 0.5～2 kΩ 之间；对于 CMOS 逻辑门电路，其值通常在 5～100 MΩ 之间。电容用于两个反相器之间的耦合，其大小应满足在频率为 f_0 时的容抗可以忽略不计的要求。该电路的振荡频率即为 f_0，而与其他参数无关。

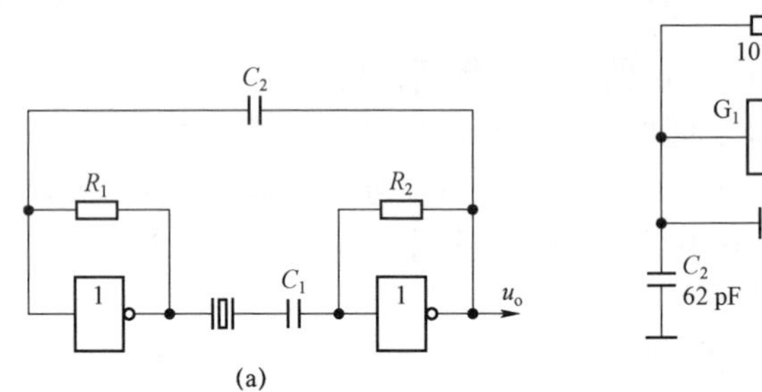

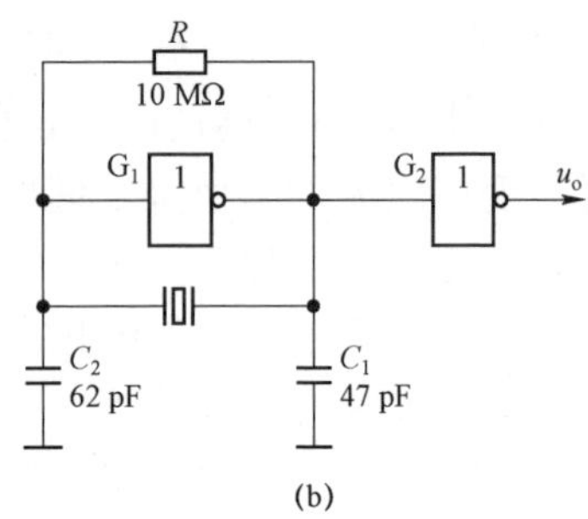

图 8－6　石英晶体多谐振荡器

在图 8－6（b）中，反相器 G_1 用于振荡，10 MΩ 电阻为反相器 G_1 提供静态工作点。石英晶体和两个电容 C_1，C_2 构成了一个 π 型网络，用于完成选频功能。电路的振荡频率仅取决于石英晶体的谐振频率 f_0。为了改善输出波形，增强带负载能力，通常在该振荡器的输出端再接一个反相器 G_2。

石英晶体多谐振荡器的突出优点是具有极高的频率稳定度，且工作频率范围非常宽，从几百赫兹到几百兆赫兹，多用于要求高精度时基的数字系统中。

3. 应用举例

CMOS 石英晶体多谐振荡器产生 $f=32\ 768$ Hz 的基准信号，经 JK 触发器构成的 15 级异步计数器分频后，便可得到稳定度极高的秒信号。这种秒脉冲发生器可作为各种计时系统的基准信号源，如图 8－7 所示。

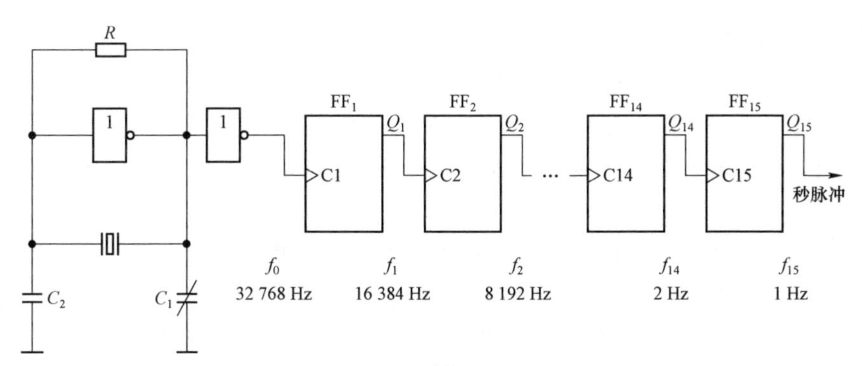

图 8-7　秒脉冲发生器

三、单稳态触发器

单稳态触发器具有下列特点。

（1）单稳态触发器有一个稳定状态和一个暂稳状态。

（2）在外来触发脉冲作用下，单稳态触发器能够由稳定状态翻转到暂稳状态。

（3）单稳态触发器在暂稳状态维持一段时间后，会自动返回到稳定状态。暂稳态时间的长短，与触发脉冲及电源电压无关，仅由电路本身的参数决定。

单稳态触发器在数字系统和装置中，一般用于定时（产生一定宽度的脉冲）、整形（把不规则的波形转换成等宽、等幅的脉冲）及延时（将输入信号延迟一定的时间之后输出）。

1. 门电路构成的单稳态触发器

由门电路和 R，C 元件组成的单稳态触发器电路形式较多。一个电阻元件和一个电容元件可以组成积分电路或微分电路，因此，由门电路和 R，C 元件可组成积分型单稳态触发器和微分型单稳态触发器。图 8-8 所示电路为由门电路组成的单稳态触发器。其中图 8-8（a）所示为微分型单稳态触发器的电路形式之一，图 8-8（b）所示为典型的积分型单稳态触发器。具体的原理及分析过程这里不进行详细介绍。

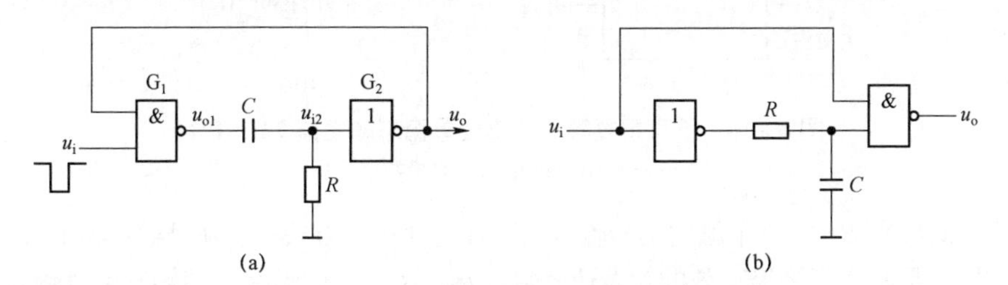

图 8-8　由门电路组成的单稳态触发器

（a）微分型；（b）积分型

另外，当门电路的开启电压 $U_{\mathrm{T}}=\frac{1}{2}V_{\mathrm{CC}}$，且忽略门电路的输出电阻时，图 8-8 所示单稳态触发器的输出脉冲宽度（在暂稳态的时间）可估算为

$$t_{\mathrm{w}}\approx 0.7RC$$

2. 集成单稳态触发器

由门电路和 R，C 元件构成的单稳态触发器电路虽然简单，但其输出脉宽的稳定性差，调节范围小，且触发方式单一，因此，在数字系统中，广泛使用集成单稳态触发器。单片的集成单稳态触发器只需要外接 R，C 元件就可使用，而且有多种不同的触发方式和输出方式。

目前使用的集成单稳态触发器有不可重复触发和可重复触发两种形式，不可重复触发的集成单稳态触发器一旦被触发进入暂稳态之后，即使再有触发脉冲作用，电路的工作过程也不再受影响，直到该暂稳态结束后，它才接受下一个触发而再次进入暂稳态。可重复触发的集成单稳态触发器在暂稳态期间，如有触发脉冲作用，则电路会被重新触发，使暂稳态继续延迟一个 t_w 时间。两种集成单稳态触发器工作波形如图 8－9 所示。

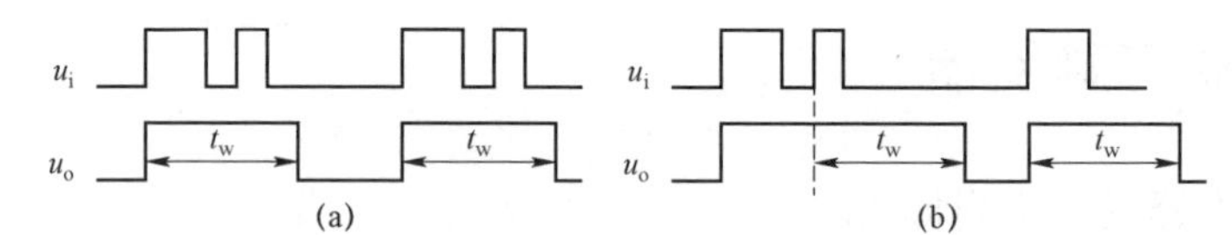

图 8－9　两种集成单稳态触发器工作波形

（a）不可重复触发的集成单稳态触发器工作波形；（b）可重复触发的集成单稳态触发器工作波形

（1）不可重复触发的集成单稳态触发器。

74121，74LS121，74221，74LS221 等都是不可重复触发的集成单稳态触发器。下面以 74LS121 为例加以介绍。

74LS121 集成单稳态触发器的引脚排列和逻辑符号如图 8－10 所示，各引脚功能如下。

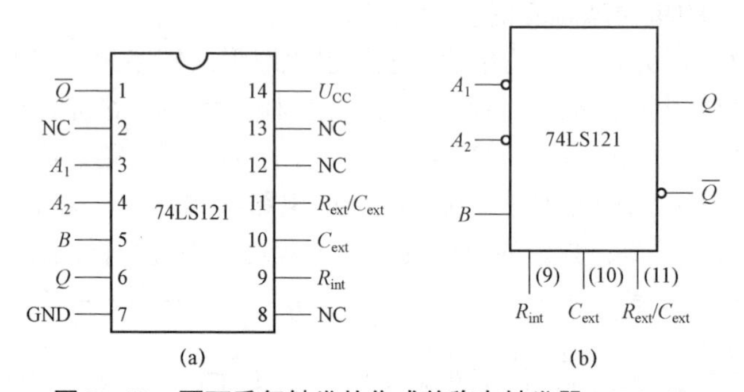

图 8－10　不可重复触发的集成单稳态触发器 74LS121

（a）引脚排列；（b）逻辑符号

① A_1，A_2 和 B——3 个触发信号输入端。有两种触发方式：下降沿触发和上升沿触发。其中 A_1 和 A_2 是两个下降沿有效的触发信号输入端，B 是上升沿有效的触发信号输入端。

② Q 和 $\overline{Q}$——2 个状态互补的输出端。

③ R_{ext}/C_{ext}，C_{ext}——外接定时电阻和电容的连接端。外接定时电阻 R_{ext}（阻值可在 1.4～40 kΩ 之间选择）应一端接 U_{CC}（引脚 14），另一端接引脚 11；外接定时电容 C（一般在 10 pF～10 μF 之间选择）一端接引脚 10，另一端接引脚 11 即可；若 C 是电解电容，则其正极接引脚 10，负极接引脚 11；当外接定时电阻时，引脚 9 为开路。

④ R_{int}——74LS121 内部 2 kΩ 的定时电阻引出端。当需要的电阻较小时，可以直

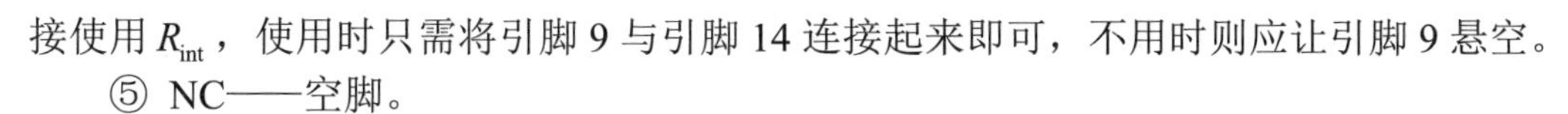

接使用 R_{int}，使用时只需将引脚 9 与引脚 14 连接起来即可，不用时则应让引脚 9 悬空。

⑤ NC——空脚。

其功能表如表 8－1 所示。

表 8－1　74LS121 功能表

输入			输出		工作特征
A_1	A_2	B	Q	$\overline{Q}$	
0	×	1	0	1	保持稳态
×	0	1	0	1	
×	×	0	0	1	
1	1	×	0	1	
1	↓	1	⊓	⊔	下降沿触发
↓	1	1	⊓	⊔	
↓	↓	1	⊓	⊔	
0	×	↑	⊓	⊔	上升沿触发
×	0	↑	⊓	⊔	

图 8－11 所示为集成单稳态触发器 74LS121 的外部元件连接方法。其中图 8－11（a）所示为使用外部电阻 R_{ext}，且电路为下降沿触发时的连接方式；图 8－11（b）所示为使用内部电阻 R_{int}，且电路为上升沿触发时的连接方式。

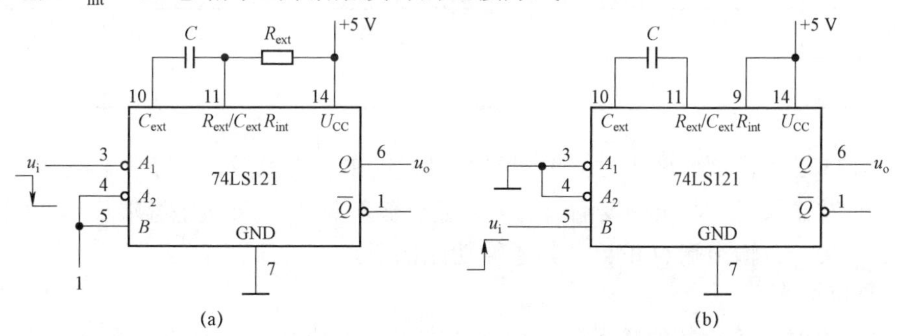

图 8－11　集成单稳态触发器 74LS121 的外部元件连接方法

（a）使用外部电阻 R_{ext}（下降沿触发）；（b）使用内部电阻 R_{int}（上升沿触发）

其输出脉冲宽度为

$$t_w = 0.7RC$$

式中，R 可以是 R_{ext}（R_{ext} 的取值在 2～30 kΩ 之间），也可以是芯片的内部电阻 R_{int}；电容 C 的取值在 10 pF～10 μF 之间。

（2）可重复触发的集成单稳态触发器。

74122，74123，74LS123 等都是可重复触发的集成单稳态触发器。下面以 74LS123 为例加以介绍。

图 8－12 所示为 74LS123 的引脚排列和逻辑符号，其功能表如表 8－2 所示。

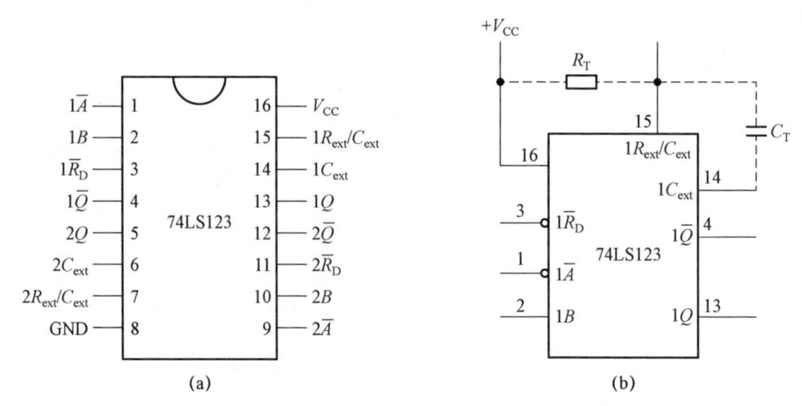

图 8－12　可重复触发的集成单稳态触发器 74LS123

（a）引脚排列；（b）逻辑符号

表 8－2　74LS123 功能表

输入			输出		工作特征
$\overline{R_D}$	$\overline{A}$	B	Q	$\overline{Q}$	
0	×	×	0	1	复位清零
1	0	↑	⊓	⊔	上升沿触发
1	↓	1	⊓	⊔	下降沿触发
↑	0	1	⊓	⊔	上升沿触发
×	1	×	0	1	稳定状态
×	×	0	0	1	

74LS123 芯片内部含两个独立的可重复触发的单稳态触发器，每一个电路分别具有各自的正触发输入端 B、负触发输入端 $\overline{A}$、复位输入端 $\overline{R_D}$ 、外接电容端 C_{ext} 、外接电阻/电容端 R_{ext} / C_{ext}、输出端 Q 和 $\overline{Q}$。其逻辑功能如下。

① 复位清零。

当 $\overline{R_D}=0$ 时，不论其他输入端为何种状态，输出端 Q 立即为 0。故 $\overline{R_D}$ 的清零功能具有最高优先级。在使用其他输入引脚功能时，$\overline{R_D}$ 必须置 1。

② 单稳态触发。

当 $\overline{R_D}=1$， $\overline{A}=0$ ，B 由 0 到 1 正跳变时，Q 端有正脉冲输出。

当 $\overline{R_D}=1$， $B=1$， $\overline{A}$ 由 1 到 0 负跳变时，Q 端有正脉冲输出。

当 $\overline{A}=0$， $B=1$， $\overline{R_D}$ 由 0 到 1 正跳变时，Q 端也有正脉冲输出。

输出脉冲宽度由外接定时电阻 R_T 和电容 C_T 决定，外接定时电阻 R_T 的取值范围为 5 kΩ～1 MΩ，对外接定时电容 C_T 通常没有限制。脉冲宽度 $t_w=0.45R_TC_T$ 。

③ 禁止触发。

当 $\overline{A}=1$ 或 $B=0$ 时，电路处于禁止触发状态（即稳定状态），Q 维持 0。

3. 应用举例

（1）定时控制。

利用单稳态触发器的暂稳态脉冲信号可控制电子开关在规定的时间动作，达到定时的目的。图 8－13 所示为利用 74LS123 芯片构成的一个相片曝光定时电路。按一下按钮开关 S，触发器进入暂稳态，继电器 KA 吸合，灯亮。曝光时间长短即暂稳态的时间 t_w。可根据曝光要求设定 R_T，C_T 的参数。

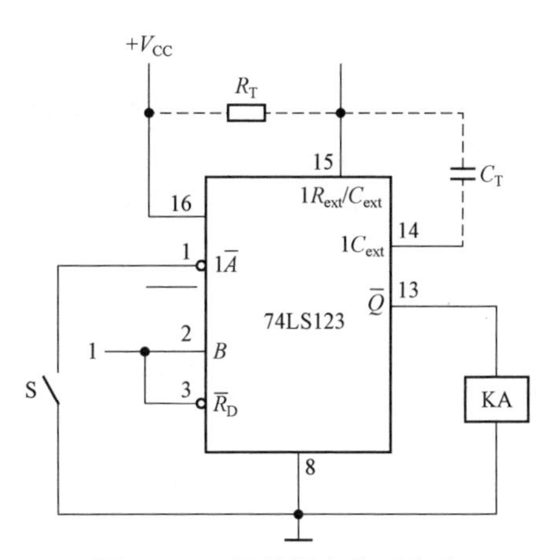

图 8－13　相片曝光定时电路

（2）延时脉冲信号。

单稳态触发器在输入信号的上升沿时刻被触发，输出信号的下降沿比输入信号的上升沿延迟了 t_w 时间，调节 RC 时间常数可改变延时的时间。图 8－14（a）所示为用两片 74LS121 组成的脉冲延时逻辑电路，第一级单稳态触发器在输入信号 u_i 的上升沿触发下，产生脉冲宽度为 t_{w1} 的信号并由 u_{o1} 输出，再利用 u_{o1} 的下降沿作为第二级单稳态触发器的触发信号，再产生脉冲宽度为 t_{w2} 的信号由 u_o 输出。该电路波形如图 8－14（b）所示，可以看出，输出信号 u_o 比输入信号 u_i 延迟了 t_{w1} 的时间。

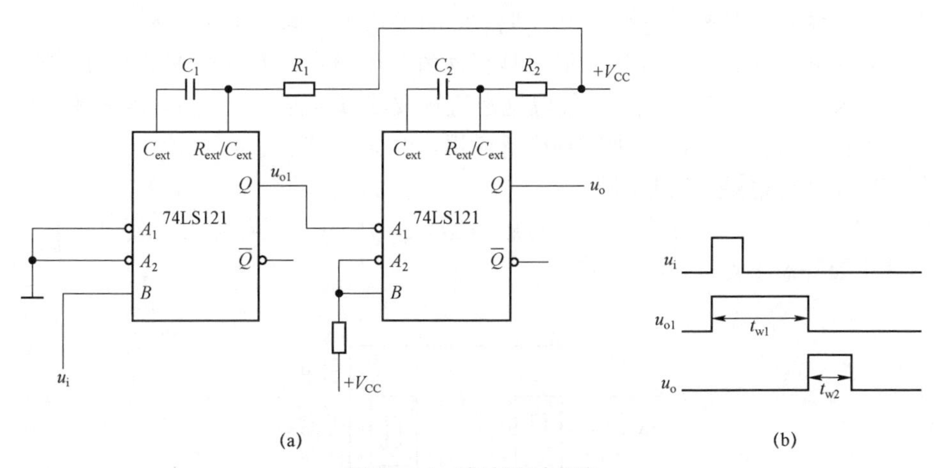

图 8－14　脉冲延时电路

（a）脉冲延时逻辑电路；（b）波形图

单稳态触发器除应用于定时、延时场合外，还可用于脉冲整形、变换脉冲宽度等场合，应用范围很广。

四、施密特触发器

施密特触发器能够把不规则的输入波形变成良好的矩形波。例如，用正弦波驱动一般的门电路、计数器或其他数字器件，将导致逻辑功能不可靠，这时，将正弦波通过施密特触发器变成矩形波输出，即可满足相应要求。

施密特触发器的输出与输入信号之间的关系可用电压传输特性表示，如图 8－15 所示，该图同时给出了它们的逻辑符号。从图 8－15 可见，施密特触发器的电压传输特性的最大特点是该电路有两个稳态，一个稳态输出高电平 U_{OH}，另一个稳态输出低电平 U_{OL}。但是这两个稳态要靠输入信号电平来维持。

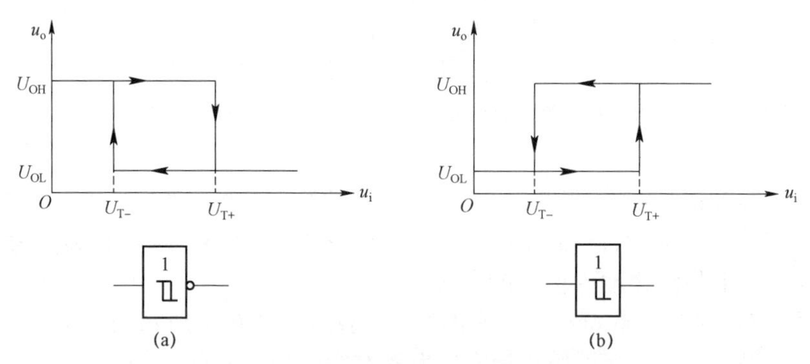

图 8－15　施密特触发器的电压传输特性

（a）反相输出施密特触发器的电压传输特性及逻辑符号；（b）同相输出施密特触发器的电压传输特性及逻辑符号

施密特触发器的另一个特点是输入输出信号的回差特性。当输入信号幅值增大或减少时，电路状态的翻转对应不同的阈值电压 U_{T+} 和 U_{T-}，且 $U_{T+} > U_{T-}$（U_{T+} 称为上限触发电平，U_{T-} 称为下限触发电平），U_{T+} 与 U_{T-} 的差值称为回差电压（ΔU_T）。

门电路可构成施密特触发器，但它具有阈值电压稳定性差，抗干扰能力弱等缺点，不能满足实际数字系统的需要。而集成施密特触发器以性能一致性好，触发阈值电压稳定、可靠性高等优点，在实际中得到广泛应用。

1. CMOS 集成施密特触发器

图 8－16 所示为 CMOS 集成施密特触发器 CC40106（六反相器）的引脚排列，表 8－3 所示为其主要静态参数。

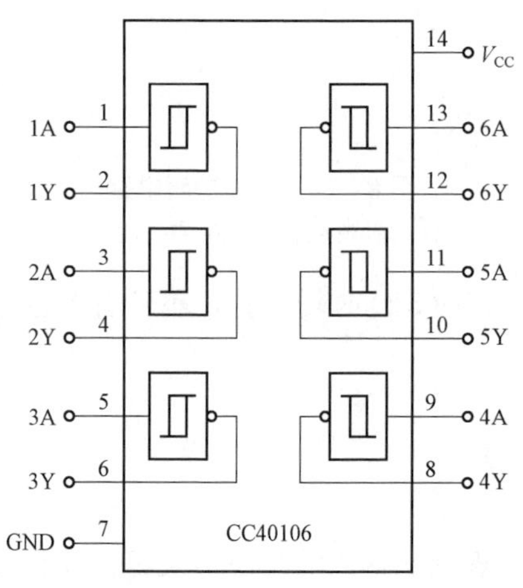

图 8－16　CMOS 集成施密特触发器 CC40106 引脚排列

表 8－3　CMOS 集成施密特触发器 CC40106 的主要静态参数　　　单位：V

电源电压 V_{CC}	U_{T+} 最小值	U_{T+} 最大值	U_{T-} 最小值	U_{T-} 最大值	ΔU_T 最小值	ΔU_T 最大值
5	2.2	3.6	0.9	2.8	0.3	1.6
10	4.6	7.1	2.5	5.2	1.2	3.4
15	6.8	10.8	4.0	7.4	1.6	5.0

2. TTL 集成施密特触发器

TTL 集成施密特触发器有 74LS13，74LS14，74LS132 等。74LS13 为施密特触发的二 4 输入与非门，引脚排列与 74LS20 相同；74LS132 为施密特触发的四 2 输入与非门，引脚排列与 74LS00 相同；74LS14 为施密特触发的六反相器，引脚排列与 74LS04 相同。TTL 集成施密特触发器的主要静态参数如表 8－4 所示。

表 8－4　TTL 集成施密特触发器的主要静态参数

器件型号	延迟时间/ns	每门功耗/mW	U_{T+}/V	U_{T-}/V	ΔU_T/V
74LS14	15.0	8.60	1.6	0.8	0.8
74LS132	15.0	8.80	1.6	0.8	0.8
74LS13	16.5	8.75	1.6	0.8	0.8

3. 施密特触发器的应用

（1）用于波形变换。

利用施密特触发器可以把边沿变化缓慢的周期性信号变换为边沿陡峭的矩形脉冲信号。图 8－17 所示为用施密特触发器将正弦波变换为同频率的矩形脉冲信号的波形图。

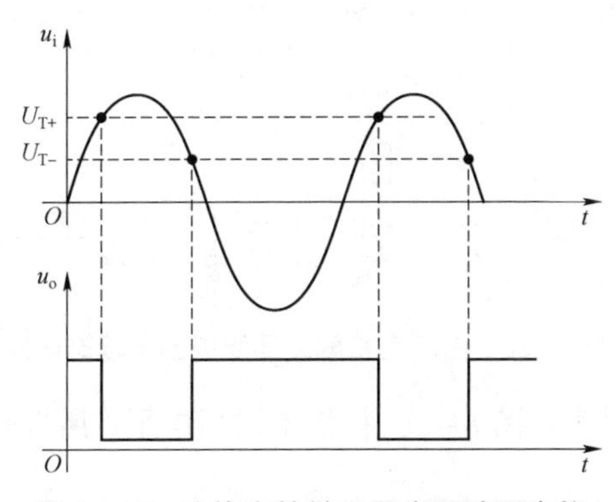

图 8－17　用施密特触发器实现波形变换

（2）用于脉冲整形。

在数字系统中，矩形脉冲经传输后往往发生波形畸变，这时就可以通过施密特触发器整形而获得比较理想的矩形脉冲波形，如图 8－18 所示。

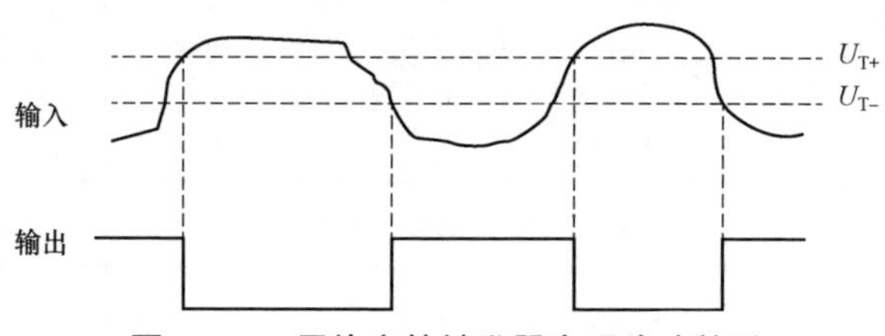

图 8－18　用施密特触发器实现脉冲整形

（3）用于脉冲鉴幅。

如图 8－19 所示，当将一系列幅度各异的脉冲信号加到施密特触发器的输入端时，只有那些幅度大于 U_{T+} 的脉冲才会在输出端产生输出信号。因此，施密特触发器能选出幅度大于 U_{T+} 的脉冲，具有脉冲鉴幅的能力。

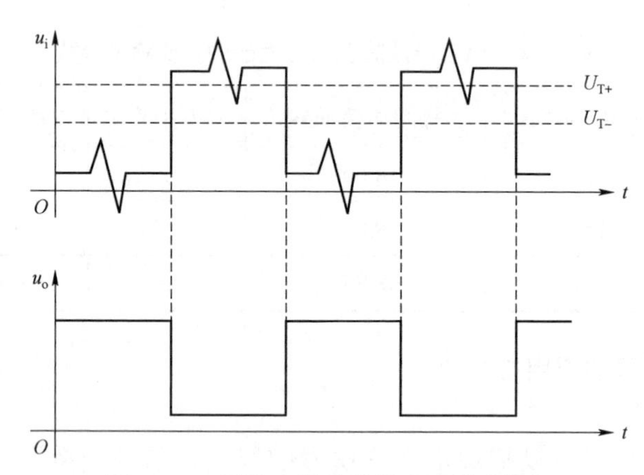

图 8－19　用施密特触发器实现脉冲鉴幅

（4）组成单稳态电路。

图 8－20 所示为由施密特触发器组成的单稳态电路。

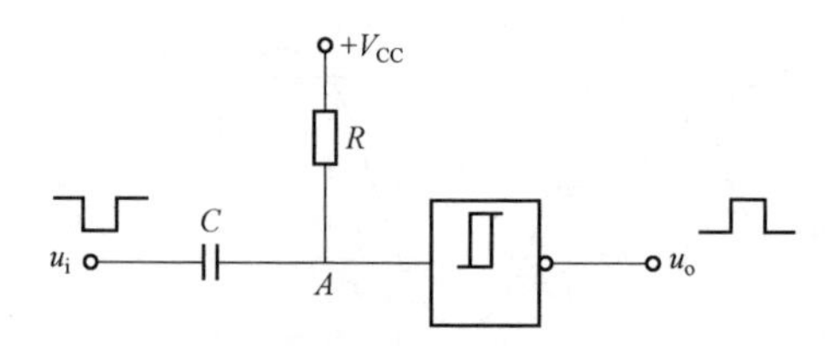

图 8－20　由施密特触发器组成的单稳态电路

当没有外加触发信号时，图 8－20 中点 A 为高电平，所以输出为低电平，这是电路的稳态。

当输入负触发脉冲信号时，由于电容 C 上的电压不能突变，因此，点 A 的电平也随之跳为负电平，输出就翻转为高电平，电路进入暂稳态。

在暂稳态期间，电源对电容 C 充电，点 A 电平升高，当点 A 电压上升到门电路的

上限触发电平 U_{T+} 时，电路状态又发生翻转，输出低电平，暂稳态结束，电路返回稳定状态。

注意：该电路在门电路的阈值电压 $U_T = \frac{1}{2}V_{CC}$ 时，输出脉冲宽度（在暂稳态的时间）t_w 可估算为

$$t_w \approx 0.7RC$$

（5）组成多谐振荡器。

图 8－21 所示为由施密特触发器组成的多谐振荡器。

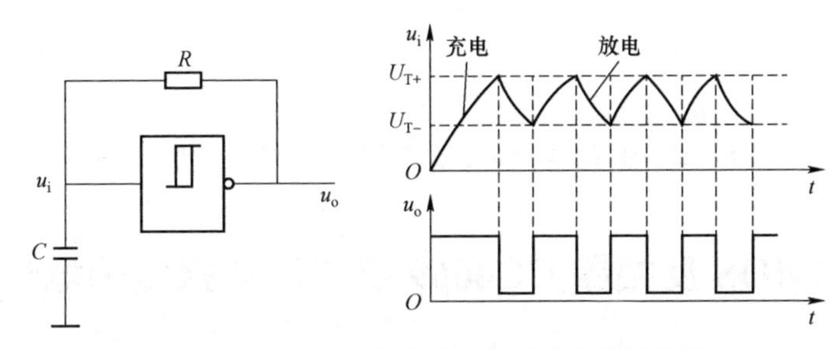

图 8－21 由施密特触发器组成的多谐振荡器

在接通电源瞬间，$u_i = 0$，输出电压 u_o 为高电平。此时，输出电压 u_o 对电容 C 充电，u_i 上升，当 u_i 达到门电路的阈值电压 U_{T+} 时，电路翻转，输出电压 u_o 跳变为低电平。此时，电容放电，u_i 下降。当 u_i 下降到下限触发电平 U_{T-} 时，电路发生翻转，输出电压 u_o 跳变为高电平。如此反复，形成振荡。

想一想

（1）多谐振荡器、单稳态触发器、施密特触发器的逻辑功能各有何不同？

（2）根据图 8－22 所示输入信号，画出施密特触发器的输出波形。

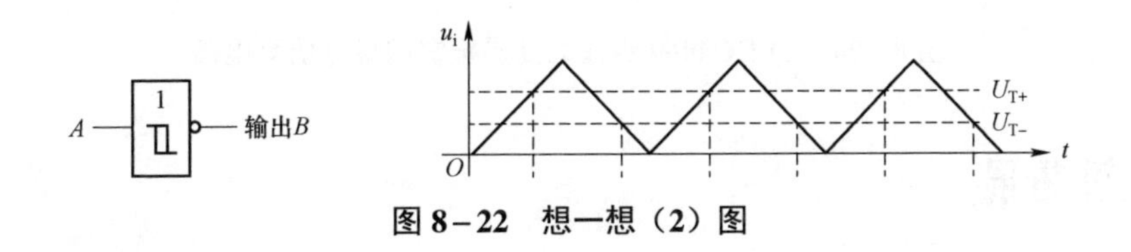

图 8－22 想一想（2）图

任务实施

简易报警闪烁灯的 Multisim 软件仿真制作与调试。

一、用集成施密特触发器 CC40106 组成简易报警闪烁灯

在 Multisim 软件中搭建如图 8－23 所示的由 CC40106 组成的简易报警闪烁灯仿真电路，仿真开始后改变可调电阻的阻值，观察电路中指示灯的状态。

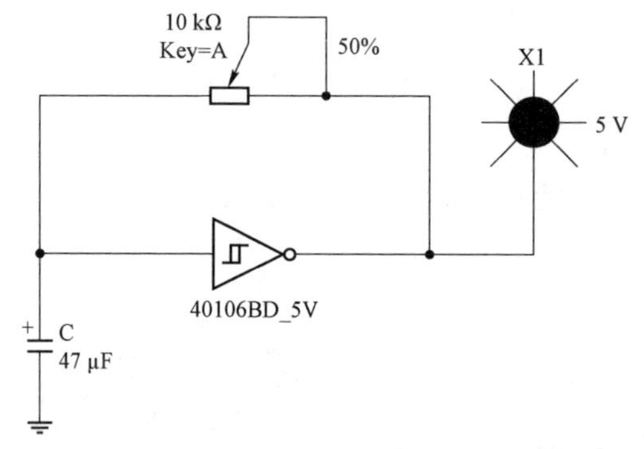

图 8－23　由 CC40106 组成的简易报警闪烁灯仿真电路

二、用 CMOS 反相器 CC4069 组成简易报警闪烁灯

在 Multisim 软件中搭建如图 8－24 所示的由 CC4069 组成的简易报警闪烁灯仿真电路，仿真开始后改变可调电阻的阻值，观察电路中指示灯的状态。

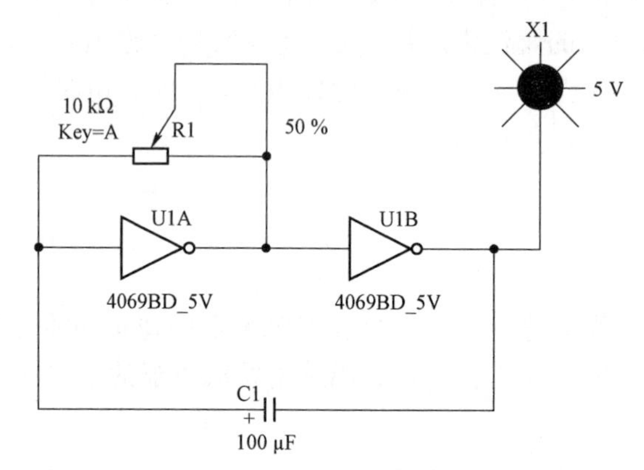

图 8－24　由 CC4069 组成的简易报警闪烁灯仿真电路

知识拓展

14 级计数器/分频器/振荡器 CD4060 介绍如下。

由 IC 厂家提供的 CMOS 集成电路 CD4060 的引脚排列、内部结构框图和外部接线如图 8－25 所示。CD4060 是 14 级二进制计数器/分频器/振荡器，其内部振荡电路与外接石英晶体、电阻、电容共同组成谐振频率为 32.768 kHz 的多谐振荡器，并进行 14 级 2 分频，从 Q_{14} 端输出频率 2 Hz 脉冲信号。

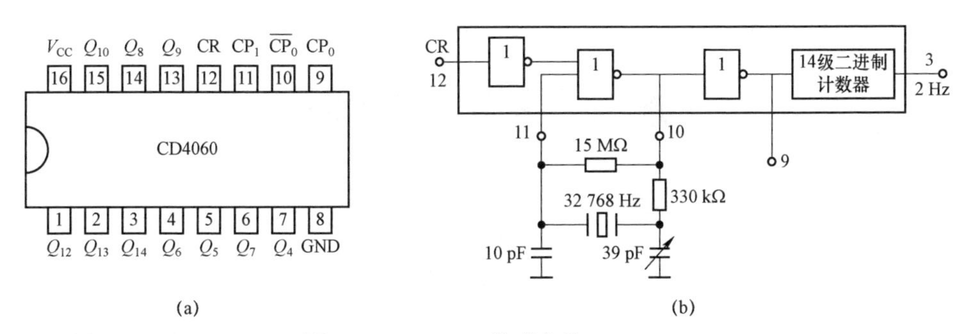

图 8－25　CMOS 集成电路 CD4060

（a）引脚排列；（b）内部结构框图和外部接线

在图 8－25 所示振荡电路中，与非门用于振荡（受复位端 CR 控制）；15 MΩ的电阻为与非门提供静态工作点；电容起频率校正和温度校正作用；非门则起到对输出波形进行整形及隔离负载的作用。

CMOS 集成电路 CD4060 引脚功能如表 8－5 所示，CD4060 没有 1，2，3，11 级分频输出端。

表 8－5　CMOS 集成电路 CD4060 引脚功能

序号	名称	功能	序号	名称	功能
1	Q_{12}	输出 8 Hz	9	CP_0	外接振荡元件
2	Q_{13}	输出 4 Hz	10	$\overline{CP_0}$	外接振荡元件
3	Q_{14}	输出 2 Hz	11	CP_1	外接振荡元件
4	Q_6	输出 512 Hz	12	CR	高电平清零
5	Q_5	输出 1 024 Hz	13	Q_9	输出 64 Hz
6	Q_7	输出 256 Hz	14	Q_8	输出 128 Hz
7	Q_4	输出 2 048 Hz	15	Q_{10}	输出 32 Hz
8	GND	接地	16	Vcc	电源正极

CD4060 的工作电压为 1.0～15.0 V，工作频率为 8 MHz。当 $V_{CC}=5$ V 时，它可以输出 0.88 mA 电流，驱动 1 个 LS 系列 TTL 逻辑门电路。CD4060 的多个频率值可以同时输出。

任务二　认识555定时器

任务导入

守时是一种重要的个人品质和社会习惯，能提高工作和团队协助效率。555芯片就是最常用的定时芯片。它是一种模拟–数字混合式中规模集成定时电路，结构简单，使用灵活，只需加少量外围元件就可以构成多种波形发生器、多谐振荡器、定时延时电路、双稳触发电路、报警电路、检测电路、频率变换电路等应用电路，因此，在工业控制、定时、仿声、电子乐器等诸多领域广泛应用。

任务目标

素质目标

（1）增强时间观念，培养守时的好习惯。

（2）提升职业素养与安全意识，遵守教学场所规章纪律。

（3）培养科学严谨、实事求是的工作作风。

知识目标

（1）了解555定时器的内部结构。

（2）理解555定时器的逻辑功能。

能力目标

（1）能识别555定时器的引脚排列。

（2）掌握并学会使用555定时器的逻辑功能。

任务分析

555定时器这个名字的由来是因为最初集成该电路芯片中采用了3个5 kΩ的精确分压电阻。尽管555定时器的产品型号繁多，但几乎所有的产品型号最后3位数码都是555，CMOS产品型号最后4位都是7555，而且它们的逻辑功能和外部引脚排列也完全相同。若在同一集成电路上集成两个555单元电路，则该芯片型号为556；若在同一集成电路上集成4个555单元电路，则该芯片型号为558。

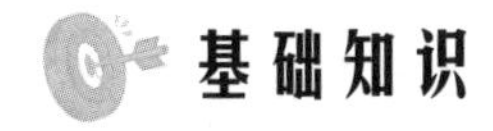

一、555 定时器的内部结构及引脚排列

1. 555 定时器的内部结构

图 8－26 所示为 555 定时器的外形图及内部结构。它由以下 5 部分组成。

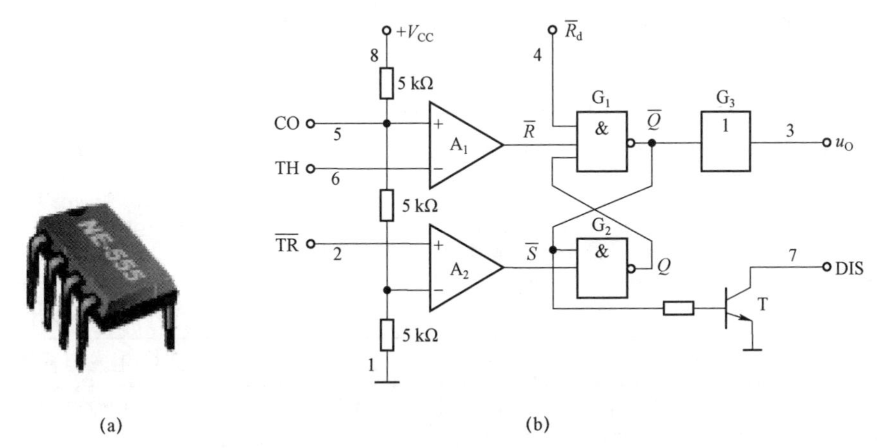

图 8－26　555 定时器的外形图及内部结构

（1）电压比较器。

集成运放 A_1 和 A_2 组成两个电压比较器。电压比较器有两个输入端：同相输入端（用符号＋表示）和反相输入端（用符号－表示），根据电压比较器的工作原理可知：当 $u_+ > u_-$ 时，电压比较器输出高电平；当 $u_+ < u_-$ 时，电压比较器输出低电平。

（2）分压器。

分压器由 3 个 5 kΩ 的电阻组成，其作用是通过 3 个 5 kΩ 的电阻，可将电源电压分成三等份，从而为电压比较器（A_1，A_2）提供基准电压（参考电压）。由图 8－26 可知，当分压器上端接电源正极（$+V_{CC}$），下端接地时，电压比较器 A_1 的基准电压为 $\frac{2}{3}V_{CC}$（该基准电压加在 A_1 的同相输入端），电压比较器 A_2 的基准电压为 $\frac{1}{3}V_{CC}$（该基准电压加在 A_2 的反相输入端）。

显然，当 TH（引脚 6）的电位大于 $\frac{2}{3}V_{CC}$ 时，电压比较器 A_1 的输出为 0；当 TH（引脚 6）的电位小于 $\frac{2}{3}V_{CC}$ 时，电压比较器 A_1 的输出为 1。

当 $\overline{TR}$（引脚 2）的电位大于 $\frac{1}{3}V_{CC}$ 时，电压比较器 A_2 的输出为 1；当 $\overline{TR}$（引脚 2）

的电位小于$\frac{1}{3}V_{CC}$时，电压比较器A_2的输出为0。

也可以在控制端CO（引脚5）上外加基准电压U_S，这时两个电压比较器的基准电压就分别变为U_S和$\frac{1}{2}U_S$。

由于分压器是由3个5 kΩ电阻构成的，因此，这种集成电路称为555时基集成电路（也称555定时器）。尽管后来的产品中有的分压器并不是3个5 kΩ电阻，但因为已经习惯于这种名称，所以现在各国的产品仍使用555时基电路这种名称。

（3）基本RS触发器。

555定时器的核心部分是由两个与非门（G_1，G_2）组成的基本RS触发器。该触发器的输入端要求用低电平触发，其中$\overline{R}$为置0端，$\overline{S}$为置1端。表8－6所示为基本RS触发器功能表。

表8－6　基本RS触发器功能表

$\overline{R}$	$\overline{S}$	Q^{n+1}	功能说明
0	1	0	触发器置0
1	0	1	触发器置1
1	1	$Q^{n+1}=Q^n$	触发器保持原状态
0	0	×	不允许

为了直接置0，该触发器还有一个直接置零端$\overline{R_d}$，只要在$\overline{R_d}$端加上低电平，则不论触发器原来的状态如何，也不管输入端加的是什么信号，触发器均立即为置0状态，即$Q=0$。

（4）放电开关。

放电开关T由三极管组成。555定时器在使用中大多与电容的充、放电有关，三极管的截止和导通决定了电容的充电和放电。当三极管T导通时，电容C放电；当三极管T截止时，电容C充电。

（5）输出电路。

输出电路是将基本RS触发器$\overline{Q}$端的信号经反相器G_3反相后送到555定时器的输出端。其中反相器G_3为输出缓冲器，用于提高电路的带负载能力。

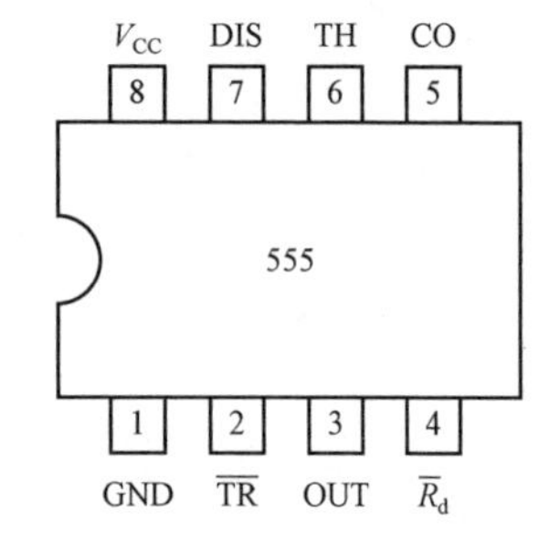

图8－27　555定时器引脚排列

2. 555定时器的引脚排列

555定时器引脚排列如图8－27所示。

（1）引脚3（OUT）——输出端。

（2）引脚4（$\overline{R}_d$）——清零端（低电平有效）。当$\overline{R}_d=0$时，OUT＝0；正常工作时$\overline{R}_d=1$。

（3）引脚5（CO）——电压控制端。引脚5可悬空，

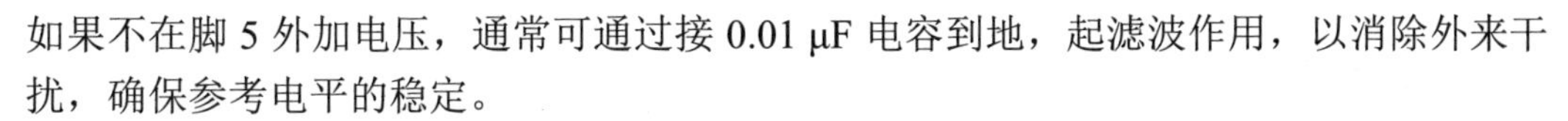

如果不在脚 5 外加电压，通常可通过接 0.01 μF 电容到地，起滤波作用，以消除外来干扰，确保参考电平的稳定。

（4）引脚 2（$\overline{\text{TR}}$）——触发输入端。

（5）引脚 6（TH）——阈值输入端。

（6）引脚 7（DIS）——放电端。

二、555 定时器的逻辑功能

根据以上 555 定时器的内部结构，可以分析其逻辑功能如表 8－7 所示。

表 8－7　555 定时器功能表

输入			输出	
TH（引脚 6）	$\overline{\text{TR}}$（引脚 2）	$\overline{R}_d$（引脚 4）	OUT（引脚 3）	放电三极管 T
×	×	0	0	导通
$>\frac{2}{3}V_{CC}$	$>\frac{1}{3}V_{CC}$	1	0	导通
$<\frac{2}{3}V_{CC}$	$>\frac{1}{3}V_{CC}$	1	不变	不变
$<\frac{2}{3}V_{CC}$	$<\frac{1}{3}V_{CC}$	1	1	截止

由 555 定时器功能表可得如下结论。

（1）清零端 $\overline{R}_d$ 的优先级最高，只要 $\overline{R}_d=0$，电路的输出 OUT 就为 0；当 $\overline{R}_d=1$ 时，触发器的输出状态将由阈值输入端 TH 和触发输入端 $\overline{\text{TR}}$ 决定。故正常工作时 $\overline{R}_d$ 应为 1。

（2）当 $U_{TH}<\frac{2}{3}V_{CC}$，$U_{\overline{TR}}<\frac{1}{3}V_{CC}$ 时，基本 RS 触发器的输入端 $\overline{R}=1$，$\overline{S}=0$，此时触发器置 1，即 $Q=1$，输出高电平，放电三极管 T 截止。

（3）当 $U_{TH}>\frac{2}{3}V_{CC}$，$U_{\overline{TR}}>\frac{1}{3}V_{CC}$ 时，基本 RS 触发器的输入端 $\overline{R}=0$，$\overline{S}=1$，此时触发器置 0，即 $Q=0$，输出低电平，放电三极管 T 导通。

（4）当 $U_{TH}<\frac{2}{3}V_{CC}$，$U_{\overline{TR}}>\frac{1}{3}V_{CC}$ 时，基本 RS 触发器的输入端 $\overline{R}=1$，$\overline{S}=1$，此时触发器和放电三极管均保持原状态。

知识拓展

双极型 555 定时器和 CMOS 555 定时器的比较如下。

555 定时器是一种模拟和数字功能相结合的中规模集成器件，一般采用双极性工艺制作的定时器称为 555 定时器，而采用 CMOS 工艺制作的定时器称为 7555 定时器。除单定时器外，还有对应的双定时器 556/7556。图 8－28 所示为双定时器 556 的引脚排列。

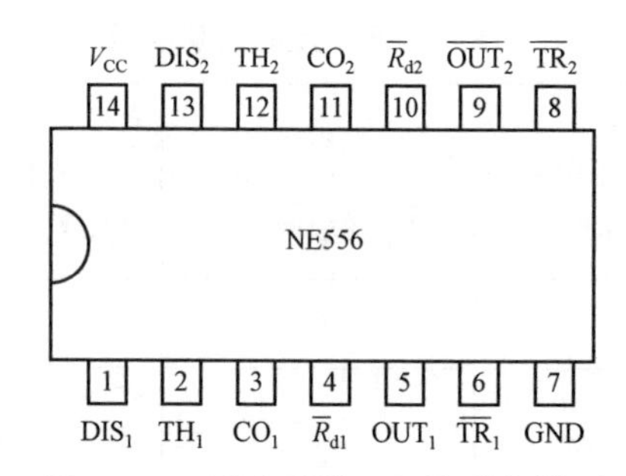

图 8－28　双定时器 556 的引脚排列

双极型 555 定时器和 CMOS 555 定时器的共同点如下。

(1) 功能大致相同，外形和引脚排列一致，在大多数场合可直接替换使用。

(2) 均使用单一电源，适应电压范围大，可与 TTL，CMOS 型数字逻辑电路等共用电源。

(3) 555 定时器的输出为接近电源电平，可与 TTL，CMOS 型数字逻辑电路直接接口。

(4) 电源电压变化对振荡频率和定时精度的影响小。

两者区别如表 8－8 所示。

表 8－8　双极型 555 定时器和 CMOS 555 定时器的区别

比较	产品	
	双极型产品	CMOS 产品
单 555 型的最后几位数码	555	7555
双 555 型的最后几位数码	556	7556
优点	驱动能力较大	低功耗、高输入阻抗
电源电压工作范围	4.5～16 V	3～18 V
负载电流	可达 200 mA	可达 4 mA

通过对双极型 555 定时器、CMOS 555 定时器的比较，在进行电路设计和应用时，应视具体要求选择型号。一般来说，在要求定时长、功耗小、负载轻的场合，宜选用 CMOS 555 定时器；而在负载重、要求驱动电流大、电压高的场合，宜选用双极型 555 定时器。此外，由于双极型的冲击峰值电流大，在电路中应加电源滤波电容，且容量要大。双极型 555 定时器的输出电阻远比 CMOS 555 定时器的输入电阻低，因此，一般要在双极型 555 定时器的电压控制端加一去耦电容（0.01 μF），而 CMOS 555 定时器可以不加。CMOS 555 定时器的输入阻抗高达 10^{10} Ω 量级，很适合作长延时电路，*RC* 时间常数一般很大。

在负载驱动能力方面，双极型 555 定时器可直接驱动低阻负载，如继电器、小直流电机、扬声器等。而 CMOS 555 定时器只可直接驱动高阻负载，若驱动低阻负载，则可在输出端加三极管驱动，如图 8－29 所示。

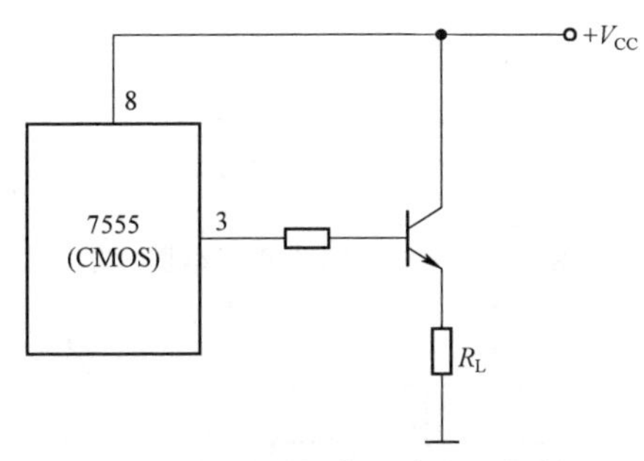

图 8－29　CMOS 555 定时器在输出端加三极管以驱动低阻负载

任务实施

555 定时器的测试。

在 Multisim 仿真软件中按图 8－30 搭建 555 定时器测试电路。

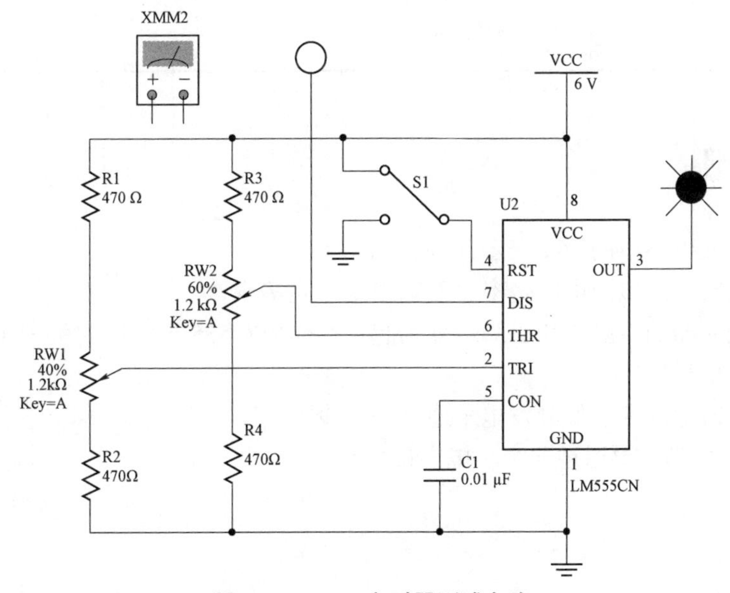

图 8－30　555 定时器测试电路

1. 按表 8－9 进行测试，观察当引脚 4 $\bar{R}_{\mathrm{d}}=0$ 时输出端 OUT（引脚 3）和放电管输出端 DIS（引脚 7）的状态。

表 8－9　555 定时器测试结果（1）

TH（引脚 6）	$\overline{\mathrm{TR}}$（引脚 2）	$\bar{R}_{\mathrm{d}}$（引脚 4）	OUT（引脚 3）	放电管状态（导通/截止）
×	×	0		

2. 按表 8－10 测试，改变 R_{W1} 和 R_{W2} 的阻值，观察状态是否改变，将结果记录下来。同时用万用表测出 TH（引脚 6）和 $\overline{\mathrm{TR}}$ 端（引脚 2）的转换电压，与理论值 $\frac{2}{3}V_{\mathrm{CC}}$ 和 $\frac{1}{3}V_{\mathrm{CC}}$ 比较，观察是否一致。

注：（1）表 8－10 中某步骤若状态未转换，则在转换电压一栏填“×”。

（2）用 Q^n 和 Q^{n+1} 表示输出端 OUT 的现态和次态。

表 8－10　555 定时器测试结果（2）

<table>
<tr><th>步骤</th><th>$\overline{\mathrm{TR}}$（引脚 2）</th><th>TH（引脚 6）</th><th>$\bar{R}_{\mathrm{d}}$（引脚 4）</th><th>Q^n</th><th>Q^{n+1}</th><th>转换电压</th></tr>
<tr><td>0</td><td>$>\frac{1}{3}V_{\mathrm{CC}}$</td><td>$<\frac{2}{3}V_{\mathrm{CC}}$</td><td>0→1</td><td>0</td><td></td><td></td></tr>
<tr><td>1</td><td>$\rightarrow <\frac{1}{3}V_{\mathrm{CC}}$</td><td rowspan="2">$<\frac{2}{3}V_{\mathrm{CC}}$</td><td>1</td><td>0</td><td></td><td></td></tr>
<tr><td>2</td><td>$\rightarrow >\frac{1}{3}V_{\mathrm{CC}}$</td><td>1</td><td></td><td></td><td></td></tr>
<tr><td>3</td><td rowspan="2">$>\frac{1}{3}V_{\mathrm{CC}}$</td><td>$\rightarrow >\frac{2}{3}V_{\mathrm{CC}}$</td><td>1</td><td></td><td></td><td></td></tr>
<tr><td>4</td><td>$\rightarrow <\frac{2}{3}\mathrm{V}_{\mathrm{CC}}$</td><td>1</td><td></td><td></td><td></td></tr>
</table>

想一想

1. 555 集成电路中的 555 表示什么意思？

2. 555 定时器的电源电压是多少？输出电流是多少？

3. 555 定时器的引脚 4 和引脚 7 分别起什么作用？555 定时器的引脚 4 正常工作时应接什么电平信号？

4. 555 定时器的高、低触发电平通常是多少？

5. 为什么引脚 5 要通过一个小电容接地？

任务三　简易声音报警电路的设计与制作

任务导入

555 定时器主要有 3 种应用，只需外加少许元件，就可以构成多谐振荡器、单稳态触发器和施密特触发器。本任务为宿舍火灾报警系统设计声音报警电路，请结合所学知识，利用 555 定时器完成。

任务目标

素质目标

（1）增强为人民服务的意识和职业认同感。

（2）培养独立分析问题、解决问题的能力。

（3）培养理论联系实际的工作作风，和严肃认真、实事求是的科学态度。

知识目标

（1）理解由 555 定时器组成的施密特触发器的工作原理。

（2）理解由 555 定时器组成的单稳态触发器的工作原理。

（3）理解由 555 定时器组成的多谐振荡器的工作原理。

能力目标

（1）会用 555 定时器装接多谐振荡器、单稳态触发器和施密特触发器。

（2）熟悉 555 定时器的应用，并能用 555 定时器制作简单的电路。

（3）会用 Multisim 软件设计并制作简易声音报警电路。

任务分析

近年来，随着改革开放的深入发展，生活水平有了很大提高，很多家庭拥有了汽车、摩托车、高档家电和贵重物品，因此，越来越多的居民家庭开始重视财产安全问题，报警器应运而生。报警器的应用非常广泛，在汽车、摩托车、仓库大门及家庭安保系统中，几乎无一例外地使用了报警器电路。除此之外，当救护车、消防车出车时，鸣道报警器也要发出“滴——嘟、滴——嘟”“啾——呜、啾——呜”的声响，提醒路人和车辆让道。在温度、水位监控电路中也多用到报警器。

数字电路中的讯响电路蜂鸣器常由多谐振荡器驱动，而具有定时功能的电路则由单稳态触发器和施密特触发器实现，本任务介绍由 555 定时器组成的这 3 种应用电路。

基础知识

一、用555定时器构成的施密特触发器及其应用

1. 电路组成

将555定时器的阈值输入端TH（引脚6）与触发输入端$\overline{\text{TR}}$（引脚2）接在一起，作为信号的输入端，即可构成施密特触发器，如图8–31所示。

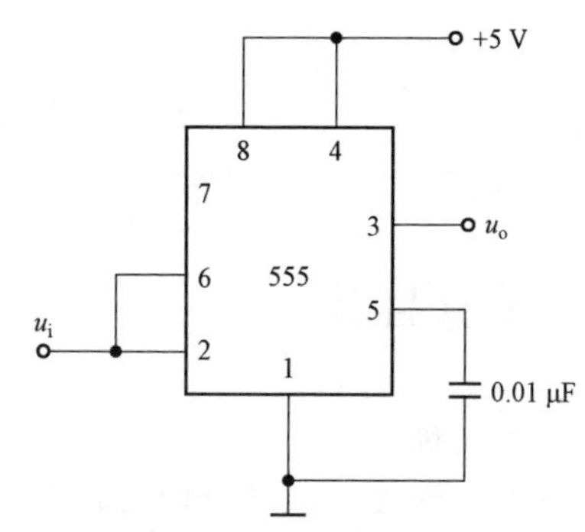

图8–31　用555定时器构成的施密特触发器

2. 工作原理

当$u_i > \frac{2}{3}V_{CC}$（即$U_{TH} > \frac{2}{3}V_{CC}$且$U_{\overline{TR}} > \frac{1}{3}V_{CC}$）时，输出$u_o = 0$；当$u_i < \frac{1}{3}V_{CC}$（即$U_{TH} < \frac{2}{3}V_{CC}$且$U_{\overline{TR}} < \frac{1}{3}V_{CC}$）时，输出$u_o = 1$。

由此可见，图8–31所示施密特触发器的阈值电压分别为$\frac{2}{3}V_{CC}$和$\frac{1}{3}V_{CC}$，即上限触发电平为$U_{T+} = \frac{2}{3}V_{CC}$，下限触发电平为$U_{T-} = \frac{1}{3}V_{CC}$。

回差电压为

$$\Delta U_T = U_{T+} - U_{T-} = \frac{1}{3}V_{CC}$$

根据分析可画出施密特触发器的电压传输特性曲线，如图8–32所示。图8–33所示为该施密特触发器的逻辑符号。

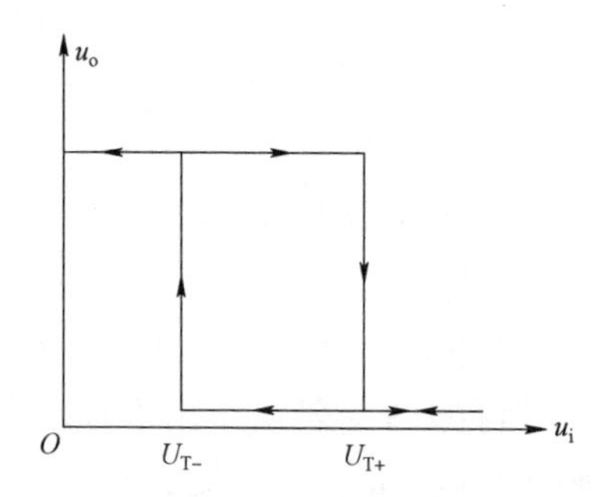

图8–32　施密特触发器的电压传输特性曲线

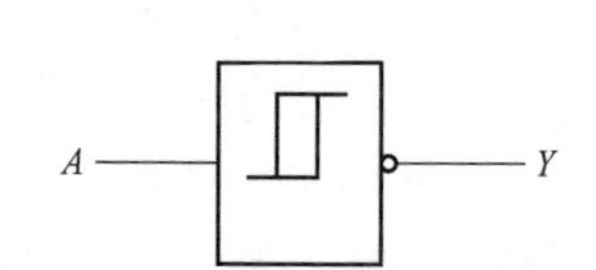

图8–33　施密特触发器的逻辑符号

3. 用555定时器构成的施密特触发器应用举例

（1）路灯照明自动控制电路。

图8–34所示为用555定时器构成的路灯照明自动控制电路。白天受到光照，光敏电阻R阻值变小，点A电位为高电平，555定时器组成的施密特触发器输出为低电平，不足以使继电器KA动作，照明灯熄灭；夜间无光照或光照减弱，光敏电阻R阻值增大，

点 A 电位变为低电平，555 定时器组成的施密特触发器输出为高电平，使继电器 KA 动作，照明灯接通点亮。

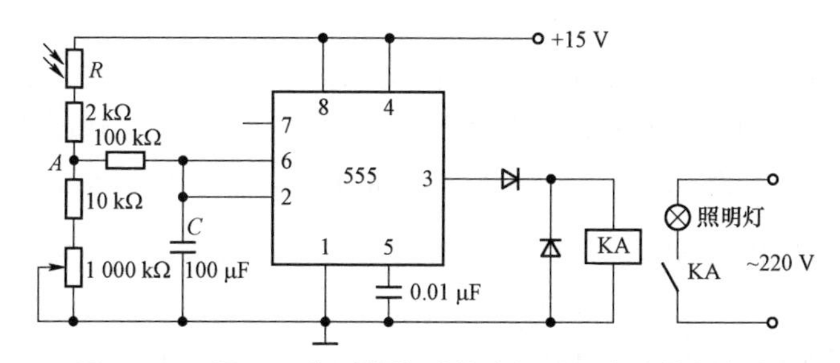

图 8－34　用 555 定时器构成的路灯照明自动控制电路

（2）水沸报警器。

图 8－35 所示为用 555 定时器构成的水沸报警器，其中 R_t 是负温度系数的热敏电阻，温度越高，R_t 的阻值越低。在水还没有煮沸时，R_t 的阻值较高，点 A 电位为高电平，555 定时器组成的施密特触发器输出为低电平，喇叭不发出报警声；当水达到沸点时，R_t 的阻值足够低，点 A 电位变为低电平，555 定时器组成的施密特触发器输出为高电平，喇叭发出报警声。

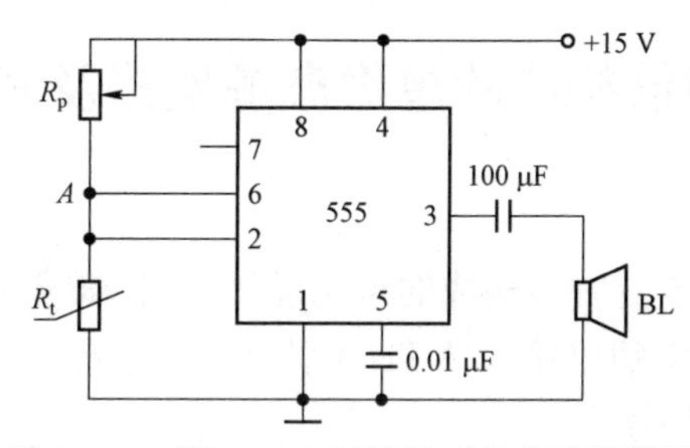

图 8－35　用 555 定时器构成的水沸报警器

将热敏电阻放入一个直径为 8 mm 左右、长为 100 mm 的铜管或不锈钢管内，引出导线，用树脂封好，不能进水。在测试时将该管插入开水中，要慢慢调整可调电阻的阻值，使其实现到 100 ℃时音响报警，若低于这个温度，则没有音响报警。

（3）延时接通电路。

图 8－36 所示为用 555 定时器构成的延时接通电路。其中 KA 为直流 12 V 继电器

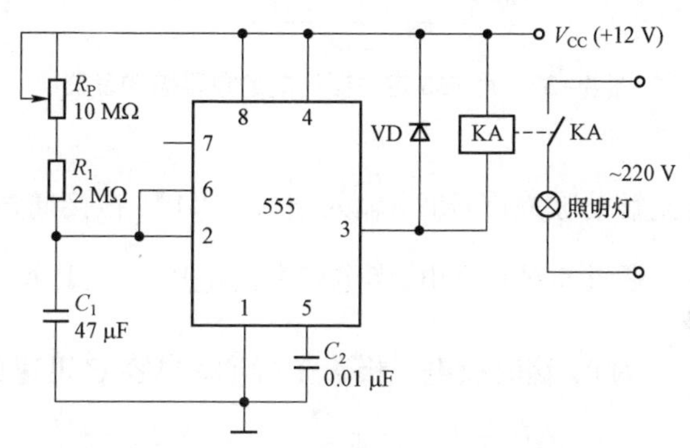

图 8－36　用 555 定时器构成的延时接通电路

线圈，VD为钳位二极管，用于吸收线圈断电时产生的感应电动势，起保护555定时器输出级的作用。如用直流继电器的常开触点作为控制照明灯的开关，则555定时器通电后需要经过一段延时时间，照明灯才能通电点亮。

电路工作原理：当接通电源时，由于电容两端的电压不能突变，555定时器脚2和脚6两个输入端为低电平，则输出端脚3为高电平，继电器KA线圈两端无工作电压，继电器不动作，其常开触点分断，照明灯不能通电。此时，电源通过电位器和电阻对电容 C_1 充电，电容两端电压随着充电过程逐渐增加，当电容两端的电压介于 $\frac{1}{3}V_{CC}\sim\frac{2}{3}V_{CC}$ 之间时，输出端脚3保持高电平不变；当电容电压大于 $\frac{2}{3}V_{CC}$ 时，输出端脚3为低电平，继电器KA线圈两端获得约为12 V的电压，继电器动作，其常开触点闭合，照明灯通电点亮。

延时时间 t_w 的长短与电容充电速度有关，与电源电压无关，其计算公式为

$$t_w = 1.1RC$$

式中，R 为充电电路中的总电阻。在实际电路中，电阻 R 常用一个电阻和一个电位器串联组成，通过调节电位器的阻值大小，可以调节延时时间的长短。

二、用555定时器构成的单稳态触发器及其应用

1. 电路组成

图8－37所示为用555定时器构成的单稳态触发器。该电路将输入信号 u_i 加在触发输入端 $\overline{\text{TR}}$（引脚2），并将阈值输入端TH（引脚6）与放电端DIS（脚7）接在一起，然后再与定时元件 R，C 相接。

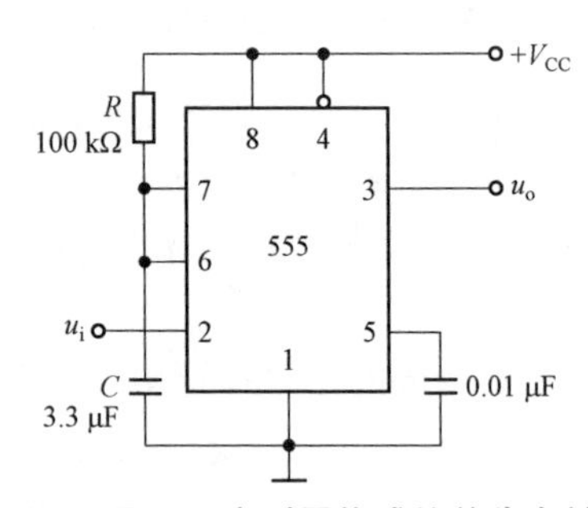

图8－37　用555定时器构成的单稳态触发器

2. 工作原理

当单稳态触发器无触发脉冲信号时，输入端 u_i ＝“1”。在接通直流电源 V_{CC} 的瞬间，放电三极管T截止，V_{CC} 通过 R 对 C 充电，当电容上的电压 u_C 上升到 $\frac{2}{3}V_{CC}$ 时，$U_{TH}>\frac{2}{3}V_{CC}$ 且 $U_{\overline{TR}}>\frac{1}{3}V_{CC}$，输出 u_o 为0。这时放电三极管T导通，电容 C 迅速放电，其两端电压 u_C

为零，即 $U_{TH} < \frac{2}{3}V_{CC}$，此时 u_i = “1”（即 $U_{\overline{TR}} > \frac{1}{3}V_{CC}$），输出状态不变，输出 u_o 仍为 0，电路进入稳态。

当单稳态触发器有触发脉冲信号（即 u_i = “0”）时，由于 $U_{\overline{TR}} = u_i$ = “0” $< \frac{1}{3}V_{CC}$，并且 $U_{TH} = 0 < \frac{2}{3}V_{CC}$，因此，触发器输出由“0”变为“1”，放电三极管 T 由导通变为截止，直流电源 $+V_{CC}$ 通过电阻 R 向电容 C 充电，电容两端电压按指数规律从零开始增加（充电时间常数 $\tau = RC$）；经过一个脉冲宽度时间，负脉冲消失，输入端 u_i 恢复为“1”，即 $U_{\overline{TR}} = u_i$ = “1” $> \frac{1}{3}V_{CC}$。由于电容两端电压 $u_C < \frac{2}{3}V_{CC}$，即 $U_{TH} = u_C < \frac{2}{3}V_{CC}$，因此，输出保持原状态“1”不变，这种状态就是单稳态触发器的暂稳态。

当电容两端电压 $u_C > \frac{2}{3}V_{CC}$ 时，即 $U_{TH} = u_C > \frac{2}{3}V_{CC}$，又有 $U_{\overline{TR}} = u_i$ = “1” $> \frac{1}{3}V_{CC}$，输出就由暂稳状态“1”自动返回稳定状态“0”。

如果继续有触发脉冲输入，则会重复上面的过程。单稳态触发器工作波形如图 8－38 所示。

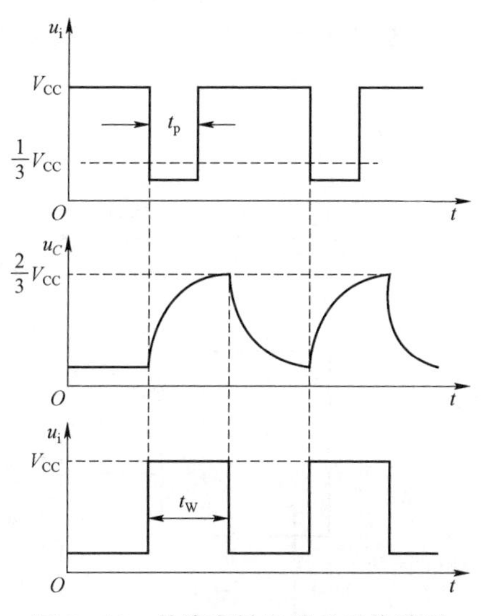

图 8－38　单稳态触发器的工作波形

经过分析可知，输出脉冲宽度 t_w 为电容 C 上的电压 u_C 由 0 V 充电充到 $\frac{2}{3}V_{CC}$ 所需的时间，其大小可估算为

$$t_w = RC\ln 3 \approx 1.1RC$$

3. 用 555 定时器构成的单稳态触发器应用举例

（1）触摸延时电路。

图 8－39 所示为一个简单的触摸延时电路，该电路用 555 定时器构成单稳态触发器。只要用手触摸一下开关，在触发输入端（脚 2）加入一个负脉冲，555 定时器输出端（脚

3）即输出高电平，灯泡（LED）发光，当暂稳态时间（t_w）结束时，555 定时器输出端（引脚 3）恢复低电平，灯泡熄灭。

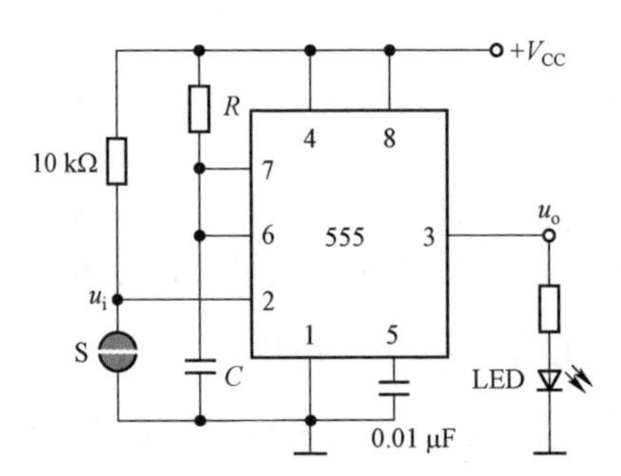

图 8-39　用 555 定时器构成的触摸延时电路

该触摸延时电路可用于夜间定时照明，定时时间可由 R，C 元件参数调节。

（2）触摸、声控双功能延时灯。

图 8-40 所示为 555 定时器和 T_1，R_3，R_2，C_4 组成的单稳态定时电路，定时（即灯亮）时间约为 1 min。当击掌声传至压电陶瓷片（HTD）时，HTD 将声音信号转换成电信号，该信号经 T_2，T_1 放大，触发 555 定时器，使 555 定时器输出高电平，触发导通晶闸管 SCR，电灯亮。

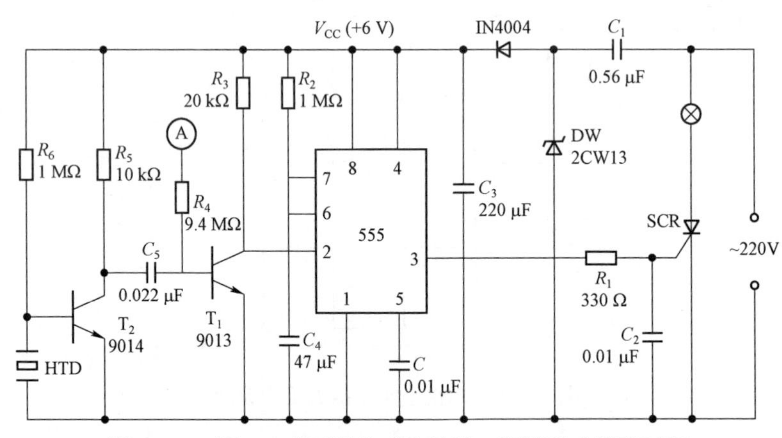

图 8-40　用 555 定时器构成的触摸、声控双功能延时灯

同样，若触摸金属片 A，则人体感应电信号经 R_4 加至 T_1 基极，也能使 T_1 导通，触发 555 定时器组成的单稳态电路，达到上述效果。

（3）光电打靶游戏机。

图 8-41 所示为用 555 定时器构成的光电打靶游戏机。

当光束击中光电三极管 VT 窗口时，通过光电三极管集电极和发射极之间的电流大大增加，相当于在 $\overline{TR}$ 端（脚 2）加入低电平（$u_i=0$），由 555 定时器构成的单稳态电路进入暂稳态，$u_o=1$，LED 发光二极管发光，指示已经击中靶心。

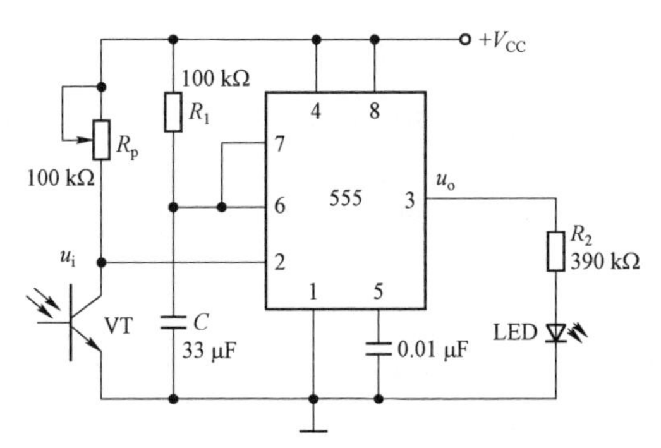

图 8－41　用 555 定时器构成的光电打靶游戏机

（4）洗相曝光定时器。

图 8－42 所示为用 555 定时器构成的洗相曝光定时器，其工作原理如表 8－10 所示。

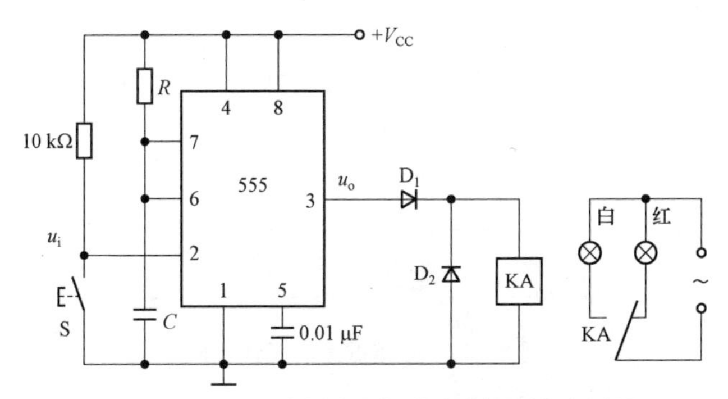

图 8－42　用 555 定时器构成的洗相曝光定时器

表 8－10　洗相曝光定时器工作原理

按钮 S	u_o	KA 的线圈	KA 的触点	红灯	白灯
未按	0	不通电	不动作	亮	灭
按一次	1	通电	闭合	灭	亮

白灯亮的时间即为曝光时间 t_w，有

$$t_w \approx 1.1RC$$

三、用 555 定时器构成的多谐振荡器及其应用

1. 电路组成

图 8－43 所示为用 555 定时器构成的多谐振荡器，定时元件除电容 C 之外，还有两个电阻 R_1 和 R_2。该电路将 555 定时器的两个输入端（引脚 6、引脚 2）短接后连接到 C 与 R_2 的连接处，将放电端（引脚 7）接到 R_1 和 R_2 的连接处。

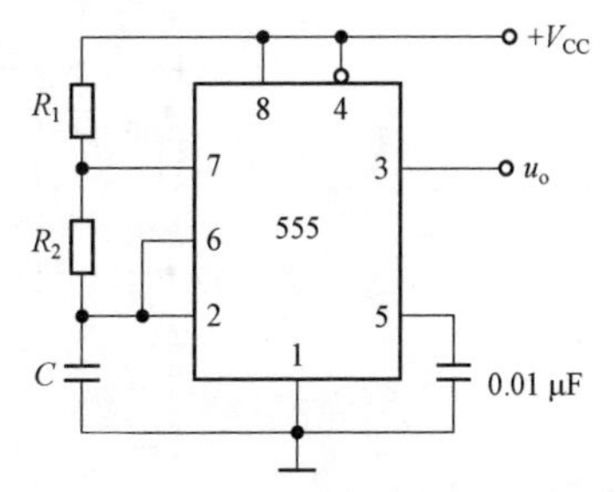

图 8－43　用 555 定时器构成的多谐振荡器

2. 工作原理

接通电源后，放电三极管T截止，电容C充电，u_C上升，当$u_C > \frac{2}{3}V_{CC}$（即$U_{TH} > \frac{2}{3}V_{CC}$且$U_{\overline{TR}} > \frac{1}{3}V_{CC}$）时，输出$u_o = 0$，同时放电三极管T导通，电容$C$通过$R_2$向放电三极管T放电，$u_C$下降。

随着u_C的下降，当$u_C < \frac{1}{3}V_{CC}$（即$U_{TH} < \frac{2}{3}V_{CC}$且$U_{\overline{TR}} < \frac{1}{3}V_{CC}$）时，输出$u_o = 1$，同时放电三极管T截止，电容$C$充电，$u_C$上升。

随着u_C的上升，当$u_C > \frac{2}{3}V_{CC}$（即$U_{TH} > \frac{2}{3}V_{CC}$且$U_{\overline{TR}} > \frac{1}{3}V_{CC}$）时，输出$u_o = 0$。周而复始，输出端得到一个周期性的方波信号。多谐振荡器工作波形如图8－44所示。

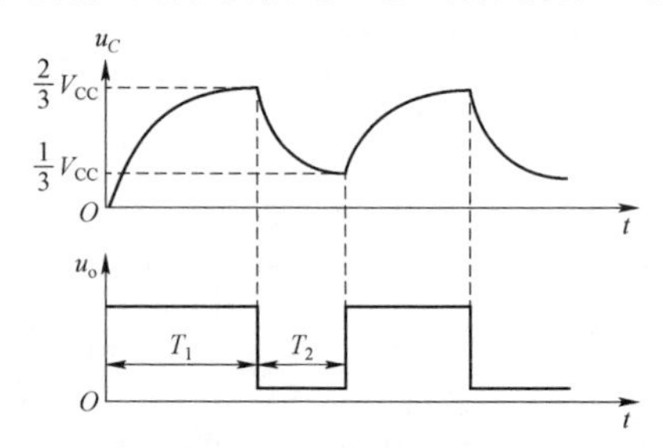

图8－44　多谐振荡器工作波形

通过分析可知，该电路频率由R_1，R_2，C决定。其振荡周期可估算为

$$T = 0.7(R_1 + 2R_2)C$$

其中

$$T_1 = 0.7(R_1 + R_2)C$$

$$T_2 = 0.7R_2C$$

3. 用555定时器构成的多谐振荡器应用举例

（1）防盗报警电路。

图8－45所示为用555定时器构成的防盗报警电路。接通开关时，由于a，b之间的细铜丝接在清零端脚4与地之间，输出为低电平，扬声器中无电流，不发声。一旦盗窃者闯入室内碰断细铜丝，则脚4获高电平，用555定时器构成的多谐振荡器开始工作。脚3输出一定频率的矩形波信号，经隔直电容后送至扬声器，使扬声器发出警报声。

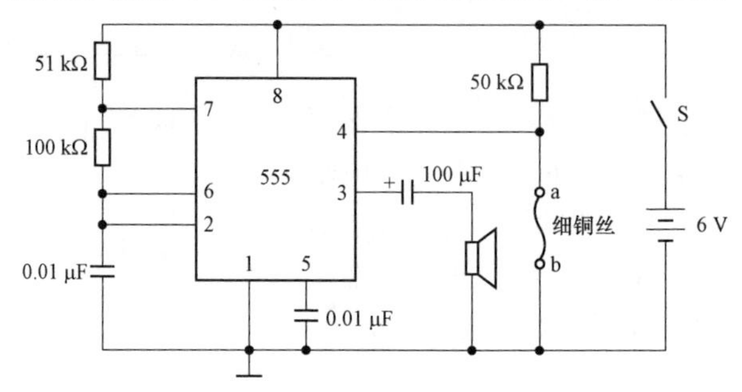

图8－45　用555定时器构成的防盗报警电路

（2）简易温控报警器。

图 8－46 所示为用 555 定时器构成的简易温控报警器，在其电路中，低频小功率三极管 3AX31 在常温下，集电极和发射极之间的穿透电流 I_{CEO} 一般在 10～50 μA，且随温度升高而增大较快。

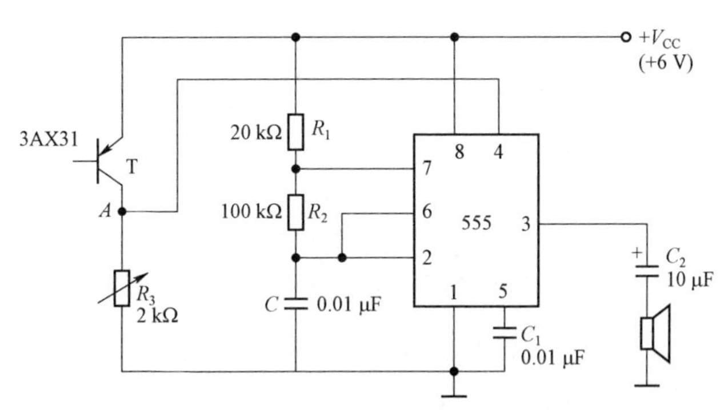

图 8－46　用 555 定时器构成的简易温控报警器

当温度低于设定温度值时，放电三极管 T 的穿透电流 I_{CEO} 较小，点 A 电位即 555 定时器清零端 $\overline{R}_d$（引脚 4）的电位较低，电路工作在清零状态，多谐振荡器停振，扬声器不发声。

当温度升高到设定温度值时，放电三极管 T 的穿透电流 I_{CEO} 增大，555 定时器清零端 $\overline{R}_d$ 的电位升高到解除清零状态的电位，多谐振荡器开始振荡，扬声器发出报警。

（3）液位控制器。

图 8－47 所示为用 555 定时器构成的液位控制器，其电路在水位正常的情况下，电容 C 短接，扬声器不发声；当水位下降到探测器以下时，多谐振荡器开始工作，扬声器发出报警。

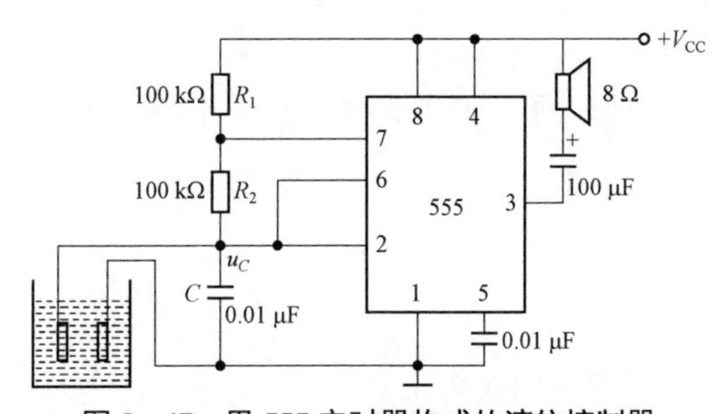

图 8－47　用 555 定时器构成的液位控制器

（4）消防车音响报警电路。

图 8－48 所示电路是一种调频式音响电路，它由前、后两级组成，其中前级（IC_1）是一个低频振荡器，后级（IC_2）是一个音频振荡器。

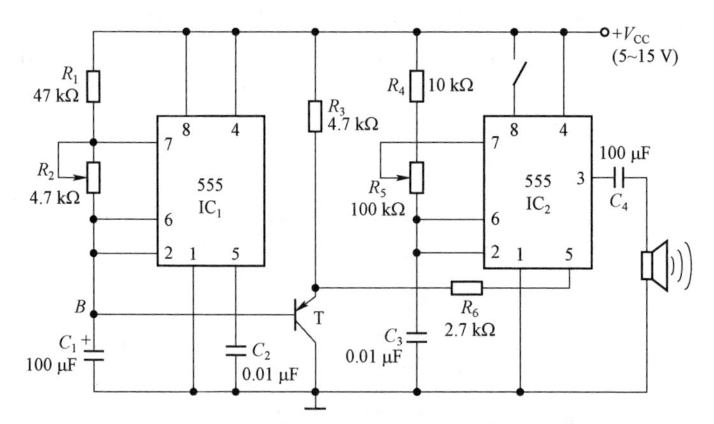

图 8-48　用 555 定时器构成的消防车音响报警电路

前级中电容的充、放电时间常数之比为

$$\frac{\tau_1}{\tau_2}=\frac{R_1+R_2}{R_2}$$

由此可见，C_1 充电比放电慢得多，C_1 两端电压的波形如图 8-49（a）所示。

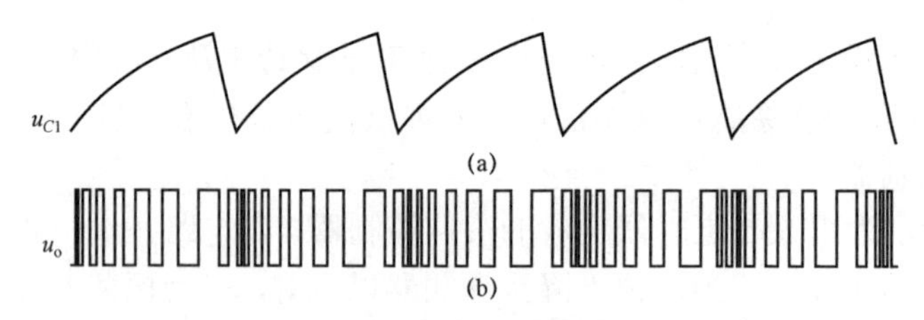

图 8-49　消防车声音报警电路工作波形

点 B 信号通过三极管（β 值应足够大）送至 IC_2，当开关闭合时，IC_2 的振荡频率随时间变化的规律大致如图 8-49（b）所示。

由图 8-49 所示工作波形可见，消防车喇叭可发出类似“啾——呜、啾——呜”的报警声。

任务实施

555 定时器基本电路的 Multisim 软件仿真。

一、用 555 集成定时器构成施密特触发器

以图 8-31 所示电路为基础，在 Multisim 软件中正确接线，用 555 集成定时器构成施密特触发器仿真电路如图 8-50 所示。仿真开始，用双踪示波器观察 u_i 和 u_o 波形。

二、用 555 集成定时器构成单稳态触发器

以图 8－37 所示电路为基础，在 Multisim 软件中正确接线，仿真电路如图 8－51 所示。仿真开始，按一下按键 S1，观察输出端指示灯的状态，也可用示波器来观察输出波形。调节电阻 R_2 的阻值，观察指示灯的状态有何变化。

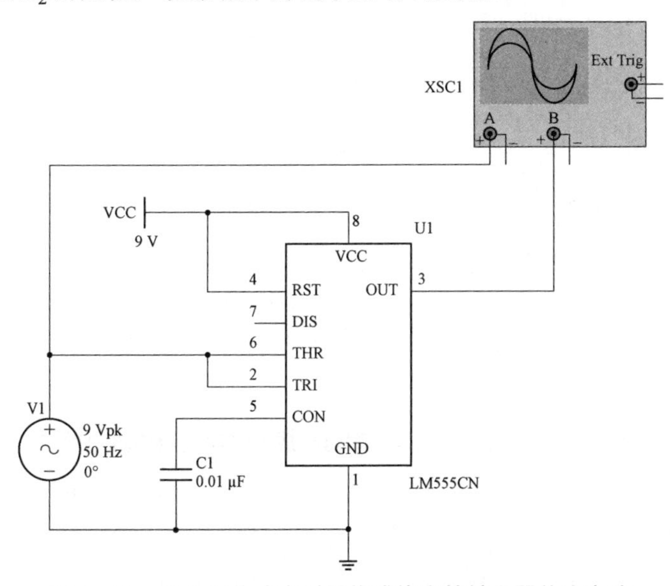

图 8－50　用 555 集成定时器构成施密特触发器仿真电路

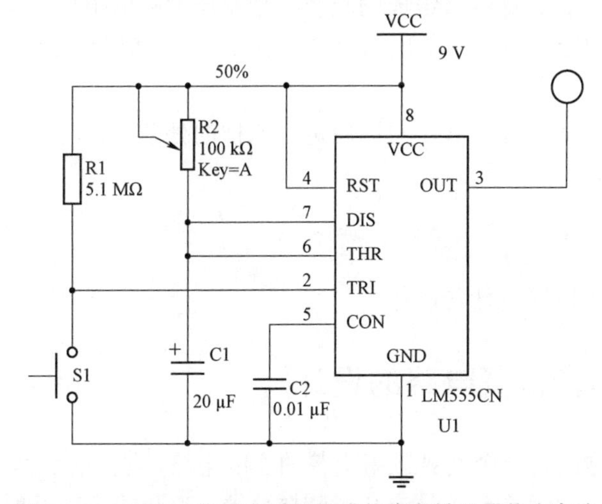

图 8－51　用 555 集成定时器构成单稳态触发器仿真电路

三、用 555 集成定时器构成多谐振荡器

以图 8－43 所示电路为基础，在 Multisim 软件中正确接线（注意：Multisim 软件中电阻、电容参数的选择与实际电路有一定出入），仿真电路如图 8－52 所示。仿真开始

后观察输出端指示灯的状态，也可用示波器来观察输出波形。调节电阻 R_1，R_2 的阻值，观察指示灯的状态有何变化。

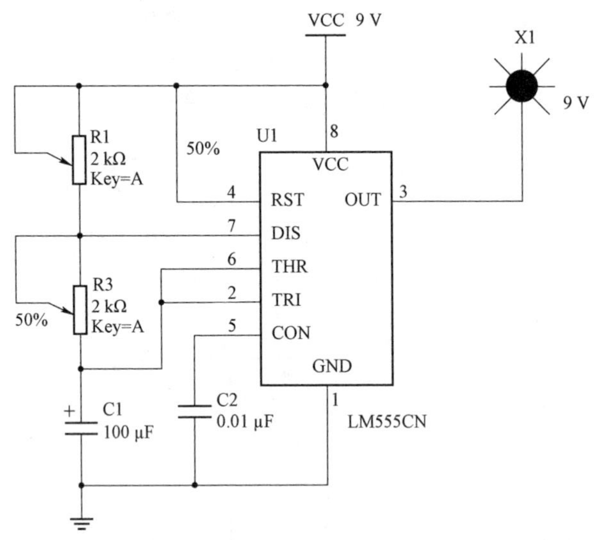

图 8-52　用 555 集成定时器构成多谐振荡器仿真电路

想一想

（1）如何改变由 555 定时器组成的施密特触发器的阈值电压?

（2）查资料了解矩形波的占空比的定义。回答在多谐振荡电路中改变矩形脉冲的占空比的方法。

（3）对于不标准的时钟信号，一般应进行怎样的处理？

任务实施

简易声音报警电路的设计与制作。

一、简易声音报警电路的设计

图 8-53 所示电路是一个两种频率交替的音响电路，它由前后两级组成，前级（IC_1）是一个低频振荡器，后级（IC_2）是一个音频振荡器。当开关 S 断开时，IC_1, IC_2 不振荡，喇叭（蜂鸣器）不发出声音。当开关闭合 S 时，喇叭（蜂鸣器）才能发出“滴——嘟、滴——嘟”的声响。

IC_1，IC_2 输出波形见图 8-54。

第一级输出高、低电平时，使第二级引脚 5 的基准电平不同，故产生两个不同频率的信号。

二、简易声音报警电路的 Multisim 仿真

按图 8－53 所示电路进行连线，简易声音报警电路仿真电路如图 8－55 所示。

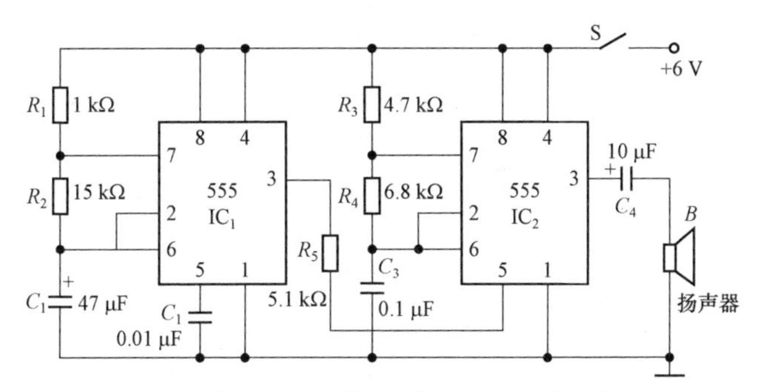

图 8－53　由 555 定时器组成的简易声音报警电路

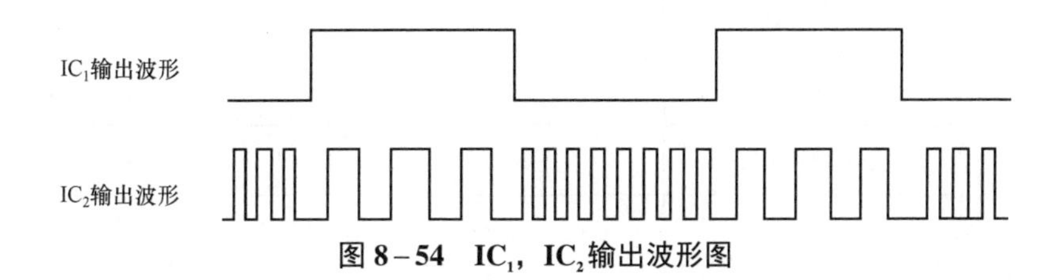

图 8－54　IC_1，IC_2 输出波形图

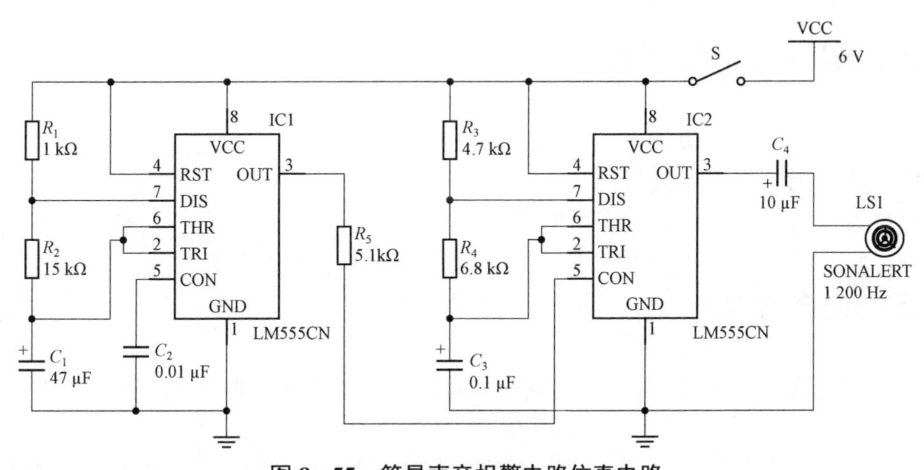

图 8－55　简易声音报警电路仿真电路

测试电路：首先 R_5 暂不与 IC_2 的引脚 5 的连接，将开关 S_1 闭合，用双踪示波器同时观察 IC_1 和 IC_2 的输出电压的波形。然后将 R_5 与 IC_2 的引脚 5 相连，再用双踪示波器同时观察 IC_1 和 IC_2 的输出电压波形，看看有何变化？

三、元器件清单

根据简易声音报警电路的原理图，详细的元器件清单如表 8－11。

表 8－11　简易声音报警电路元器件清单

序号	元件名称	型号规格	数量	备注
1	555 定时器	NE555	2	
2	电阻 R_1	1 kΩ	1	
3	电阻 R_2	15 kΩ	1	
4	电阻 R_3	4.7 kΩ	1	
5	电阻 R_4	6.8 kΩ	1	
6	电阻 R_5	5.1 kΩ	1	
7	电容 C_1	47 μF	1	电解电容
8	电容 C_2	0.01 μF	1	瓷片电容
9	电容 C_3	0.1 μF	1	电解电容
10	电容 C_4	10 μF	1	电解电容
11	有源蜂鸣器	5V	1	
12	按键开关	6 cm×6 cm	1	

四、实训设备和器材

1. 工具：电烙铁、镊子等常用电子安装工具一套。
2. 仪表：万用表、示波器。
3. 耗材：焊锡丝、助焊剂、电路板。

五、任务要求

1. 对照元器件清单逐一清点元器件，并对元器件作简单的测试，以确保无遗漏和无不良元器件。

2. 按电路安装的工艺要求，完成电路的制作。要求电路板焊接整洁，元器件排列整齐，焊点圆滑光亮，无毛刺、虚焊和假焊。

3. 调试电路直至功能实现。

六、任务实施报告

填写任务实训报告（见表 8－12）。

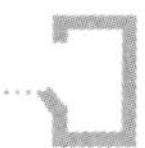

表 8 – 12　简易声音报警电路的设计与制作实施报告

<table>
<tr><td colspan="8">班级：________　姓名：________　学号：______　组号：______</td></tr>
<tr><td colspan="8">步骤 1：任务准备</td></tr>
<tr><td colspan="8">查阅资料，熟悉 NE555 的引脚排列，说明 NE555 的逻辑功能</td></tr>
<tr><td colspan="8">步骤 2：清点、检测元器件，记录测试结果</td></tr>
<tr><td colspan="3">元器件</td><td colspan="5">测试结果</td></tr>
<tr><td colspan="3">555 定时器</td><td colspan="5"></td></tr>
<tr><td colspan="3">电阻 R_1</td><td colspan="5"></td></tr>
<tr><td colspan="3">电阻 R_2</td><td colspan="5"></td></tr>
<tr><td colspan="3">电阻 R_3</td><td colspan="5"></td></tr>
<tr><td colspan="3">电阻 R_4</td><td colspan="5"></td></tr>
<tr><td colspan="3">电阻 R_5</td><td colspan="5"></td></tr>
<tr><td colspan="3">电容 C_1</td><td colspan="5"></td></tr>
<tr><td colspan="3">电容 C_2</td><td colspan="5"></td></tr>
<tr><td colspan="3">电容 C_3</td><td colspan="5"></td></tr>
<tr><td colspan="3">电容 C_4</td><td colspan="5"></td></tr>
<tr><td colspan="3">有源蜂鸣器</td><td colspan="5"></td></tr>
<tr><td colspan="3">按键开关</td><td colspan="5"></td></tr>
<tr><td colspan="8">步骤 3：电路装接及调试</td></tr>
<tr><td colspan="8">步骤 3 – 1：根据电路原理图装接电路</td></tr>
<tr><td colspan="2">出现的问题</td><td colspan="2">可能原因</td><td>解决方法</td><td colspan="3">是否解决</td></tr>
<tr><td colspan="2"></td><td colspan="2"></td><td></td><td colspan="3"></td></tr>
<tr><td colspan="2"></td><td colspan="2"></td><td></td><td colspan="3"></td></tr>
<tr><td colspan="8">步骤 3 – 2：电路调试</td></tr>
<tr><td colspan="8">一听：接通电源，听蜂鸣器________（是/否）发出“滴——嘟”的双音声响</td></tr>
<tr><td colspan="8">二测：万用表测量各点电位</td></tr>
<tr><td colspan="8">IC_1</td></tr>
<tr><td>引脚 1</td><td>引脚 2</td><td>引脚 3</td><td>引脚 4</td><td>引脚 5</td><td>引脚 6</td><td>引脚 7</td><td>引脚 8</td></tr>
<tr><td></td><td></td><td></td><td></td><td></td><td></td><td></td><td></td></tr>
<tr><td colspan="8">IC_2</td></tr>
<tr><td>引脚 1</td><td>引脚 2</td><td>引脚 3</td><td>引脚 4</td><td>引脚 5</td><td>引脚 6</td><td>引脚 7</td><td>引脚 8</td></tr>
<tr><td></td><td></td><td></td><td></td><td></td><td></td><td></td><td></td></tr>
<tr><td colspan="8">三看：用示波器观察波形</td></tr>
<tr><td colspan="8">IC_2</td></tr>
<tr><td colspan="4">引脚 2</td><td colspan="4">引脚 3</td></tr>
<tr><td colspan="4"></td><td colspan="4"></td></tr>
<tr><td colspan="8">调试过程中出现的问题及解决办法：</td></tr>
<tr><td colspan="8">步骤 4：收获与总结</td></tr>
<tr><td colspan="4">掌握的技能</td><td colspan="4">学会的知识</td></tr>
<tr><td colspan="4"></td><td colspan="4"></td></tr>
</table>

七、考核评价

填写考核评价表（见表 8－13）。

表 8.13　简易声音报警电路的设计与制作评价表

班级		姓名		学号		组号		
操作项目	考核要求		分数配比	评分标准		自评	互评	教师评分
识读电路原理图	能正确理解电路原理图，掌握实验过程中各元器件的功能		10	每错一处，扣 2 分				
元器件的检测	能正确使用仪器仪表对需要检测的元器件进行检测		10	不能正确使用仪器仪表完成对元器件的检测，每处扣 2 分				
电路装接	能够正确装接元器件		20	装接错误，每处扣 2 分				
电路调试	能够利用仪器仪表对装接好的电路进行调试		20	不能正确使用仪器仪表对电路进行调试，每处扣 4 分				
任务实施报告	按要求做好实训报告		20	实训报告不全面，每处扣 4 分				
安全文明操作	工作台干净整洁，遵守安全操作规程，符合管理要求		10	工作台脏乱，不遵守安全操作规程，不听老师管理酌情扣分				
团队合作	小组成员之间应互帮互助，分工合理		10	有成员未参与实训，每人扣 5 分				
合计								
学生建议：								
总评成绩 教师签名：								

想一想

（1）555 定时器引脚 5 电位的高低对电路有何影响？

（2）声音报警电路如何改变它的声音频率？

练习题

一、单项选择题

1.（　　）多谐振荡器是用来产生________的电路。

A. 正弦波　　B. 三角波

C. 锯齿波　　D. 矩形波

2.（　　）有 1 个稳态和 1 个暂稳态的电路是________。

A. 多谐振荡器　　B. 单稳态触发器

C. 施密特触发器　　D. 双稳态触发器

3.（　　）图 8－56 所示电路为________。

A. 施密特触发器　　B. 多谐振荡器

C. 单稳态触发器　　D. 计数器

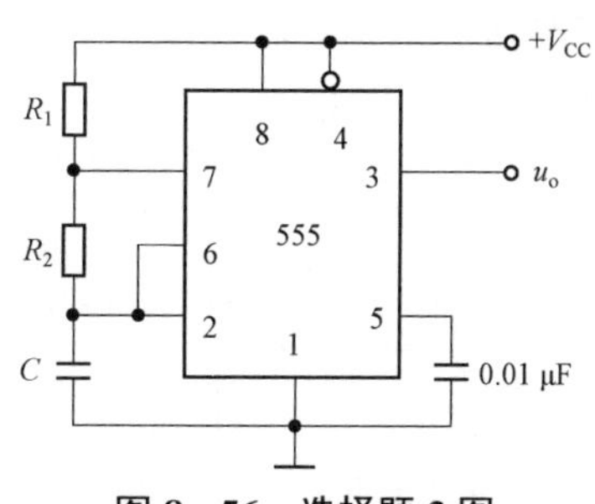

图 8－56　选择题 3 图

4.（　　）为了将正弦信号转换成与其频率相同的脉冲信号，可采用________。

A. 多谐振荡器　　B. 移位寄存器

C. 单稳态触发器　　D. 施密特触发器

5.（　　）用 555 定时器构成的施密特触发器，当脚 5 经电容接地时，回差电压 ΔU_T =________。

A. $\frac{1}{3}V_{CC}$　　B. $\frac{2}{3}V_{CC}$　　C. V_{CC}　　D. 0 V

6.（　　）用 555 定时器构成的多谐振荡器，其振荡频率取决于________。

A. 电源电压　　B. 外来输入信号幅度

C. 外来输入信号频率　　D. 外接 R，C 的数值

7.（　　）单稳态触发器的主要用途是________。

A. 整形、延时、鉴幅　　B. 延时、定时、存储

C. 延时、定时、整形　　D. 整形、鉴幅、定时

8.（　　）将三角波变换为矩形波，需选用________。

A. 单稳态触发器　　B. 施密特触发器

C. RC 微分电路　　D. 双稳态触发器

9.（　　）自动产生矩形波脉冲信号的是________。

A. 施密特触发器　　　　　　　　B. 单稳态触发器
C. T 触发器　　　　　　　　　　D. 多谐振荡器

10.（　　）用 555 定时器构成的单稳态触发器，其输出脉冲宽度取决于________。
A. 电源电压　　　　　　　　　　B. 触发信号幅度
C. 触发信号宽度　　　　　　　　D. 外接 R，C 的数值

二、填空题

1. 555 的内部由________、________、________、________和________构成。

2. 施密特触发器具有两个________状态，当输出发生正跳变和负跳变时所对应的电压是不同的。

3. 施密特触发器具有________特性。

4. 双稳态触发器电路状态翻转是依靠________的作用。

5. 在触发脉冲作用下，单稳态触发器从________转换到________后，依靠自身电容的放电作用，又能自行回到________。

6. 用 555 定时器构成的单稳态触发器，若充放电回路中的电阻、电容分别用 R，C 表示，则该单稳态触发器形成的脉冲宽度 $t_w \approx$ ________。

7. 在图 8-57 所示单稳态电路中，当 555 定时器内部放电三极管 T 导通时，电容 C 处于________。

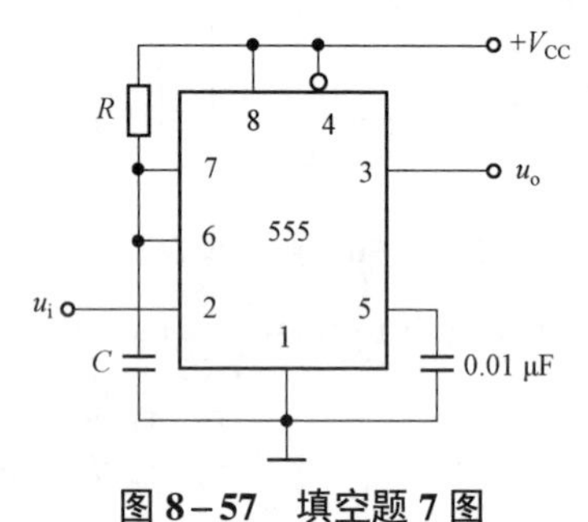

图 8-57　填空题 7 图

8. 多谐振荡器电路没有________，电路不停地在两个________之间转换，因此又称________。

三、判断题（正确打√，错误打×）

1.（　　）单稳态触发器只有一个状态。

2.（　　）555 定时器可以构成多谐振荡器和单稳态触发器，不能构成施密特触发器。

3.（　　）多谐振荡器不需要外来的信号即可自动产生振荡。

4.（　　）施密特触发器具有波形变换、脉冲整形及脉冲鉴幅等作用。

5.（　　）在单稳态触发器电路中，为加大输出脉冲宽度，可采取加大外接电阻阻值和电容容量的方法。

6.（　　）将三角波变换为矩形波，需选用多谐振荡器。

四、综合题

1. 图 8-58 所示为由 74LS123 组成的单稳态触发器，试回答下列问题。

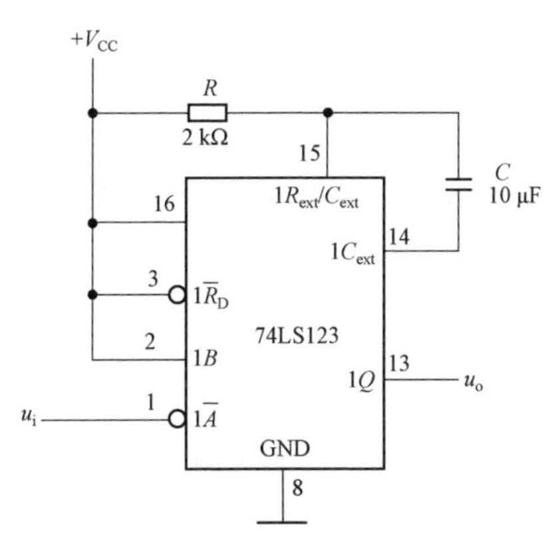

图 8－58　综合题 1 图

（1）电路采用的是上升沿触发还是下降沿触发？

（2）电路中 R，C 的作用是什么？

（3）触发后输出脉冲的宽度为多少？

2. 在图 8－59 所示的多谐振荡器中，欲降低电路振荡频率，试说明下面列举的各种方法中，哪些是正确的，为什么？

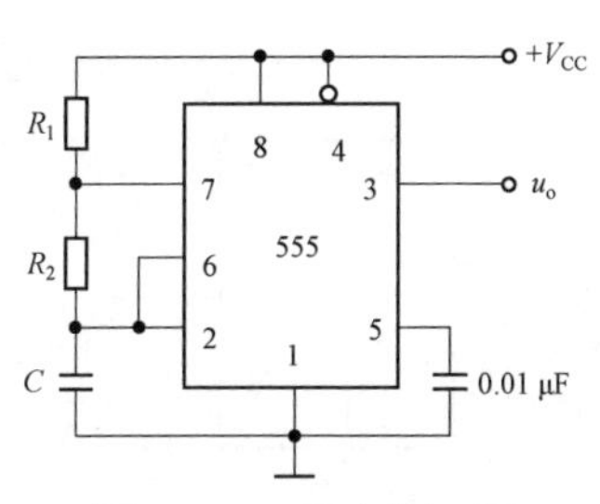

图 8－59　综合题 2 图

（1）加大 R_1 的阻值。

（2）加大 R_2 的阻值。

（3）减小 C 的容量。

3. 用集成定时器 555 构成的施密特触发器的电路及输入波形 u_i 分别如图 8－60（a）和图 8－60（b）所示，试画出对应的输出波形 u_o。

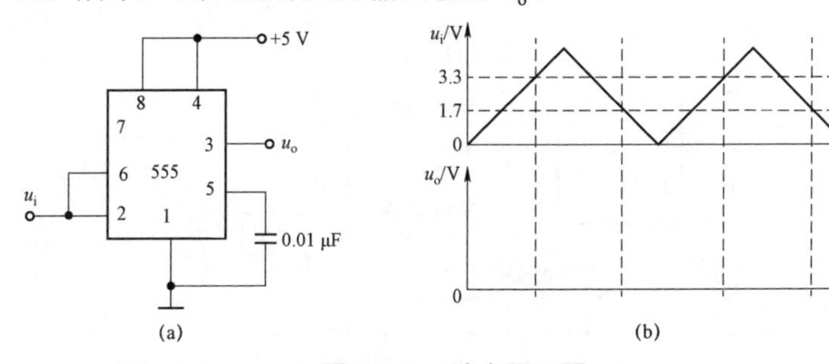

图 8－60　综合题 3 图

4. 用集成定时器 555 构成的电路及输入波形分别如图 8－61（a）和图 8－61（b）所示，请回答下列问题。

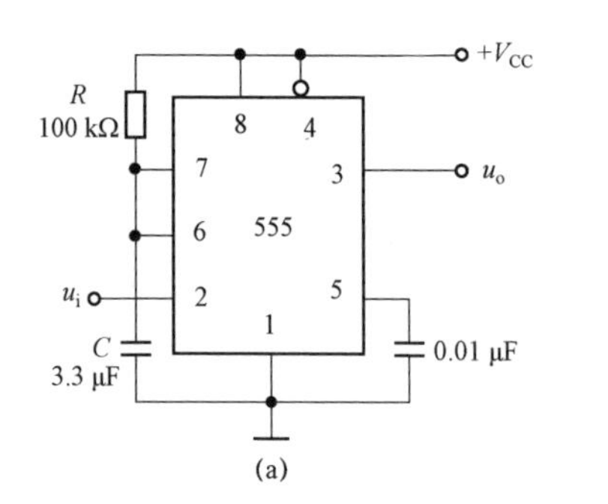

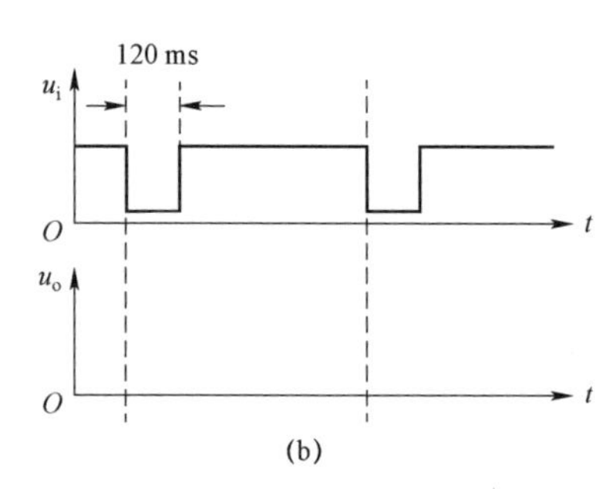

图 8-61　综合题 4 图

（1）电路的名称。

（2）已知输入信号波形 u_i，画出电路中 u_o 的波形（标明 u_o 波形的脉冲宽度）。

5. 用 555 定时器构成的多谐振荡器参见图 8-62。现要产生 1 kHz 的方波，请确定元器件参数，并写出调试步骤和所需的测试仪器。

6. 图 8-62 所示为逻辑电平测试电路。其工作方式与施密特触发器相同，调节电位器 R_P 使门限电压为 2.5 V，试分析其工作原理。

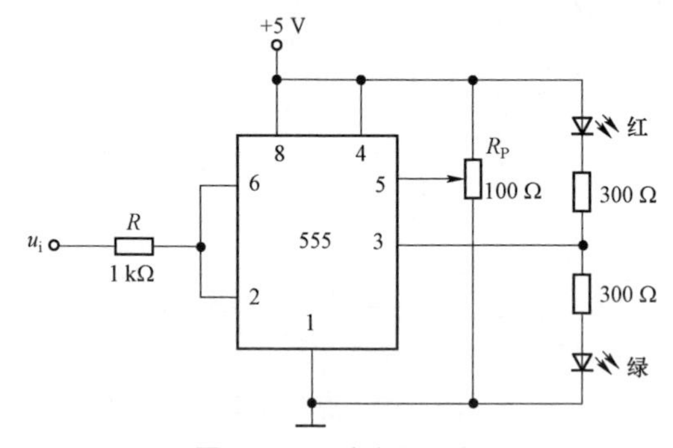

图 8-62　综合题 6 图

7. 恒温控制器如图 8-63 所示。该电路由负温度系数热敏电阻 R_{t1}，R_{t2}，NE555 时基电路、温度范围调整电阻 R_{P1}，R_{P2} 及控制执行机构组成，其中 R_{t1}，R_{P1} 为上限温度检测电阻，R_{t2}，R_{P2} 为下限温度检测电阻。试分析电路工作原理。

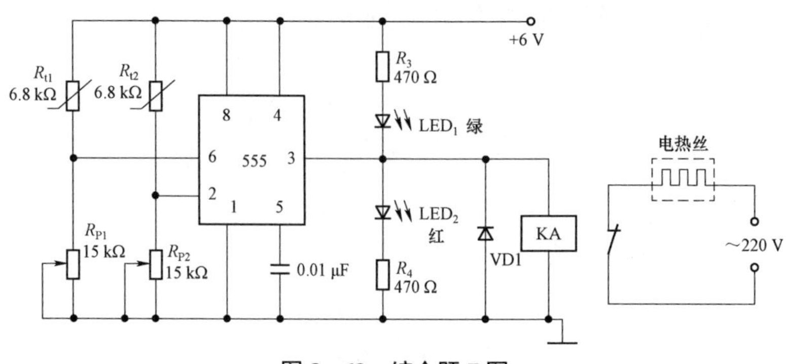

图 8-63　综合题 7 图

参 考 文 献

［1］蔡滨，张小梅. 电子技术应用［M］. 南昌：江西高校出版社，2020.
［2］周润景，崔婧. Multisim 电路系统计与仿真教程［M］. 北京：机械工业出版社，2024.
［3］谢自美. 电子线路设计 • 实验 • 测试［M］. 2 版. 武汉：华中理工大学出版社，2000.
［4］李良荣，李霞，顾平. NI Multisim 的电子设计技术析［M］. 北京：机械工业出版社，2016.
［5］赵全利. Multisim 电路设计与仿真［M］. 北京：机械工业出版社，2024.